2025 합격Easy 식물보호기사 산업기사 필답형 실기

필답형 모의고사 + 기출복원문제(2023년~2024년)

최신 기출복원문제로 한 번에 끝내기

- 문제가 답이다, 필답형 문제은행
- 한 번에 끝, 이론은 NO 응용은 OK
- 출제 비중이 높은 항목의 반복 학습
- 출제 경향을 분석 반영한 모의고사

실기 필답형 한 권으로 끝내기

필답형 모의고사 (10회) + 기출복원문제 (2023년~2024년)

정승기 저

질의응답 사이트 운영 | http://www.kkwbooks.com
도서출판 건기원

온캠퍼스 저자직강 동영상 강의
www.oncampus.co.kr

도서출판 건기원

PREFACE | 머리말 |

〈식물보호기사・산업기사〉를 왜 공부해야 하는가?

결론을 이야기하면 식물이 건강해야 사람들도 건강할 수 있기 때문이고, 수많은 생물이 식물에 의존해 살아가기 때문이다.

오랫동안 농업 현장과 수목 현장에서 식물병 진단을 위해 일하면서 느낀 점을 소개해 보면 생물적 피해인 식물 병・해충은 인터넷 검색을 통해 병징 및 표징에 대한 정보를 구할 수 있다. 하지만 비생물적 피해의 원인을 파악하는 데 많은 경험이 필요하다. 토양, 기후, 환경, 영양 등을 식물 생리와 연관지어 진단해야 하므로 전문적인 지식과 경험이 필요한 분야가 〈식물보호기사・산업기사〉가 아닌가 생각된다.

〈식물보호기사・산업기사〉 실기 필답 출제 유형을 분석해 보면 실제 현장에서 식물병을 동정(同定)하고 그에 따른 예방 및 처방과 관련한 문제가 다수 출제되고 있다. 일반 수험생들은 〈식물보호기사・산업기사〉라고 하면 병・해충만을 생각하기 쉬우나 실제 현장에서는 '재배학 원론'이 가장 필요한 과목이다. 가능한 '재배학 원론'은 글자 하나까지도 놓치지 말고 평소에 공부를 해두면 시험뿐만 아니라 실제 업무에서도 많은 도움이 되리라 본다.

본서는 〈식물보호기사・산업기사〉 실기 필답형을 한 권으로 끝내기 위한 수험서로서 최신 출제기준과 기출복원문제를 분석하여 수험생이 쉽게 수험공부를 지속할 수 있게 하였다. 또한, 〈식물보호기사・산업기사〉 2차 '실기시험'은 2023년 1회차부터 100% '필답형' 시험으로 변경되어 총 20문제가 출제되고 있으며, 무엇보다 2차 실기 필답형의 시험공부는 화두를 가지고 임하고, 문제 해결 능력을 위해서는 많은 문제를 풀어보는 것을 권유한다.

📖 이 책의 특징

❶ 실기 필답형 문제은행식 교재

〈식물보호기사・산업기사〉는 순수 학문이라기보다는 응용학문이다. 따라서 내용을 깊이 공부하는 것보다 폭넓게 공부하는 것이 좋다. 특히 시험 출제 비중이 높은 '용어의 정의' 및 핵심에 대한 '문제'와 그에 따른 '해설'을 자세하게 설명하여 이론을 별도로 공부해야 하는 번거로움을 없게 구성하였다.

❷ 재배학의 집중 분석 및 문제 풀이

'재배학' 과목의 비중이 절반 이상을 차지하고 있어 '영양 불균형 개선' 및 '재배기술' 등을 집중 분석하고, 문제 풀이에도 많이 할애하였다. 그중 주어지는 4문제(병・해충 판독, 농약 구분, 농약 계산)는 무조건 맞혀야 합격의 가능성을 조금이라도 높일 수 있다. 따라서 빈칸은 1문제도 남기지 말고 정답이 아니라도 답안을 써서 제출하면 부분점수라도 받을 가능성이 있으니 이것 또한 전략이라고 할 수 있다.

❸ 수목의 생리 및 관리에 대해 추가로 구성

식물보호(산업)기사의 시험 주체가 임업으로 분류되어 있어 수목에 대한 문제가 출제되고 있으나 재배학 원론에서는 자세하게 다루지 않아 추가로 본서에 구성하였다.

❹ 토양학을 분류하여 구성

식물은 토양의 물리성, 화학성, 생물성에 따라 크게 영향을 받으며, 대부분의 비생물적(생물적) 병의 많은 원인이 토양에서 유래하기 때문에 시험 출제 비중이 높다.

❺ 모의고사를 통한 실전 훈련

본서는 전체 과목을 총괄적으로 실전과 같이 풀어봄으로써 부족한 부분을 보충할 수 있는 계기로 삼고 또한, 자신의 능력을 평가할 수 있도록 실전 모의고사를 총 10회 수록하였다.

❻ 실기(필답형) 기출복원문제 분석

식물보호기사·산업기사 필답형 실기시험은 문제와 정답이 공개되지 않고 있어 수험생들의 기억에 의해 복원·재구성되었으므로 실제 출제 문제와 완전히 일치하지 않을 수 있다. 그러나 식물보호기사·산업기사 필답형 실기시험은 문제은행식 시험으로 반복적으로 출제되므로 기출복원문제(2023년 1회~2024년 3회)를 분석·적용하여 최적의 수험서로 구성하였으며, 기출복원문제를 풀어봄으로써 출제 경향을 파악할 수 있도록 하였다.

식물보호(산업)기사 필답을 준비하는 수험생분들은 본서의 내용 하나하나를 철저히 이해하고 습득하여 시험에 합격하는 영광을 누리시길 기원합니다.

이 교재를 집필하기 위해 대학 서적, 학회 및 관련 서적을 참고하였으나 미리 양해를 구하지 못한 점에 진심으로 사의를 표하며 부족하고 미흡한 부분들은 계속하여 보완·수정할 수 있도록 많은 관심과 고견을 부탁드립니다. 끝으로 이 교재가 완성되도록 지원과 노력을 아끼지 않으신 온캠퍼스(https://www.oncampus.co.kr) 김종일 원장님, 도서출판 건기원 대표님과 관계자 여러분께 진심으로 감사를 드립니다.

저자

식물보호산업기사 실기 출제기준

직무분야	농림어업	중직무분야	임업	자격종목	식물보호산업기사	적용기간	2023.1.1.~ 2027.12.31

○ **직무내용**: 식물보호에 관한 기술이론 및 지식을 가지고 식물 피해의 기초적인 진단과 방제 등의 업무를 수행할 수 있어야 하며, 식물에 발생하는 생물적(병, 해충, 잡초 등) 및 비 생물적(기상, 영양불균형 등) 피해의 발생 원인을 파악하고 적절한 방제 방법을 선정하여 식물생육의 최적 조건을 만드는 직무이다.

○ **수행준거**: 1. 기주별 병·해충의 피해를 진단하고 동정할 수 있다.
　　　　　　 2. 잡초를 동정할 수 있다.
　　　　　　 3. 화학적 방제를 할 수 있다.
　　　　　　 4. 물리적·기계적 방제를 할 수 있다.
　　　　　　 5. 생태적(경종적) 방제를 할 수 있다.
　　　　　　 6. 생물적 방제를 할 수 있다.
　　　　　　 7. 종합적 관리를 할 수 있다.
　　　　　　 8. 재배, 환경, 기술, 재해 관리를 할 수 있다.

실기검정방법	필답형	시험시간	2시간

 실기과목명: 식물보호 실무

주요항목	세부항목	세세항목
❶ 피해의 원인 파악	1. 피해증상 조사하기	1. 피해사진 또는 유해생물의 사진을 보고 병원체, 해충 등을 진단할 수 있다. 2. 비 생물적 피해의 종류를 파악하고 원인 및 피해 정도를 조사할 수 있다.
	2. 피해진단 결과 증명하기	1. 피해 개체 및 조직으로부터 병원 및 해충을 분리할 수 있다. 2. 분리된 병원체 및 해충을 동정할 수 있다.
❷ 방제	1. 방제 방법 적용하기	1. 주로 발생하는 병해충의 생태를 고려하여 적절한 방제 방법을 결정할 수 있다. 2. 동일한 작물 및 수목의 연속재배를 가급적 피하고 윤작을 실시할 수 있다. 3. 저항성 품종을 선택할 수 있다. 4. 주위에 병해충의 중간기주가 될 수 있는 식물을 파악하고 제거할 수 있다.
	2. 물리적·기계적 방제 방법 적용하기	1. 유아등 등을 이용하여 해충을 방제할 수 있다. 2. 다양한 방법을 사용하여 치료할 수 있다.
	3. 화학적 방제 방법 적용하기	1. 기주 및 적용 대상(병, 해충)에 따라 적절한 약제를 선택하여 방제할 수 있다. 2. 사용목적, 사용형태, 화학적 조성에 따라 농약을 구분할 수 있다. 3. 병해충에 따라 농약의 종류 및 농도를 달리하여 사용 여부를 결정할 수 있다.

주요항목	세부항목	세세항목
		4. 살포량, 살포횟수 및 살포 시기를 계획할 수 있다. 5. 배액 조제 방법 등을 적용하여 살포제를 희석할 수 있다. 6. 농약 살포 시 중독사고를 예방하기 위하여 사전에 주위환경을 고려한 보호장비 등을 준비할 수 있다.
	4. 생물적 방제 방법 적용하기	1. 병원균이나 해충에 기생하는 병원성 미생물이나 포식성 곤충 또는 동물을 활용할 수 있다. 2. 병해충의 방제에 미생물, 천적 등을 사용할 수 있다.
❸ 재배관리	1. 환경관리하기	1. 토양 관리를 할 수 있다. 2. 수분 관리를 할 수 있다. 3. 대기 관리를 할 수 있다. 4. 온도 관리를 할 수 있다. 5. 광 관리를 할 수 있다.
	2. 재해관리하기	1. 기온재해에 대한 대처를 할 수 있다. 2. 습해에 대한 대처를 할 수 있다. 3. 동해에 대한 대처를 할 수 있다. 4. 풍해에 대한 대처를 할 수 있다. 5. 상해에 대한 대처를 할 수 있다. 6. 기타 재해에 대한 대처를 할 수 있다.
	3. 재배기술 이해하기	1. 재배관리를 할 수 있다.

식물보호기사 실기 출제기준

직무분야	농림어업	중직무분야	임업	자격종목	식물보호기사	적용기간	2023.7.1.~ 2027.12.31
○ **직무내용**: 식물보호에 관한 기술이론 및 지식을 가지고 식물 피해의 진단과 방제 등의 업무를 수행할 수 있어야 하며, 식물에 발생하는 생물적(병, 해충, 잡초 등) 및 비생물적(기상, 영양불균형 등) 피해의 발생 원인을 파악하고 적절한 방제방법을 선정하여 식물 생육의 최적 조건을 만드는 직무이다.							
○ **수행준거**: 1. 기주별 병·해충의 피해를 진단하고 동정할 수 있다. 2. 잡초를 동정할 수 있다. 3. 화학적 방제를 할 수 있다. 4. 물리적·기계적 방제를 할 수 있다. 5. 생태적(경종적) 방제를 할 수 있다. 6. 생물적 방제를 할 수 있다. 7. 종합적 관리를 할 수 있다. 8. 재배환경, 기술, 재해를 관리 할 수 있다. 9. 식물보호관련 법규에 따른 법을 적용할 수 있다.							
실기검정방법	필답형				시험시간		2시간 30분	

실기과목명: 식물보호 실무

주요항목	세부항목	세세항목
❶ 피해의 원인 파악	1. 피해증상 조사하기	1. 피해사진 또는 유해생물의 사진을 보고 병원체, 해충, 잡초 등을 진단할 수 있다. 2. 비 생물적 피해의 종류를 파악하고 원인 및 피해 정도를 조사할 수 있다.
	2. 피해진단 결과 증명하기	1. 피해 개체 및 조직으로부터 병원 및 해충을 분리할 수 있다. 2. 병원체, 해충, 잡초 등을 동정할 수 있다. 3. 다양한 진단 장비를 활용할 수 있다.
❷ 방제	1. 생태적(경종적) 방제 방법 적용하기	1. 주로 발생하는 병해충·잡초의 생리·생태를 고려하여 적절한 방제 방법을 결정할 수 있다. 2. 동일한 작물의 연속재배를 피하고 윤작 및 답전윤환을 실시할 수 있다. 3. 저항성 품종을 선택할 수 있다. 4. 주위에 병해충의 중간기주가 될 수 있는 식물을 파악하고 제거할 수 있다.
	2. 물리적·기계적 방제 방법 적용하기	1. 인위적인 열 또는 태양열에 의한 토양소독을 실시할 수 있다. 2. 유아등 등을 이용하여 해충을 방제할 수 있다.
	3. 화학적 방제 방법 적용하기	1. 기주 및 적용 대상(병, 해충, 잡초)에 따라 적절한 약제를 선택하여 방제할 수 있다. 2. 사용목적, 사용형태, 화학적 조성에 따라 농약을 구분할 수 있다. 3. 병해충·잡초에 따라 농약의 종류 및 농도를 달리하여 사용 여부를 결정할 수 있다.

주요항목	세부항목	세세항목
		4. 살포량, 살포횟수 및 살포 시기를 계획할 수 있다. 5. 배액 조제 방법 등을 적용하여 살포제를 희석할 수 있다. 6. 농약 살포 시 중독사고를 예방하기 위하여 사전에 주위환경을 고려한 보호장비 등을 준비할 수 있다.
	4. 생물적 방제 방법 적용하기	1. 식물 병해충의 방제에 미생물, 천적 등을 사용할 수 있다.
	5. 영양불균형 개선하기	1. 재배지의 토양 시료를 채취할 수 있다. 2. 토양의 pH 및 EC를 측정할 수 있다. 3. 토양의 다량원소 및 미량원소 함량을 측정할 수 있다. 4. 토양의 물리성을 분석할 수 있다. 5. 부족한 양분은 비료로 공급할 수 있다. 6. 토양으로부터 양분을 흡수하기 어려운 상태일 경우 엽면살포할 수 있다. 7. 토양의 물리성이 불량할 경우 객토, 배수, 토양개량제 등을 통하여 개량할 수 있다.
❸ 재배관리	1. 환경관리하기	1. 토양 관리를 할 수 있다. 2. 수분 관리를 할 수 있다. 3. 대기 관리를 할 수 있다. 4. 온도 관리를 할 수 있다. 5. 광 관리를 할 수 있다.
	2. 재배기술 이해하기	1. 재배관리를 할 수 있다.
	3. 재해관리하기	1. 기온재해에 대한 대처를 할 수 있다. 2. 습해에 대한 대처를 할 수 있다. 3. 동해에 대한 대처를 할 수 있다. 4. 풍해에 대한 대처를 할 수 있다. 5. 상해에 대한 대처를 할 수 있다. 6. 기타재해에 대한 대처를 할 수 있다.
❹ 식물보호 관련법규	1. 식물보호관련법 이해하기	1. 농약관리법을 이해할 수 있다. 2. 식물방역법을 이해할 수 있다.

CONTENTS | 차례 |

머리말 ························· 2
식물보호산업기사 실기 출제기준 ········· 4
식물보호기사 실기 출제기준 ··········· 6

PART I 피해의 원인 파악

제1장 피해의 원인 파악
1. 식물병 일반 ················· 12
2. 균에 의한 피해 ··············· 20
3. 해충에 의한 피해 ·············· 43
4. 재해 관리하기: 비생물적 병 ········ 65

제2장 피해 증상 조사하기
1. 병의 진단 ·················· 84
2. 병징 및 표징 ················ 88
3. 수목해충의 밀도조사 ············ 91

제3장 피해진단 결과 증명하기
1. 해충 방제원리 및 의사결정 ········ 98
2. 수목 치료 ·················· 106

PART II 재배학

제1장 영양불균형 개선하기(토양·비료)
1. 토양학 ···················· 112
2. 토양 물리성 ················· 117
3. 토양 화학성 ················· 128
4. 비료 ····················· 130
5. 토양 pH 및 EC 측정 ············ 135

제2장 재배기술 이해하기
1. 작물 생리 ·················· 138
2. 작부체계 ··················· 149
3. 수분 ····················· 152
4. 필수식물영양소 ··············· 155
5. 염류장해 ··················· 158
6. 토양과 작물 ················· 162
7. 관개와 배수 ················· 174
8. 식물호르몬 ·················· 176
9. 종자·교잡·육묘 ·············· 179
10. 수목 생리 ·················· 184
11. 토양 침식 ·················· 193

PART III 방제학

제1장 농약 화학적 방제 적용하기
1. 농약학 ································ 198
2. 농약의 분류 ························ 199
3. 살균제 ································ 210
4. 살충제 ································ 214
5. 제초제 ································ 219

제2장 잡초방제학 ················ 223

PART IV 식물보호 관련 법규

제1장 병해충 목록
1. 병원균에 의한 병해 ············ 228
2. 해충에 의한 피해 ··············· 233

제2장 농약관리법 ················ 240

제3장 식물방역법 ················ 244

PART V 모의고사·기출문제 분석

제1장 실전 모의고사
- 실전 모의고사 제1회 ············ 255
- 실전 모의고사 제2회 ············ 262
- 실전 모의고사 제3회 ············ 269
- 실전 모의고사 제4회 ············ 276
- 실전 모의고사 제5회 ············ 283
- 실전 모의고사 제6회 ············ 290
- 실전 모의고사 제7회 ············ 297
- 실전 모의고사 제8회 ············ 303
- 실전 모의고사 제9회 ············ 309
- 실전 모의고사 제10회 ·········· 315

제2장 실기(필답형) 기출복원문제 분석
1. 식물보호산업기사 실기(필답형)
   - 식물보호산업기사 2023년 제1회 ········ 323
   - 식물보호산업기사 2023년 제2회 ········ 329
   - 식물보호산업기사 2023년 제4회 ········ 335
   - 식물보호산업기사 2024년 제1회 ········ 341
   - 식물보호산업기사 2024년 제2회 ········ 349

2. 식물보호기사 실기(필답형)
   - 식물보호기사 실기 2023년 제1회 ········ 355
   - 식물보호기사 실기 2023년 제2회 ········ 362
   - 식물보호기사 실기 2023년 제3회 ········ 368
   - 식물보호기사 실기 2024년 제1회 ········ 375
   - 식물보호기사 실기 2024년 제2회 ········ 382
   - 식물보호기사 실기 2024년 제3회 ········ 390

PART I

피해의 원인 파악

Engineer Plant Protection

Industrial Engineer Plant Protection

제1장 피해의 원인 파악
제2장 피해 증상 조사하기
제3장 피해진단 결과 증명하기

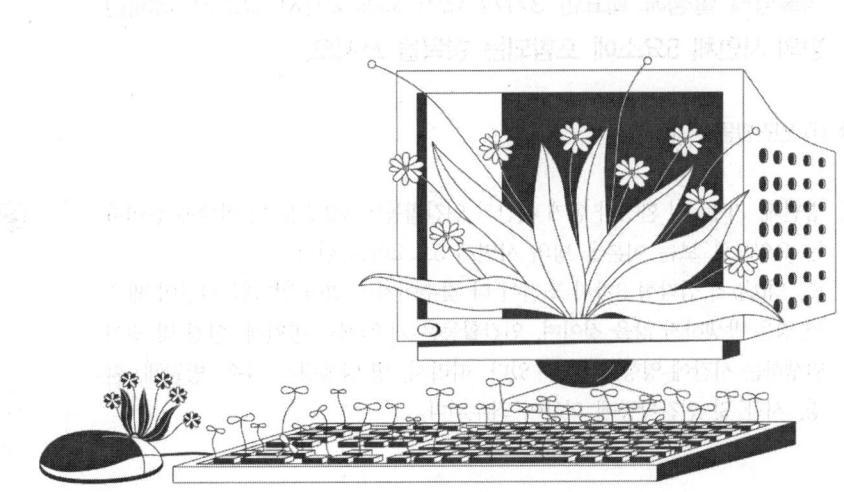

제 1 장 피해의 원인 파악

1. 식물병 일반

1 병리학 일반

01 병의 발생에 필요한 3가지 요인을 정량화하여 삼각형의 각 변으로 표시하고, 이들 상호관계에 의한 삼각형의 면적을 발생량으로 나타낸 것을 병(病)의 삼각형이라고 한다. 3가지 요인을 쓰시오.

정답 ① 주인(主因) ② 유인(誘因) ③ 소인(素因)

해설 병(病)의 삼각형
전염성 병이 발생하기 위해서는 병원성을 갖춘 병원체, 병원체에 감수성인 기주(寄主) 및 기상 조건이나 토양 조건과 같이 병의 발생에 영향을 미치는 환경의 3가지 조건이 갖추어져야 하며 이때 병원체를 주인(主因), 기주를 소인(素因) 그리고 환경을 유인(誘因)이라고 한다.
이와 같이 병의 발생에 필요한 3가지 요인을 정량화하여 삼각형의 각 변으로 표시하고, 이들 상호관계에 의한 삼각형의 면적을 발생량으로 나타낸 것을 병(病)의 삼각형이라고 한다.

○ 병(病)의 삼각형

> 병(病)이 발생하기 위해서는 3요소가 필요하고 한 가지 요소라도 부족하게 되면 병의 진전이 지연되거나 병이 발생하지 않는다.

02 식물병의 발생에 필요한 3가지 요인 외에 2가지 요소가 더해진 병의 사면체 5요소에 포함되는 항목을 쓰시오.

정답 ① 인간활동 ② 시간

해설 병원체, 기주, 및 환경과 함께 시간과 인간활동의 5요소를 병 발생에 관여하는 요인으로 보는 이론을 병의 사면체 5요소라고 한다.
즉, 병(病)의 삼각형 3가지 조건이 다 갖추어져도 병이 발달할 시간이 짧으면 병은 발생하지 않을 것이며, 인간활동은 기주식물, 병원체, 환경 및 병이 발생하는 시간에 영향을 줄 수 있다. 따라서, 병 발생량은 기주, 병원체, 환경, 시간 및 인간활동에 의하여 좌우된다.

🌱 병의 사면체 5요소

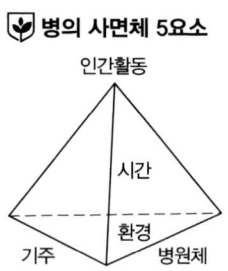

03 식물병 발생 요인 중 식물체가 처음부터 가지고 있는 병에 걸리기 쉬운 성질을 무엇이라고 하는지 병의 3요인에 해당하는 용어를 쓰시오.

정답 소인(素因)

해설 **병의 요인**
① 주인(主因): 식물의 병에 직접적으로 관여하는 요인
② 유인(誘因): 주인의 활동을 도와 발병을 촉진시키는 환경요인
③ 소인(素因): 식물체가 처음부터 가지고 있는 병에 걸리기 쉬운 성질

> 병(病)의 삼각형＝주인＋유인＋소인(하나라도 0이면 병해가 발생할 수 없음)

04 생물적 병원인 병원체가 기주(寄主)에 생리적 및 형태적 이상 현상을 발생시켜 병을 일으키는 성질을 (   )이라 한다. (   )에 알맞은 용어를 쓰시오.

정답 병원성

해설 **병원체(주인)**
1) 병원성
① 생물적 병원인 병원체가 기주에 생리적 및 형태적 이상 현상을 발생시켜 병을 일으키는 성질을 병원성이라 한다
② 병원체가 기주식물에 병을 일으킬 수 있는 능력으로, 기주식물의 몇 가지 필수적인 기능을 방해함으로써 병을 일으키는 기생체의 능력
③ 병원성은 병원체가 기주에 기생하여 영양원을 취득하는 방법과도 밀접한 관계가 있다.
2) 효소
병원성과 관계된 효소로는 펙티나제(pectinase), 큐티나제(cutinase), 셀룰로즈(cellulose), 및 리그닌 분해효소, 단백질 분해효소, 전분 분해효소, 지질 분해효소가 있다.
3) 독소
병원체가 기주에 감염하여 분비하는 식물에 유해한 작용을 나타내는 물질을 의미하고, 병원성과 직접적인 관련성이 있다.
① 기주 특이적 독소: 숙주에서만 작용한다.
② 기주 비특이적 독소: 숙주 이외의 식물에도 작용하는 독소

제1장 피해의 원인 파악

05 병원성과 관계된 효소로 펙틴을 분해하는 효소는 (　　)이다. (　　)에 알맞은 효소를 쓰시오.

정답 펙티나제(pectinase)

해설 **효소**
병원성과 관계된 효소로는 펙티나제(pectinase), 큐티나제(cutinase), 셀룰로즈(cellulose), 및 리그닌 분해효소, 단백질 분해효소, 전분 분해효소, 지질 분해효소가 있다.

> **효소**
> 효소의 계통적인 분류에 근거한 명명법. 효소는 단백질이며 구조가 복잡하므로 그 명칭은 화학구조에 따르지 않고, 주로 촉매하는 반응이나 기질 등에 근거하여 어미에 '-ase'를 붙여 명명해 왔다.

06 기주에 병원균이 침입해도 병의 발생이 어려운 성질을 저항성이라 하고 병원체가 감염된 이후 기주가 병에 걸리기 쉬운 성질을 (　　)이라고 한다. (　　)에 알맞은 용어를 쓰시오.

정답 감수성

해설 **기주(소인)**
1) **감수성**: 병원체가 감염된 이후 기주가 병에 걸리기 쉬운 성질
   ① **종속요인**: 식물종 또는 품종이 유전적으로 병에 걸리기 쉬운 성질을 가진다.
   ② **개체요인**: 유전적으로 같은 성질을 가지고 있는 종 또는 품종에도 생육하는 환경조건이 다르면 병에 걸리는 정도에도 차이가 나타난다. 또한, 생육 시기에 따라 발병의 정도가 다를 수도 있는데 이와 같은 생육 조건에 따라 발병 정도가 다른 성질을 가진다.
2) **저항성**: 기주에 병원균이 침입해도 병의 발생이 어려운 성질
3) **면역성**: 식물이 전혀 어떤 병에 걸리지 않는 성질
4) **회피성**: 식물이 적극적·소극적으로 병원체의 활동기를 피하여 병에 걸리지 않는 성질
5) **내병성**: 식물이 감염되어도 실질적인 피해를 적게 받는 성질

07 식물이 적극적·소극적으로 병원체의 활동기를 피하여 병에 걸리지 않는 성질을 회피성이라 하고 식물이 감염되어도 실질적인 피해를 적게 받는 성질을 (　　)이라 한다. (　　)에 알맞은 용어를 쓰시오.

정답 내병성

> **내병성**
> 식물이 감염되어도 실질적인 피해를 적게 받는 성질

08 식물병 발생 요인 중 환경요인 3가지를 쓰시오.

정답 ① 온도 ② 수분 ③ 바람

해설 **환경(유인)**
① 온도: 병원균의 발육, 증식 및 기주의 저항성에 영향을 줌
② 수분: 균류의 포자발아 및 기주 침입이 가능한 높은 상대 습도가 필요함 (90% 이상)
③ 바람: 균류의 전염과 식물체에 상처 유발하여 발병 촉진
④ 강우: 병원균의 분산과 침입에 큰 영향을 끼침
⑤ 토양산도: 리지나뿌리썩음병의 경우 pH 5 정도의 산성 토양에서 발생함
⑥ 영양분: 질소비료의 시비 과용

② 해충의 발생예찰

01 해충의 발생예찰은 해충의 발생 시기나 발생량을 미리 알 수 있다면 방제 여부를 합리적으로 결정할 수 있고 방제 방법이나 시기를 효과적으로 결정할 수 있어 효과적인 방제가 가능할 것이다. 해충의 발생예찰 시 이용하는 네 가지 방법에 대하여 서술하시오.

정답 ① 통계학적 방법
② 다른 생물 현상과의 관계 이용
③ 실험적 방법
④ 개체군 동태학적 방법

해설 **예찰 방법**
① 통계학적 방법: 다년간의 생물 현상과 환경요소와의 상관관계를 이용하는 것으로 유효 적산온도가 많이 사용된다.
② 다른 생물 현상과의 관계 이용: 개화 시기, 곤충의 발생 시기와 해충의 관계 등을 이용
③ 실험적 방법: 해충의 휴면타파 시기나 생리적 상태를 조사하여 해충의 생리나 생태학적 현상을 실험적으로 예찰
④ 개체군 동태학적 방법: 개체군의 동태를 여러 가지 치사 원인과 같이 조사 분석하여 해충의 밀도 변동을 치사인자와의 관계에서 추정하는 것

제1장 피해의 원인 파악

02 해충의 발생예찰 시 이용하는 방법 중 다년간의 생물 현상과 환경요소와의 상관관계를 이용하는 것으로 유효적산 온도가 많이 사용되는 예찰 방식을 쓰시오.

정답 통계학적 방법

03 해충의 발생예찰 시 이용하는 방법 중 해충의 휴면타파 시기나 생리적 상태를 조사하여 해충의 생리나 생태학적 현상을 실험적으로 예찰하는 방식을 쓰시오.

정답 실험적 방법

04 해충의 발생예찰은 해충의 발생 시기나 발생량을 미리 알 수 있다면 방제 여부를 합리적으로 결정할 수 있고 방제 방법이나 시기를 효과적으로 결정할 수 있어 효과적인 방제가 가능할 것이다. 해충의 발생예찰 시 이용하는 네 가지 방법은 통계학적 방법, 실험적 방법, (①), (②) 등이 있다. (   )에 알맞은 방법을 쓰시오.

정답 ① 다른 생물 현상과의 관계
② 개체군 동태학적 방법

3 식물병원 종류

01 식물에 병을 유발하는 생물성 병원의 종류 5가지를 쓰시오.

정답 ① 바이로이드
② 바이러스
③ 파이토플라즈마
④ 세균
⑤ 균류

바이러스는 단백질 껍질로 덮여 있지만 바이로이드에는 단백질 껍질이 없다. 그러므로 단백질을 암호화할 물질도 없다. 핵 안쪽이나 엽록체 안에서 바이로이드가 복제된다.

02 식물에 병을 일으키는 미생물을 보기에서 골라 작은 것부터 크기별로 나열하시오.

┌─ 보기 ─────────────────────────────┐
① 파이토플라즈마 ② 바이러스 ③ 바이로이드
④ 균류   ⑤ 세균   ⑥ 선충
└────────────────────────────────┘

정답
③ 바이로이드
② 바이러스
① 파이토플라즈마
⑤ 세균
④ 균류
⑥ 선충

해설

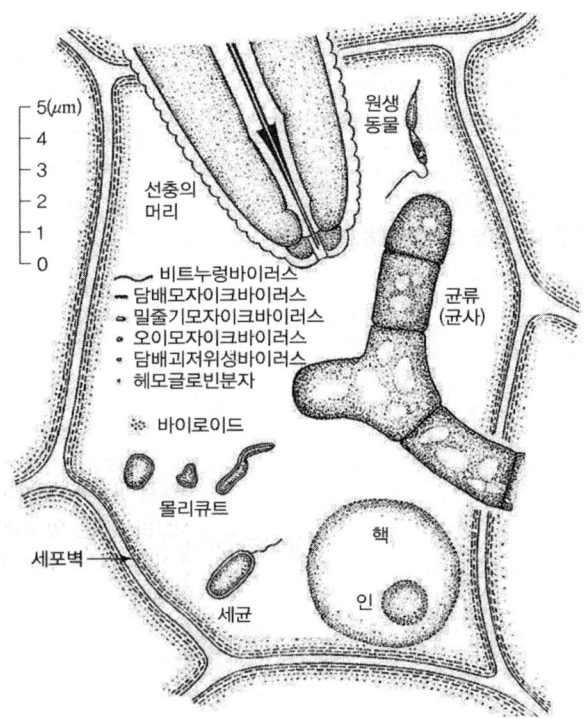

⊙ 식물세포에서의 각종 병원체의 크기 및 형태 특성

🌱 병원체의 크기 순서

바이로이드 〈 바이러스 〈 파이토플라즈마 〈 세균 〈 균류 〈 선충

제1장 피해의 원인 파악

03 다음은 어떤 생물군의 특징을 기술한 내용이다. 어떤 생물군인지 보기에서 골라 답을 쓰시오.

> "세포핵이 핵막과 구분되어 있고 유사분열을 하며 미토콘드리아와 같은 소기관 포함"

─○ 보기 ○─
① 원핵생물군   ② 진핵생물군

정답 진핵생물군

🌱 **원핵생물군**
핵막과 소기관이 없고 유사분열을 하지 않으며 염색체가 1개
⑩ 세균, 원시세균, 시아노박테리아

🌱 **진핵생물군**
세포핵이 핵막과 구분되어 있고 유사분열을 하며 미토콘드리아와 같은 소기관 포함
⑩ 원생동물, 조류, 진균, 점균류

04 바이러스의 특징 3가지를 기술하시오.

정답
① 바이러스는 감염성 인자로 전자현미경을 사용하지 않으면 볼 수 없는 매우 작은(약 20~30nm) 입자이다(광학현미경으로는 볼 수 없다).
② 바이러스는 살아있는 기주 세포의 도움 없이 증식할 수 없으므로, 인공배지에서 배양되지 않는다.
③ 바이러스는 단백질의 합성에 기주 세포의 도움이 필요하다.
④ 바이러스는 소독약이나 열에 대해서는 세균보다 강하며, 항생물질에 대해서도 저항성을 보인다.

05 병원균의 침입 경로 4가지를 쓰시오.

정답
① 각피(角皮)로 침입
② 자연개구부(自然開口部)로 침입
③ 상처를 통한 침입
④ 특수기관을 통한 침입

🌱 **각피(角皮, cuticle)**
식물의 각피는 잎, 새싹 등 지상부 조직의 표면을 덮고 있는 방어벽이다.

해설 **병원균의 침입**
1) **직접적인 침입(각피로 침입)**
  ① 곰팡이와 선충의 가장 일반적, 기생식물의 침입방법
  ② 곰팡이: 침입균사, 침입관
  ③ 선충: 구침(stylet)으로 구멍 뚫고 침입
  ④ 도열병균, 흰가루병균, 깜부기병균, 녹병균
2) **자연개구부 침입**
  ① 기공(氣孔, stoma) 침입: 녹병균의 녹포자와 여름포자, 노균병균, 삼나무 붉음마름병균, 소나무 잎떨림병균
  ② 수공(水孔, hydathode) 침입: 화상병균, 벼 흰잎마름병균

③ 피목(皮目, enticel) 침입: 과수 잿빛무늬병균, 포플러 줄기마름병균
④ 밀선(蜜腺, nectarine) 침입: 사과 화상병균

3) 상처침입
① 세균, 목재썩음병, 고구마무름병 등
② 바이러스, 바이로이드, 파이토플라즈마 등은 매개충이 만드는 상처를 통해 식물체에 침입(몇 종의 바이러스, 바이로이드는 다른 수단에 의하여 만들어지는 상처를 통해서도 침입할 수 있다.)

4) 특수기관 침입
① 꽃감염: 사과 꽃썩음병균, 배사과 화상병균, 밀보리 겉깜부기병균
② 모감염: 보리 속깜부기병균, 밀 비린깜부기병균
③ 뿌리감염: 무·배추 무사마귀병균, 토마토 풋마름병균, 시들음병균 등
④ 눈감염: 감자 암종병균, 벚나무 빗자루병

06 병원균이 식물체의 침입 경로 중 자연개구부에 해당하는 것 4가지를 쓰시오.

정답
① 기공(stoma) 침입
② 수공(hydathode) 침입
③ 피목(lenticel) 침입
④ 밀선(nectarine) 침입

해설
① 기공(氣孔) 침입: 잎의 뒷면과 어린줄기의 표피에 있고 현미경으로만 볼 수 있는 작은 구멍으로 입술 모양의 기공은 두 개의 공변세포에 의해 생성된 구멍이며, 증산작용에 중요한 통로이다.
② 수공(水孔) 침입: 잎맥의 끝 부위에 있으며 뿌리에서 빨아들인 수액을 배출하는 조직이다.
③ 피목(皮目) 침입: 나무의 줄기나 뿌리에 있어서 코르크 조직이 표피를 뚫고 나온 것으로 기공 대신에 공기의 통로가 되는 조직이다.
④ 밀선(蜜腺) 침입: 잎, 줄기, 꽃에서 당분이 분비되는 조직이다.

07 세균의 식물체 침입방법을 기술하시오.

정답 세균은 상처·기공·밀선 등 개구부를 통해서만 침입할 수 있다.

해설 세균은 진균처럼 각피 침입 능력이 없기 때문에 식물체의 각종 상처, 기공, 수공 등의 자연 개구부를 통해 침입하므로 특히 상처에 주의해야 한다. 세균류에 의해 주로 발생되는 병으로는 근두암종병, 혹병, 천공병, 아고병, 점무늬병, 부패병, 눈마름병, 위축병, 궤양병, 화상병 등이 있다.

생물성 병원의 침입
① 바이러스
  - 상처나 매개물 없이 침입 불가
  - 세포에 침입 후 바이러스의 외피 단백질이 벗겨지면 기주 세포가 동일한 바이러스를 생성
② 파이토플라즈마
  - 매개충이나 뿌리접촉·삽목 등 영양번식으로 전반
  - 전신 병해
③ 세균
  - 상처·기공·밀선 등은 개구부를 통해서만 침입
④ 곰팡이(균류)
  - 식물체의 표피를 통해 직접 침입 가능(기공·피목을 통해 침입 가능)
  - 광합성 불가, 어둡고 습기 많은 곳에서 잘 자람
⑤ 선충
  - 일반적으로 토양에 서식하면서 식물체에 직접 침입 가능
  - 식물기생성 선충은 구침을 통해 바이러스를 식물체에 옮겨주기도 함

제1장 피해의 원인 파악

08 식물의 비생물적 병원 중 토양 조건에 해당하는 것 3가지를 적으시오.

정답 ① 토양 pH
② 토양 수분 상태
③ 양분의 과부족 및 불균형

해설 **비생물적 병원**
① 토양 조건: 양분의 과부족 및 불균형, 수분의 과부족, 토양 중의 유해물질, 부적당한 토양 pH
② 기상 조건: 부적당한 온도 및 습도, 부적당한 광 조건, 강풍, 폭우, 폭설 등
③ 대기오염물질
④ 농약에 의한 약해 등

2 균에 의한 피해

① 균류

01 다음은 기주식물에서 병해를 반복 발생시키는 병원체의 생활사이다. ( ) 안에 알맞은 용어를 보기에서 골라 ( )를 완성하시오.

― 보기 ―
월동 → (①) → 접착 → (②) → 감염 → 병징 발현

정답 ① 전반 ② 침입

해설 **병환**
① 기주식물에서 병해를 반복 발생시키는 병원체의 생활사
② 월동 → 전반 → 접착 → 침입 → 감염 → 병징 발현
③ 1차 전염원: 월동 휴면상태 후 봄이나 가을에 감염을 일으키는 전염원
④ 2차 전염원: 1차 전염원으로부터 병징 발현 후 병원체가 전반되어 감염을 일으키는 전염원
⑤ 월동: 대부분 유성세대
⑥ 표피를 통해 직접 침입: 포자가 발아하여 발아관 → 부착기 → 침입관을 형성하여 침입

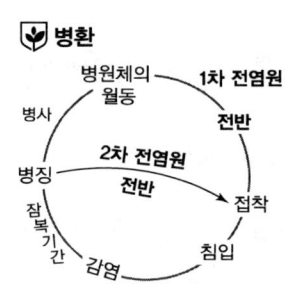
병환

02 1차 전염원으로부터 병징 발현 후 병원체가 전반되어 감염을 일으키는 전염원을 무엇이라고 하는지 용어를 쓰시오.

정답 2차 전염원

03 새로운 감염원으로 작용하여 병을 발생시킬 수 있는 병원체를 무엇이라 하는지 용어를 쓰시오.

정답 접종원

🌱 **접종원**
식물체에 도달하거나 접촉하여 감염을 시작하는 병원체의 모든 부분을 총칭하는 것으로, 균류의 경우 포자·균핵·균사체의 조각 등이 모두 접종원이 되며, 세균. 파이토플라즈마. 바이러스 등은 각각의 개체가 모두 접종원이 된다.

04 1차 접종원의 소재, 즉 1차 전염원 3가지를 쓰시오.

정답
① 토양
② 잡초 및 곤충
③ 병든 식물의 잔재
④ 종자 및 괴경, 인경, 구근, 묘목과 같은 식물의 번식기관

05 다음 보기에서 균의 번식에 있어 무성포자를 형성하는 균을 모두 고르시오.

┌─ 보기 ─────────────────────┐
① 난포자   ② 접합포자   ③ 후벽포자
④ 유주자   ⑤ 담자포자   ⑥ 분생포자
⑦ 자낭포자   ⑧ 휴면포자
└────────────────────────────┘

정답 ③ 후벽포자 ④ 유주자 ⑥ 분생포자 ⑧ 휴면포자

해설 1) 균의 생활사: 발아 → 증식 → 생식

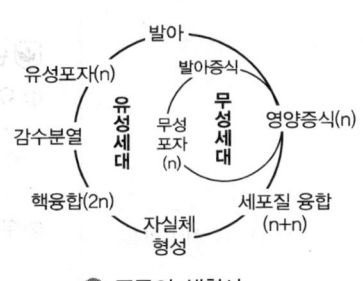

◆ 균류의 생활사

2) 영양체

① 균류의 영양체는 대부분 세포가 세로로 연결되어 있어 가늘고 긴 모양을 나타내는 균사이지만, 끈적균과 같은 원생 동물계 균류는 세포벽이 없으며 아메바 모양의 원형질체로 된 변형체가 형성한다.
② 균사는 기질로부터 영양을 섭취하는 기능을 지니고 있으며 그 표면에서 양분을 흡수한다.
③ 포자가 식물체 표면에서 발아하여 침입하는 경우에 부착기를 형성할 때가 있다.
- 무격벽균사: 난문균과 접합균류
- 유격벽균사: 자낭균문이나 담자균문 같은 고등균류

3) 균의 번식체

(1) 무성포자
 ① 유주자 ② 포자낭포자 ③ 분생포자 ④ 후벽포자 ⑤ 휴면포자

(2) 유성포자
 ① 난포자 ② 접합포자 ③ 자낭포자 ④ 담자포자

---

06 균의 번식에 있어 유성포자를 형성하는 균 3가지를 쓰시오.

정답
① 담자포자
② 접합포자
③ 자낭포자

---

07 다음 보기에서 설명하는 균류를 쓰시오.

> **보기**
> - 세포벽에는 키틴이 함유되지 않고 글루칸과 섬유소로 되어 있음
> - 균사는 잘 발달되어 있으며, 격벽이 없는 다핵균사임
> - 유성생식을 난포자라고 하며, 무성생식으로 직접 발아하는 포자를 유주포자라고 함
> - 뿌리썩음병, 역병, 노균병

정답 난균류

🌱 **난균강**
① 유성생식: 난포자(월동태)
 • 포자를 형성하고 격벽이 없는 다핵균사이며, 세포벽은 셀룰로스와 베타클루칸
② 무성생식: 편모가 있는 유주포자

08 균류에 있어 무격벽균사 2가지를 쓰시오.

정답 무격벽균사
① 난문균
② 접합균류

09 곰팡이의 분류 중 자낭균류는 잘 발달된 균사로 격벽이 (① 있으며, ② 없으며) 균사의 세포벽은 (③ 글루칸, ④ 키틴)으로 되어 있다. ( ) 안에 알맞은 것을 고르시오.

정답 ① 있으며
④ 키틴

해설 자낭균문
① 잘 발달된 균사로 격벽이 있으며, 균사의 세포벽은 키틴으로 되어 있음
② 유성생식으로 자낭포자를 형성하고 무성생식으로 분생포자를 형성함
③ 자낭균은 균사 조직으로 균핵과 자좌 등을 형성
④ 자낭은 자낭각, 자낭반, 자낭자좌 같은 특별한 모양을 가지는 자낭과의 내부에서 생성되거나 자낭과 없이 노출되는 것이 있음
⑤ 균사의 격벽에는 물질 이동통로인 단순격벽공이 있음
⑥ 자낭에는 8개의 포자 형성
⑦ 곰팡이 중 가장 큰 분류군
⑧ 자낭과의 형태(자낭구, 자낭각, 자낭반), 벽의 구조(단일벽·이중벽)

자낭(子囊, ascus)
유성생식으로 만들어지는 자낭균류의 포자가 들어 있는 주머니

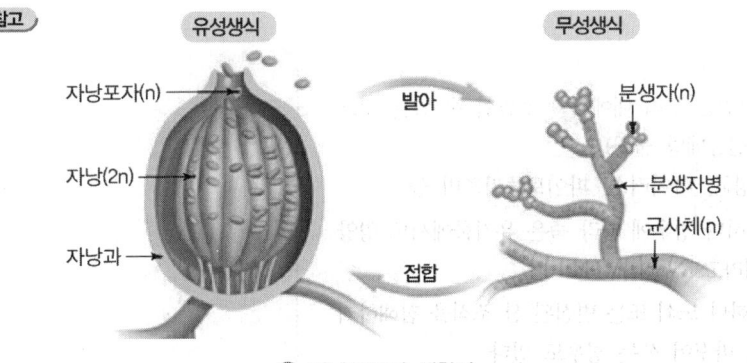

○ 자낭균류의 생활사

제1장 피해의 원인 파악

10 식물에 병을 유발하는 진균 중 담자균의 종류 3가지를 쓰시오.

정답 담자균문
① 녹병균강
② 깜부기병균강
③ 담자균강

해설 담자균문
① 각벽은 유연공 격벽
② 가장 진화된 고등균류

참고 담자균류의 생활사
① 무성생식(출아법, 분생포자): 출아법이나 분생 포자에 의해 진행되는데, 일반적인 것은 아니다.
② 유성생식(담자포자): 담자기에서 방출된 4개의 담자포자가 각각 발아하여 균사를 만든다.

불완전균류
- 격벽은 단순격벽공
- 분생포자(무성생식), 유성세대는 상실하거나 아직 미발견
- 유성세대가 밝혀지면 대부분 자낭균류이며, 일부는 담자균류

지의류(地衣類)
보통 녹조류, 혹은 남조류(시아노박테리아)가 균류(주로 자낭균류)와 공생하는 복합 유기체이다.

11 식물에 병을 일으키는 병원균 중 순활물기생체의 정의와 예를 드시오.

정답 살아있는 식물체만을 이용하여 영양을 섭취하고 증식하는 것으로, 죽은 생물체나 기물에서는 번식되지 않는다. 따라서 인공배지상에서는 배양되지 않는다.

◎ 바이로이드, 바이러스, 파이토플라즈마, 노균병균, 흰가루병균, 녹병균, 무사마귀병균 등

해설 영양섭취법에 따른 병원체의 분류
① 순활물기생체(절대기생체): 살아있는 조직 내에서만 생활할 수 있는 것으로 순활물기생체라고도 한다(인공배양 불가).
   ◎ 노균병균, 흰가루병균, 녹병균, 바이러스, 파이토플라즈마 등
② 임의부생체: 기생을 원칙으로 하나 경우에 따라 죽은 유기물에서도 영양을 취하는 것으로 조건부생체라고도 한다.
③ 임의기생체: 부생을 원칙으로 하나 노쇠 또는 변질된 산 조직을 침해하기도 하는 것으로 조건기생체로 바꾸어 쓰는 경우도 있다.
④ 절대부생체: 죽은 유기물에서만 영양을 섭취하는 것으로 순사물기생체라고도 한다.

12 식물에 병을 일으키는 병원균 중 임의부생체(조건부생체)의 정의를 쓰시오.

정답 본래는 기생체이지만 조건에 따라서는 죽은 생물체나 무기물에서 영양을 섭취하여 부생적으로 생활할 수 있는 것을 말한다. 적당한 영양원을 함유하는 배지에서 배양이 가능하다(많은 병원균이 이에 속한다).

13 식물의 병의 저항성에 있어 기주(寄主)의 품종 간에 병원균의 레이스에 관하여 감수성이 다른 상호관계가 존재하는 경우의 저항성을 일컫는 저항성을 쓰시오.

정답 수직저항성(진정저항성)

해설 1) 수직저항성(진정저항성)
① 기주의 품종 간에 병원균의 레이스에 관하여 감수성이 다른 상호관계가 존재하는 경우의 저항성을 수직저항성, 레이스 특이적 저항성이라고 한다.
② 수직저항성=레이스 특이적 저항성=단인자 저항성=질적저항성=주동유전자 저항성=진정저항성=분화적 저항성
  (1) 수직저항성의 특징
  ① 주동유전자는 하나 또는 비교적 소수의 단일 우성 유전자에 의해 지배되는 경우가 많다.
  ② 소수의 주동유전자에 의해 발현되므로 유전양식이 비교적 간단하고 재배 환경 등의 외부 영향에도 안정적이다.
  ③ 병원체의 특정 레이스에 대해 완전 저항성을 가져 병이 발생하지 않는다.
  ④ 특정 레이스에 대한 고도의 저항성으로 인해 과민성 반응(조직 괴사) 등 그 병징이 뚜렷하다.
  ⑤ 병원체의 돌연변이로 새로운 레이스가 생기면 저항성이 무너질 수 있다. 이는 저항성이 감수성으로 변하여 병원체의 새로운 레이스를 탄생시킨다.

14 기주의 품종과 병원균의 레이스 사이에 특이적인 상호관계가 없는 저항성을 일컫는 저항성을 쓰시오.

정답 수평저항성(포장저항성)

제1장 피해의 원인 파악

해설 1) 수평저항성(포장저항성)
① 기주의 품종과 병원균의 레이스 사이에 특이적인 상호관계가 없는 저항성을 수평저항성, 레이스 비특이적 저항성이라고 한다.
② 수평저항성＝레이스 비특이적 저항성＝다인자 저항성＝양적저항성＝미동유전자저항성＝포장저항성＝비분화적 저항성
(1) 수평저항성의 특징
① 모든 식물이 병원체에 대응할 수 있는 어느 정도 비특이적 저항성을 갖고 있는 성질을 말한다.
② 한 병원체의 모든 레이스에 균일하게 저항성이 작용하지만 대신 효과가 크지 않다.
③ 병원체의 감염을 막지는 못하지만 감염부의 병원체 발달을 저하시켜 병의 확대를 감소시키고 병 진전을 늦춘다.
④ 저항성이 불안정하여 환경 변화에 민감하며 발병이 알맞은 환경에서는 저항성이 쉽게 무너진다.
⑤ 기주의 저항성을 완전히 파괴시키기 위해서는 병원체에서 많은 돌연변이가 일어나야 한다.

15 침입저항성의 정의를 쓰시오.

정답 병원체가 기주식물의 조직에 침입하는 경우에 기주식물이 병원균의 침입을 방지하는 기주식물의 성질을 침입저항성이라고 한다.

16 감염저항성의 정의를 쓰시오

정답 병원체가 기주식물에 정착하고 영양관계가 성립할 때까지의 과정에서 발휘되는 저항성을 말한다.

17 확대저항성의 정의를 쓰시오

정답 식물의 조직에 병원체가 감염된 후에 조직 내에서 병원체의 증식 및 만연과 병의 진전을 억제하는 저항성을 말한다.

18 면역성(비기주저항성)의 정의를 쓰시오.

정답 병원체를 접종하여도 기주식물이 전혀 병에 걸리지 않는 경우에 면역성이라고 한다.

19 내병성의 정의를 쓰시오.

정답 병원체를 식물체 내에 보유하지만 병징이 나타나지 않거나 병징이 나타나도 수량에 거의 영향을 끼치지 않는 경우를 말한다.

20 식물의 병의 저항성에 있어 기주의 품종과 병원균의 레이스 사이에 특이적인 상호관계가 없는 저항성을 일컫는 저항성을 쓰시오.

정답 수평저항성(포장저항성)

21 다음에서 설명하고 있는 용어를 보기에서 골라 ( )를 완성하시오.

―○ 보기 ○―

레이스, 분화형, 판별 품종, 지표식물, 뱅크플랜트

- 형태적으로 같은 종에 속하지만, 병원성과 기주 범위에 차이가 있는 병원균을 말한다. 즉, 같은 맥류줄기녹병균에 속하지만 밀줄기녹병균은 밀만을 침해하고, 귀리줄기녹병균은 귀리만 침해하며, 호밀줄기녹병균은 호밀만을 침해하므로 이들을 맥류줄기녹병균의 (①)이라고 부른다.
- 병원균의 한 종, 한 분화형, 변종 중에서 기주의 품종에 대한 기생성이 다른 것을 (②)라고 한다.
- (③)이란, (④)를/을 구분하는 기준 품종을 말한다. 즉 어떤 병에 걸렸는지를 판별하기 위한 기준 품종으로 나라마다 다른 품종을 이용하게 됩니다.

정답 ① 분화형
② 레이스
③ 판별 품종
④ 레이스

벼 도열병 판별품종
- 중국계(C 품종군)/일본계(N 품종군)/인도계(T 품종군)로 분류
- 레이스의 변화(저항성 품종이 감수성으로 전락하는 것)는 병해 및 저항성과 밀접한 관련이 있다.

천적유지식물(banker plants)
천적을 증식하고 유지하는 데 이용되는 식물
예 딸기 시설재배에서 뱅커 플랜트로 보리를 이용

제1장 피해의 원인 파악

22 식물의 병에 대한 저항성 중 물리적 방어 반응에 해당하는 것을 보기에서 고르시오.

> **보기**
> ① 페놀성 성분
> ② 큐티클(cuticle)의 양과 질
> ③ PR-단백질
> ④ 표피세포 세포벽의 구조와 두께
> ⑤ phytoalexin

정답 ② 큐티클(cuticle)의 양과 질
④ 표피세포 세포벽의 구조와 두께

해설 병저항성 기구
1) 정적 저항성
   (1) 물리적 저항성
   병원균에 대한 최초의 방어는 표면에서 이루어지기 때문에 표면을 구성하고 있는 왁스(wax), 큐티클(cuticle)의 양과 질, 표피세포 세포벽의 구조와 두께, 기공, 수공 및 피목의 모양, 분포, 밀도, 털 등은 정적인 물리적 발현에 중요한 요인이 된다.
   (2) 화학적 저항성
   식물의 조직에 병원체의 감염과 관련 없이 존재하며, 감염한 경우에도 그 양이 증가하지 않으면서 항균작용을 나타내는 물질을 비유도성 항균물질이라 부른다.
2) 동적 저항성
   (1) 형태적 방어반응
   • 기주 세포벽 형태 변화의 저항성
   • 원형질 형태 변화의 과민감 반응
3) 화학적 방어반응
   ① 페놀성 성분
   ② phytoalexin
   ③ PR-단백질
   ④ 하이드록시프롤린이 많은 당단백질
   ⑤ 리그닌

23 기주 세포가 급격히 반응하여 죽음으로써, 양분의 결핍으로 침입 병원균의 생육을 저지하거나 불활성화하는 것을 무엇이라 하는가?

정답 괴사적 방어

해설 ① 저항성 발현으로서의 과민성 반응: 괴사적 방어
② 괴사적 방어: 기주 세포가 급격히 반응하여 죽음으로써, 양분의 결핍으로 침입 병원균의 생육을 저지하거나 불활성화하는 것

참고 저항성 발현으로서의 조직의 변화
코르크, 이층, 전충체, 검(gum), 로스(파필라) 돌기 형성 + 수지 분비 + HRGP(Hydroxyproline Rich Glyco Protein)

🌱 **식물항체(plantibody)**
동물유전자가 코딩(coding)한 항체를 식물의 생식세포 등에 접종하여 식물에서 항체를 생산하는 것. 동물항체에 비해 저렴하고 생산량이 높으며, 다른 질병 전염에 따른 위험성이 없다.

24 식물의 저항성 발현으로 조직의 변화 중 이층형성에 대하여 설명하시오.

정답 식물의 잎, 꽃, 과실 따위가 각각의 기부에 탈리층을 분화시키는 현상을 말한다.

해설 기관의 탈락은 기부에 이층이 형성되기 때문에 일어나는 현상이며, 기관의 탈락을 직접적으로 촉진하는 것은 에틸렌으로 알려져 있다.

25 식물의 병에 대한 저항성 중 화학적 방어 반응에 해당하는 것 3가지를 쓰시오.

정답 ① 페놀성 성분   ② phytoalexin   ③ PR-단백질

26 식물에서 (   )의 주된 기능은 병애 대한 저항성을 높이는 것으로서 생물영양 병원균에 대한 방어에 중요한 역할을 한다. (   ) 알맞은 호르몬을 보기에서 선택하시오.

─○보기○─
① 자스몬산(jasmonic acid)
② 살리실산(salicylic acid)

정답 ② 살리실산(salicylic acid)

🌱 **살리실산(salicylic acid)**
식물에서 살리실산(SA)의 주된 기능은 병에 대한 저항성을 높이는 것으로서 생물 영양 병원균에 대한 방어에 중요한 역할을 한다.

제1장 피해의 원인 파악

[해설] 자스몬산(jasmonic acid)
① 식물체는 세포조직에 물리적 손상이 일어날 경우 식물들은 자스몬산(jasmonic acid)이라는 호르몬을 방출한다. 이 호르몬은 식물의 방어기작에 의해 생성되는 화합물이 만들어지도록 유도하는 데 쓰인다. 곤충이 공격할 때 주로 발생하는 자스몬산은 휘발성이 있어 이웃한 식물에게 경고를 보내는 구실을 한다.
② 식물이 곤충의 공격을 받으면 방어하기 위해 자스몬산을 만든다.

27 균류의 변이 방법 3가지를 쓰시오.

[정답]
① 교잡
② 자연돌연변이
③ 이질다핵현상

[해설] 균류의 변이
① 교잡: 병원성 변이의 제1 원인은 교잡이며 이것에 의하여 병원성이 다른 분화형이 자연발생적으로 나타난다.
② 자연돌연변이: 양친에 없었던 형질이 갑자기 나타나거나, 있던 형질이 없어지는 등 불연속 변이를 말한다.
③ 이질다핵현상: 균류의 균사 또는 포자의 세포에는 2개 또는 그 이상의 핵을 가진 것이 많다. 이와 같이 복수의 핵은 보통 유전적으로 같은 성질의 것이며 이러한 균을 호모카리온이라고 한다. 그러나 하나의 세포 내에 유전적으로 다른 2개 이상의 반수체핵이 존재하는 경우가 있는 데 이러한 것을 헤테로카리온이라 하고 이와 같은 현상을 이질다핵현상이라고 한다.
④ 준유성교환: 헤테로카리온의 균사는 2개의 다른 반수체핵이 낮은 빈도로 융합하여 배수체핵(2N)을 형성하는 경우가 있다. 이와 같이 유성생식에 의하지 않는 헤테로카리온 내에서의 유전자 교환을 준유성교환이라고 한다.

28 균류의 변이 방법 중 유성생식에 의하지 않는 헤테로카리온 내에서의 유전자 교환을 무엇이라 하는지 용어를 쓰시오.

[정답] 준유성교환

[해설] 헤테로카리온의 균사는 2개의 다른 반수체핵이 낮은 빈도로 융합하여 배수체핵(2N)을 형성하는 경우가 있다.

29 식물체의 병에 대한 저항성이 무너지게 되는 가장 큰 요인을 쓰시오.

정답 병원균의 변이

② 균에 의한 식물병

01 수목 뿌리병해에 있어 병원균 우점형 뿌리병해 3가지를 쓰시오.

정답 ① 모잘록병 ② 파이토프토라뿌리썩음병 ③ 리지나뿌리썩음병

해설 균에 의한 식물병 뿌리병해

대부분 부생생활을 하다가 조건에 따라 기생 생활하는 임의기생체로 병원균 우점형과 기주 우점형으로 구분

1) 병원균 우점형 뿌리병해

   모잘록병, 파이토프토라뿌리썩음병, 리지나뿌리썩음병

   (1) 모잘록병
   - 병원균: Pythium, Rhizoctonia, Fusarium

   (2) 리지나뿌리썩음병
   ① 병원균: Rhizina undulata(파상땅해파리버섯) 자낭균
   ② 고온(40~50℃)에서 발아하므로 소나무 주변 캠핑장 취사 행위 금지
   ③ 산성토에서 주로 발생
   ④ 파상땅해파리버섯을 만들어 번식한다.

> **병원균 우점병(病原菌優點病)**
> 병원균이 상대적으로 강함. 병원균우점병의 병원균은 주로 미성숙한 조직을 침입하여 식물이 어릴 때 병을 일으키거나 생육 후기에 잠복해 있는 병원균이 활동을 시작하여 뿌리의 노화를 촉진하고 식물체를 조기에 말라 죽인다.

02 수목 뿌리병해에 있어 기주 우점형 뿌리병해 3가지를 쓰시오.

정답 ① 아밀라리아뿌리썩음병 ② 자주날개무늬병 ③ 흰날개무늬병

해설 기주 우점형 뿌리병해

안노섬뿌리썩음병, 아밀라리아뿌리썩음병, 자주날개무늬병, 흰날개무늬병

1) 아밀라리아뿌리썩음병
   ① 병원균: Armillaria mellea 담자균
   ② 산성토에서 주로 발생
   ③ 침엽수 활엽수 공통
   ④ 표징: 뿌리꼴균사다발, 부채꼴균사판, 뽕나무버섯
   ⑤ 뽕나무버섯은 8~10월만 관찰됨

2) 자주날개무늬병
   ① 병원균: Helicobasidium mompa 담자균

> **기주 우점병(寄主 優點病)**
> - 병원균보다 기주, 환경 영향이 큼
> - 기주우점병은 발병에 있어서 기주가 병원균보다 더 많은 영향을 주는 특성을 가진 병
> - 대부분의 뿌리 썩음병과 시들음병이 여기에 속함

제1장 피해의 원인 파악

② 침엽수, 활엽수 공통의 다범성 병해
③ 산성토에서 주로 발생
④ 미분해 유기물이 많은 임지에서 피해가 심하므로 석회살포하여 토양 산도 조절

03 다음 보기 중에서 다범성 균으로 침엽수 및 활엽수에 병해를 일으키며 뽕나무버섯 자실체 표징으로 알수 있는 수목병을 골라 쓰시오.

─○보기○─
① 모잘록병 ② 인노섬뿌리썩음병
③ 리지나뿌리썩음병 ④ 아밀라리아뿌리썩음병

정답 ④ 아밀라리아뿌리썩음병

🌱 **아밀라리아뿌리썩음병**
병원균은 담자균류에 속하는 Armillariella mellea이며 자실체(뽕나무버섯)를 형성하고 그 주름 위에 담자포자를 무수히 만든다.

04 다음 보기에서 고온(40∼50℃)에서 발아하며 산성토에서 주로 발생하는 수목병을 골라 쓰시오.

─○보기○─
① 모잘록병 ② 인노섬뿌리썩음병
③ 리지나뿌리썩음병 ④ 아밀라리아뿌리썩음병

정답 ③ 리지나뿌리썩음병

🌱 **리지나뿌리썩음병의 병원균**
자낭균류의 Rhizina undulata인데, 이 병이 모닥불 자리나 산불 피해지에서 많이 발생하는 이유는 이 병원균의 포자가 발아하기 위해서는 약 40∼50℃의 지중 온도가 필요하기 때문이다.

05 다음 보기를 보고 알맞은 식물 병해를 쓰시오.

─○보기○─
• 병원균: Helicobasidium mompa 담자균
• 침엽수, 활엽수 공통의 다범성 병해
• 산성토에서 주로 발생
• 미분해 유기물이 많은 임지에서 피해가 심하므로 석회를 살포하여 토양의 산도를 조절

정답 자주날개무늬병

06 보기에서 설명하는 식물 병명을 쓰시오.

> ─○ 보기 ○─
> - 병원균: Septobasidium bogoriense 담자균
> - 특징 – 통풍 불량한 그늘의 활엽수 피해 발생
>   – 초기에는 깍지벌레 분비물을 영양원으로 이용
>   – 차츰 균사를 통해 수피에서도 영양을 취함

정답 회색/갈색 고약병

해설 **균에 의한 식물병**: 줄기병해
① 회색·갈색 고약병
② 소나무류 피목가지마름병
③ 밤나무 줄기마름병
④ 벚나무 빗자루병 등

07 보기에서 설명하는 식물 병명을 쓰시오.

> ─○ 보기 ○─
> - 병원균: Cenangium ferruginosum 자낭반
> - 가을 이상건조와 겨울 이상고온이 겹칠 때 발생

정답 소나무류 피목가지마름병

08 보기에서 설명하는 식물 병명을 쓰시오.

> ─○ 보기 ○─
> - 병원균: Cryphonectria parasitica 자낭각
> - 가지나 줄기에 황갈색, 적갈색 병반, 갈라 터진 수피 속에 황색 균사판
> - 박쥐나방 등 천공성 해충 방제
> - 생물적 방제로 저병원성 dsRNA 균주 살포

정답 밤나무 줄기마름병

> **[해설] 밤나무 줄기마름병**
> - 균주가 1950년대에 이탈리아에서 발견되어, 감염된 밤나무에 저병원성 균주를 접종한 결과 이 병이 치유되었다.
> - 저병원성 균주의 유전자에는 겹가닥의 RNA(double-strand RNA, dsRNA)가 존재하는 것이 특징이다.

09 보기에서 설명하는 식물 병명을 쓰시오.

> ○ 보기 ○
> - 병원균: Taphrina wiesneri 나출자낭
> - 전국적 왕벚나무 피해가 가장 심함, 꽃 대신 작은 잎이 빽빽하게 자라며 몇 년 후 고사
> - 빗자루 모양 가지를 제거하여 태우고 잘라낸 부위에 상처도포제 처리

[정답] 벚나무 빗자루병

🌿 세계 3대 수목병
밤나무 줄기마름병, 잣나무 털녹병, 느릅나무 시들음병

🌿 우리나라 4대 병해충
소나무시들음병(소나무재선충병), 참나무시들음병, 솔잎혹파리, 솔껍질깍지벌레

10 다음 보기의 내용을 보고 해당하는 병명을 쓰시오.

> ○ 보기 ○
> - 병명: Valsa canker
> - 기주: 사과나무
> - 증상: 주간(主幹)이나 가지에 발생한다. 처음에는 수피가 갈색으로 변색되어 부풀어 오르고 쉽게 벗겨지며, 알코올 냄새가 난다. 병환부가 건조하면 수분을 상실, 함몰되며 그 표면에 흑색의 작은 점(병자각)이 형성된다. 작은 가지에는 봄에 발생, 여름철의 고온기에 말라 죽는데 겹무늬썩음병의 병징과 구분하기가 매우 어렵다. 나무껍질이 갈색으로 되며 약간 부풀어 오르고 쉽게 벗겨지고 시큼한 냄새가 난다. 병이 진전되면 병에 걸린 곳에 까만 돌기가 생기고 여기서 노란 실 모양의 포자퇴가 나온다.

[정답] 사과부란병

11 다음 보기의 내용을 보고 해당하는 병명을 쓰시오.

> **보기**
> - 병원균: Lophodermium seditiosum - 자낭반
> - 기주: 소나무
> - 3~5월 묵은 잎 1/3 이상이 적갈색으로 대량 떨어짐
> - 죽은 잎에서 서식하는 부생균으로 대부분 병원성 약함

정답 소나무류 잎떨림병

12 잎에 발생하는 수목병 중 그을음병의 유발하는 대표적인 곤충 2가지를 쓰시오.

정답 진딧물, 깍지벌레

해설 그을음병
① 검은 그을음을 발라 놓은 것 같은 외관을 나타내므로 쉽게 구별됨
② 그을음병균의 대다수는 진딧물, 깍지벌레 등의 감로를 섭취하여 번식
③ 식물체는 급속히 말라 죽지는 않으나 광합성이 방해되므로 쇠약하게 함
④ 특히 5~6월 무렵에 많이 발생
⑤ 주로 잎 앞면에 원형 그을음 모양 균총을 형성
⑥ 균총 내부에는 작고 검은 점(자낭각)이 산재

13 다음 보기에서 담자균에 의해 발생되는 식물병에 해당하는 것을 모두 고르시오.

> **보기**
> ① 흰가루병　　② 녹병
> ③ 그을음병　　④ 깜부기병

정답 ② 녹병
　　　④ 깜부기병

제1장 피해의 원인 파악

14 다음 보기의 내용을 참고하여 식물병을 쓰시오.

> ─○보기○─
> - 기주: 철쭉류
> - 병원균은 담자균류인 Exobasidium이다.
> - 잎눈과 꽃눈에서 옥신의 양을 증가시켜 흰색의 덩어리를 만든다.
> - 이 덩어리에는 안토시아닌이 생성되어 붉은색을 띠지만, 나중에는 곰팡이가 자라서 흑회색으로 변한다.

정답 철쭉류 떡병

해설 ① 잎, 꽃눈의 국부적 이상증식(흰색 덩어리로 커짐) → 안토시아닌 색소 발달하여 핑크빛 변색
② 떡병은 봄에 새잎이 완전히 성숙해졌을 때(5~6월경) 잎이나 꽃의 일부가 전체가 부풀고 표면에 하얀색의 분말(병원균의 포자)이 뒤덮여 마치 떡이 부푼 형태를 나타낸다. 병든 부분은 처음에는 녹색으로 광택이 있으나 햇볕이 닿는 면은 붉은색으로 변한다.
③ 간혹 강수량이 많은 가을에 발생하기도 한다.

최근에는 식물에 이상 비대 증상을 나타내게 하는 물질의 본체가 밝혀져, E.japonicum(철쭉류떡병균)의 배양액에서 식물생장 촉진물질인 옥신(auxin, 인돌3초산)이 E. symploci-japonicae에서는 생리활성 물질인 페놀유산이 있는 것으로 밝혀져 있다.

15 다음은 일반적인 녹병균의 생활사이다. ( ) 알맞은 세대를 완성하시오.

> 녹병정자 → (①) → 여름포자 → (②) → 담자포자

정답 ① 녹포자
② 겨울포자

녹병균
많은 종의 식물에 병을 일으키지만, 기주특이성(寄主特異性)이 강하여 특정한 속 또는 종에서만 기생하는 특성을 지니고 있다.

해설 1) 녹병
① 순활물기생체(절대기생체)
② 서로 다른 두 종의 기주를 필요로 하는 이종기생균
③ 후박나무 녹병과 회화나무 녹병처럼 간혹 한 종류의 기주에서 생활사를 완성하는 동종기생균도 있다.
④ 형성층과 체관부의 세포 간극에 침입 후 흡기를 만들어 세포벽을 뚫고 침입

2) 녹병균 생활사
녹병정자 → 녹포자 → 여름포자 → 겨울포자 → 담자포자

녹병균 생활사
다섯 종류의 포자는 고유의 역할을 지니고 있는데, 담자포자와 녹포자는 기주교대를 하는 세대이고, 여름포자는 반복 감염을 하면서 경우에 따라서는 월동을 하기도 한다.

세대기호	포자명	핵상	특성
0	녹병정자	n	• 주로 잎의 앞면에 형성된다. • 원형질 융합으로 녹포자를 생산하는 유성세대
1	녹포자	n+n 2핵균사	• 주로 잎의 뒷면에 형성되며 기주 교대를 한다. • 녹포자의 표면에 독특한 무늬가 있다.
2	여름포자	n+n	• 포자표면에 다양한 무늬가 있다. • 포자의 색깔이 오렌지색 혹은 녹색 • 이웃 개체를 반복하여 감염
3	겨울포자	n+n→2n	• 핵융합으로 겨울포자퇴를 형성 포자의 색깔은 갈색~흑갈색이다. • 담자기를 만들며 감수분열하여 무색의 담자포자 형성
4	담자포자	n	• 담자기를 만들며 무색의 포자를 생산한다. • 기주 교대를 한다.

16 녹병은 그 병원체와 생활사가 특유하고 대부분 생활사를 완성하기 위해 두 종류의 기주식물을 필요로 하는 이종기생균으로 중간기주를 가지고 있다. 다음은 수목의 녹병을 나타낸 것이다. 중간기주를 보기에서 골라 (   )를/을 완성하시오.

―보기―
ㄱ 참나무 속   ㄴ 포플러   ㄷ 황벽나무
ㄹ 회화나무   ㅁ 송이풀

병명	기주	중간기주
잣나무 털녹병	잣나무, 스트로브 잣나무	①
소나무류 잎녹병	소나무, 잣나무, 스트로브 잣나무	황벽나무
소나무 혹병	소나무	②

정답 ① 송이풀 ② 참나무 속

해설 **녹병의 종류**
① 잣나무 털녹병(Cronartium ribicola)
 • 중간기주: 송이풀, 까치밥나무(까치밥나무는 국내 미보고)
 • 중간기주인 송이풀 잎 뒷면에 여름 포자 형성
 • 5~20년생 잣나무에서 많이 발생

🌱 **잣나무 털녹병**
잣나무에서 녹병정자와 녹포자를 형성하고, 중간기주에서 여름포자·겨울포자 및 담자포자를 형성한다.

② 소나무 줄기녹병
- 중간기주: 작약, 모란
- 봄에 황색 녹포자기가 돌출되어 터지면서 담황색 녹포자 비산

③ 소나무 혹병
- 중간기주: 졸참나무, 신갈나무
- 9~10월 담자포자가 소나무, 곰솔 어린 가지에 10개월 잠복

④ 소나무 잎녹병
- 중간기주: 참취, 과꽃, 개미취, 쑥부쟁이, 잔대, 황벽나무류
- 침엽은 녹포자의 비산이 끝나면 회백색으로 변하며 말라죽음

⑤ 전나무 잎녹병
- 중간기주: 뱀고사리
- 당년생 침엽 뒷면에 옅은 녹색의 녹병정자, 녹포자 형성

⑥ 참죽나무, 후박나무, 회화나무 녹병
- 중간기주 없음
- 겨울포자 → 담자포자 → 여름포자

⑦ 포플러 잎녹병
- 중간기주: 일본잎갈나무, 현호색
- 4~5월 일본잎갈나무 잎 표면에 황색 병반이 나타나고, 잎 뒷면의 녹포자기에서 녹포자가 비산하여 포플러의 새잎에 감염
- 기주인 포플러 잎에서 여름포자 반복 전염

⑧ 향나무 녹병(Gymnosporangium spp)
- 장미과 수종(사과나무, 배나무 등)에 기주 교대를 하는 이종기생성병으로서 과일 나무에 피해를 줌
- 향나무·배나무·모과나무에 발생하는 G.asiaticum
- 사과나무 등에 발생하는 G.yamadae

17 향나무 녹병은 향나무와 배나무(장미과 수종)에 기주교대를 하는 이종기생성병으로 배나무, 사과나무, 등의 과수에 피해를 주고 있으며 붉은별무늬병으로 알려져 있다. 향나무 녹병균의 포자퇴를 완성하시오.

향나무 → 배나무 → (①) → 담자포자 → 녹병정자기 → (②)

정답 ① 겨울포자퇴   ② 녹포자기

해설 향나무 녹병(Gymnosporangium spp)
① 중간기주: 배나무 등 장미과 수종(붉은별무늬병)
② 향나무에서 겨울포자와 담자포자가 형성되며, 여름포자가 없는 녹병

이종기생하는 녹병균
향나무 녹병, 붉은별무늬병 등이 있다.

이종기생균
녹병균과 같이 한 살이 동안 전혀 다른 두 종류의 기주식물을 옮겨가며 생활하는 병원균을 말한다.

향나무 녹병
배나무, 사과나무 등의 과수에 감염을 일으켜 과일의 질과 생산량을 저하시키며, 붉은별무늬병으로 잘 알려져 있다. 조경수인 명자꽃, 산당화, 모과나무, 산사나무, 꽃아그배나무, 꽃사과, 야광나무 등에서는 잎의 앞면에 붉은 반점을 만들고, 잎의 뒷면에 돌기 모양의 녹포자기를 형성하여 미관적 가치를 저하시키며 잎을 일찍 떨어뜨려 생장을 저하시킨다. 향나무에는 큰 피해를 주지 않으나 때로는 가지 및 줄기를 고사시키기도 한다.

③ 봄에 향나무 잎과 줄기에 노란색이나 오렌지색 겨울포자 형성
④ 중간기주(장미과식물)에 녹병정자와 녹포자 형성
⑤ 장미과 식물과 2km 이상 분리 식재

18 파이토플라즈마병은 병든 나무의 분근묘 등 영양체를 통해서 전염되거나 매개충에 의하여 전염된다. 파이토플라즈마에 의한 수목병에 따른 매개충을 서술하시오.

수목병명	매개충
대추나무 빗자루병	①
뽕나무 오갈병	②
오동나무 빗자루병	③

🌱 **파이토플라즈마(Phytoplasma)**
- 테트라사이클린계 항생제에 매우 민감하며, 감염되어 있는 수목을 주기적으로 테트라사이클린 용액에 담그면 병징이 줄어들거나 사라지며, 만일 병징이 나타나기 전에 처리하면 병징의 발현이 늦추어 진다.
- 국내에서 대추나무 빗자루병 방제에 옥시테트라사이클린 항생제를 수간에 주입하여 대추나무를 방제하는 데 큰 성과를 얻고 있다.

정답 ① 마름무늬매미충
② 마름무늬매미충
③ 담배장님노린재 & 썩덩나무노린재 & 오동나무애매미충

해설 **파이토플라즈마에 의한 병**

수목병명	매개충
대추나무 빗자루병	마름무늬매미충
뽕나무 오갈병	마름무늬매미충
오동나무 빗자루병	담배장님노린재 & 썩덩나무노린재 & 오동나무애매미충

19 수목의 목질부를 썩히는 부후균 3가지를 쓰시오.

정답 ① 갈색부후균 ② 백색부후균 ③ 연부후균

해설 **목재부후균**
① **갈색부후균**: 자낭균과 담자균 종류로서 세포벽 구성성분 중 헤미셀룰로스와 셀룰로스를 분해하고 리그닌은 남긴다. 그 결과 목질부는 섬유질이 없는 갈색으로 되며, 약간 단단하지만 작은 벽돌 모양으로 금이 가면서 쪼개진다.
② **백색부후균**: 주로 구름버섯 같은 민주름버섯의 담자균으로 헤미셀룰로스, 셀룰로스, 리그닌을 모두 분해하므로 목질부 조직은 밝은색으로 되며 조직은 약하고 견고성이 전혀 없어 부서진다.
③ **연부후균**: 분해력이 낮은 자낭균류와 불완전균류에 의하여 느리게 진행되는 것으로, 목질부 내 방사유조직과 세포벽의 벽공으로 침투하여 썩히므로 죽은 목질에 수분이 더욱 침투하기 쉽게 된다. 이에 따라 담자균류, 자낭균류, 그리고 박테리아의 감염을 더욱 쉽게 한다.

20 수목의 목질부를 썩히는 부후균 중 미셀룰로스, 셀룰로스, 리그닌을 모두 분해하여 목질부 조직은 밝은색으로 되며 조직은 약하고 견고성이 전혀 없어 부서지게 만드는 균을 쓰시오.

정답 백색부후균

3 세균에 의한 식물병

01 세균이 주어진 시간 동안 증식하는 양을 대수표로 표시하는 것을 생장곡선이라 하고, 유도기, (　　　), 정상기, 및 사멸기로 나눌 수 있다. 괄호 안에 알맞은 용어를 쓰시오.

정답 대수기

해설 식물세균 대부분은 이분법 또는 분열이라는 무성생식 증식에 의해 증식하며, 좋은 조건에서는 분열이 왕성하게 되어 1개의 세균이 하루 동안 수백만 개로 증식할 수 있다. 그러나 양분의 감소나 대사 폐기물의 축척 및 기타 여러 제한요인에 의하여 증식속도가 줄어들게 되고 마침내 멈춘다.

🌱 **세균의 생장곡선**

🌱 **그람음성세균**
더 얇은 층(세포 외막의 10%)을 가지기 때문에 보라색 염색을 유지하지 못하고 사프라닌에 의해 분홍색으로 대비 염색된다.

🌱 **그람양성세균**
펩티도글리칸(세포 외막의 50~90%)으로 이루어진 그물망 형태의 두꺼운 세포벽을 가지고 있으며, 그 결과 크리스탈 바이올렛에 의해 보라색으로 염색된다.

02 식물에 병을 일으키는 세균 중 그람양성세균 2가지를 쓰시오.

정답 Clavibacter, Streptomyces

해설 **식물병원세균의 속**
1) 그람음성세균
　　Acidovorax, Agrobacterium, Burkhoder, Erwinia, Pantoea, Pseudomonas, Ralstonia, Xanthomonas
2) 그람양성세균
　　Clavibacter, Streptomyces

03 세균에 기생하여 증식하는 바이러스를 쓰시오.

정답 박테리오파지

해설 **식물병원균의 길항미생물**
① 박테리오파지: 세균에 기생하여 증식하는 바이러스

② 델로비브리오: 세균에 기생하는 세균
③ 원생동물: 먹이를 먹고 에너지를 얻는 생물
④ 그 밖의 길항미생물: 항생물질을 생산하는 Streptomyces, Pseudomonas, Bacillus 속이 존재하며 이들은 식물병원세균의 밀도를 저하시킨다.

> **참고** **길항미생물**
> - 병원균의 생육을 억제하거나 저지시키는 능력을 가진 미생물을 길항미생물이라고 한다.
> - 길항미생물 종류
>   - 세균: Agrobacterium, Bacillus, Pseudomonas, Streptomyces
>   - 진균: Ampelomyces, Candida, Coniothyyrium, Glicoladum, Trichoderma

04 다음 보기 중에서 세균에 의한 수목병을 모두 고르시오.

> **보기**
> ① 뿌리혹병　　② 아밀라리아뿌리썩음병
> ③ 불마름병　　④ 세균성 구멍병
> ⑤ 벚나무 빗자루병

정답 ① 뿌리혹병
③ 불마름병
④ 세균성 구멍병

해설 **세균에 의한 주요 수목병**
① 뿌리혹병: 병원균은 Agrobacterium tumefaciens이고, 막대 모양이며, 그람음성세균이고 지상부의 접목 부위, 뿌리의 절단 부위, 삽목의 하단부 등이 병원균의 침입경로가 되고, 고온다습할 때 알카리성 토양에서 많이 발생한다.
② 불마름병: 병원균은 Erwinia amylovora이고 Amylovorin이라는 독소를 생성하여 병을 일으킨다. 가지에서 흘러나오는 점액을 많은 곤충들이 병원체를 전염시킨다.
③ 세균성 구멍병: 병원균은 Xanthomonas arboricola에 의하여 발생하며 그람음성세균이다.

🌱 수목의 세균성 병균
병징에 따라 유조직병(柔組織病), 유관속병(維管束病), 증생병(增生病)으로 나누어진다.

🌱 세균의 병징
- Streptomyces(그람양성균): 감자 더댕이, 고구마 썩음
- Clavibacter(그람양성균): 감자 둘레썩음, 토마토 궤양 및 시들음, 과일 점무늬
- Agrobacterium(그람음성균): 뿌리, 줄기, 가지의 혹, 털뿌리
- Erwinia(그람음성균): 마름, 시들음, 무름
- Pseudomonas(그람음성균): 점무늬, 궤양, 눈마름
- Xanthomonas(그람음성균): 점무늬, 썩음, 귤나무 궤양, 호두나무 마름

제1장 피해의 원인 파악

④ 선충에 의한 병해

01 다음 보기를 보고 선충의 종류를 쓰시오.

> ─○보기○─
> - 주로 피해를 주는 암컷은 고착성으로 성충이 된 후에도 계속 몸이 커지며 젤라틴 물질에 500여 개 산란
> - 수컷은 자웅이형이며 성충이 되면 뿌리 밖으로 나옴
> - 뿌리혹은 기생당한 세포와 주변조직 세포들이 융합과 분열을 통해 비대하여 나타난 결과

정답 뿌리혹선충

해설 선충에 의한 병해

1) 형태
    ① 식물에 피해를 주는 선충은 대부분 길이 1mm 내외로 현미경을 통해 관찰
    ② 반적으로 암수 형태는 비슷하며 길고 가는 형태(일부 선충은 암수가 현저히 다른 자웅이형)
    ③ 모든 식물성 선충은 구강에 구침 있음

2) 생태
    ① 식물성 선충은 순활물(절대)기생체로 대부분 뿌리에 기생(소나무재선충은 예외)
    ② 유성생식(양성생식)과 무성생식(단성생식, 처녀생식)으로 증식
    ③ 알 → 유충 → 성충(번데기 과정 없음)
    ④ 식물성 선충은 유충~성충까지 4회 탈피

3) 지하부 내부기생성 선충
    (1) 뿌리혹선충
        ① 주로 피해를 주는 암컷은 고착성으로 성충이 된 후에도 계속 몸이 커지며 젤라틴 물질에 500여 개 산란
        ② 수컷은 자웅이형이며 성충이 되면 뿌리 밖으로 나옴
        ③ 뿌리혹은 기생당한 세포와 주변조직 세포들이 융합과 분열을 통해 비대하여 나타난 결과
    (2) 뿌리썩이선충
        ① 유충, 성충이 피층 조직을 이동하며 양분을 흡수하는 이주성 선충
        ② 암수 모두 피해, 뿌리 내부에 산란

3 해충에 의한 피해

1 곤충 일반

01 곤충의 번성 이유에 대하여 3가지를 쓰시오.

정답
① 소형인 크기
② 날개
③ 변태

해설 곤충의 번성 이유
1) 외골격을 가지고 있다.
   ① 키틴질로 된 외골격은 무디지 않아서 곤충의 형태를 잡아 주고 내부 장기 보존에 좋다.
   ② 또 수분 증발을 막아주며 내골격에 비해 근육이 붙을 자리가 많다.
2) 소형인 크기
   ① 에너지 소모가 적고 중력의 영향도 덜 받게 되어서 형태에 많은 영향을 가할 수 있다.
   ② 도피에 적합하다.
3) 날개
   비행을 통해서 서식처를 확장하거나 도피, 사냥, 보온 등 많은 곳에 날개를 쓴다.
4) 변태
   ① 변태를 이용해 불량환경에 맞게 적응해 나간다.
   ② 불완전변태와 완전변태로 나뉜다.
5) 세대의 소요기간이 짧고 세대교대가 빈번히 이루어지므로 도태를 받을 기회나 돌연변이가 일어날 기회가 많다.

02 곤충류의 몸은 머리(頭部), (①), (②)의 3부분으로 되어 있고 또한, 각 부는 여러 개의 환절(環節)로 구성되어 있다. (　) 알맞은 기관을 쓰시오.

정답
① 가슴(胸部)
② 배(腹部)

곤충의 외부 형태

곤충류의 몸은 머리(頭部), 가슴(胸部), 배(腹部)의 3부분으로 되어 있고 또한, 각 부는 여러 개의 환절(環節)로 구성되어 있다.

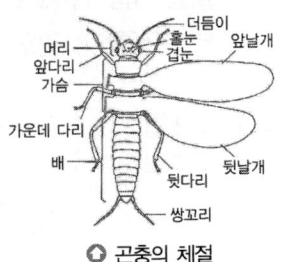

◎ 곤충의 체절

제1장 피해의 원인 파악

03 곤충의 표피층에서 단백질과 지질로 구성된 매우 얇은 층으로 수분 증발억제하는 층을 다음 보기에서 고르시오.

> ─ 보기 ─
> ① 외표피 ② 원표피 ③ 진피 ④ 기저막

정답 ① 외표피

해설 **체벽(體壁, 피부)**
1) **표피**: 외표피와 원표피로 구성, 진피에서 분비
   ① **외표피**: 단백질과 지질로 구성된 매우 얇은 층으로 수분 증발억제
   ② **원표피**: 성충 표피의 대부분을 차지하며 단백질과 키틴질로 구성
2) **진피**: 표피를 이루는 단백질, 지질, 키틴화합물 등을 합성 및 분해하는 세포층
   ① 상피세포층으로 탈피액을 분비하여 내원표피 물질을 분해, 흡수하고 상처를 재생시킴
   ② 진피세포 중 일부가 외분비샘으로 분화되어 페로몬, 기피제 등 생성
3) **기저막**: 곤충의 근육이 부착되는 곳과 연결

04 표피를 이루는 단백질, 지질, 키틴화합물 등을 합성 및 분해하는 곤충의 세포층을 쓰시오.

정답 진피층

05 곤충의 가슴은 3가지로 구분한다. 곤충의 가슴을 구분하여 쓰시오.

정답 **가슴(胸部)**: 앞가슴, 가운데가슴, 뒷가슴의 3부분

06 곤충의 다리는 앞가슴, 가운데가슴, 뒷가슴에 1쌍씩 붙어 있으며, 보통 가슴 기부로부터 기절·(①)·퇴절·(②)·부절의 5마디로 구성한다. 괄호 안에 알맞은 용어를 쓰시오.

정답 ① 전절
② 경절

다리
① 위치: 앞가슴, 가운데가슴, 뒷가슴에 각각 1쌍
② 마디: 밑마디(기절) – 도래마디(전절) – 넓적마디(퇴절) – 종아리마디(경절) – 발목마디(부절)

07 곤충의 소리를 감지하는 존스톤 기관이 위치하는 곳의 명칭을 쓰시오.

정답 흔들 마디(팔굽 마디) 존스톤 기관으로 소리 감지

해설 더듬이
  1) 특징
    ① 촉각, 후각의 감각기관, 습도센서, 유충은 먹이를 잡거나 퇴화된 경우도 있음
    ② 모기는 소리 감지, 파리는 비행 속도 측정
  2) 마디
    ① 밑마디(자루마디) – 흔들마디(팔굽마디) – 채찍마디로 구성
    ② 흔들마디(팔굽마디) 존스톤 기관으로 소리 감지

> **존스톤 기관**
> 곤충의 촉각의 제2절, 곧 병절에 갖추어 있는 특수한 기계적 수용기로 현음기관의 한 가지. 특히 벌목 곤충의 성충 수컷에 발달하였는데, 촉각 신경 주위에 초상으로 배열한 수많은 현음기관의 집단으로 이루어진다.

08 곤충이 식물을 가해할 때 엽(葉)을 저작하여 피해를 가하는 곤충 3종류를 쓰시오.

정답 유충(나비목 · 벼룩목), 성충(메뚜기 · 바퀴벌레류), 유 · 성충(벌목 · 풀잠자리목)

해설 입틀(머리)
  1) 구성
    ① 윗입술, 큰 턱 1쌍(좌우작동), 작은 턱 1쌍(음식 씹어 안으로 넣음), 하인두(먹이와 타액 섞는 혀), 아랫입술
    ② 전구식(소화관방향), 하구식(소화관 직각), 후구식(소화관과 예각)
    ③ 씹는 형, 빠는 형의 입틀 구성은 똑같음, 노린재는 큰 턱과 작은 턱이 긴 빨대로 변형됨
    ④ 나비는 한 쌍의 작은 턱이 융합되어 대롱 모양 주둥이, 파리는 아랫입술이 입술판으로 변형
  2) 구분
    ① 구침형: 노린재, 매미, 깍지벌레, 벼룩, 모기
    ② 흡관형: 빨대주둥이, 나비목
    ③ 씹는 형: 유충(나비목 · 벼룩목), 성충(메뚜기 · 바퀴벌레류), 유 · 성충(벌목 · 풀잠자리목)

09 곤충의 날개에서 뒷날개가 퇴화되어 평균곤으로 되어있는 곤충목은 무엇인가?

정답 파리목

제1장 피해의 원인 파악

[해설] 곤충의 날개
① 특징
- 가운데가슴, 뒷가슴에 각각 1쌍
② 날개의 변형
- 초시: 단단히 경화된 앞날개가 막질인 뒷날개 보호덮개 역할(딱정벌레목)
- 반초시: 기부는 가죽 같고, 끝은 막질인 앞날개(노린재목)
- 평균곤: 뒷날개가 변형되어 평형기능(파리목)

> **평균곤**
> 한 쌍의 작은 곤봉 모양의 기관으로 곤충의 비행 중 몸의 회전에 대한 정보를 제공한다.

10 곤충의 중장과 후장 사이에 위치하며 pH나 무기이온 농도 등을 조절하면서 비틀림 운동으로 배설작용을 하는 기관을 쓰시오.

[정답] 말피기씨관(Malpighian tube)

[해설] 곤충의 내부 형태
1) 곤충 구조의 발육 원천
   ① 내배엽: 중장
   ② 외배엽: 전장, 후장, 뇌, 신경계, 표피, 외분비샘, 감각기관, 호흡계, 외부생식기
   ③ 중배엽: 지방체, 심장, 혈액, 순환계, 근육, 내분비샘, 생식선(난소·정소)
2) 소화계(消化系)
   ① 전장, 중장, 후장의 3부분: 타액선, 장, 말피기씨관(배설기관)
      - 전장(기계적 소화), 중장(소화-흡수작용), 후장(소화관 끝부분)
   ② 타액선: 타액 분비, 견사 분비(나비목, 벌목), 혈액응고방지액 분비(파리목)
   ③ 말피기씨관(Malpighian tube): 곤충의 중장과 후장 사이에 위치하며, pH나 무기이온 농도 등을 조절하면서 비틀림 운동으로 배설작용
3) 순환계(循環系)
   ① 구분: 소화관 뒤쪽의 관으로 구성, 심실은 보통 9개, 각 심실 양쪽에는 1쌍의 심문
   ② 개방순환계: 혈액이 혈관 내에서만 순환하지 않음
   ③ 곤충의 혈액: 혈림프(혈장)와 혈구로 구성, 산소를 운반하지 않아 헤모글로빈이 없으므로 투명한 색을 띤다.

11 곤충의 기문은 보통 가슴에 (①)쌍, 배에 (②)쌍이 존재한다. 괄호를 완성하시오.

[정답] ① 2쌍 ② 8쌍

해설) **호흡계(呼吸系)**
1) **구분**: 기문(氣門)과 기관(氣管)으로 구별
2) **기문**: 기체 출입, 보통 가슴에 2쌍, 배에 8쌍 모두 10쌍 원칙
   ① 개구식: 기문이 열려 있는 쌍기문식, 전기문식, 후기문식
   ② 폐쇄식: 기문이 없거나 기문으로서의 기능이 없는 무기문식
3) **기관**: 기체의 통로 역할

12 곤충의 가장 복잡한 행동을 조절하는 중추신경계의 중심부를 보기에서 골라 답을 쓰시오.

┌─ 보기 ─────────────────────────┐
│ ① 전대뇌   ② 중대뇌   ③ 후대뇌 │
│ ④ 전장신경계   ⑤ 말초신경계   │
└──────────────────────────────┘

정답) 전대뇌

해설) **신경계(神經系)**
1) **구분**: 중추신경계, 전장신경계, 말초신경계
2) **중추신경계**: 뇌, 신경절, 신경색으로 구성
   ① 전대뇌: 곤충의 가장 복잡한 행동을 조절하는 중추신경계의 중심부
   ② 중대뇌: 촉각으로부터 감각 및 운동축색을 받음
   ③ 후대뇌: 이마신경절을 통해 뇌와 위장신경계를 연결
3) **전장신경계**: 곤충의 교감신경계, 전장·타액선·대동맥·입의 근육 등과 관계가 있다.
4) **말초신경계**: 중추신경계와 전장신경계의 신경절에서 나온 모든 신경들로 구성, 운동신경, 감각신경

13 다음은 곤충 소화기관을 입 이후의 순서이다. 괄호를 완성하시오.

인두 → (①) → 모이주머니 → (②) → 중장

정답) ① 식도   ② 위맹낭

해설) **곤충의 소화계**
1) **곤충의 소화기관 구분**: 전장, 중장, 후장의 밸브에 의해 구분한다.
   ① 전장(앞창자): 음식물을 섭취, 임시보관, 음식물을 갈아서 중장으로 넘기는 역할

② 중장(가운데 창자): 소화액을 통한 소화 및 흡수 역할
③ 후장(뒤 창자): 음식 찌꺼기와 흡수된 오줌을 배설하는 동안 재활용할 수 있는 것은 재흡수

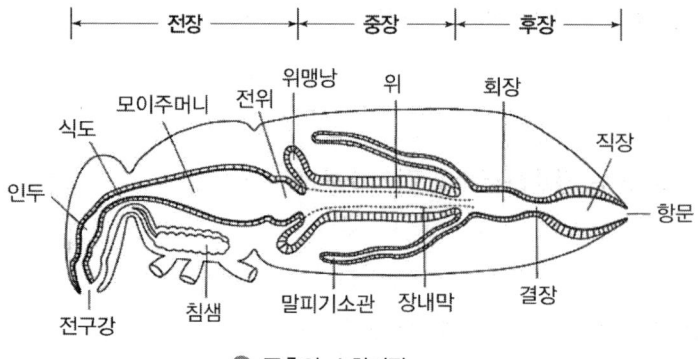

◯ 곤충의 소화기관

14 곤충의 변태에 있어 다음 괄호를 완성하시오.

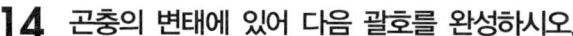

완전변태: 알 → (①) → (②) → 성충: 나비목, 딱정벌레목

정답 ① 유충
② 번데기

해설 **곤충의 변태**
1) **변태**: 알에서 부화한 유충이 여러 차례 탈피를 거듭한 후에 성충으로 변하는 현상
2) **완전변태**: 부화한 유충이 번데기를 거쳐서 성충이 되는 것
   • 알 → 유충 → 번데기 → 성충: 나비목, 딱정벌레목
3) **불완전변태**: 부화한 유충이 번데기라는 명백한 구별 기간을 거치지 않고 바로 성충이 되는 것
   ① 반변태: 알 → 유충 → 성충(잠자리목)
   ② 점변태: 알 → 유충(약충) → 성충(메뚜기목, 총채벌레목, 노린재목)
   ③ 무변태: 부화 당시부터 성충과 같은 모양(톡토기목)
4) **약충**: 부화 후 성충이 되기 전까지의 어린 벌레

🌱 **번데기의 종류**
• 피용: 발육하는 부속지가 껍질 같은 외피로 몸에 밀착됨
  ⓔ 나비류, 나방류
• 나용: 발육하는 부속지가 자유롭고, 외부로 보임
  ⓔ 딱정벌레류, 풀잠자리류
• 위용: 단단한 외골격에 몸이 들어있음
  ⓔ 파리류

15 보기에서 완전변태하는 곤충목을 고르시오.

> ─보기─
> ① 나비목　　② 메뚜기목
> ③ 노린재목　　④ 딱정벌레목

정답 ① 나비목　④ 딱정벌레목

16 곤충의 생식방법 중 수정되지 않은 난자가 발육하여 성체가 되는 것으로 암컷만으로 생식을 하는 생식방식을 일컫는 용어를 쓰시오.

정답 단위생식(單爲生殖, 처녀생식, 단성생식)

해설 곤충의 생식방법
① 양성생식(兩性生殖): 암수가 교미하는 것으로 대부분의 곤충에 해당
② 단위생식(單爲生殖, 처녀생식, 단성생식): 수정되지 않은 난자가 발육하여 성체가 되는 것으로 암컷만으로 생식
　예) 밤나무순혹벌, 벼물바구미, 수벌, 여름철의 진딧물류 등
③ 다배생식(多胚生殖): 1개의 알에서 두 개 이상의 곤충이 발생, 난핵이 분열하여 다수의 개체
④ 자웅동체(雌雄同體): 생식기의 외부에서 난자가, 안쪽에서 정자가 생김
　예) 이세리아깍지벌레(icerya purchasi)

17 유충의 탈피에 관여하는 (　　) 호르몬은 유충의 성충 형질 발육 억제하여 유충의 특성을 유지하게 한다. 다음 괄호에 알맞은 호르몬을 쓰시오.

정답 유약

해설 내분비계(중배엽): 신경분비세포, 카디아카제, 앞가슴샘, 알라타제
1) 신경분비세포
　① 뇌의 중앙과 앞쪽에 모여 있으며, 저분자량의 펩타이드 단백질 호르몬 분비
　② 전대뇌의 뇌호르몬
　③ 탈피 후 표피 경화호르몬(부르시콘)
　④ 알라타체 자극호르몬

⑤ 삼투압 조절 이뇨호르몬
⑥ 신경분비세포가 분비하는 신경호르몬은 곤충의 성장, 항상성 유지, 대사, 생식 등을 조절함

2) 카디아카체(뇌 바로 뒤 대동맥의 벽에 1쌍)
- 앞가슴샘 자극호르몬

3) 앞가슴샘
① 키틴과 단백질 합성을 자극하는 탈피호르몬인 엑디스테로이드 생산
  - 카디아카체의 앞가슴샘 자극호르몬의 자극을 받은 후에만 엑디스테로이드 생산
② 성충의 앞가슴선은 퇴화하여 더 이상 탈피를 하지 않음

4) 알라타체 (1쌍) 유약호르몬 생성
① 유충의 탈피에 관여하는 유약호르몬은 유충의 성충 형질 발육 억제(유충의 특성 유지)
② 성충의 유약 호르몬은 성적 성숙을 촉진하며, 알의 난황 축적과 페로몬 생성에 관여
③ 유약 호르몬의 유사체인 메토프렌이 해충 방제제로 개발됨

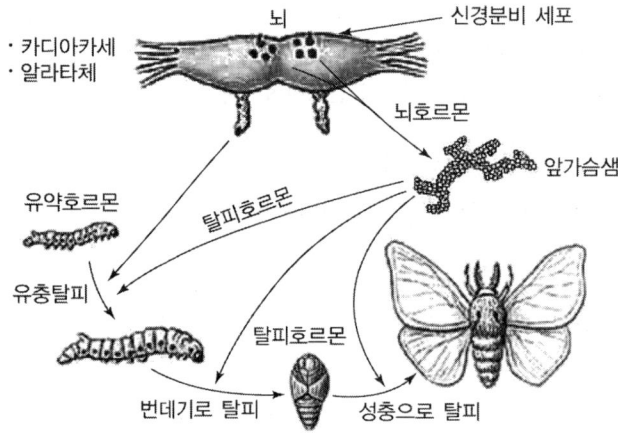

◐ 호르몬에 따른 나비목 곤충의 탈피와 변태

18 곤충에 있어 타종에 영향을 미치는 것을 allelochemic이라고 한다. 그에 해당하는 물질 2가지를 쓰시오.

정답 ① allomone ② kairomone

해설 **외분비계**

1) allelochemic
① 생물계에는 생물체로부터 분비, 발산되어 동종 또는 타종의 행동 및 생리에 영향을 주는 다양한 화합물이 존재하는데 이를 일컬어 통신물질 또는 생태적 화학물질이라 한다.

② 이중 발산자와 동종의 다른 개체에 영향을 미치는 것을 페로몬이라 하고, 타종에 영향을 미치는 것을 allelochemic이라고 한다.
③ 타종 간에 작용하는 allelochemic은 화학물질의 발산자와 감지자의 상호 이해관계에 따라 분류
- 발산자에게 유리한 allomone(벌의 독침, 노린재의 악취, 타감작용(alleopathy) 등)
- 감지자에게 유리한 kairomone(먹이 곤충에서 발산되는 화학물질을 기생성, 포식성 천적 곤충이 감지)
- 양측에 유리한 synomone(꽃에서 발산되는 향기 등)

2) 페로몬
① 성페로몬: 이성 간의 접근을 유도
② 집합페로몬: 어느 한쪽 성 또는 양성이 발산하여 동종의 개체를 유인(나무좀류)
③ 경보페로몬: 잎벌류 유충은 어느 개체가 위험을 느끼면 즉시 경보(alarm) 페로몬을 발산, 땅벌이 침입자를 집단으로 공격하는 것도 경보 페로몬에 의한다.
④ 길잡이 페로몬: 개미들이 줄지어 먹이와 개미굴을 왕래하는 것은 최초 그 먹이를 발견한 개체가 개미굴로 걸어가며 길잡이 페로몬을 궤적에 남겨 놓았기 때문

> **페로몬의 이용**
> 개체군 조사, 대량 유살(집합페로몬 이용), 교미 교란

19 곤충의 분비 발산화는 화학물질 중 타종 간에 작용하는 allelochemic은 발산자와 감지자의 상호 이해관계에 따라 종류가 다르다. 다음 보기에서 괄호 안에 알맞은 화학물질을 선택하시오.

─ 보기 ─
① kairomone   ② allomone   ③ synomone

1) 발산자에게 유리한 (   )
2) 감지자에게 유리한 (   )
3) 양측에 유리한 (   )

정답 1) ② allomone   2) ① kairomone   3) ③ synomone

20 곤충으로부터 분비·발산되어 발산자와 동종의 다른 개체에 영향을 미치는 것을 페로몬이라고 한다. 페로몬의 종류 3가지를 쓰시오.

정답 ① 성페로몬   ② 집합페로몬   ③ 경보페로몬

제1장 피해의 원인 파악

21 곤충으로부터 분비, 발산되는 페로몬을 이용하는 방법 3가지를 쓰시오.

정답 ① 개체군 조사
② 대량유살(집합페로몬 이용)
③ 교미교란

22 휴면은 좋지 않은 환경을 예측하여 발육을 일시적으로 정지하는 현상으로 곤충의 환경 극복 방법이다. 특정 발육단계에서 필수적으로 휴면하는 것을 무엇이라고 하는가?

정답 절대휴면(필수휴면)

해설 곤충의 휴면
1) **휴면**: 좋지 않은 환경을 예측하여 발육을 일시적으로 정지하는 현상으로 곤충의 환경 극복 방법
   ① 절대휴면(필수휴면): 특정 발육단계에서 필수적으로 휴면
   ② 일시휴면(조건휴면): 부적당한 환경에 처한 세대의 개체가 휴면
2) **휴면을 유발시키는 요인**: 일장, 온도, 먹이 등
3) **휴지(休止)**: 활동 정지상태로서 좋지 않은 환경의 직접적인 영향

23 수목해충 중 노린재목을 세 가지 아목으로 구분하시오.

정답 ① 노린재아목
② 매미아목
③ 진딧물아목

해설 노린재목
① 노린재아목
  • 삼각현 등판, 날개는 반초시를 가지고 있음
  • 찔러서 빨아먹는 입틀을 가진 자흡구형이 많고, 악취선을 가짐
  • 방패벌레, 노린재 등
② 매미아목
  • 해충이 많으며, 침투성 살충제로 방제하는 것이 효과적임
  • 입틀은 자흡구형, 겹눈 발달, 불완전변태, 양성생식 또는 단위생식을 함
  • 매미류, 매미충류, 멸구류, 면충 등
③ 진딧물아목
  • 해충이 많으며, 침투성 살충제로 방제하는 것이 효과적임

생물 분류단계
• 계, 문, 강, 목, 과, 속, 종
• 종, 아종, 변종, 품종
품종, 변종은 아종의 하위단계로 아종과는 다른 개념이다. 다만 종에 따라서는 아종 없이 종 아래에 바로 품종이나 변종만 있는 경우도 있다.

- 미성숙충은 성충과 모양이 비슷하고 날개가 없음
- 입틀은 자흡구형, 겹눈 발달, 불완전변태, 양성생식 또는 단위생식을 함
- 진딧물, 깍지벌레 등

24 곤충의 생태학적 기준에 의한 구분에 있어서 2차 해충의 의미에 대해 기술하시오.

정답 특정 해충의 방제로 인해 곤충상이 파괴되면서 새로운 해충이 주요 해충화하는 경우로서 응애, 진딧물, 깍지벌레류 등 미소흡수성 해충이 대표적인 예이다.

해설 곤충의 생태학적 구분

1) 주요 해충(Major insect pests)
   관건해충(Key pests)이라고도 하며 매년 만성적, 지속적인 피해를 나타내는 해충으로 효과적인 천적이 없는 경우가 대부분으로 인위적인 방제가 실행되지 않을 경우 심각한 손실을 가져올 수 있다. 솔잎혹파리, 솔껍질깍지벌레 등 현재 문제가 되고 있는 해충들이 여기에 속한다.

2) 돌발해충
   주기적으로 대발생하거나 평소에는 별로 문제가 되지 않던 종류들이 해충의 밀도를 억제하고 있던 요인들이 제거되거나 약화되어 비정상적으로 대발생하는 경우로서 매미나방(짚시나방), 텐트나방 등이 여기에 속한다.

3) 2차 해충(Secondary insect pests)
   특정 해충의 방제로 인해 곤충상이 파괴되면서 새로운 해충이 주요 해충화하는 경우로서 응애, 진딧물, 깍지벌레류 등 미소흡수성 해충이 대표적인 예이다.

4) 비경제해충(Non-economic insect pests)
   임목을 가해하는 하나 그 피해가 경미하여 방제의 필요성이 없는 해충으로 산림생태계를 구성하는 수많은 곤충류의 대부분이 여기에 속한다.

5) 외래해충(Exotic insect pests, Non-indegenous insect pests)
   우리나라가 원산이 아닌 해외에서 유입되어 산림, 생활권 가로수, 산림과수 등에 피해를 주는 경우로서, 미국흰불나방, 미국선녀벌레, 갈색날개매미충, 소나무허리 노린재 등이 대표적이다.

25 곤충의 생태학적 기준에 의한 구분에 있어서 돌발 해충에 대해서 의미를 기술하시오.

정답 주기적으로 대발생하거나 평소에는 별로 문제가 되지 않던 종류들이 해충의 밀도를 억제하고 있던 요인들이 제거되거나 약화되어 비정상적으로 대발생하는 경우로서 매미나방(짚시나방), 텐트나방 등이 여기에 속한다.

제1장 피해의 원인 파악

26 응애는 진딧물과 비슷한 생태 때문에 혼동하는 사람도 있지만, 진딧물은 곤충강 노린재목 진딧물과이고, 응애는 거미강 진드기목 응애과로 둘은 아예 다르다. 응애가 일반 곤충과 다른점 3가지를 쓰시오.

정답
① 머리, 가슴 + 배 2부분
② 더듬이가 없다.
③ 다리는 4쌍이고 6마디

해설 곤충과 응애의 다른 점

구분	곤충	응애
몸 구분	머리, 가슴, 배 3부분으로 구분	머리, 가슴 + 배 2부분 구분
더듬이	더듬이는 1쌍	다리가 변형된 더듬이 팔은 있지만, 더듬이는 없다.
눈	겹눈과 홑눈	홑눈
다리	3쌍이고 5마디	4쌍이고 6마디
날개	2쌍(없는 것도 있다.)	전혀 없다.
호흡기	기관이나 숨문은 몸의 옆에 줄지어 있다.	기관과 허파가 배 아래쪽에 있다.
탈바꿈	대개 탈바꿈을 한다.	탈바꿈은 하지 않지만, 탈피는 함

곤충과 응애의 같은 점
① 키틴성 외골격
② 관절화(마디화)된 부속지
③ 잘 발달한 머리와 입틀
④ 등쪽에 심장이 있는 개방순환계

27 주성(走性)이란 동물이 자극원에 반응하여 일정한 방향으로 이동하는 행동으로 곤충의 습성 중 주화성(走化性)에 대하여 설명하시오.

정답 외부에서 주어진 화학적 자극에 의해 이동하는 현상

해설 곤충의 습성
1) 주성
① 주광성: 빛에 반응하는 행동 양식
② 주지성(走地性): 중력에 반응하는 것
③ 주촉성: 동물이 자신의 몸 중 최대한의 표면적을 물질에 접촉시키고자 하는 행동
④ 주화성: 외부에서 주어진 화학적 자극에 의해 이동하는 현상
⑤ 주풍성: 바람에 반응하여 이동하는 행동 습성

주화성(走化性)
화학물질의 냄새에 반응하는 것으로 대표적인 예는 암컷이 발산한 성유인 페로몬에 반응하여 수컷이 접근하는 것을 들 수 있다.

② 해충에 의한 피해

01 다음 보기 중에서 수간(樹幹)의 줄기를 가해하는 해충을 모두 고르시오.

> **보기**
> ① 매미나방 ② 유리나방
> ③ 버즘나무방패벌레 ④ 박쥐나방
> ⑤ 솔껍질깍지벌레 ⑥ 느티나무벼룩바구미
> ⑦ 어스렝이나방 ⑧ 광릉긴나무좀
> ⑨ 잣나무넓적잎벌 ⑩ 오리나무잎벌레

정답
② 유리나방
④ 박쥐나방
⑤ 솔껍질깍지벌레
⑧ 광릉긴나무좀

해설 해충의 분류

1) 수목의 잎을 섭식하는 식엽성 해충
   ① 솔나방 ② 미국흰불나방
   ③ 오리나무잎벌레 ④ 잣나무넓적잎벌
   ⑤ 어스렝이나방 ⑥ 매미나방(집시나방)
   ⑦ 대벌레 ⑧ 천막벌레나방(텐트나방)
   ⑨ 낙엽성잎벌 ⑩ 호두나무잎벌레
   ⑪ 솔노랑잎벌

2) 충영성 해충
   ① 솔잎혹파리 ② 밤나무혹벌
   ③ 아까시잎혹파리

3) 천공성 해충
   ① 솔수염하늘소 ② 북방수염하늘소
   ③ 알락하늘소 ④ 미끈이하늘소
   ⑤ 소나무좀 ⑥ 광릉긴나무좀
   ⑦ 버들바구미 ⑧ 박쥐나방

4) 흡즙성 해충
   ① 솔껍질깍지벌레 ② 버즘나무방패벌레
   ③ 느티나무벼룩바구미

5) 종실 해충
   ① 밤바구미 ② 복숭아명나방
   ③ 솔알락명나방 ④ 도토리거위벌레

제1장 피해의 원인 파악

02 다음 보기 중에서 수목의 잎을 섭식하는 식엽성 해충을 모두 고르시오.

―보기―
① 매미나방　　　　　　② 유리나방
③ 버즘나무방패벌레　　④ 호두나무잎벌레
⑤ 솔껍질깍지벌레　　　⑥ 느티나무벼룩바구미
⑦ 어스렝이나방　　　　⑧ 광릉긴나무좀
⑨ 잣나무넓적잎벌　　　⑩ 오리나무잎벌레

정답 ① 매미나방　　④ 호두나무잎벌레
　　　⑦ 어스렝이나방　⑨ 잣나무넓적잎벌
　　　⑩ 오리나무잎벌레

03 다음 보기 중에서 수목에서 혹을 만드는 충영성 해충을 모두 고르시오.

―보기―
① 솔잎혹파리　　　　　② 잣나무넓적잎벌
③ 밤나무혹벌　　　　　④ 호두나무잎벌레
⑤ 솔껍질깍지벌레　　　⑥ 느티나무벼룩바구미
⑦ 대벌레　　　　　　　⑧ 아까시잎혹파리

정답 ① 솔잎혹파리　　③ 밤나무혹벌
　　　⑧ 아까시잎혹파리

04 다음 보기 중에서 수목에서 종실을 가해하는 해충을 모두 고르시오.

―보기―
① 밤바구미　　　　　　② 잣나무넓적잎벌
③ 복숭아명나방　　　　④ 호두나무잎벌레
⑤ 도토리거위벌레　　　⑥ 느티나무벼룩바구미
⑦ 대벌레　　　　　　　⑧ 아까시잎혹파리

정답 ① 밤바구미　　③ 복숭아명나방
　　　⑤ 도토리거위벌레

05 다음에서 설명하고 있는 곤충을 쓰시오.

- 학명: Endoclita excrescens
- 가해 습성: 어린 유충은 초본의 줄기 속을 식해(食害)하지만 성장한 후에는 나무로 이동하여 줄기를 먹어 들어가면서 똥을 밖으로 배출하고 실을 토하여 이것을 충공(蟲孔) 바깥에 철(綴)하므로 혹같이 보인다.

정답 박쥐나방

박쥐나방의 가해 습성
어린 유충은 초본의 줄기 속을 식해하지만 성장한 후에는 나무로 이동하여 줄기를 먹어 들어가면서 똥을 밖으로 배출하고 실을 토하여 이것을 충공(蟲孔) 바깥에 철(綴)하므로 혹같이 보인다. 처음에는 인피부(靭皮部)를 고리 모양으로 식해하지만 이어 줄기의 중심부로 먹어 들어가며 위와 아래로 갱도를 뚫으면서 식해하므로 피해가 크다. 더욱이 가해 부위는 바람에 부러지기 쉬우므로 피해가 가중된다.

06 다음에서 설명하고 있는 곤충을 쓰시오.

- 학명: Thecodiplosis japonensis Uchida & Inouye
- 가해 습성: 유충이 솔잎 기부에 벌레혹을 형성하고 그 속에서 수액을 흡즙 가해한다. 잎 기부에 형성된 벌레혹은 6월 하순부터 부풀기 시작하며 동시에 잎 생장도 정지되어 건전한 솔잎 길이보다 1/2 이하로 짧아지고 겨울 동안에 고사한다.
- 월동태: 유충으로 지피물(地被物) 밑의 지표나 1~2cm 깊이의 흙 속에서 월동한다.

정답 솔잎혹파리

솔잎혹파리의 기생성 천적
- 혹파리살이먹좀벌
- 솔잎혹파리먹좀벌
- 혹파리등뿔먹좀벌
- 혹파리반뿔먹좀벌

07 다음에서 설명하고 있는 곤충을 쓰시오.

- 학명: Geisha distinctissima
- 가해 습성: 약충이 5~7월경 상록 활엽수류의 가지에 기생하여 흰 솜과 같은 물질을 분비한다. 특히 정원수가 밀식된 곳이나 통풍이 나쁜 곳에 자주 발생한다. 성충과 약충은 가지나 잎의 수액을 흡즙하므로 나무 생육에 지장
- 일반특징: 성충의 체장은 약 5mm이며 긴 날개를 포함한 전장은 10mm 가량이다. 몸은 연한 황록색 또는 초록색을 띠고, 때때로 체표면에 회백색 가루가 다소 산재한다.

정답 선녀벌레

제1장 피해의 원인 파악

08 다음에서 설명하고 있는 곤충을 쓰시오.

- 학명: Anoplophora chinensis
- 생태: 성충은 6월 중순~7월 중순에 우화하여 가해 부위에서 탈출한다. 탈출한 성충은 수관(樹冠)으로 올라가 8~12일 가량 후식(後食)한다. 이때 줄기의 수피를 고리 모양으로 식해(食害)하기 때문에 가지가 말라 죽기도 한다.
- 가해 습성: 유충이 수간(樹幹)의 아래쪽에서 목질 속에서 파먹어 들어가며 톱밥과 같은 부스러기를 밖으로 배출한다. 번데기가 될 시기가 되면 아래쪽 지제부(地際部)로 이동하여 수간(樹幹)의 형성층(形成層)을 식해하므로 피해가 크다.

정답 알락하늘소

> **알락하늘소의 피해 기주**
> 은단풍나무, 뽕나무, 버드나무, 버즘나무, 자작나무, 벚나무류, 포플러류 등이 있다.

09 다음에서 설명하고 있는 곤충을 쓰시오.

- 학명: Synanthedon bicingulata
- 일반특징: 성충의 몸길이는 15mm, 날개를 편 길이가 20~30mm이고 흑자색이며 배에는 2개의 노란 띠가 있다. 날개는 투명하나 날개맥은 흑색이고 앞날개의 전연은 흑색이며, 외연에는 넓은 흑색 부분이 있고, 횡맥상의 흑색띠는 특히 넓다. 배 끝에는 털 무더기가 있다.
- 가해 습성: 유충이 줄기나 가지의 수피 밑의 형성층 부위를 식해하므로 나무가 쇠약해지고 가해부에 부후균(腐朽菌)이 들어가 심하면 나무 전체가 고사하게 된다.

정답 복숭아유리나방

10 다음에서 설명하고 있는 곤충을 쓰시오.

- 학명: Cydalima perspectalis
- 가해 습성: 유충이 거미줄을 토하여 잎을 묶고 그 속에서 잎을 식해한다. 관상수로 회양목이 많이 식재되면서 이 해충이 대발생하여 잎을 모조리 식해하는 때가 있다.

정답 회양목명나방

11 다음에서 설명하고 있는 곤충을 쓰시오.

- 학명: Monochamus(Monochamus) alternatus alternatus Hope
- 생태: 연 1회 발생하며, 2년에 1회 발생하는 것도 있다. 월동한 유충은 4월경에 수피와 가까운 곳에 용실을 만들고 번데기가 된다. 성충은 5월 하순~7월 하순에 약 6mm 가량되는 원형의 구멍을 만들고 밖으로 나와 어린 가지의 수피를 갉아 먹는다.
- 가해 습성: 소나무류의 수피 밑에서 유충이 형성층과 목질부를 식해한다. 주로 수세 쇠약목, 고사목에서 발견되며 건전한 나무에는 산란을 하지 않는다. 성충이 소나무 재선충을 전파하여 곰솔에 큰 피해를 주기도 한다.

방제법
- 고사목을 철저히 벌채하여 소각하거나 칩 용도로 파쇄한다.
- 성충 우화 및 후식피해 시기인 5~7월 살충제 살포하여 성충을 구제한다.
- 벌채한 원목 및 가지는 훈증제로 훈증하여 매개충을 구제한다.

정답 솔수염하늘소

12 다음에서 설명하고 있는 곤충을 쓰시오.

- 학명: Gastrolina thoracica Baly
- 생태: 연 1회 발생한다. 5월에 잎 뒷면에 백색 알을 무더기로 산란하고, 유충은 군서하면서 엽육을 식해한다. 6월에 종령 유충의 탈피각을 가해 잎의 엽맥에 붙여 놓고 여기에 매달려 번데기가 되고 6월 하순~7월에 우화한다.
- 가해 습성: 유충이 엽육을 식해하기 때문에 잎이 망상(網狀)으로 된다. 성충은 5~6월에 가래나무, 호두나무의 잎을 먹는다.

정답 호두나무잎벌레

13 다음에서 설명하고 있는 곤충을 쓰시오.

- 학명: Orchestes(Orchestes) sanguinipes Roelofs
- 가해 습성: 성충과 유충이 엽육을 식해한다. 성충은 주둥이로 잎 표면에 구멍을 뚫고 흡즙하고, 유충은 잎의 가장자리를 갉아 먹는다. 피해를 받은 나무가 고사되는 경우는 드물지만 5~6월에 피해 받은 잎이 갈색으로 변해 경관을 해친다.

정답 느티나무벼룩바구미

제1장 피해의 원인 파악

14 다음에서 설명하고 있는 곤충을 쓰시오.

- 학명: Elcysma westwoodi
- 가해 습성: 유충이 주로 장미과 식물의 잎을 가해하며 때로는 돌발적으로 대발생하여 큰 피해를 주므로 주의해야 한다. 성충은 낮에 활동하나 밤에 불빛에도 모이며 교미 전인 이른 아침에 수십 마리가 군비(群飛)하는 것이 특징이다. 어린 유충은 잎 뒷면의 엽육만을 가해하고 중령(中齡) 때는 잎에 작은 구멍을 만들면서 가해하며 노숙하면 모조리 식해한다.

정답 벚나무모시나방

15 다음에서 설명하고 있는 곤충을 쓰시오.

- 학명: Corythucha ciliata
- 생태: 미국이 원산이지이며 주로 양버즘나무(플라타너스)의 잎을 흡즙하는데, 잎 뒷면에 군서하며 즙액을 빨아 먹어서 황갈색으로 변색시킨다.
- 월동: 성충

정답 버즘나무방패벌레

🌱 **버즘나무방패벌레**
1년에 3회 발생한다. 성충으로 월동하고 월동처는 버즘나무의 수피 틈이며, 월동성충은 4월 하순경부터 수상으로 이동하여 가해한다.

16 다음에서 설명하고 있는 곤충을 쓰시오.

- 학명: Homadaula anisocentra Meyrick
- 일반특징: 수원과 일본, 중국, 북아메리카에 분포. 외견상으로 집나방류 상태도 다르다. 앞날개의 빛깔은 다소 광택이 나는 암갈회색이다. 날개 길이는 11~15mm 내외이다.
- 가해 습성: 유충은 자귀나무의 잎을 전부 말라 죽게 만든다.

정답 자귀뭉뚝날개나방

17 다음에서 설명하고 있는 곤충을 쓰시오.

- 학명: Chrysomela vigintipunctata vigintipunctata
- 생태: 성충은 4월경에 출현하여 새잎을 식해하며 잎 뒷면에 수십 개의 알을 덩어리로 산란한다. 어린 유충은 군서하여 잎을 식해하고 성장하면 분산하여 엽맥만 남기고 식해한다. 5월경에 노숙유충은 무리를 지어 잎 뒷면에 꼬리를 붙이고 번데기(蛹)가 되며, 용(蛹) 기간은 7일이다. 5~6월에 성충이 우화한다.
- 가해 습성: 성충과 유충이 버드나무, 포플러류의 잎을 식해한다. 묘목이나 어린나무에 피해가 심하다.

정답 버들잎벌레

18 다음에서 설명하고 있는 곤충을 쓰시오.

- 학명: Caligula japonica
- 일반특징: 성충의 체장은 45mm 정도이고 날개를 편 길이가 105~135mm이며 몸과 날개가 적갈색~암갈색이다. 앞날개에는 2줄의 파상선(波狀線)이 있고 뒷날개의 중앙에는 원형의 검은 무늬가 있다.
- 가해 습성: 유충 한 마리가 1세대 동안 암컷이 평균 3,500cm^2, 수컷이 2,500cm^2의 잎을 식해하며 피해를 심하게 받은 밤나무는 수세가 약하게 되어 밤 수확이 감소된다.

정답 밤나무산누에나방(어스렝이나방)

19 다음에서 설명하고 있는 곤충을 쓰시오.

- 학명: Cyllorhynchites(Cyllorhynchites) ursulus quercuphillus Legalov
- 가해 습성: 참나무류의 구과(毬果)인 도토리에 주둥이로 구멍을 뚫고 산란한 후 도토리가 달린 가지를 주둥이로 잘라 땅으로 떨어뜨린다. 알에서 부화한 유충이 과육을 식해한다.

정답 도토리거위벌레

해설) 도토리거위벌레
① 학명: Cyllorhynchites(Cyllorhynchites) ursulus quercuphillus Legalov
② 일반특징: 성충의 몸길이는 약 9mm이며 체색은 흑색 내지 암갈색이고 광택이 난다. 날개에 회황색의 털이 밀생해 있고 흑색의 털도 드문드문 나 있으며 날개의 길이와 비슷할 정도로 긴 주둥이를 가지고 있다. 촉각은 11절이고 선단(先端) 3절부터 팽대되어 있다.
③ 가해 습성: 참나무류의 구과(毬果)인 도토리에 주둥이로 구멍을 뚫고 산란한 후 도토리가 달린 가지를 주둥이로 잘라 땅으로 떨어뜨린다. 알에서 부화한 유충이 과육을 식해한다.

20 다음에서 설명하고 있는 곤충을 쓰시오.

- 학명: Ceratovacuna nekoashi
- 생태: 6월 상순에 벌레혹이 형성되기 시작할 때는 1마리의 무시태생 암컷이 있으나 1개월 후에 벌레혹은 길이가 15 mm 정도까지 자라며 그 속에 약 50마리의 유충이 들어 있다. 7월 하순에는 많은 유시태생 암컷이 벌레혹 끝의 구멍으로 탈출하여 나도바랭이새로 이주하고 가을에 다시 때죽나무로 돌아온다.
- 가해 습성: 때죽나무의 어린 가지 끝에 황녹색인 방추형의 벌레혹을 형성한다. 벌레혹 끝에는 돌기가 있다. 진딧물이 탈출한 후 벌레혹은 황색으로 변하며, 미관상 좋지 않다.

정답) 때죽납작진딧물

21 다음에서 설명하고 있는 곤충을 쓰시오.

- 학명: Matsucoccus thunbergianae Miller et Park
- 형태: 암컷 성충의 몸길이는 2~5mm이고, 날개가 없으며 장타원형으로 황갈색을 띤다. 수컷 성충의 몸길이가 1.5~2.0mm로 한 쌍의 날개가 있어 작은 파리와 비슷한 형태이며, 긴 흰 꼬리를 달고 있다.
- 피해: 약충이 가는 실 모양의 구침을 수피에 꽂고 가해할 때 세포를 파괴하는 타액을 분비하여 양료의 손실, 세포막 파괴 및 세포내 물질의 분해가 복합되어 피해가 나타나기 시작한다.

정답) 솔껍질깍지벌레

해설 **솔껍질깍지벌레**

① 후약충기 이후부터 암수 생활사가 달라진다.
- 수컷: 완전변태, 전성충기·번데기를 거쳐 성충
- 암컷: 불완전변태. 번데기 과정을 거치지 않고 '성충 → 후약충기'가 길어 전성충기·번데기 과정을 거치는 수컷과 성충이 되는 시기가 일치한다.

② 컷 성충은 날개가 없어 가지 위를 기어 다니며 페로몬 발산 → 수컷 유인 후 교미한다.
③ 교미 후 수피 틈에 흰 솜 모양의 알주머니를 분비한 후 그 속에 평균 150~450개(평균 280여 개)의 알을 산란(30일)한다.
④ 부화약충은 5월 상순~6월 중순 나타나 가지 위를 기어 다니다 가지 인편 밑(껍질조각), 수피 틈에 정착, 구침을 꽂는다. 또한, 몸 주위에 밀랍성 물질을 분비한다.
⑤ 10~11월 기온 떨어지면(~3월) 후약 충은 흡즙·발육이 왕성해지며 수목에 가장 많이 피해를 준다.

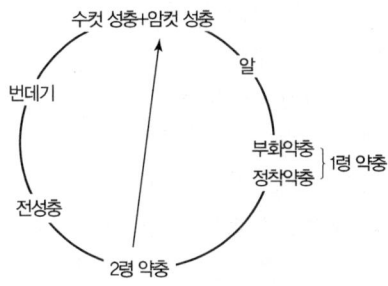

○ 솔껍질깍지벌레의 생활환

22 다음에서 설명하고 있는 곤충을 쓰시오.

- **학명**: Tomicus piniperda
- **가해 습성**: 연 1회 발생하지만 봄과 여름 두 번 가해한다. 월동한 성충이 3월 말~4월 초에 평균 기온이 15℃ 정도 2~3일 계속되면 월동처에서 나와 쇠약목, 벌채목의 수피 밑에 침입하여 밑에서 위로 10cm 가량의 갱도를 뚫고 갱도 양측에 약 60여 개의 알을 낳으며, 난 기간은 12~20일이다. 부화한 유충은 갱도와 직각 방향으로 파먹어 들어간다.
- **월동태**: 기주식물 지제부의 수피 틈에서 성충으로 월동한다.

정답 소나무좀

🌿 소나무좀
월동 성충이 수피를 뚫고 들어가 산란한 알에서 부화한 유충이 수피 밑을 식해한다. 쇠약한 나무, 벌채한 나무 또는 고사한 나무에 주로 기생하여 가해하지만, 대발생할 때는 건전한 나무도 가해하여 고사시키기도 한다.

제1장 피해의 원인 파악

23 다음에서 설명하고 있는 곤충을 쓰시오.

- 학명: Conogethes punctiferalis Guenée
- 가해 습성: 잡식성인 해충으로 밤나무, 복숭아나무 등 과수의 종실을 식해하는 활엽수형과 잣나무, 소나무 등의 침엽을 식해하는 침엽수형이 있다.
- 월동태
  - 활엽수형: 유충이 나무줄기의 수피 틈의 고치 속에서 월동한다.
  - 침엽수형: 충소(蟲巢) 속에서 중령(中齡) 유충으로 월동한다.

[정답] 복숭아명나방

> **복숭아명나방**
> 다식성 해충으로 밤나무의 종실에 많은 피해가 나타난다. 어린 유충이 밤송이의 가시를 잘라먹기 때문에 밤송이 색깔이 누렇게 보이고, 성숙한 유충은 밤송이 속으로 파먹고 들어가면서 배설물과 즙액을 배출하고 거미줄을 형성하여 밤송이에 붙여 놓으므로 피해가 쉽게 발견된다.

24 다음 괄호 안에 알맞은 진딧물의 생태형을 쓰시오.

진딧물은 보통 수정된 알 상태로 겨울을 보내고 이것을 '월동란'이라고 한다. 이듬해 봄, 월동란에서 부화해 처음 나오는 암컷 벌레를 (　)라고 부른다. (　)가 자라서 성체가 되면 수컷의 도움 없이 무성생식으로 날개가 없거나 (무시형) 있는(유시형) 암컷만을 낳는다. (　)가 낳는 이 새끼들을 '태생 암컷'이라고 부른다. 태생 암컷은 수컷의 도움 없이 홀로 새끼를 낳아 번식하는 '단위생식' 과정을 거친다.

[정답] 간모

[해설]

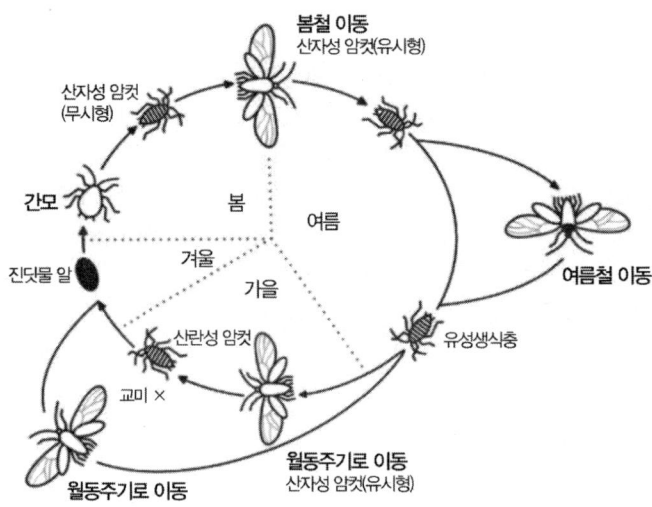

○ 진딧물의 생활사

4 재해 관리하기: 비생물적 병

1 생리장해

01 생리장해의 진단방법에 대하여 기술하시오.

정답
① 아래쪽의 늙은 잎, 위쪽의 새로운 잎·줄기·과실·꽃·생장점 등의 이상 유무를 관찰한다.
② 왜화, 기형, 측지 발생 등의 식물 전체 모양을 관찰한다.
③ 조직의 황화, 백화, 갈변, 괴사, 기형 등 어떤 성질의 장해인지 관찰한다.
④ 영양장해 이외의 환경요인이 원인으로 장해가 발생하였는지를 고려하여 세밀히 관찰한다.

해설 생리장해의 대책
1) 기상환경의 개선
   ① 일광: 일조량이 적은 계절에는 약광 조건에 알맞은 작물을 선정하고 과채류 재배 시에는 광선투과율을 높이는 방향으로 관리한다. 광도가 높아 일소 현상 등의 장해 우려가 있을 때는 차광망을 이용하여 광선의 입사량을 줄인다.
   ② 온도: 생육에 알맞은 온도 범위의 작물을 선정한다.
2) 토양 환경의 개선
   ① 지온: 단열층을 만들고 플라스틱 필름으로 멀칭하여 지온을 상승시키거나 짚 멀칭으로 상승을 막는다.
   ② 토양 수분: 과부족이 없도록 수분을 관리하고 과습 시에는 이랑을 높이거나 암거 배수시설을 한다.
   ③ 염류집적: 질소질비료의 사용량을 줄이고 퇴비 등을 주어 토양의 완충능력을 높인다. 여름에 피복물을 제거하여 비를 충분히 맞히면 염류농도가 크게 저하되며, 담수처리에 의해 Ca, Mg, Cl, 질산, 황산 등의 염류를 효과적으로 제염할 수 있다. 내염성 작물을 선택하여 재배하는 방법도 소극적인 대책이 될 수 있다.
3) 유해가스의 제거
   ① 유해가스의 발생 요소를 줄이고 환기를 자주하여 유해가스의 축적을 막는다.
   ② 토양이 건조하거나 과습하면 아질산가스가 많이 발생하기 때문에 토양을 중성으로 하고 적습을 유지한다.
   ③ 요소비료를 줄이고 완숙된 유기물을 사용한다.
   ④ 유해가스는 대개 공기보다 무거우므로 강제환기한다.
   ⑤ 유해가스에 저항성이 있는 작물을 선택한다.

제1장 피해의 원인 파악

4) 농약의 적정 사용
개화기에는 가능한 농약의 살포를 삼가고 살포 직후에는 시설 내의 적정온도를 유지하며, 생장조절제는 시설 내의 환경조건을 감안하여 적기에 적량을 처리한다.

02 수목의 생물적 피해와 비생물적 피해를 비교한 것이다. 비생물적 피해에 대하여 빈칸에 알맞은 내용을 기술하시오.

생물적 피해(전염성)	비생물적 피해
• 동일 수종 내에서도 개체 간의 건강 상태에 따라 발병 정도가 다름 • 동일 종이나 속 혹은 과에 속하는 유사 수종에서 제한되어 나타남(기주 특이성)	• (　　　　　　　　　　　) • 특수한 환경(경사, 고도, 방위, 바람, 토양)에서 발병하는 경우가 많음

정답 피해 장소 내의 거의 모든 나무에서 동일한 병징이 나타남

2 온도에 의한 피해

01 식물은 생육적온을 넘어서 최고온도에 가까운 온도에 오래 놓이게 되면 고온장해가 발생하는데 그 주요 원인 4가지를 쓰시오.

정답
① 유기물의 과잉소모
② 질소대사의 이상
③ 철분의 침전
④ 증산과다

해설 열해(熱害)의 기구
① 유기물의 과잉소모: 고온에서는 광합성보다 호흡작용이 우세해지며, 고온이 오래 지속되면 유기물의 소모가 많아진다. 고온이 지속되면 당분이 감소한다.
② 질소대사의 이상: 고온에서는 단백질 합성이 저해되고, 암모니아의 축적이 많아진다. 암모니아가 많이 축적되면 유해물질로 작용한다.
③ 철분의 침전: 고온 때문에 철분이 침전되면 황백화 현상이 일어난다.
④ 증산과다: 고온에서는 수분흡수보다도 증산이 과다하여 위조를 유발한다.

생육적온(生育適溫)
• 작물이 가장 잘 자라는 적정 온도
• 작물의 생육적온은 20~25℃로서 여름작물에 비해 겨울작물의 생육적온이 낮음
• 밀·보리는 20~25℃, 벼·옥수수는 30~32℃, 오이 등은 33~34℃ 정도가 생육에 알맞음

작물 열사(熱死)의 원인
• 원형단백질의 응고: 지나치게 고온이 되면 원형단백질의 열 응고가 유발된다.
• 원형질막의 액화: 원형질막은 반투성인 인지질로 구성되어 있는데, 고온에 의해서 액화(液化)하면 그 기능이 파괴된다.
• 전분의 점괴화: 전분이 열 응고하여 점괴화(粘塊化)하면 그 기능을 상실한다.

02 고온장해로 인한 피해를 예방하기 위한 재배조건과 방법에 대해 4가지를 기술하시오.

정답
① 내열성이 강한 작물을 선택한다.
② 재배시기를 조절하여 혹서기의 위험을 회피한다.
③ 관개를 해서 지온을 낮춘다.
④ 밀식·질소 과용 등을 피한다.

> **목초의 하고현상(夏枯現象)**
> 내한성(耐寒性)이 강하여 잘 월동하는 다년생인 한지형 목초는 여름철에 접어들면서 생장이 쇠퇴·정지하고 심하면 황화·고사하여 여름철의 목초 생장량이 몹시 감소되는데, 이를 목초의 하고현상이라고 한다.

03 작물의 내열성이 크게 되는 생리적 요인에 대해 4가지를 기술하시오.

정답
① 내건성이 큰 것은 내열성도 크다.
② 세포 내의 결합수가 많고, 유리수가 적으면 내열성이 커진다.
③ 세포의 점성, 염류농도, 단백질 함량, 유지함량, 당분함량 등이 증가하면 대체로 내열성이 증대한다.
④ 작물체의 연령이 높아지면 내열성이 증대한다.
⑤ 고온·건조·다조(多照)인 환경에서 오래 생육한 것은 경화되어 내열성이 증대한다.

04 피소(皮燒, 볕데기) 현상에 대하여 설명하시오.

정답 강한 복사 광선에 의한 줄기의 볕데기 현상은 광선에 의하여 수피 일부에서 급격한 수분 증발이 일어나 조직이 건조하여 떨어져 나가는 것으로 여기서 생긴 상처 부위에 부후균이 침투하여 2차적인 피해를 유발

> **동계피소(冬季皮燒)**
> 한겨울 수간의 남쪽 부위가 햇빛에 의해 가열되면 그늘진 쪽 수간보다 20℃ 이상 올라가 일시적으로 수간 세포 조직의 해빙 현상이 나타나는데, 일몰 후 급격히 온도가 떨어지면 다시 조직이 동결되어 형성층이 괴사하는 현상이다. (수간에 흰 페인트나 흰 테이프로 감싸면 방지)

05 다음 보기에서 볕데기에 약한 수종을 모두 고르시오.

─보기─
① 소나무   ② 오동나무   ③ 자작나무
④ 호두나무   ⑤ 굴참나무

정답 ② 오동나무   ④ 호두나무

해설 피소(볕데기) 현상
오동나무, 호두나무, 가문비나무 등 코르크층이 발달하지 않고 평활한 수피를 지닌 수종에서 자주 발생하며, 직사광선에 노출되는 남서 방향의 임연부의 성목이나 고립목에서 피해가 나타난다.

제1장 피해의 원인 파악

06 여름철 강한 햇빛과 증발산량의 과다로 인해 물 공급이 충분하게 되지 않음으로써 잎이 타는 현상을 지칭하는 용어를 쓰시오.

정답 엽소

해설 엽소 현상
1) 원인: 여름철 강한 햇빛과 증발산량의 과다로 인해 물 공급이 충분하게 되지 않음으로써 잎이 타는 현상
2) 병징
① 잎의 가장자리에서부터 잎이 마르기 시작하여 갈색으로 변함
② 엽맥에서 가장 먼 지역으로부터 수분부족 현상 발생
③ 장마 기간 후 저항성이 약한 잎에서 엽소 현상 자주 발생

07 여름철 강한 햇빛과 증발산량의 과다로 인해 줄기에 물 공급이 원활하지 않아 수피가 타면서 형성층까지 파괴하는 현상을 지칭하는 용어를 쓰시오.

정답 피소

해설 피소(볕데기) 현상
1) 원인: 여름철 강한 햇빛과 증발산량의 과다로 인해 줄기에 물 공급이 원활하지 않아 수피가 타면서 형성층까지 파괴하는 현상
2) 병징
① 남서쪽에 노출된 지표면에 가까운 수피가 여름철 햇빛과 열에 의하여 형성층 파괴
② 수직 방향으로 불규칙하게 수피가 갈라지면서 괴사함(수피가 지저분하게 고사)
③ 특히 수피가 얇은 종인 벚나무, 단풍나무, 목련, 매화나무, 물푸레나무에서 다수 발생

08 한해(旱害)는 가뭄으로 인하여 입는 피해를 말하며 한해의 대책 3가지를 쓰시오.

정답 ① 관개(灌漑)
② 작물과 품종 선택
③ 토양 수분의 보유력 증대와 증발억제

🌱 **한해(旱害)**
상당 기간 강수가 없어 토양 수분이 부족하게 되어 작물이 피해를 입는 것을 말한다.

해설 **한해(旱害)의 대책**
① 관개(灌漑)
② 작물과 품종 선택
③ 토양 수분의 보유력 증대와 증발억제
- 피복
- 중경제초
- 토양 입단의 조성
- 드라이 파밍(dry farming): 휴작기에 비가 올 때마다 땅을 갈아서 빗물을 지하에 잘 저장하고, 작기에는 토양을 잘 진압하여 지하수의 모관 상승을 좋게 함으로써 한발 적응성을 높이는 농법

09 토양이 건조하면 식물체 내의 수분함량도 감소되어 생육이 나빠지고 심하면 위조·고사하게 된다. 작물이 건조에 견디는 성질을 내건성이라고 하며, 내건성이 강한 작물의 형태적 특성에 대해 기술 하시오.

정답 형태적 특성
① 표면적·체적의 비가 작으며, 잎이 작다.
② 뿌리가 깊고, 지상부보다 근군(根群)의 발달이 좋다.
③ 잎 조직이 치밀하며, 기공이 작거나 적다.
④ 저수 능력이 크고 다육화의 경향이 있다.
⑤ 기동 세포가 발달하여 탈수되면 잎이 말려서 표면적이 축소된다.

해설 1) 내건성 작물의 세포적 특성
① 세포가 작아서 수분이 감소해도 원형질의 변형이 적다.
② 세포 중에 원형질이나 저장양분이 차지하는 비율이 높아서 수분 보유력이 강하다.
③ 원형질의 점성이 높고, 세포액의 삼투압이 높아서 수분 보유력이 강하다.
④ 탈수될 때 원형질의 응집이 덜하다.
⑤ 원형질막의 수분. 요소. 글리세린 등에 대한 투과성이 크다.
2) 한해의 피해
(1) 생리적 증상
① 세포의 팽압을 잃고 기공이 닫힘
② 광합성 중단으로 비정상적 탄수화물 및 질소 대사 - 생장 둔화
③ 전분은 당류로 가수분해되고, proline(아미노산의 일종) 축적
④ ABA 생산 → 기공 축소
⑤ 효소 활성저하

1. 에브시식산과 기공개폐
   - 식물이 건조한 환경에 노출되게 되면 호르몬 중 하나인 에브시식酸(ABA; abscisic acid)을 생산한다.
2. 설탕(sucrose)과 기공 개폐
   - 일반적인 환경에서 자라는 식물의 공변세포의 경우 이른 아침에 K^+ 이온의 농도가 급속하게 증가하여 기공을 연다. 하지만 K^+이온의 농도는 정오를 전후하여 급속하게 감소한다. 이때 공변세포의 설탕(자당)의 농도가 급격하게 증가하면서 삼투압을 유지시켜 주는 역할을 한다.
   - 설탕(자당)은 광합성의 과정으로부터 생산되기 때문에 빛의 세기와 이산화탄소의 농도 등이 기공의 개폐에 중요한 요소로 작용한다.

(2) 줄기 및 수고 생장
　① 잎이 작아지고 줄기 생장이 저조해짐
　② 엽면적 감소로 광합성량 감소
(3) 직경생장
　① 강우량이 많은 때 연륜 폭이 커지고, 춘재의 양이 증가
　② 수분 스트레스를 받으면 세포의 크기가 작아지고, 춘재의 비율이 낮아짐
　③ 생장 기간에 건조와 회복이 반복되면 위연륜이 생기고 복륜을 만듦

10 기공의 개폐를 조절하는 세포를 쓰시오.

정답 공변세포

해설 공변세포
① 공변세포는 잎과 줄기 등의 표피에 존재하는 특별한 세포로서, 한 쌍의 공변세포는 기공을 개폐하도록 조절하는 역할을 한다.
② 기공이 열리면 이산화탄소는 확산에 의해서 잎으로 들어가고 광합성의 부산물로 생성된 산소는 기공을 통해 배출된다.
③ 기공이 열릴 때 수증기의 소실이 일어나며 이를 보충하기 위하여 뿌리로부터 물을 흡수한다.
④ 반대로 기공이 닫히면 수분 소실이 차단되고 가스 교환이 일어나지 않는다. 따라서 식물은 공변세포의 팽압 조절을 통해 기공을 개폐함으로써 이산화탄소 흡수와 수분 증발 사이에 균형을 맞춘다.

11 수분 부족 스트레스 영향의 생리적 변화 및 증상에 대해 3가지를 쓰시오.

정답 생리적 변화 및 증상
① 세포의 팽압 감소　② 생장 둔화
③ 효소 활성저하　④ ABA 생산 → 기공 축소
⑤ proline(아미노산의 일종) 축적

해설 생리적 변화 및 증상
• 작물의 내건성은 생육단계에 따라 다른데, 생식생장기에 가장 약하다.
• 화곡류는 생식세포의 감수분열기에 가장 약하고, 출수개화기와 유숙기에 그다음으로 약하며, 분열기에는 비교적 강하다.
• 작물을 건조한 환경에서 자라게 하면 내건성이 증대, 즉 경화(硬化, hardening)하는 경향이 있다.

12 토양이 건조하면 식물체 내의 수분함량도 감소되어 생육이 나빠지고 심하면 위조·고사하게 된다. 작물이 건조에 견디는 성질을 내건성이라고 하며 내건성이 강한 작물의 세포적 특성에 대해 3가지를 기술하시오.

정답
① 세포가 작아서 수분이 감소해도 원형질의 변형이 적다.
② 세포 중에 원형질이나 저장양분이 차지하는 비율이 높아서 수분 보유력이 강하다.
③ 원형질의 점성이 높고, 세포액의 삼투압이 높아서 수분 보유력이 강하다.
④ 탈수될 때 원형질의 응집이 덜하다.
⑤ 원형질막의 수분·요소·글리세린 등에 대한 투과성이 크다.

🌱 **내건성 작물의 물질대사 특성**
- 건조할 때 증산이 억제되고, 급수할 때 수분을 흡수하는 기능이 크다.
- 건조할 때 호흡이 낮아지는 정도가 크고, 광합성이 감퇴하는 정도가 낮다.
- 건조할 때 단백질·당분의 소실이 늦다.

13 한해(旱害)의 대책에 있어 토양 수분의 보유력 증대와 증발억제 방안 3가지를 쓰시오.

정답
① 토양 입단의 조성 ② 드라이 파밍
③ 피복 ④ 중경제초

14 냉해의 정의에 대해 기술하시오.

정답 냉해란 여름작물에서 고온이 필요한 여름철에 저온을 만나서 입는 피해를 말하며, 일반적으로 여름작물이 저온을 만나 받는 피해는 시기 여하에 불구하고 냉해라 부르고 있다.

해설 냉해
1) 냉해의 구분과 기구
① 지연형 냉해: 생육 초기부터 출수기에 걸쳐서 여러 시기에 냉온을 만나서 출수가 지연되고, 이에 따라 등숙이 지연되어 후기의 저온으로 인하여 등숙 불량을 초래하는 형의 냉해이다.
② 장해형 냉해: 유수형성기부터 개화기까지, 특히 생식세포의 감수분열기에 냉온으로 벼의 정상적인 생식기관이 형성되지 못하거나, 또는 화분 방출·수정 등의 장애를 일으켜 불임이 나타나는 형의 냉해이다.
③ 병해형 냉해: 저온조건에서는 벼의 증산이 감퇴하여 규산의 흡수가 적어지고, 조직의 규질화가 충분하지 못하여 도열병 등의 병균 침입이 용이하게 된다.
④ 혼합형 냉해: 지연형 냉해 + 장해형 냉해 + 병해형 냉해가 복합적으로 발생

🌱 **작물이 생육 중 저온을 만나면**
- 질소·인산·칼리·규산·마그네슘 등의 양분흡수가 저해
- 물질의 동화와 전류 저해
- 질소동화가 저해되어 암모니아가 축적
- 호흡이 감퇴하여 원형질유동이 감퇴·정지하여 모든 대사기능이 저해

제1장 피해의 원인 파악

15 벼의 냉해의 종류 4가지를 쓰시오.

정답 ① 지연형 냉해　② 장해형 냉해
　　　 ③ 병해형 냉해　④ 혼합형 냉해

16 벼의 냉해의 종류 중 병해형 냉해에 대해 쓰시오.

정답 병해형 냉해
저온조건에서는 벼의 증산이 감퇴하여 규산의 흡수가 적어지고, 조직의 규질화가 충분하지 못하여 도열병 등의 병균 침입이 용이하게 된다.

17 냉해의 피해를 방지하기 위한 냉해 대책 5가지를 쓰시오.

정답 ① 내냉성 품종의 선택　② 입지조건의 개선
　　　 ③ 육묘법의 개선　　　 ④ 재배법의 개선
　　　 ⑤ 냉온기의 담수

18 작물이 빙점 이하의 온도에 해를 입는 것을 동사(凍死)라 한다. 동사의 기구 4가지를 쓰시오.

정답 ① 세포 내 결빙　　② 급격한 동결
　　　 ③ 급격한 융해　　④ 동결·융해의 반복

해설 동해(凍害)
1) **정의**: 기온이 어는점(氷點) 이하로 내려가면 세포 내부의 원형질과 세포액이 얼게 되는 세포 내 동결이 일어나면, 원형질의 탈수와 콜로이드 구조의 파괴로 인해 그 세포는 기능을 잃고 죽게 된다.
2) **동해의 기구**: 한해(寒害)는 조직 내의 결빙에 의해 나타나는 장해이다.
   ① 식물의 조직 내에 결빙이 생길 때: 즙액의 농도가 낮은 세포 간극에 먼저 얼음이 생기며, 세포 내의 물이 스며 나와 세포 간극의 결빙은 점점 커짐
   ② 세포 외 결빙: 세포 간극에 생기는 결빙
   ③ 세포 내 결빙: 세포 내의 원형질이나 세포액이 얼게 되는 것
   ④ 세포 외 결빙이 생겼을 때: 온도가 상승하여 결빙이 급격히 융해될 때에는 원형질이 물리적으로 파괴되어 죽게 됨

한해(寒害)
월동 중 추위로 인해 작물이 받는 피해로서 동해(凍害)와 상해(霜害)가 있으며, 동해와 상해를 합쳐서 동상해(凍霜害)라고 한다.

19 작물의 내동성(耐凍性)에 있어 내동성이 증대되는 생리적 요인에 대해 괄호를 완성하시오.

> 1) 원형질의 수분투과성이 (① 작으면 / ② 크면) 내동성 증대
> 2) 원형질의 점도가 (① 낮고 / ② 높고) 연도가 높은 것이 내동성이 크다.

정답 1) ② 크면
　　　2) ① 낮고

해설 작물의 내동성 – 생리적 요인
① 원형질의 수분투과성이 크면 내동성을 증대시킨다.
② 원형질의 점도가 낮고 연도가 높은 것이 내동성이 크다.
③ 원형질의 친수성콜로이드가 많으면 내동성이 커진다.
④ 원형질 단백질에 -SH가 많은 것이 -SS가 많은 것보다 내동성이 크다.
⑤ 지유 함량이 높은 것이 내동성이 크다.
⑥ 당분함량이 많으면 내동성이 크다.
⑦ 전분 함량이 많으면 내동성이 저하된다.
⑧ 조직의 굴절률이 크면 내동성이 크다.
⑨ 세포의 수분함량이 높아지면 내동성 저하된다.
⑩ 세포 내 무기성분이 세포 내 결빙을 억제(Ca^{2+}, Mg^{2+})하여 내동성이 크다.

20 다음 괄호 안에 알맞은 말을 넣으시오.

> • 월동작물이 5℃ 이하 저온에 계속 처하게 되면 내동성이 증가하는데, 이를 (①)라 한다.
> • 내동성이 증가한 식물이 상온에 노출되면 내동성이 상실하는데, 이를 (②)이라 한다.

정답 ① 경화(하드닝)　② 경화상실(디하드닝)

해설 내동성 계절적 변화
① 경화(하드닝)
 • 월동작물이 5℃ 이하 저온에 계속 처하게 되면 내동성이 증가함
 • 원형질의 수분 투과성은 증대하고, 함수량은 저하, 세포액의 삼투압을 증대함
 • 당분과 수용성 단백질 증대 초래 > 내동성 증가

② 경화 상실(디하드닝): 경화된 것을 다시 높은 온도에 처리하는 것을 말한다.
③ 휴면: 휴면아(休眠芽, statoblast)는 내동성 극히 강하며, 가을철 저온·단일 조건은 휴면을 유도한다.
④ 추파성(가을 파종): 저온에서 추파성을 소거하면 생식 생장이 빨리 유도되어 내동성이 약해진다.
⑤ 일반적으로 추파성이 큰 품종일수록 내동성이 강하다.

21 작물의 내동성에 관여하는 요인 중 내동성이 강한 형태적인 요인 3가지를 쓰시오.

정답
① 포복성인 것
② 관부가 깊어서 생장점이 땅속에 깊이 있는 것
③ 잎 색깔이 진하면 내동성이 강한 경향이 있음

해설 작물의 내동성에 관여하는 요인
① 발육단계: 작물의 내동성은 영양생장 단계가 생식생장 단계보다 더 강함
② 형태적 요인: 포복성인 것, 관부가 깊어서 생장점이 땅속에 깊이 있는 것
  • 잎 색깔이 진한 것이 내동성이 강함
③ 생리적 요인: 상해를 받았을 때 원형질 자신의 저항성을 증대하는 내적 조건 등이 식물체나 조직의 내동성을 증대시킴

동상해의 사후대책
① 인공수분을 한다.
② 적과(摘果)를 늦춘다.
③ 영양 상태를 회복시킨다.
④ 병충해를 방제한다.

22 봄철 늦추위가 올 때 채소, 과수 등의 꽃이나 어린잎이 동상해를 받는 일이 있으며, 이때는 응급대책이 필요하게 된다. 응급대책 4가지를 쓰시오.

정답
① 관개법   ② 발연법
③ 송풍법   ④ 살수빙결법

해설 동상해의 응급대책
① 관개법: 저녁에 충분히 관개하면 물이 가진 열이 가해지고, 지중열을 빨아 올리며, 수증기가 지열의 발산을 막아서 약한 서리를 막는 방법이다.
② 발연법: 불을 피우고 젖은 풀이나 가마니를 덮어서 수증기를 많이 함유한 연기를 발산시키면 열이 보태지고, 수증기가 지열의 발산을 경감시켜 2℃ 정도 온도가 상승되며 서리를 막는 방법이다.
③ 송풍법: 동상해의 위험기에는 지면 가까이보다 상공의 공기가 따뜻하기 때문에 지상 10m 정도에서 프로펠러를 회전시켜 따뜻한 공기(지면보다 3~4℃ 높음)를 지면으로 송풍하여 서리를 막는 방법이다.

동상해의 일반대책
• 입지조건의 개선
• 작물과 품종의 선택
• 재배적 대책

④ **피복법**: 저온에 의한 피해 우려가 있는 경우에는 부직포나 비닐 등으로 임시로 막덮기를 실시하여 잘 덮어줘서 동상해를 막는 방법이다.
⑤ **연소법**: 연소에 의해서 알맞게 열을 공급하면 -3 ~ -4℃ 정도의 동상해를 막을 수 있다.
⑥ **살수빙결법**: 물이 얼 때는 1g당 80cal의 잠열이 발생하는데 스프링클러 등에 의해서 저온이 지속하는 동안 계속 살수하여 식물체 표면에 결빙을 지속시키면 식물체의 기온이 -7 ~ -8℃ 정도라도 0℃ 정도를 유지하여 동상해를 방지할 수 있는 방법으로서 잘하면 가장 균일하고 가장 큰 보온효과를 기대할 수 있다.

23 다음에서 설명하는 상해의 종류를 괄호 안에 알맞은 용어를 쓰시오.

1) (①)는/은 가을의 생장휴지기에 들어가기 전에 내리는 서리에 의하여 발생하는 상해
2) (②)는/은 봄의 생장개시 후에 내리는 서리에 의한 피해

정답
① 조상(早霜; early frost)
② 만상(晩霜; late frost)

해설 **한해(寒害)의 구분**
1) **상해(霜害; frost injury)**
   식물의 생장기에 발생하는 동해(凍害)는 임목뿐만 아니라 농작물에도 큰 피해를 주는 일이 발생하는데, 이를 특히 상해라고 한다.
   ① **조상(早霜; early frost)**: 가을의 생장휴지기에 들어가기 전에 내리는 서리에 의하여 발생하는 상해
   ② **만상(晩霜; late frost)**: 봄의 생장개시 후에 내리는 서리에 의한 피해 수목에서 만상의 해에 의하여 생리 기능이 저해되면 이상 형태의 세포가 원주 또는 부분적으로 만들어지는데, 이것을 상륜이라고 하며 위연륜(僞年輪, 헛테)의 일종이다.
2) **상열(霜裂; frost crack)**
   식물 조직의 온도변화에 따른 조직의 수축, 팽창에 따른 줄기가 갈라지는 현상
3) **상주(霜柱; frost heaving)**
   추운 겨울철 밤에 지중의 수분이 지면이나 지중에서 동결 또는 승화하여 생긴 수많은 기둥 모양의 얼음을 말하며, 서리발이 형성될 때 토양도 함께 부풀어 오르게 되며, 이때 어린 묘목의 뿌리 또한 지상부로 수 cm 이상까지 뽑혀 올라오지만, 이들 뿌리는 토양의 해토(해동) 이후에도 지표면 아래로 내려가지 못한 상태에서 말라죽게 된다.

제1장 피해의 원인 파악

24 다음 상해의 종류에 따른 피해 상황이다. 괄호 안에 알맞은 상해의 종류를 보기에서 선택하여 완성하시오.

○보기○
① 조상의 해   ② 만상의 해

천연림 분포지역에서 자라는 것과 동일한 수종일지라도 남부지방 원산의 수종을 북쪽으로 옮겼을 경우 (①)를/을, 북부지방 원산의 것을 남쪽으로 옮겼을 경우에는 (②)를/을 입기 쉬운 경향이 있다.

정답 ① 조상의 해
② 만상의 해

 만상의 해에 의하여 생리기능이 저해되면 이상 형태의 세포가 원주 전체 또는 부분적으로 만들어지는데, 이것을 상륜(霜輪; frost ring)이라고 하며 위연륜의 일종이다.

③ 수분 및 바람에 의한 피해

01 토양의 과습상태가 지속되어 입는 습해의 피해에 대해 3가지를 쓰시오.

정답 ① 토양 산소 부족으로 뿌리 호흡 불량
② 미생물 활동 억제
③ 환원성 유해 물질 생성

해설 습해
① 토양의 과습 상태가 지속되어 토양산소가 부족할 때에는 뿌리가 상하고 심한 경우에는 부패하여 지상부가 황화한 후 위조, 고사하는 것
② 저습한 논의 답리작 맥류나 침수지대의 채소 등에서 흔히 볼 수 있음
• 과습 → 토양산소 부족 → 호흡장해(직접피해) → 토양미생물 활동 억제 → 동기 습해 → 무기성분(N,P, K, Ca, Mg 등) 흡수 저해
③ 봄, 여름 지온이 높을 때 토양 과습 → 직접 피해, 토양미생물 활동 → 환원성 유해물질 생성 피해 증가 → 메탄가스, 질소가스, 이산화탄소 생성 증가 → 토양산소 감소 호흡장해 조장 → 토양전염병해 전파 증가, 작물 쇠약, 병해 발생 초래, 지온 저하

습해의 대책
• 배수는 습해의 기본대책이다.
• 토양을 개량한다.
• 알맞은 작물 및 품종을 선택한다.
• 정지 – 밭에서는 휴립휴파(畦立畦播)를 하고, 습답에서는 휴립재배(畦立栽培)를 하기도 한다.
• 과산화석회의 시용 – 과산화석회를 종자에 분의(粉依)해서 파종하거나, 토양에 혼입하면 상당기간 산소를 방출하므로 습지에서 발아 및 생육이 촉진된다.

02 다습한 토양에 대한 작물의 적응성이 있는 내습성 작물의 특징을 3가지를 기술 하시오.

정답
① 벼는 잎, 줄기, 뿌리에 통기계가 잘 발달하여 지상부에서 뿌리로 산소를 공급할 수 있으므로 담수 조건에서도 잘 생육
② 뿌리의 피층 세포가 직렬로 되어 있는 것은 사열로 되어 있는 것보다 세포의 간극이 커서 뿌리에 산소를 공급하는 능력이 크기 때문에 내습성이 강함
③ 뿌리조직의 목화: 목화한 것은 환원성 유해물질의 침입을 막아서 내습성을 강하게 함
④ 뿌리의 발달습성: 근계가 얕게 발달하거나, 습해를 받았을 때 부정근의 발생력이 큰 것
⑤ 환원성 유해물질에 대한 저항성: 뿌리가 황화수소 등에 대하여 저항성이 큰 것

통기조직(通氣組織)
식물의 세포 사이의 틈이 연속되어 그물 모양 또는 관 모양이 된 공극으로, 공기의 유통 및 저장에 적합하게 된 유조직이다.

03 관수해를 입은 논에서 청고현상이 나타나는 조건 3가지를 쓰시오.

정답 ① 고수온 ② 정체수 ③ 탁수

청고현상
녹색 상태에서 마르는 현상을 말하며, 수온이 높은 물 > 수온이 낮은 물, 흙탕물 > 맑은 물, 고인 물 > 흐르는 물 등이 침관 수해 피해가 크다.

해설 **수분에 의한 피해**
1) 수해의 피해 상황
  ① 토양이 붕괴하여 산사태와 토양침식 등을 유발한다.
  ② 유토(流土)에 의해서 전답이 파괴되고 매몰된다.
  ③ 유수에 의해 농작물이 도복되고 손상되며 표토가 유실된다.
  ④ 침수에 의해 흙앙금이 앉고, 생리적인 피해를 입는다.
  ⑤ 벼에서는 흰빛잎마름병을 비롯하여 도열병 잎집무늬마름병의 발생이 많아진다.
2) 관수해의 생리
  관수(冠水)는 식물체가 완전히 물속에 잠기게 되는 침수
3) 수해의 발생과 각종 조건
  (1) 침수의 요인: 수온 수질에 따라서 수해의 피해 정도가 다름
    ① 청고(靑枯)
      • 수온이 20℃에서는 10일 정도, 40℃에서는 2일 정도
      • 수온이 높은 정체탁수(停滯濁水)의 경우에 생김
    ② 적고(赤枯)
      • 수온이 낮은 유동청수(流動淸水)의 경우에 단백질도 소모되고, 갈색으로 변해서 죽는다.
4) 재배적 요인
  ① 질소질비료를 많이 주면 내병성이 약해져서 관수해가 크다.
  ② 질소질비료를 많이 주면 탄수화물 함량이 줄고, 호흡작용이 왕성해져 내병성 및 관수 저항성이 약해진다.

제1장 피해의 원인 파악

04 풍속 4~6km/h 이하의 연풍(軟風)은 대체로 작물의 생육을 이롭게 하는데 이점 3가지를 쓰시오.

정답 ① 증산 및 양분흡수의 촉진
② 병해의 경감
③ 광합성의 촉진
④ 수정·결실의 촉진

05 풍해가 끼치는 작물의 기계적 장해 3가지를 쓰시오.

정답 ① 벼와 맥류에서는 도복·수발아·부패립 등을 발생하게 된다.
② 벼에서는 수분·수정이 저해되어 불임립이 발생하고 상처를 통해서 병원균 침입
③ 과수에서는 절손, 열상, 낙과 등을 유발

> **수발아**
> 아직 베지 않은 곡식의 이삭에서 낟알의 싹이 트는 것. 비가 많이 오고 대기의 습도가 높을 때 일어난다(등숙기에 집중된 비가 주요인).

06 풍해가 끼치는 작물의 생리적 장해 3가지를 쓰시오.

정답 ① 상처를 받으면 호흡이 증대하여 저축양분의 소모가 증가한다.
② 기공이 닫혀 이산화탄소의 흡수가 감소되므로 광합성이 감퇴한다.
③ 수분·수정이 장해되어 불임립, 쭉정이 등이 발생한다.

해설 풍속 4~6km/h 이상의 강풍, 특히 태풍의 피해를 보통 풍해라고 하며, 풍속이 크고 공기 습도가 낮을 때 심하다.

07 다음 괄호 안에 알맞은 용어를 쓰시오.

> 임목은 일반적으로 주풍(10~15m/s 속도의 장기간 같은 방향) 방향으로 굽게 되고 수간 하부가 편심생장을 하게 되어 횡단면이 타원형으로 된다. 즉 침엽수는 (①)을, 활엽수는 (②)을 하게 된다.

정답 ① 상방 편심
② 하방 편심

해설) 바람에 의한 피해

임목은 일반적으로 주풍(10 ~ 15m/s의 속도로 장기간 같은 방향으로 바람이 부는 것) 방향으로 굽게 되고 수간 하부가 편심생장을 하게 되어 횡단면이 타원형으로 된다. 즉 침엽수는 상방 편심을, 활엽수는 하방 편심을 하게 된다.

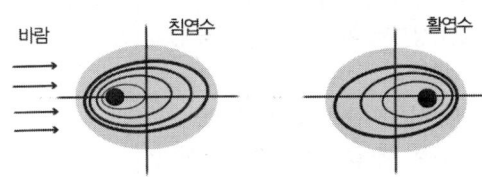

○ 주풍에 의한 수목의 편심생장

4 대기오염물질에 의한 피해

01 주요 대기오염물질에 의한 피해 증상에 있어 잎의 뒷면이 광택을 두른 은회색 또는 갈색이 변한 은회색을 나타내며, 피해가 극심하게 되면 잎의 표면에도 장해를 나타내는 대기 물질로 산화력이 강한 유기물질을 쓰시오.

정답) PAN

해설) 대기오염물질에 의한 피해

1) 아황산가스(SO_2)
   엽면의 기공을 통하여 식물체에 침입하고, 흡수된 SO_2의 대부분은 황산 또는 황산염으로 되어 피해를 주게 된다.
2) 질소산화물(NO_x; NO, NO_2)
   피해징후는 SO_2에 의한 피해징후와 비슷
3) 불화수소(HF)
   ① 불화수소는 물에 쉽게 녹는 성질이 있어 빠른 속도로 잎의 선단부와 엽록 부위에 쌓인다.
   ② 식물에 대한 독성이 매우 강하며 괴사반점의 특징은 괴사부분과 건전부위 간에 명확히 식별할 수 있는 갈색 밴드가 나타나는 것이다.
4) 오존(O_3)
   ① 오존(O_3)은 2차 오염물질이며 산화력이 강하기 때문에 많은 식물에 피해를 준다.
   ② 오존의 피해는 일반적으로 그 강력한 산화 작용에 의한 것으로 엽의 표면에 한정
   ③ 책상조직이 오존에 대하여 가장 약하여 제일 먼저 공격을 받음(죽은 깨 같은 반점 형성)

④ 책상조직 상부 표피세포나 공변세포는 상당한 기간 동안 피해를 입지 않고 견딤

5) PAN
① PAN은 공장 연료의 불완전 연소 가스나 자동차의 배기가스의 광화학 반응 생성물인 n-butylene과 질소산화물이 반응하여 생성됨
② 엽 하부에 은색 반점이 나타나고, 지속되면 상부로 확대되어 괴사 현상이 나타남
③ 미성숙 엽에서는 피해가 크고, 성숙 엽에서는 피해 발생이 억제됨
④ PAN의 피해 현상은 반드시 자외선에 노출될 때 발생하는 것이 특징
⑤ 활엽수에서는 피해 초기에는 엽 뒷면이 은회색으로 변하고, 심해지면 갈색으로 변함
⑥ 침엽수에서는 황화 현상이 나타나며 조기 낙엽
⑦ 0.2~0.8ppm에서 8시간을 노출하면 민감 수종에서는 피해 발생
⑧ 탄화수소 + 질소산화물(NO_x) = 오존(O_3) + PAN

02 다음은 대기 오염 물질에 의한 식물의 피해 상태이다. 어떤 오염 물질인지 괄호 안에 쓰시오.

> • (　　)는/은 2차 오염물질이며 산화력이 강하기 때문에 많은 식물에 피해를 준다.
> • 가시 피해의 조직학적 특징은 책상조직이 선택적으로 파괴되는 경우가 많고, 기공에 가까운 해면상 조직은 피해를 받지 않는다.

정답 오존(O_3)

5 기타 장해

01 산성비가 토양에 미치는 영향 3가지를 쓰시오.

정답
① 유기물의 분해를 방해한다.
② 콩과 식물 뿌리의 질소고정 혹을 방해
③ 토양 속의 양료 교란(인산, 칼슘, 마그네슘, 붕소, 몰리브덴 등이 결핍)

해설 산성비
1) 산성비가 토양에 미치는 영향
① 유기물의 분해를 방해한다.

② 콩과 식물 뿌리의 질소고정 혹을 방해
③ 토양 속의 양료 교란(인산, 칼슘, 마그네슘, 붕소, 몰리브덴 등이 결핍)
④ 식물에 유해한 알루미늄과 망간이 유리되어 용출
⑤ 맹독성 중금속류를 토양으로부터 용출

2) 산성비가 식물에 미치는 영향
식물에 대한 산성강화물의 영향은 잎 표면에 발견되는 가시적인 피해, 잎의 표피 왁스층의 파괴, 잎에서의 염기 용탈 등

02 농약의 오용으로 발생되는 작물약해 유발의 주요 요인 3가지를 쓰시오.

정답
① 농약의 고농도 및 과량살포
② 농약의 불합리한 혼용으로 인한 약해
③ 농약의 근접살포로 인한 약해

03 농약의 오용으로 발생되는 작물약해 유발 주요 요인 중 농약의 근접살포로 인한 약해를 유발할 수 있다. 근접살포의 뜻을 설명하시오.

정답 근접살포
서로 다른 2종 이상의 약제를 수일 간격으로 처리하는 근접살포를 하게 되는 경우에 약제 상호 간의 반응에 의하여 약해가 발생하는 사례가 있다.

해설 벼와 잡초인 피 간의 속간(屬間) 선택성이 있는 액제인 propanil은 유기인계 또는 카바메이트계 농약과 근접살포를 할 경우 벼에 엽소 증상이 일어나는 약해가 발생한다. 또한, 석회보르도액 살포 후에 석회유황합제를 처리할 때는 2∼6주일의 간격을 두어야 하고 이와 반대로 석회유황합제를 처리한 후 보르도액을 사용할 때는 1∼2주일 정도 간격을 두고 살포하도록 해서 약해 작용을 피하며 석회유황합제나 보르도액을 처리한 후에 기계유유제를 살포할 때는 적어도 1개월 이상의 간격을 두고 살포하여야 한다.

04 석회(Ca) 결핍에 의한 작물이 병해 대표적인 것 2가지를 쓰시오.

정답
① 사과 고두병
② 토마토의 배꼽썩음병

제1장 피해의 원인 파악

[해설] 양분 불균형에 의한 장해
  1) **석회(Ca) 결핍**: 토양 내 함량 부족보다는 과잉이나 질소, 칼리, 고토의 과잉, 건조, 다습등 여러 가지가 복합되어 나타나는 경우가 많으며 일종의 연작 장해임. 시비의 적정화, 객토, 퇴비의 투입, 심경 등으로 토양 중의 염기 균형을 맞추면 회피할 수 있음
     ① 사과 고두병
     ② 토마토의 배꼽썩음병
     ③ 샐러리, 상치, 배추의 연부
     ④ 멜론의 속썩음
  2) **망간 과잉**: 사과 적진병(조피병, 粗皮病)
  3) **망간 결핍**: 감귤류 위황병
  4) **붕소 결핍**: 무·배추속썩음병
  5) **아연 결핍**: 사과나무·감귤류 로제트병

[참고] 환경 불량으로 인한 장해: 오이순멎이
  1) 증상
     ① 생장점 부근에 암꽃이 많이 달리면서 생육이 정지되는 현상으로 심하면 줄기와 잎이 전혀 발생하지 않고 생장이 멈춘다.
     ② 육묘기부터 생육 중기에 걸쳐 주로 발생하는데 생육 환경이 불량하면 언제라도 발생한다.
     ③ 증상이 가벼운 경우에는 환경조건의 개선으로 회복이 가능하다.
  2) 발생 원인
     ① 암꽃이 착생하기 쉬운 환경 즉 온도가 낮고 해가 짧은 조건하에서 주로 발생한다.
     ② 지속적인 저온으로 관리했을 경우에는 서서히 나타나고 단기간에 저온에 부딪히게 되면 급속히 발생한다.
     ③ 육묘 시 폿트의 흙이 적거나 건조할 때, 양분(특히 질소질)이 부족할 때, 이식이나 정식 때 작물에 상처가 난 경우에 발생한다.

사과 고두병(생리장해)
① 과실의 표면에 반점이 나타나 외관을 손상시키며 저장 중에 피해 부위로부터 부패균 침입
② 칼슘(Ca) 부족이 원인이며 어린 나무나 강전정 및 질소를 과다 시비한 나무에서 많이 발생

05 수목의 제설제 피해 3가지를 쓰시오.

[정답] ① 염류집적 ② 수분퍼텐셜 변화 ③ 무기영양 불균형

[해설] 제설제 영향
  1) 토양
     ① **염류집적**: 고농도의 칼슘, 나트륨, 마그네슘, 염소 등의 염류가 토양에 집적되어 토양 pH가 증가하여 알칼리성 토양 전환, 전기전도도 증가
     ② **수분퍼텐셜 변화**: 토양 내 무기염의 농도가 증가하여 삼투압이 높아지고, 결국 토양 수분퍼텐셜이 감소하여 수목이 수분을 흡수하는 작용 제한, 심한 경우 역삼투압으로 뿌리로부터 탈수 현상도 발생

- 제설제는 토양 및 수목의 물리·화학·생물적 변화를 모두 일으킨다.
- 수분 부족이나 염(제설제)의 피해 시 황화 현상, 시들음이 와도 낙엽되지 않고 늦봄까지 잎이 붙어 있기도 한다(정상적인 탈리 과정을 겪지 않고, 수분만 빠져나갔기 때문).

③ **무기영양 불균형**: 칼슘 이온으로 다른 미량원소의 흡수 방해(길항 작용)
④ **생물상 변화**: 염 축적으로 토양 세균, 곰팡이 등 다양한 생물적 환경 파괴
⑤ **토양 물리성 악화**: 나트륨 이온의 영향으로 토양을 고결시켜 입단 형성 방해, 견밀도 상승, 투수성 및 통기성 불량 유도

2) **수목의 지상부**
① 수피가 두꺼운 은행나무 등은 살포나 자동차 통행으로 튀어 생기는 피해는 덜한 편
② **삼투현상**: 수피가 얇은 수목의 줄기, 특히 잎에 제설제가 묻거나 될 경우, 삼투압 현상에 의해 탈수 현상, 피해가중

06 수목의 인위적인 피해 중 복토의 피해, 심식의 피해에 대하여 설명하시오.

정답
- **복토의 피해**: 전체 세근의 90% 가량이 표토 20cm 이내에 모여 있는데, 복토는 세근이 질식하여 먼저 죽고, 이어서 굵은 뿌리들도 죽는다.
- **심식의 피해**: 뿌리의 호흡이 서서히 둔화되어 뿌리의 건강이 나빠지면서 나무의 지상부 생장도 나빠진다.

해설
1) **복토의 피해**
① 나무가 자라고 있는 곳의 토양 표면을 높이거나 흙이나 공사 자재를 임시로 쌓아두는 것을 의미한다.
② 전체 세근의 90% 가량이 표토 20cm 이내에 모여 있는데, 복토는 세근이 질식하여 먼저 죽고, 이어서 굵은 뿌리들도 죽는다.
③ 뿌리가 죽으면 지상부의 쇠퇴 현상을 나타내고, 활엽수의 경우 수관 꼭대기 잎부터 황화현상 및 잎이 작아진다. 수관이 엉성해지고 조기낙엽이나 맹아지나 도장지가 발생한다.
④ 복토 후 오랜 세월이 경과했다면 땅속에 묻힌 밑동이 썩어 나무가 고사한다.

2) **심식(deep planting)의 피해 및 예방**
① 뿌리의 호흡이 서서히 둔화되어 뿌리의 건강이 나빠지면서 나무의 지상부 생장도 나빠진다.
② 심식의 피해는 밑동이 썩어 들어가는 과정이 복토와 같다.
③ 심식은 10cm 정도까지는 피해를 주지 않는다고 할 수 있다.
④ 나무가 웃자라 있거나 밑가지가 없어 쓰러질 위험이 있을 때는 심식 대신 지주목을 세워야 한다.

🌱 **심식**
나무를 옮겨 심을 때 깊게 심는 것. 나무를 옮기기 전에 뿌리가 묻혀 있던 지제부(root collar)가 땅속에 들어가도록 전보다 더 깊게 뿌리를 묻는 것을 의미한다.

제2장 피해 증상 조사하기

1 병의 진단

01 다음은 코흐의 원칙을 기술한 것이다. 괄호 안에 알맞은 문장을 완성하시오.

> ① 병환부에는 그 병을 일으키는 것으로 추정되는 병원체가 항상 존재하여야 한다.
> ② ( )
> ③ 순수 배양된 병원체를 건전한 기주에 접종하였을 때 동일한 병이 발생하여야 한다.
> ④ 발병한 부위로부터 접종에 사용하였던 것과 동일한 병원체가 재분리 되어야 한다.

정답 그 병원체는 분리되어 배지에서 순수 배양되어야 한다.

02 병을 일으키는 것으로 생각되는 병원체가 정말로 병의 원인인가 아닌가를 결정하기 위해서는 코흐의 원칙이 적용된다. 코흐의 원칙을 쓰시오.

정답
① 병환부에는 그 병을 일으키는 것으로 추정되는 병원체가 항상 존재하여야 한다.
② 그 병원체는 분리되어 배지에서 순수 배양되어야 한다.
③ 순수 배양된 병원체를 건전한 기주에 접종하였을 때 동일한 병이 발생하여야 한다.
④ 발병한 부위로부터 접종에 사용하였던 것과 동일한 병원체가 재분리 되어야 한다.

흰가루병균과 같은 순활물기생균이나 바이러스, 파이토플라즈마, 선충 등은 인공배양이 불가능하므로 이 원칙을 그대로 적용시킬 수 없다. 그러나 대부분 균류 및 세균병의 병원균은 인공배양이 가능하므로 진단하려는 병이 새로운 병일 경우에는 반드시 코흐의 원칙을 만족시키는지 확인하여야 한다.

03 식물병 진단방법 5가지를 쓰시오.

정답
① 육안적(肉眼的) 진단 ② 해부학적 현미경적 진단
③ 물리·화학적 진단 ④ 이화학적 진단

⑤ 생리화학적 진단　　⑥ 혈청학(血淸學)적 · 면역학적 진단
⑦ 생물학적 진단　　　⑧ 핵산분석에 의한 진단

해설　1) **물리 · 화학적 진단**: 병든 식물 또는 병환부를 물리적 · 화학적으로 처리하여 진단(황산구리법)
　　　2) **병원적(病原的) 진단**: 인공접종 등의 방법을 통해 병원체를 진단

04 식물병 진단에 있어 육안적(肉眼的) 진단의 3가지에 대하여 쓰시오.

정답　① 병징에 의한 진단
　　　② 표징에 의한 진단
　　　③ 습실 처리에 의한 진단

05 다음은 식물병의 진단방법 중 하나이다. 어떠한 진단방법인지 쓰시오.

> "병든 식물의 물리적, 화학적 변화를 조사하여 병을 진단하는 방법. 바이러스병에 걸린 감자를 황산구리 처리법으로 병의 감염 여부를 진단하고, 둘레 썩음병은 감자를 쪼개어 자외선을 쬐었을 때 관다발부가 둥글게 형광빛을 내는가에 따라 감염 여부를 진단한다."

정답　이화학적 진단

06 다음은 식물병의 진단방법 중 하나이다. 어떠한 진단방법인지 쓰시오.

> "병에 걸린 조직의 생리화학적인 변화 특성이나, 병원체의 생리화학적 특성을 분석하여 진단하는 방법이다. 수목의 경우에는 주로 병원체의 생리화학적 특성에 의한 진단이 이용된다. 특히, 세균 동정 시에는 세포벽의 특성을 Gram 염색법으로 Gram 양성세균과 Gram 음성세균으로 구분할 수 있다."

정답　생리화학적 진단

제2장 피해 증상 조사하기

07 식물병 진단에 있어 항원항체 반응을 이용하여 혈청학적 진단을 하게 되는데 그 방법 4가지를 쓰시오.

정답
① 슬라이드법
② 한천겔확산법
③ 형광항체법
④ 효소결합항체법(ELISA)

해설 혈청학(血淸學)적·면역학적 진단
① 슬라이드법
② 한천겔확산법
③ 형광항체법
④ 효소결합항체법(ELISA)
⑤ 직접조직프린트면역분석법(DTBIA)

08 식물병의 진단방법 중 생물학적 진단방법 5가지를 쓰시오.

정답
① 파지에 의한 진단
② 지표 식물에 의한 진단
③ 충체 내 주사법에 의한 진단
④ 즙액 접종에 의한 진단
⑤ 괴경지표법에 의한 씨감자의 바이러스병 진단

09 식물병의 진단방법 중 핵산분석에 의한 진단방법 3가지를 쓰시오.

정답 핵산분석에 의한 진단
① 제한효소를 이용한 병원체의 동정
② DNA 상동성을 이용한 병원체의 동정
③ PCR(Polymerase Chain Reaction)을 이용한 병원체의 동정

10 식물체의 바이러스 감염 여부를 확인하는 방법 3가지를 쓰시오.

정답
① 지표식물 이용법
② 혈청학적 방법
③ 전자현미경법
④ 분자생물학적 방법

---

① 박테리오파지
- 세균에 기생하는 바이러스로 이는 세균의 세포 내에 침입·증식하여 자손파지를 방출할 때 기주 세포를 파괴한다.
- 파지는 정도의 차이는 있지만 대체로 기주 특이성이 있어 혼재되어 있는 세균 중에서 기주 세균만 공격한다. 이러한 파지의 성질은 세균병의 진단이나 병원균의 동정에 이용할 수 있다.

② RFLP(Restriction Fragment Length Polymorphism)
- DNA를 유전자 절단 제한효소로 절단하였을 때, 절단된 유전자의 길이가 다양하게 나타나는 현상이다.

11 다음 보기 중에서 식물병을 진단할 때 해부학적 진단법을 고르시오.

> **보기**
> ① 병징 및 표징에 의한 진단   ② 현미경에 의한 진단
> ③ 병원에 의한 진단   ④ 이화학적 진단
> ⑤ 혈청학적 진단

정답 ② 현미경에 의한 진단

해설 **해부학적 현미경적 진단**
현미경이나 육안으로 조직 내부 및 외부에 존재하는 병원균의 형태 또는 조직 내부의 변색 식물세포 내의 X-체 검사, 유출검사 등이 있다.

12 식물병의 혈청학적 진단방법인 효소결합항체법(ELISA)에 대하여 설명하시오.

정답 효소결합항체법(ELISA; Enzyme Linked Immunosorbent SAssay)은 항체에 결합된 효소를 통해 항원-항체 반응을 확인하는 실험법

13 다음에서 설명하는 생물학적 진단법의 종류를 쓰시오.

> "바이러스병에서는 즙액 접종이나 접목 접종에 의한 특징적인 반응을 나타내는 식물이 알려져 있으며, 예를 들면, 감나무 묘목을 심어 과수뿌리혹병균의 유무를 알아내는 방식 등을 말한다."

정답 지표 식물법

① 지표 식물
  • 감자 X 바이러스: 천일홍
  • 뿌리혹선충: 토마토, 봉선화
  • 과수 자주빛날개무늬병: 고구마
② 근두암종병: 감나무, 밤나무, 벚나무, 사과나무
③ 바이러스병: 명아주, 독말풀, 땅꽈리, 잠두, 천일홍, 동부
④ 담배모자이크바이러스: Chenopodium amaranticolor(강낭콩의 한 품종)

14 다음에서 설명하는 생물학적 진단법의 종류를 쓰시오.

> "감자바이러스병에 대한 무병종서(병에 이완되지 않은 감자종자)의 검출법으로, 따뜻한 곳에서 발아시킨 감자의 눈 한 개를 길러 발병의 유무를 검정한다."

정답 최아법(괴경지표법)

제2장 피해 증상 조사하기

15 다음 괄호 안에 알맞은 용어를 쓰시오.

> (   )는/은 정도의 차이는 있지만 대체로 기주 특이성이 있어 혼재하는 세균 중에서 기주세균만 공격한다. 이러한 파지의 성질을 이용하여 그 계통의 세균이 있는지 확인할 수 있고, 그 세균의 월동장소, 병든 식물의 존재 부위를 알 수 있다.

정답 박테리오파지

2 병징 및 표징

01 식물병의 진단을 위해 병징을 확인하게 된다. 병징의 정의를 기술하시오.

정답 식물이 병에 걸리면 식물체 내에서 어떤 종류의 생리적 변화가 일어나며, 이로 인하여 조직이나 기관에 형태적 이상이 생기는데, 이를 병징(病徵; symptom)이라고 한다.

해설 **병징 및 표징**

진단은 병의 원인을 밝혀 병명을 결정하는 것으로, 병의 방제를 위한 첫 번째 단계가 된다.
1) **병징**: 식물이 병에 걸리면 식물체 내에서 어떤 종류의 생리적 변화가 일어나며, 이로 인하여 조직이나 기관에 형태적 이상이 생기는데, 이를 병징(病徵; symptom)이라고 한다.
   ① 전신 병징: 시들음(토마토시들음병), 웃자람(벼키다리병), 모잘록(각종 채소모잘록병), 위축(벼오갈병)
   ② 국부 병징: 병무늬, 잎마름, 가지마름, 혹, 뿌리혹, 빗자루 모양, 썩음, 뿌리 썩음, 더뎅이, 낙엽, 황화, 퇴록, 줄무늬
   ③ 내부 병징: 물관부 갈변, 비대, 증생(세포 수가 증대 무·배추무사마귀병), 화생(건전한 식물에 존재하지 않은 조직이나 기관이 만들어짐), 감생(조직의 생성과 분화 및 발육이 억제)
2) **표징**: 병든 식물체의 표면에 병원균의 영양기관이나 번식기관이 나타나 육안으로 식별되는 것을 표징(表徵; sign)이라고 한다.

02 식물병의 병징 중 전신 병징 3가지를 쓰시오.

정답 ① 시들음 ② 모잘록 ③ 웃자람

해설 ① 시들음(위조; 萎凋, wilting): 뿌리나 줄기의 물관부가 침해되어 물이 올라가지 못해 시드는 증상
② 모잘록(입고; 立枯, damping-off): 유묘 줄기의 지제부가 잘록해져서 넘어지고 말라 죽는 증상
③ 웃자람(도장; 徒長, elongation): 식물의 지상부가 비정상적으로 생장하는 증상(벼키다리병)

> **위축(萎縮, dwarf)**
> 가지나 줄기 또는 잎이 소형화되는 병징으로서, 병의 종류나 병의 진전상태에 따라 수목조직의 일부 또는 전신에 나타나는 경우가 있다.

03 식물병의 병징 중 국부병징에 해당하는 것을 보기에서 모두 고르시오.

─ 보기 ─
① 시들음   ② 점무늬   ③ 빗자루 모양
④ 모잘록   ⑤ 가지마름   ⑥ 뿌리혹

정답 ② 점무늬
③ 빗자루 모양
⑤ 가지마름
⑥ 뿌리혹

해설 ① 점무늬(반점; 斑點, leaf spot): 잎에 생기는 국부적인 병반으로서 세포가 죽거나 붕괴되어 작은 무늬가 나타나는 증상(벼깨씨무늬병, 토마토점무늬병, 사과나무점무늬낙엽병)
② 빗자루 모양(witches' broom): 잔가지가 무성하게 위쪽으로 밀집해서 마치 빗자루 모양으로 총생하는 증상(벚나무 빗자루병)
③ 가지마름(지고; 枝枯, dieback): 잔가지가 끝에서부터 아래쪽으로 말라 내려가는 증상 (낙엽송끝마름병, 뽕나무가지마름병)
④ 뿌리혹(근류; 根瘤, 무사마귀, clubroot): 뿌리가 비정상적으로 확대되어 방추형 또는 곤봉처럼 보이는 증상(배추뿌리혹병)

> **궤양(潰瘍)이나 줄기마름**
> • 주로 줄기나 굵은 가지에 나타나는 마름 증상으로서, 수피의 균열, 고리 모양의 유합조직 형성 또는 환부의 함몰 등의 증상을 동반한다.
> • 활엽수류의 궤양병, 오동나무 부란병, 침·활엽수의 줄기마름병, 밤나무의 줄기마름(canker)병 등의 병징이 이에 해당한다.

04 식물병의 진단에 있어 표징은 매우 중요한 지표가 된다. 표징에 해당하는 것 3가지를 쓰시오.

정답 ① 포자 ② 자실체 ③ 균사조직

제2장 피해 증상 조사하기

05 바이러스병에 감염되어 나타나는 병징에 대하여 보기에서 골라 괄호를 완성하시오.

> **보기**
> 모자이크, 위축, 황화, 괴저, 겹무늬, 기형, 빗자루 모양, 더뎅이

- (①): 초록색 부분과 황록색 또는 황색 부분이 서로 섞여 무늬를 만드는 증상이다.
- (②): 세포가 죽어서 생기는 조직의 갈변 증상이다.
- (③): 원형 또는 겹동근무늬 등이 생기며 다각형, 번개 모양으로 나타나는 증상으로서 겹무늬 부위는 밝은 초록색으로 되거나 괴저된다.
- (④): 바이러스병에 걸린 식물이 키가 낮고 줄기의 마디 사이가 짧으며 잎이 작아지는 증상이다.
- (⑤): 어떤 특정한 조직이 이상하게 분열, 발육되는 증상으로서 분열 수가 이상하게 증가되는 총생이다. 사관부 세포가 이상하게 늘어나는 암종형성, 잎에 생기는 주름 모양의 돌기 등이 있다.
- (⑥): 엽록소의 감소로 잎이 누런색을 띠는 증상으로서 포기 전체가 시들고 황화된 증상이다.

정답 ① 모자이크 ② 괴저 ③ 겹무늬(輪紋病 윤문병)
④ 위축 ⑤ 증생 ⑥ 황화

06 식물병의 진단을 위해 표징을 확인하게 되는데 표징의 정의를 기술하시오.

정답 병든 식물체의 표면에 병원균의 영양기관이나 번식기관이 나타나 육안으로 식별되는 것을 표징(表徵; sign)이라고 한다.

해설 **표징**
1) 병든 식물체의 표면에 병원균의 영양기관이나 번식기관이 나타나 육안으로 식별되는 것을 표징(表徵; sign)이라고 한다.
2) 표징은 병의 진단에 있어 매우 중요한 지표가 된다.
    ① 바이러스병에서는 표징이 나타나지 않으며 세균병에서도 일부의 도관병 이외에는 표징이 나타나지 않는다.
    ② 표징에는 포자, 자실체, 균사조직, 균핵, 자낭각, 분생포자병, 녹병균류의 여름포자, 녹포자기 등이 있다.

07 수목병 발생의 기상환경을 3가지를 쓰시오.

정답 ① 온도 ② 햇빛 ③ 습도

해설 **수목병 발생의 기상 및 토양환경**
① 온도: 온도는 병원체의 생육뿐만 아니라 수목의 병에 대한 감수성에도 영향을 미친다.
② 햇빛: 광합성에 필요한 광선이 부족하면 식물체의 생육이 불량해지고 물질대사의 이상으로 병해에 대한 저항성이 약해진다.
③ 습도: 과도한 습도나 가뭄은 식물의 생리적 기능을 약화시켜 각종 병해에 대한 저항성을 저하시킨다. 또한, 병원균 역시 식물체에 침입하기 위해서 일정 기간 동안 포화상태의 습도가 필요하다.
④ 토양: 토양의 물리, 화학적 성질은 식물체의 생리적 기능에 직접적인 영향을 주어 저항성을 약화시킬 수 있다.
⑤ 바람 및 지형: 심한 바람은 식물의 과도한 증산작용을 유발하여 병에 대한 저항성을 약화시키고 바람에 의한 상처는 병원체의 침입통로로 이용된다.
⑥ 대기오염: 각종 대기오염물질은 고농도의 오염원에 노출된 식물체에 다양한 유형의 피해를 발생시키기도 한다.

3 수목해충의 밀도조사

01 수목해충의 밀도조사에 있어 해충의 밀도 변동 요인 3가지를 쓰시오.

정답 ① 출생률 ② 사망률 ③ 개체 이동

해설 **수목해충의 밀도조사**
1) 해충의 밀도
  (1) 밀도 변동
    자연 상태의 해충밀도는 출생률과 사망률 그리고 개체군의 이동에 따라 변동
  (2) 밀도 변동 요인
    ① 출생률: 일정한 시기에 출생한 개체 수와 최초 측정 개체 수에 대한 비율로서 사망이나 이동이 없다고 가정한다.
      • 최대 출산 능력: 유전적 요인으로 종에 따라 차이가 있으며, 종간 또는 환경조건이 산란 수에 미치는 영향을 비교하는 기준이 된다.

- 실 출산 수: 불리한 환경조건은 실 출산 수의 감소요인으로 작용하고 보통 암컷의 덩치와 산란 수는 비례한다.
- 성비: 전체 개체 수에서 암컷이 차지하는 비율로 일부 종을 제외하고는 암수 비율이 동수에 가깝다.
  - 예 밤나무순혹벌과 여름철의 진딧물류는 암컷만 있음
- 연령 구성 비율: 암컷의 수명, 산란 후 생존 기간, 산란 수, 휴면 기간 등이 영향을 주는 요인이다.

② **사망률**: 일정한 시기에 사망한 개체 수와 최초 측정 개체 수에 대한 비율로서 출생이나 이동이 없다고 가정한다. 사망률은 밀도에 비례하고 사망률을 높이는 요인은 다음과 같다.
- 노쇠: 곤충이 수명을 다하고 죽는 일은 극히 드물다.
- 활력의 감퇴: 세포를 죽게하는 치사인자의 작용을 유발한다.
- 사고: 탈피나 우화과정에 사고적 요인으로 인해 정상적인 생육을 할 수 없는 경우
- 물리적 조건: 극단적인 온도나 습도 등에 의한 사망
- 천적류: 포식동물, 기생곤충, 기생선충, 병원 미생물 등
- 먹이의 부족
- 은신처 감소

③ **개체 이동**
- 확산: 곤충의 가장 대표적 행동으로 먹이활동과 생존을 위해 일정한 범위로 흩어지는 분포의 연속적인 상태이다.
- 분산: 이동한 결과가 비연속적인 분포를 나타내며 정착한 곳이 생활에 부적당하면 다시 이동하거나 죽게 된다.
  - 예 바람에 의해 이동하는 멸구류나 진딧물류
- 회귀: 다른 곳으로 이동하였던 곤충이 다시 제자리로 돌아오는 경우
- 이입과 이주: 다른 곳에서 들어오는 이입과 다른 곳으로 나가는 이주

(3) 밀도 변경 메커니즘
① **비생물적 조절(밀도 비의존적 효과)**: 온도, 수분, 빛(일조) 등 비생물적인 요소에 의한 것으로 밀도와 관계없이 개체 수를 격감시킬 수 있으므로 개체의 저항성이 높을수록 생존에 유리하다.
② **생물적 조절(밀도 의존적 효과)**: 먹이나 천적 등 생물적 요소가 개체군에 영향을 미치는 것으로 밀도가 증가함에 따라 먹이 부족 등 개체에 가해지는 압력이 높아져 사망률이 높아지고 결국에는 개체군의 밀도가 감소한다. 사망률은 밀도와 비례함

02 다음은 수목해충의 밀도조사에 있어 해충의 밀도 변동 요인 중 개체 이동에 관한 적당한 용어를 설명한 것이다. 보기에서 골라 쓰시오.

○보기○
성비, 분산, 출산율, 확산, 사망률

- (①): 곤충의 가장 대표적 행동으로 먹이활동과 생존을 위해 일정한 범위로 흩어지는 분포의 연속적인 상태이다.
- (②): 이동한 결과가 비연속적인 분포를 나타내며 정착한 곳이 생활에 부적당하면 다시 이동하거나 죽게 된다.
  예 바람에 의해 이동하는 멸구류나 진딧물류

정답 ① 확산   ② 분산

03 해충 조사의 종류에 있어 다음에서 설명하는 조사법을 보기에서 골라 쓰시오.

○보기○
① 정성적 조사   ② 정량적 조사
③ 기계적 조사   ④ 관건 조사

"해충 종류에 대한 조사로 전체 해충, 잠재 해충, 주요 해충, 천적 등 특정한 범주에 속하는 해충에 대한 조사이다."

정답 ① 정성적 조사

해설 **해충 조사**
조사하고자 하는 포장에서 해충의 존재 여부를 확인하고 동정과 동시에 분포 범위, 밀도를 추정한다. 해충밀도가 어느 수준 이상이 되었을 때는 방제 진행 여부를 고려한다.
1) **해충 조사의 종류**
  (1) 정성적 조사
    해충 종류에 대한 조사로 전체 해충, 잠재 해충, 주요 해충, 천적 등 특정한 범주에 속하는 해충에 대한 조사이다.
  (2) 정량적 조사
    해충밀도에 관한 조사로 절대밀도와 상대밀도로 구분된다.

제2장 피해 증상 조사하기

① 절대밀도: 일정한 단위(가지, 잎)나 면적에 대한 해충밀도로 동력 흡충기 등을 이용하여 채집한다.
- 면적: 땅속 해충의 밀도 표시(솔잎혹파리의 월동유충, 굼벵이, 거세미)
- 먹이 양: 고착생활로 가지를 흡즙하는 곤충은 가지의 길이로 표시(깍지벌레류)
- 인위적 단위: 송지(소나무 가지) 면적을 단위로 개체 수 표시(솔나방)

② 상대밀도: 밀도보다는 경제적 변동, 지역적인 차이를 비교하기 위한 것으로 유아 등이나 포살 장치 등을 이용하여 단위 시간당 포살된 해충 수를 측정한다.

04 산림곤충 표본조사에 있어 비행하는 곤충을 채집하는 방법 3가지를 쓰시오.

정답 ① 끈끈이트랩 ② 유아등 ③ 말레이즈트랩

해설 산림곤충 표본조사법
1) 비행하는 곤충들
   ① 끈끈이트랩 ② 유아등 ③ 말레이즈트랩
   ④ 페로몬트랩 ⑤ 흡입트랩 ⑥ 수반트랩

🌱 **유아등**
곤충의 조광성을 이용하여 비행하는 곤충을 채집하는 수단

🌱 **흡입트랩**
비행하는 곤충을 인위적인 강풍에 의하여 채집하는 방법

05 곤충개체군 밀도를 조사하기 위해서는 표본조사법이 필수적이다. 비행하는 곤충을 채집하기 위해 사용하는 방법 중 말레이즈 트랩을 설명하시오.

정답
- 비행하던 곤충이 착륙 후 음성주지성, 즉 높은 곳으로 기어가는 습성을 이용한 트랩이다.
- 활동성이 높은 파리, 벌, 딱정벌레, 나방류의 곤충을 채집하는 데 유용한 수단이 된다.

06 곤충개체군 밀도를 조사하기 위해서는 표본조사법이 필수적이다. 비행하는 곤충을 채집하기 위해 사용하는 방법 중 황색수반트랩을 설명하시오.

정답 황색수반트랩은 총채벌레나 진딧물을 포함한 여러 종의 곤충이 황색에 잘 이끌리는 것을 이용한 방법이다.

🌱 **황색수반법(yellow pan trap)**
일부 곤충들이 노란색의 파장에 유인되는 현상을 이용한 채집법이다. 노란색 그릇에 물을 채워 야외에 놓아두는 간단한 작업만으로 다양한 곤충을 많이 채집할 수 있는 장점이 있다.

07 산림곤충 표본조사에 있어 수관 또는 지상에 서식하는 곤충을 채집하는 방법 3가지를 쓰시오.

정답 ① 미끼트랩
② 넉다운조사
③ 핏폴트랩

해설 산림곤충 표본조사법
1) 수관 또는 지상에 서식하는 곤충들
① 미끼트랩 ② 직접조사 ③ 넉다운 조사
④ 핏폴트랩 ⑤ 쿼드랫 ⑥ 스윕핑
⑦ 비팅 ⑧ 털어잡기(타락법)

08 곤충개체군 밀도를 조사하기 위해서는 표본조사법이 필수적이다. 수관 또는 지상에 서식하는 곤충을 채집하기 위해 사용하는 방법 중 넉다운 조사를 설명하시오.

정답 나무에 서식하는 곤충을 조사하는 방법으로서, 나무에 살충제를 뿌려 떨어지는 곤충을 조사하는 방법이다.

09 곤충개체군 밀도를 조사하기 위해서는 표본조사법이 필수적이다. 수관 또는 지상에 서식하는 곤충을 채집하기 위해 사용하는 방법 중 핏폴트랩을 설명하시오.

정답 토양 표면에 서식하는 곤충을 조사하는 방법으로 땅속에 유리병이나 캔을 묻고 그 속으로 떨어지는 곤충을 조사하는 방법이다.

10 곤충개체군 밀도를 조사하기 위해서는 표본조사법이 필수적이다. 수관 또는 지상에 서식하는 곤충을 채집하기 위해 사용하는 방법 중 쿼드랫을 설명하시오.

정답 이동성이 큰 곤충을 조사하는 방법으로서 일정한 크기의 쿼드랫(사각형 조사구)을 설치하여 곤충을 직접 조사하는 방식이다.

제2장 피해 증상 조사하기

11 곤충개체군 밀도를 조사하기 위해서는 표본조사법이 필수적이다. 수관 또는 지상에 서식하는 곤충을 채집하기 위해 사용하는 방법 중 스윕핑을 설명하시오.

정답 간단하고 비용이 적게 드는 표본조사법으로, 포충망을 휘둘러서 포획되는 곤충을 채집하는 방법이다.

12 곤충개체군 밀도를 조사하기 위해서는 표본조사법이 필수적이다. 수관 또는 지상에 서식하는 곤충을 채집하기 위해 사용하는 방법 중 비팅(beating)을 설명하시오.

정답 수관 밑에 일정한 크기의 천을 대고 가지를 두드려 떨어지는 곤충을 채집하는 방법이다.

13 곤충개체군 밀도를 조사하기 위해서는 표본조사법이 필수적이다. 수관 또는 지상에 서식하는 곤충을 채집하기 위해 사용하는 방법 중 털어잡기(타락법)를 설명하시오.

정답 나뭇가지, 풀, 꽃 등 막대기로 두들길 때 떨어지는 곤충을 잡는 방법으로 털어잡기 망을 이용한다. 곤충이 떨어질 위치에 넓은 망을 쳐 놓고, 벌레가 떨어지는 대로 잡아넣으면 된다.

14 수목해충의 발생 조사에서 다음에서 설명하는 조사 방식을 쓰시오.

> ① 주로 산림지역에서 위성영상이나 유무인항공기로 촬영한 항공사진 등을 이용하여 해충의 발생과 피해를 평가
> ② 단시간 내에 넓은 면적을 조사 → 인력·시간 절감 및 고산지역·급경사지 등에서의 지형적 상황 극복 가능
> ③ 국내에서는 '소나무재선충병'과 '참나무시들음병' 피해목 조사에 활용

정답 원격탐사

(해설) **수목해충의 발생 조사**

1) 직접조사
   ① 원격탐사
      - 주로 산림지역에서 위성영상이나 유무인항공기로 촬영한 항공사진 등을 이용하여 해충의 발생과 피해를 평가
      - 단시간 내에 넓은 면적을 조사 → 인력·시간 절감 및 고산지역·급경사지 등에서의 지형적 상황 극복 가능
      - 국내에서는 '소나무재선충병'과 '참나무시들음병' 피해목 조사에 활용

2) 간접조사의 종류
   ① 유아등(light trap): 주광성·활동성이 높은 성충을 대상으로 야간에 광원을 사용해서 해충 유인 채집
   ② 먹이트랩(bait trap): 미끼를 이용하여 해충을 포획, 조사하는 방법
      ⑩ 소나무좀을 유인하기 위한 유인목(attractant trap logs) 대표적
   ③ 끈끈이트랩(sticky trap): 표면에 끈끈한 물질을 발라서 해충을 포획하는 방법(참나무시들음병)
   ④ 함정트랩(pitfall trap): 지표면에서 서식하는 딱정벌레나 거미류 등을 조사하는 방법(수목해충보다는 곤충상 조사에 주로 이용)

주간 채집방법
육안조사법(searching and netting), 쓸어잡기(sweeping), 황색수반법(yellow pan trap)

야간 채집방법
유아등 채집법(light trap), 먹이로 유인되는 함정(pit fall trap) 등

제3장 피해진단 결과 증명하기

1 해충 방제원리 및 의사결정

01 해충밀도의 경제적 개념에 있어 경제적 피해 수준에 대하여 기술하시오.

정답
① 경제적 손실이 나타나는 해충의 '최저밀도', 즉 해충에 의한 피해액과 방제비가 같은 수준의 밀도
② 현재 방제를 하지 않더라도 수확기에 해충피해를 입은 경제적 손실과 약제 방제 비용으로 투자한 비용이 같기 때문에 궁극적으로는 경제적 손실이 없다는 것을 의미

해설 해충의 방제원리

1) 방제원리
   ① 해충 방제의 목적은 경제적으로 문제가 되고 있는 곤충 세력을 억제하는 상태를 만들고 그 상태를 유지하는 것이다.
   ② 생물학적 측면과 경제학적 측면에 기초를 두고 계획, 수행되어야 하며 실제적으로는 생물학적 현상을 중심으로 경제적 합리성 및 기술적 측면에서 검토되어야 한다.
   ③ 방제는 해충밀도의 변동과 밀접한 관계가 있으며 해충의 밀도와 분포면적의 대소는 방제 수단의 선택이나 방제할 면적의 크기 또는 방제 횟수를 결정하는 중요한 요인이다.
   ④ 목적 달성을 위해서는 일반평형밀도를 그대로 두고 경제적 피해 허용 수준을 높이는 방법과 반대로 일반평형밀도를 낮추는 방법 등이 있다.

2) 해충밀도의 경제적 개념
   (1) 경제적 피해 수준(EIL; Economic Injury Level)
      ① 경제적 손실이 나타나는 해충의 '최저밀도', 즉 해충에 의한 피해액과 방제비가 같은 수준의 밀도이다.
      ② 현재 방제를 하지 않더라도 수확기에 해충 피해를 입은 경제적 손실과 약제 방제 비용으로 투자한 비용이 같기 때문에 궁극적으로는 경제적 손실이 없다는 것을 의미한다. 즉 현재 과실의 가격이 '높다'면 경제적 피해 수준은 '낮아'진다.
   (2) 경제적 피해허용수준(ET; Economic Threshold)
      ① 해충의 밀도가 경제적 피해 수준에 도달하는 것을 억제하기 위하여 방제 수단을 써야 하는 밀도 수준을 말한다.
      ② 경제적 피해가 나타나기 전에 방제 수단을 사용할 수 있는 시간적 여유가 있어야 하기 때문에 경제적 피해 수준보다는 낮은 특징이 있다.

개체군의 밀도를 억제하는 생물적 요인으로는 기주식물의 저항성, 경쟁 종, 천적 등을 들 수 있다.

① 응애류·진딧물류: 잎만 가해하는 해충은 간접적인 피해를 주기 때문에 경제적 피해 수준이 높음
② 심식충류: 과실을 직접 가해하여 직접적으로 경제적 손실을 주기 때문에 경제적 피해 수준이 낮음

02 해충밀도의 경제적 개념에 있어 경제적 피해허용수준에 대하여 기술하시오.

정답 ① 해충의 밀도가 경제적 피해 수준에 도달하는 것을 억제하기 위하여 방제 수단을 써야 하는 밀도 수준
② 경제적 피해가 나타나기 전에 방제 수단을 사용할 수 있는 시간적 여유가 있어야 하기 때문에 경제적 피해 수준보다는 낮은 특징

03 해충 방제 여부 의사결정 기술에 있어 축차조사법에 대하여 설명하시오.

정답 해충의 밀도조사를 순차적으로 누적하면서 방제 여부를 결정하는 방법

해설 방제 여부 의사결정 기술
1) 축차조사법(sequential sampling)
① 해충밀도를 순차적으로 조사 누적하면서 경제적 피해 수준에 근거하여 방제 여부 판단하는 방법
② 누적자료를 이용하여 방제 하한선 및 상한선에 따라 약제 미살포, 계속 조사, 약제 살포 여부 판단
③ 표본 크기가 고정되어 있는 것이 아니라, 해충의 밀도에 따라 탄력성 있게 결정
④ 신속하게 의사결정이 가능하여 노동력과 조사비용 절감 효과

04 해충 방제 여부 의사결정 기술에 있어 이항조사법에 대하여 설명하시오.

정답 해충 서식처(표본단위)에서 어떤 해충의 발생 여부만을 판단하여 발생 밀도를 추정하는 방법

해설 방제 여부 의사결정 기술
1) 이항조사법(binomial sampling) 및 이항축차조사법
(1) 이항조사법
① 해충 서식처(표본 단위)에서 어떤 해충의 발생 여부만을 판단하여 발생 밀도를 추정하는 방법
(2) 이항축차조사법
① 해충의 발생 밀도조사는 이항조사법과 동일하게 실시
② 방제 여부의 판단은 축차조사법의 원리를 따름
③ 두 조사법을 종합하여 실시하는 밀도조사법

제3장 피해진단 결과 증명하기

> **참고) 피해량 예측**
> Poston에 따른 '해충밀도와 수량 간의 관계' 3가지 유형
> ① 감수성 반응(susceptive response): 밀도의 증가에 따라 수량이 서서히 감소하는 형태
> ② 내성적 반응(tolerant response): 처음에는 수량 감소가 없다가 밀도가 어느 정도 도달함에 따라 수량의 감소가 일어나는 경우
> ③ 보상적 반응(over-compensatory response): 낮은 밀도에서는 오히려 수량이 증가하다가 어느 밀도 이상이 되면 비로소 수량의 감소가 일어나는 경우
> ※ 일반적으로 대부분의 해충은 '감수성 반응'을 보이지만, 내성적 반응이나 보상적 반응을 보이는 경우도 있음

05 식물병의 방제에 물리적인 방법이 사용된다. 물리적 방제에 사용되는 것 4가지를 쓰시오.

[정답] ① 온도 처리법   ② 습도 처리법
③ 방사선 이용법   ④ 전기 이용법

[해설] 해충 방제
1) 물리적 방제법
 ① 온도 처리법(가열법, 냉각법): 해충의 발육에 부적당한 온도 처리나 곤충의 치사 온도 이용
 ② 습도 처리법: 해충의 발육에 필요한 적당한 습도를 낮추거나 과하게 하여 방제
 ③ 방사선 이용법
  • 직접 해충에 치사선량을 쬐어서 죽이는 방식
  • 번데기에 불임선량을 쬐어 생식세포에 장해를 주어 불임화 시킨 후 방사하여 무정란을 낳게 하여 개체 밀도조절
 ④ 전기 이용법: 고압의 전류를 수간부의 목표 부근에 흐르게 하여 해충이 감전사

> **가열법**
> 열처리에 의하여 곤충의 가용성 단백질의 응고, 곤충 체내의 수분 발산 또는 효소작용의 저해 등이 일어나 죽게 된다.

06 식물병의 방제에 물리적인 방법이 사용된다. 기계적 방제에 사용되는 것 4가지를 쓰시오.

[정답] ① 포살법   ② 진동법
③ 소살법   ④ 유살법

해설 **기계적 방제**
① **포살법**: 손이나 간단한 기구를 이용하여 알, 유충, 번데기 및 성충을 직접 포살하는 방법
② **찔러죽임**: 천공성 해충류의 유충을 가는 철사 등을 이용하여 찔러 죽이는 방법
③ **진동법**: 딱정벌레류는 나무에 진동을 가하면 나무에서 떨어지는 습성을 이용하여 방제
④ **소살법**: 나방류 등의 어린 유충은 군서생활을 하며 잎을 가해하는 습성을 이용하여 유충을 태워 죽이는 방법
⑤ **경운법**: 특히 풍뎅이류와 기타 토양해충류의 밀도를 낮추기 위해 지표면에 노출되도록 하여 직접 잡아 죽이거나 새들의 포식이 되도록 방제하는 방법
⑥ **유살법**: 행동 습성을 이용하거나, 월동 및 산란 장소를 제공하여 유인하는 방법
  • **잠복장소유살법**: 해충의 월동과 용화(蛹化) 또는 산란과 번식을 위해 잠복할 장소를 찾는 습성을 이용하여 해충을 유인하여 방제하는 방법
  • **번식장소유살법**: 천공성 해충의 경우 고사목이나 수세가 약해진 쇠약목을 찾아 수피 내부에 즐겨 산란하는 습성을 이용하여 방제하는 방법
  • **등화유살법**: 곤충의 주광성을 이용하여 유아등으로 해충을 유인하여 포살하는 방법
⑦ **매몰법**: 피해가지나 피해목을 땅속에 매몰
⑧ **박피법**: 소나무재선충병 매개충, 벌채 수목을 박피하여 해충을 노출시켜 방제
⑨ **파쇄법**: 피해목을 1.5cm 이하로 파쇄
⑩ **차단법**
  • 우화시기에 비닐을 피복하여 성충의 탈출이나 우화를 차단
  • 끈끈이롤트랩을 이용한 광릉긴나무좀 방제
  • 석회와 접착제를 섞어 수피에 발라 복숭아유리나방의 산란을 방지

용화
유충조직의 퇴화와 성충의 형질이 완성되어 가는 시기로 유충이 탈피하여 번데기가 되는 것

07 식물병의 방제에 기계적인 방법이 사용된다. 기계적 방제에 사용되는 것 중 유살법에 대하여 설명하시오.

정답 행동습성을 이용하거나, 월동 및 산란 장소를 제공하여 유인하는 방법

08 기계적 방제에 있어 유살법에 사용되는 방법 3가지를 쓰시오.

정답 ① 잠복장소유살법 ② 번식장소유살법 ③ 등화유살법

제3장 피해진단 결과 증명하기

09 해충의 기계적 방제법에 있어 풍뎅이류와 기타 토양해충류의 밀도를 낮추기 위해 지표면에 노출되도록 하여 직접 잡아 죽이거나 새들의 포식이 되도록 방제하는 방법을 쓰시오.

정답 경운법

10 다음에서 설명하는 해충의 기계적 방지법을 쓰시오.

> • 우화시기에 비닐을 피복하여 성충의 탈출이나 우화를 차단
> • 끈끈이롤트랩을 이용한 광릉긴나무좀 방제
> • 석회와 접착제를 섞어 수피에 발라 복숭아유리나방의 산란을 방지

정답 차단법

11 식물병의 방제에 있어 재배적(경종적) 방제 방법 3가지를 쓰시오.

정답 ① 포장위생과 건전한 종묘의 사용
② 윤작이나 혼작에 의한 방제
③ 재배 시기의 조절에 의한 방제

해설 **생태학적 방제**
1) 경종적 방제법
① 포장위생과 건전한 종묘의 사용
② 윤작이나 혼작에 의한 방제
③ 접목에 의한 방제
④ 재배 시기의 조절에 의한 방제
⑤ 수분조절에 의한 방제
⑥ 토양의 비배 관리
⑦ 내충성 품종 육성

12 식물병 방제에 있어 생물학적 방제의 장점 3가지를 쓰시오.

정답 ① 인간을 비롯한 야생생물에 미치는 영향이 적다.
② 방법에 차이가 있으나 방제 효과가 영구적이다.
③ 잔류 독성이 없다.

> 🌱 **육림작업에 의한 방제**
> • 건전한 묘목의 육성
> • 지존작업(임지 정리작업)
> • 임지무육(숲 가꾸기)

(해설) **생물학적 방제의 장점**
① 인간을 비롯한 야생생물에 미치는 영향이 적다.
② 방법에 차이가 있으나 방제 효과가 영구적이다.
③ 잔류 독성이 없다.
④ 기주 특이성이 커서 대상 해충만 선별적으로 방제한다.
⑤ 해충에 대한 저항성이 발생하지 않는다.

13 식물병 방제에 있어 생물학적 방제의 단점 4가지를 쓰시오.

(정답) ① 신속하고 정확한 효과를 기대하기 어렵다.
② 일단 병이 발생한 후에는 치료 효과가 낮다.
③ 환경의 영향을 많이 받기 때문에 처리 효과가 일정하지 않다.
④ 넓은 지역에 광범위하게 활용하기 어렵다.

14 식물병 방제에 있어 생물학적 방제에 이용되는 것 4가지를 쓰시오.

(정답) ① 기생성 곤충
② 포식성 곤충
③ 병원 미생물
④ 길항 미생물

(해설) **천적을 이용한 방제**
1) 기생성 곤충
① 해충의 몸에 산란하고 성장하여 결국에는 기주인 해충을 죽이는 곤충으로 해충의 밀도조절에 이용한다.
② 고치벌, 맵시벌, 좀벌, 꼬마벌 등의 기생성 곤충은 나비목 해충에 기생한다.
  ⓔ 콜레마니진디벌 → 진딧물
     솔잎혹파리먹좀벌 → 솔잎혹파리
2) 포식성 곤충
풀잠자리, 꽃등애, 됫박벌레 등은 진딧물을 잡아먹고, 딱정벌레는 각종 해충을 잡아먹는 포식성 곤충이다.
  ⓔ 칠레이리응애 → 점박이응애
     무당벌레 → 진딧물
     굴파리좀벌 → 잎굴파리
     애꽃노린재 → 총채벌레
     온실가루이좀벌 → 온실가루이

내부기생성 천적
대부분 긴 산란관으로 기주의 체내에 알을 낳고 부화한 유충이 기주의 체내에서 기생하며, 먹좀벌류와 잔디벌류가 여기에 해당한다.

외부기생성 천적
기주의 체외에서 영양을 섭취하여 기생하는 곤충으로, 소나무재선충의 매개충인 솔수염하늘소의 천적인 개미침벌과 가시고치벌 등이 있다.

제3장 피해진단 결과 증명하기

15 진딧물을 포식하는 천적을 이용하여 진딧물 방제에 사용되는 곤충 2가지를 쓰시오.

정답 ① 풀잠자리
② 무당벌레

16 다음 보기에서 진딧물에 기생하는 진딧물 방제에 사용되는 곤충을 고르시오.

─보기─
① 콜레마니진디벌   ② 무당벌레
③ 애꽃노린재   ④ 칠레이리응애
⑤ 굴파리 좀벌   ⑥ 풀잠자리

정답 ① 콜레마니진디벌

17 응애를 포식하는 천적을 이용하여 응애 방제에 사용되는 곤충을 보기에서 고르시오.

─보기─
① 콜레마니진디벌   ② 무당벌레
③ 온실가루이좀벌   ④ 칠레이리응애
⑤ 굴파리 좀벌   ⑥ 풀잠자리

정답 ④ 칠레이리응애

18 천적을 이용한 해충 방제에 있어 천적의 구비조건 5가지를 쓰시오.

정답 ① 대량사육이 용이해야 한다.
② 기주 특이성이 강해야 한다.
③ 2차 기생봉이 적어야 한다.
④ 해충의 생활사와 생태가 유사해야 한다.
⑤ 해충보다 연간 발생세대수가 많아야 한다.

해설) 천적의 구비조건
① 대량사육이 용이해야 한다.
② 기주 특이성이 강해야 한다.
③ 2차 기생봉이 적어야 한다.
④ 해충의 생활사와 생태가 유사해야 한다.
⑤ 해충보다 연간 발생세대수가 많아야 한다.
⑥ 생존율, 산란 기간, 환경적응 등 생태학적 특성이 우수해야 한다.
⑦ 낮은 밀도의 해충도 수색능력이 좋아야 한다.
⑧ 다수의 천적을 이용하는 경우 서로 밀도 의존성이 달라야 한다.

19 곤충에 대한 병원성을 가지고 있는 바이러스는 여러 가지가 있으나, 해충 방제에 이용되는 바이러스 3가지를 쓰시오.

정답) ① 핵다각체 바이러스(NPV; Nuclear Polyhedrosis Virus)
② 과립형바이러스(GV; Granulosis Virus)
③ 세포질 다각체병 바이러스(CPV)

해설) 핵다각체 바이러스(NPV; Nuclear Polyhedrosis Virus)
2본쇄 DNA 바이러스로 곤충에서만 특이적으로 병원성을 가지며, 인축에 무해하므로 살충제로 많이 연구, 응용되고 있다.

20 곤충 병원성 세균은 곤충의 체내에서 증식하여 패혈증을 일으키거나 독소를 생산하여 병원성을 나타내는 대표적인 세균을 쓰시오.

정답) 바실러스 튜린겐시스(BT; Bacillus Thuringiensis)

해설) 세균
곤충 병원성 세균은 곤충의 체내에서 증식하여 패혈증을 일으키거나 독소를 생산하여 병원성을 나타낸다.

- 바실러스 튜린겐시스(Bacillus Thuringiensis)는 그람 양성 박테리아이며, 살충 효과를 가진 토양미생물로 상업적으로 널리 쓰이는 성공적인 미생물 살충제 중 하나이다.
- BT제는 나비 유충 방제에 사용한다.

제3장 피해진단 결과 증명하기

21 해충의 생물적 방제와 관련하여 아래 설명을 보고 괄호에 알맞은 내용을 쓰시오.

> 대표적인 곤충 곰팡이 (　　)는/은 처음에는 곤충의 몸 전체가 흰색을 띠는 포자와 균사로 뒤덮인 후 균사와 포자가 발달하면서 초록색을 띠게 된다.

[정답] 녹강균

[해설] 녹강균(Metarhizium anisopliae (Met.) Sorokin)
① 녹강균에 의하여 감염된 곤충은 처음에는 몸 전체에 흰색을 띠는 포자로 덮인 후 균사와 포자가 발달하면서 초록색을 띠게 된다.
② 백강균은 처음부터 끝까지 흰색의 분생포자를 형성한다.
③ 녹강균은 곤충·누에의 몸을 굳어지게 하는 녹각병을 일으키는 병원균이다.
④ 녹강균은 depspeptides 독소를 분비하고 있으며, 곤충에 감염 시 마비증세가 나타나며 며칠 이내에 주변의 같은 곤충들을 모두 죽일 수 있는 강력한 병원균이다.

2 수목 치료

01 수간주사가 필요한 경우 3가지를 쓰시오.

[정답]
① 뿌리의 기능이 원활하지 못하고, 다른 시비 방법의 사용이 어려울 때 사용
② 빠르게 수세를 회복시키고자 할 때 사용
③ 방제를 위한 특별한 경우 12~3월 사이에도 주입할 수 있음(소나무 재선충병)

[해설] 수목 치료: 수간주사(나무주사)
① 수간주사는 뿌리가 제 기능을 못하고 다른 치료 방법이 없을 때
② 빠른 수세 회복을 원할 때 사용한다.
③ 철분이나 붕소와 같은 미량원소가 부족할 때나 원하는 나무에만 선별적으로 살균제, 살충제 등을 투여하고자 할 때 사용
④ 적은 양으로 최대의 효과를 가져올 수 있고, 환경 오염을 유발하지 않는 장점이 있다.
⑤ 엽면시비, 토양 살포에 비해 투여량이 적은 편이며 수간에 상처를 남기게 된다.

⑥ 수간주사는 수목이 증산작용으로 물을 위쪽으로 이동시킬 때 수간의 목부 조직에 구멍을 뚫어 약액을 투여함으로써 약액이 물과 함께 올라가도록 하는 원리를 이용한 것이다. 따라서 수간주사는 잎이 달려있어 증산작용이 이루어지는 4월~10월까지 생육기간에 실시할 수 있으며, 청명한 날, 낮 시간에 하는 것이 효율적이다.

02 수간주사의 종류 3가지를 쓰시오.

정답 ① 중력식 ② 유입식 ③ 압력식

해설 **수간주사 방법**
① **중력식**: 수간 주입은 주입 용기를 위쪽에 매달고 주입관을 수간의 주입구멍에 연결하여 주입하는 방식으로서, 일반적으로 저농도로 많은 양을 주입하는 방법이다.
② **유입식**: 수간에 직경 6mm의 구멍을 뚫어 10~250mL 용량을 주입 통에 꽂아 중력의 힘으로 주입하는 것으로 소량에서 대량의 식물 영양제를 주입할 수 있다.
  • 처리가 간단
  • 처리비용이 가장 저렴함
  • 많은 용량 처리 어려움
  • 구멍의 지름이 커서 상처 크기가 큼
③ **압력식**: 수간에 직경 4~4.5mm의 구멍을 뚫어 5~10mL 용량의 고농도 영양제를 압력식 주입통이나 주입기를 이용하여 꽂아 강제적으로 주입하는 방식
  • 주입속도가 가장 빠름
  • 가장 빠른 효과를 볼 수 있음
④ **삽입식**: 직경 6~10mm, 깊이 3~3.5cm 수간에 구멍을 뚫어 고형의 수용성 비료를 캡슐에 넣어 삽입하는 방식으로 약해가 적고 약효가 안정적이다.
  • 지속적인 효과를 볼 수 있으며 영양공급에 한정

03 수간주사의 종류 중 유입식의 특징에 대하여 기술하시오.

정답 유입식
① 처리가 간단
② 처리비용이 가장 저렴함
③ 많은 용량 처리 어려움
④ 구멍의 지름이 커서 상처 크기가 큼

제3장 피해진단 결과 증명하기

04 수간주사의 종류 중 압력식의 장점에 대해 2가지를 쓰시오.

정답 ① 주입속도가 가장 빠름
② 가장 빠른 효과를 볼 수 있음

05 상처 입은 나무가 방어벽을 만들어 부후균과 부후균에 감염된 조직을 입체적으로 칸에 가두어 봉쇄하는 자기방어기작으로 수목 부후의 구획화하는 이론을 무엇이라 하는가?

정답 CODIT 이론

해설 **CODIT 이론**
CODIT 이론에 따르면 목재의 부후는 총 4가지 방향에서 차단된다고 한다.
① 첫 번째 방어벽은 목재의 부후가 줄기를 따라서 확산하는 것을 방지하는 벽이다.
② 두 번째 방어벽은 나무의 중심부를 향해 바퀴살 모양으로 뻗어 있는 수선(ray)을 막는 방어벽이다. 수선 부위의 앞과 뒤로 두꺼운 추재를 형성하여 부후균이 목재의 안쪽 깊숙한 곳까지 침투하는 것을 막는 역할을 한다.
③ 세 번째 방어벽은 목재의 부후가 나이테 부분을 따라 진행되는 것을 막는 역할을 한다.
④ 네 번째 방어벽은 바로 형성층에 의해 형성됩니다. 형성층에 의해 새로운 목부 조직이 추가될 때 동시에 방어벽을 형성하여 부후균이 침범하지 못하도록 차단하는 역할을 한다.

이렇게 형성되는 4가지 방어벽은 부후균이 이동할 수 있는 4가지의 경로를 완전히 차단하여 부후가 추가적으로 진행되는 것을 막는다.

참고 1) **수목외과수술**
수간의 외과수술은 수간이 여러 가지의 원인에 의하여 상처가 생기고 이것이 부패하여 공동(cavity)이 생길 때 부패가 더 이상 진전되지 않도록 조치하는 일련의 과정이다.

2) **수목의 외과수술 과정**
① 부패부 제거   ② 공동 가장자리의 형성층 노출
③ 소독 및 방부처리 ④ 공동충전
⑤ 방수처리   ⑥ 표면경화처리
⑦ 인공수피처리

부후균(腐朽菌)
살아 있는 수목에 침입하여 그 심재(心材) 또는 변재(邊材)에 침범하여 입목의 재질부후병(材質腐朽病)을 일으켜 식물체의 일부를 썩게 하는 균이다.

부후(腐朽)
물질이 세균 따위의 작용으로 나쁘게 변하는 현상

PART II

재배학

Engineer Plant Protection

Industrial Engineer Plant Protection

제1장   영양불균형 개선하기(토양·비료)

제2장   재배기술 이해하기

영양불균형 개선하기 (토양·비료)

1 토양학

1 토양분류

01 모재로부터 토양이 만들어지는 데 관여하는 인자를 토양생성인자라고 한다. 토양생성인자 5가지를 쓰시오.

정답
① 모재
② 기후
③ 지형
④ 식생
⑤ 시간

 기후
토양의 생성에 관여하는 요인 중 가장 중요하다. 토양생성에 가장 큰 영향을 끼치는 요소는 강우량과 기온이다.

02 형태론적 토양분류는 '목 – 아목 – 대군 – 아군 – 계 – 통'으로 분류한다. 토양통을 설명하시오.

정답 토양통(土壤統)
하층토의 형태적, 물리 화학적 특성이 같은 것을 하나로 묶은 것

해설 토양분류
1) **우리나라 토양**: 6개 목, Inceptisol, Entisol, Ultisol, Mollisol, Alfisol, histosol 14개 아목, 375개 토양통
2) **신토양 분류법**: 목 – 아목 – 대군 – 아군 – 속 – 통
   ① **토양통**: 지질학적 요소(모재, 퇴적 양식, 수분 상태)와 토양생성학적 요소(토양의 발달 정도, 적용된 토양생성 작용, 유기물집적 정도 등)가 유사한 일정 면적의 토양
   ② **페돈(pedon)**: 토양이라 부를 수 있는 최소 단위의 토양 표본을 페돈이라고 가로·세로 및 깊이가 각각 1~2m 이상인 3차원적 자연체
   ③ **폴리페돈**: 성질이 유사하여 동일한 토양으로 분류할 수 있는 여러 개의 페돈이 모여 한 종류의 토양이 된다.

03 형태론적 토양분류는 '목 – 아목 – (①) – 아군 – 계 – (②)'으로 분류한다. 괄호 안에 알맞은 용어를 쓰시오.

정답 ① 대군
② 통

04 토양통은 하층토의 형태적. 물리적 특성이 같은 것을 하나로 묶은 것을 말하며 폴리페돈(polypedon)의 집합체이다. 페돈을 설명하시오.

정답 페돈(pedon)
토양이라 부를 수 있는 최소단위의 토양 표본을 페돈이라 부르고 가로·세로 및 깊이가 각각 1~2m 이상인 3차원적 자연체

② 토양 단면

01 토양 단면의 골격을 이루는 기본 토층에 대해 보기에서 알맞은 층을 선택하시오.

> **보기**
> ① A층   ② B층   ③ C층   ④ E층   ⑤ O층

1) 유기물층 (   )
2) 무기물 표층 대부분 입단구조가 발달되어 있으며 식물의 잔뿌리가 많이 뻗어 있다. (   )
3) 용탈층 규반염 점토와 Fe, Al 산화물 등이 용탈 (   )
4) 집적층 상부 토층으로부터 Fe, Al 산화물, 점토 등이 용탈되어 집적 (   )
5) 모재층 무기물층으로 아직 토양생성 작용을 받지 않은 층 (   )

정답
1) ⑤ O층
2) ① A층
3) ④ E층
4) ② B층
5) ③ C층

제1장 영양불균형 개선하기(토양·비료)

[해설] 토양 단면
- O층: 유기물층(Oi층, Oe층, Oa층으로 세분)
- A층: 무기물 표층 대부분 입단구조가 발달되어 있으며 식물의 잔뿌리가 많이 뻗어 있다.
- E층: 용탈층 규반염 점토와 Fe, Al 산화물 등이 용탈
- B층: 집적층 상부 토층(O, A, E층)으로부터 Fe, Al 산화물, 점토 등이 용탈되어 집적
- C층: 모재층 무기물층으로 아직 토양생성 작용을 받지 않은 층
- R층: 모암층

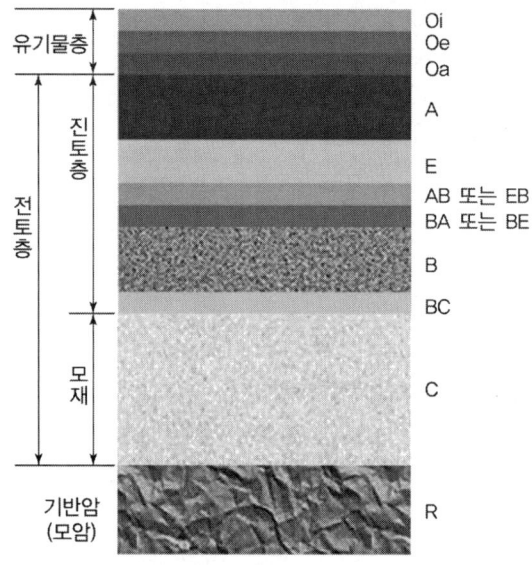

○ 토양 단면과 층위의 배열상태 모식도

- Oi: 약간 분해된 유기물층
- Oe: 중간 정도 분해된 유기물층
- Oa: 많이 분해된 유기물층

02 다음에서 산림토양과 농경지 토양을 비교한 것이다. 괄호 안에 알맞은 상태를 쓰시오.

구분	산림토양	농경지 토양
토양 온도	일일 및 계절적 변이 낮음	일일 및 계절적 변이 높음
토양 습도	(균일함, 변동 심함) ①	(균일함, 변동 심함) ②
수분 침투 능력	(높음, 낮음) ③	(높음, 낮음) ④

[정답]
① 균일함
② 변동 심함
③ 높음
④ 낮음

[해설] 산림 토양과 농경지 토양 비교

구분	산림 토양	농경지 토양
토양층 위(단면)	자연적	인위적(교란 상태)
토양 온도	일일 및 계절적 변이 낮음	일일 및 계절적 변이 높음
토양 습도	균일함	변동 심함
수분 침투 능력	높음	낮음
양분순환기작	전환이 빠르고 강함	전환이 느리고 약함
뿌리 침투	깊은 층까지 침투	얕은 층에 집중
미세 기후	변이가 적음	변이가 심함
인위적 영향	거의 없거나 식재 초기에 국한	계절별로 반복발생
하층토의 중요성	뿌리가 깊어 중요함	뿌리가 얕아서 덜 중요함
토양 개량 활동	거의 없거나 극히 일부 시비	주기적이며 집약적 개량
토양 유기탄소의 양	많음	적음

03 한랭 습윤한 침엽수림에서 철과 알루미늄이 하층으로 용탈되어 생긴 회백색의 표백층과 하층에는 이들이 집적하여 생긴 적갈색 또는 흑갈색의 집적층이 생기는 토양생성 작용을 쓰시오.

[정답] 포드졸화 작용

[해설] 토양 생성 작용

1) **포드졸화 작용**
   철과 알루미늄이 하층으로 용탈되어 생긴 회백색의 표백층과 하층에는 이들이 집적하여 생긴 적갈색 또는 흑갈색의 집적층이 생기는 토양 생성 작용을 포드졸화 작용(podzolization)이라 한다.

2) **Oxisol(라테라이트화) 작용**
   고온 다우의 열대 기후에서 화학적 풍화 작용이 활발하게 진행되는 토양에서 철과 알루미늄의 집적층이 생성되는 작용이 라테라이트화(laterization) 작용이다. 습윤 열대 활엽수림의 중성 부식질의 영향을 받아서 규산과 염기가 용탈되므로, 규산-철반비(SiO_2/Rl_2O_3)가 낮은 토양이 형성된다. 한랭 습윤한 침엽수림에서 발달되는 포드졸화 작용과 잘 대비된다.

3) **글레이화 작용**
   지하수위가 높은 저습지나 배수 불량지에서 연중 짧은 기간을 제외하고는 대부분 물이 포화된 상태가 유지되어, 환원 상태가 발달하면서 청회색을 띠는 G층(글레이화층; 환원층)이 발달하는 토양생성작용이 글레이화(gleization) 작용이다.

4) **석회화 작용**
   강우량이 적은 건조 또는 반건조 지대에서 B층과 C층에 석회가 탄산염

우리나라에는 포드솔화한 토양이 많다. 담수 상태의 논 토양에서 환원에 의한 양분의 용탈과 집적 현상인 일종의 포드졸화 작용이 발생하는데, 이와 같은 작용이 심하게 발생하면 노후화답이 생성된다.

포드졸화 작용
습윤한 한대지방의 침엽수림 아래는 온도가 낮아 미생물의 활동이 느리므로 표토에 유기물이 많이 집적된다. 일한 지대의 토양 용액은 폴브산(fulvic acid)과 같은 산성을 띠는 수용성의 저분자 부식물질을 많이 함유하게 되고 투수성이 큰 조립질토에서는 토양 용액의 하방 이동도 많다.

제1장 영양불균형 개선하기(토양 · 비료)

형태로 집적된 층을 형성하는 작용이 석회화(calcification) 작용이다.

5) 염류화 작용

강수량이 적고 증발량이 많은 건조 또는 반건조 지대에서 하층으로의 세탈 작용이 적고, 증발에 의한 염류 상승이 많아 표층에 염류가 집적한 토양이 생성되는 작용이 염류화(salinization) 작용이다.

04 지하수위가 높은 저습지나 배수 불량지에서 연중 짧은 기간을 제외하고는 대부분 물이 포화된 상태가 유지되어, 환원 상태가 발달하면서 청회색을 띠는 층이 발달하는 토양생성작용을 쓰시오.

정답 글레이화(gleization) 작용

05 고온 다우의 열대기후하에서 화학적 풍화 작용이 활발하게 진행되는 토양에서 철과 알루미늄의 집적층이 생성되는 토양생성작용을 쓰시오.

정답 Oxisol(라테라이트화)

3 토양 공기 조성의 특징

01 토양의 공기를 대기와 비교하여 그 특징을 기술하시오.

정답 토양 공기는 대기 공기에 비하여 산소의 농도가 낮고, 이산화탄소의 농도가 높다.

해설 **토양 공기의 조성**

토양 공기가 대기와 크게 다른 점은 이산화탄소의 함량이다. 이산화탄소는 공기 중의 산소나 질소보다는 비중이 크므로 토양 중에 스며 내려가지만, 그것보다도 토양 유기물이 분해되고, 토양 미생물과 식물 뿌리에 의한 이산화탄소의 방출로 토양 중에는 그 함량이 많아진다. 석회질 비료를 사용했을 때에도 상당량의 이산화탄소가 유리된다.
① 산소의 농도가 낮은 원인: 식물 뿌리와 미생물의 호흡으로 인한 산소의 손실이다
② 이산화탄소 농도가 높은 원인: 식물 뿌리와 미생물의 호흡 · 석회사용 · 유기물 분해로 인한 이산화탄소가 증가한다.

◎ 대기와 토양 공기의 조성

구분	질소	산소	이산화탄소
대기	79.01	20.93	0.03
토양 공기	75~80	10~20	0.1~10

02 토양 공기는 대기 공기에 비하여 산소의 농도가 낮고, 이산화탄소의 농도가 높다. 이산화탄소 농도가 높은 원인 2가지를 쓰시오.

정답
① 식물 뿌리와 미생물의 호흡
② 유기물 분해로 인한 이산화탄소의 증가
③ 석회사용

> 토양공기 중에 산소가 충분한 경우에는 산화적인 화학반응과 토양미생물의 산화적인 대사활동이 활발하고, 반대로 산소가 부족한 경우에는 NO_3^-·Fe^{3+}·n^{4+}·O_4^{2-} 등이 전자수용체로 작용하여 환원되고 유기물의 분해 또한 환원적으로 일어나기 때문에 CO_2 대신 CH_4이 발생한다.

2 토양 물리성

01 토양의 3상에 대하여 설명하시오. (작물생육에 적합한 구성비 포함)

정답
- 토양은 고체인 토양 입자와 토양 공극에 있는 액체인 물과 기체인 공기로 구성되어 있으며, 이들을 토양의 3상, 즉 고상, 액상 및 기상이라고 부르고 있다.
- 작물의 생육에 알맞은 이상적인 토양의 3상 분포는 고상이 약 50%, 액상이 25%, 기상이 25% 정도이다.

해설 **토양의 물리성**

1) 토양의 3상
   ① 토양은 고체인 토양 입자와 토양 공극에 있는 액체인 물과 기체인 공기로 구성 되어 있으며, 이들을 토양의 3상, 즉 고상, 액상 및 기상이라고 부르고 있다.
   ② 작물의 생육에 알맞은 토양의 3상 분포는 고상이 약 50%, 액상이 (25% 이상적) 30~35%, 기상이 (25% 이상적) 20~15% 정도이다.

2) 토양의 구성
   토양은 고상·액상·기상의 3상으로 구성되며, 3상의 비율은 토양의 종류와 환경조건에 따라 상대적으로 달라진다.
   ① 3상: 토양을 이루는 기본적인 3가지 물질을 3상이라고 한다.
   ② 고상: 암석의 풍화산물인 무기물과 동식물로부터 공급된 유기물로 구성된다. 자갈·모래·미사 및 점토로 구성되어 있다.

> **토양의 역할**
> ① 식물체를 기계적으로 지지한다.
> ② 식물에게 양분과 수분을 공급한다. 즉, 식물체를 지지하며 양·수분을 공급하는 토양의 역할은 수경재배를 통해 극복이 가능하므로 식물생육에 반드시 필요한 것은 아니다.

제1장 영양불균형 개선하기(토양·비료)

③ 액상: 토양 수분으로 각종 유기 및 무기물질과 이온을 함유한다. O_2나 CO_2도 녹아 있는 상태이다.
④ 기상: 토양 공기로서 대기에 비해 O_2 농도는 낮고 CO_2 농도는 높다.

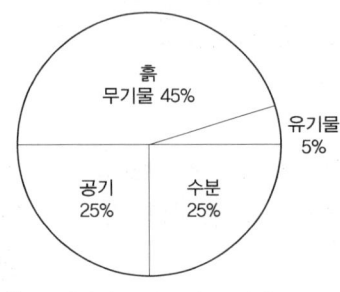

◎ 이상적인 토양 3상 구성비

02 토양의 구성 중 작물생육에 이상적인 구성비의 3상에 대해 다음 (　　) 구성비를 적으시오.

1) 고상: 무기물 (①)%, 유기물 (②)%
2) 액상: (③)%
3) 기상: (④)%

정답 1) ① 45% ② 5%
2) ③ 25%
3) ④ 25%

해설 ① 고상 비율이 크면: 뿌리 자람이 불량, 물과 공기가 들어갈 공간이 적어짐
② 고상 비율이 낮으면: 뿌리 자람이 쉽고, 물과 공기가 들어갈 공간은 크지만, 식물을 지지하는 힘이 약함

03 다음 용어의 정의를 쓰시오.

① 토양의 용기량
② 최소용기량
③ 최대용기량

정답 ① **토양의 용기량**(air capacity): 토양 중에서 공기로 차 있는 공극량
② **최소용기량**(最小容氣量; minimum air capacity): 토양 수분함량이 최대용수량에 달했을 때의 용기량
③ **최대용기량**(maximum air capacity): 풍건 상태의 용기량

04 토양 입자의 성질에 따라 구분한 토양의 종류를 토성이라고 한다. 다음은 점토함량에 따른 토성이다. (　　) 알맞은 토성을 적으시오.

토성의 명칭	세토(입경 2mm 이하) 중의 점토함량 %
①	〈 12.5
②	12.5 ~ 25
양토	25 ~ 37.5
③	37.5 ~ 50
④	〉 50

[정답] ① 사토 ② 사양토 ③ 식양토 ④ 식토

[해설] 토성
토양 입자의 성질에 따라 구분한 토양의 종류를 토성이라고 한다.

○ 점토함량에 따른 토성

토성의 명칭	세토(입경 2mm 이하) 중의 점토함량 %
사토	〈 12.5
사양토	12.5 ~ 25
양토	25 ~ 37.5
식양토	37.5 ~ 50
식토	〉 50

❤ 토성을 결정하는 방법
- 촉감법: 촉감에 의한 간이 토성 분석법은 현장에서 이용하는 방법이다.
- 점토: 5cm 이상 엄지손가락과 검지손가락을 사용하여 뭉쳐진 토양을 누르면서 띠를 만듦
- 식양토: 2.5 ~ 5cm
- 양토: 2.5cm 이하

❤ Stokes 법칙
모래를 제외한 미사와 점토를 분석하는 방법

05 토양의 입경에 따른 구분에 있어 다음의 보기에서 설명하는 토양의 종류를 쓰시오.

―○ 보기 ○―
- 표면적이 크고 콜로이드 성질이 강하며, 수분과 물질의 흡착 보유, 이온교환, 점착성 등 토양의 중요한 이화학성에 크게 영향을 미친다.
- 가소성과 응집성이 좋고, 압밀성, 팽창수축력, pH 완충 능력이 가장 높다.
- 통기성, 배수성이 가장 낮다.

[정답] 점토

제1장 영양불균형 개선하기 (토양·비료)

해설) 토양의 입경 구분

구분	입경	특징
점토	0.002mm 이하	• 표면적이 크고 콜로이드 성질이 강하며, 수분과 물질의 흡착 보유, 이온교환, 점착성 등 토양의 중요한 이화학성에 크게 영향을 미침 • 가소성과 응집성이 좋고, 압밀성, 팽창수축력, pH 완충능력이 가장 높음 • 통기성, 배수성이 가장 낮음
미사	0.002~0.05mm	• 석영이 주된 강물로서 습윤상태에서 점착성이나 가소성이 없음 • 풍식·수식의 감수성이 가장 높음 • 팽창수축력 낮음
모래	0.05~2mm	• 비표면적이 작아 수분과 양분 보유 능력이 거의 없음 • 용적 밀도가 높고, 압밀성, 팽창수축, pH 완충 능력이 가장 낮음 • 배수성, 통기성 능력이 가장 높음
자갈	2mm	• 무기이온이나 화합물 흡착·보유 능력이 없으며, 토양의 골격으로 작용

〈자료 출처: 미국농무성법〉

🌱 모래
토양 중에 적당히 함유되어 있을 때 대공극을 형성하여 공기와 물의 이동을 원활하게 할 뿐 아니라 경운도 용이하다.

06 토양광물 중에서 장석류는 암석권의 60%를 차지하는 광물로서 특히 정장석에 많이 함유된 원소를 쓰시오.

정답) K(칼륨)

해설) 1차 광물

1) 화학작용 및 변성작용에 의해서 암석이 만들어질 당시에 생성된 광물로서 원래의 형태와 화학적 성분을 간직한 광물이다.

① 석영: 대부분의 암석에 함유되어 있지만, 특히 화강암, 석영 조면암, 석영 섬록암 등 산성 화성암, 편마암, 결정 편암 등 변성암 및 사암의 주성분이다.

② 장석류: 암석권의 60%를 차지하는 광물로서 토양 중에서도 널리 함유되어 있다. 특히 카올린의 주요 모재가 되며, 정장석은 칼리를 다량 함유하고 있으므로 토양 중 칼리의 주요 공급원이 된다.

③ 운모류: 화성암과 변성암의 주요 성분으로 그 종류가 많지만, 백운모와 흑운모가 많이 분포되어 있다.

④ 각섬석과 휘석: 각섬석은 화강암, 섬록암, 및 편마암의 조암 광물이고, 휘석은 현무암, 안산암, 휘록암 등에 존재 이들은 석회, 고토, 철 등의 주요 급원이 된다.

⑤ 감람석: 감람석은 규산 함량이 적은 염기성 화산암에서 볼 수 있으며, 감람암, 휘록암, 반려암 등의 주요 성분이다.

2) 토양에 있는 주요 광물의 풍화에 대한 저항성의 크기는 다음과 같다.
석영 > 백운모 > 장석류 > 각섬석류 > 휘석류·흑운모 > 감람석류

07 토양광물 중에서 장석류는 암석권의 60%를 차지하는 광물로서 대표적인 알카리 장석류는 3가지가 있다. 대표적인 장석류를 쓰시오.

정답 ① 정장석(K 장석): $KAlSi_3O_8$
② 조장석(Na 장석): $NaAlSi_3O_8$
③ 회장석(Ca 장석): $CaAl_2Si_2O_8$

참고 카올린의 주요 모재가 되며, 정장석은 칼리를 다량 함유하고 있으므로 토양 중 칼리의 주요 공급원이 된다.

- $2KAlSi_3O_8 + 2H_2CO_3 + H_2O$
  $\rightarrow Al_2Si_2O$
- $_5(OH)_4 + 4SiO_2 + 2HCO_3^- + 2K^+$
- 카올리나이트: $Al_2Si_2O_5(OH)_4$

08 규산염점토광물에서 2차 광물은 1차 광물이 풍화되어 이것이 토양생성 과정에서 합성되는데, 규소 4면체 층과 알루미늄 8면체 층이 1 : 1로 결합한 광물 2가지를 쓰시오.

정답 ① kaolinite
② halloysite

해설 **2차 광물**
토양 중에서 2차적으로 생성되는 광물을 말한다. 즉 1차 광물이 풍화되어 이것이 토양생성 과정에서 합성된다.
1) 점토광물
  (1) 1 : 1형 광물(규산 4면체와 알루미나 8면체 층이 1 : 1로 결합하여 하나의 결정단위를 이룸)
    • kaolinite, halloysite
  (2) 2 : 1형 광물
    • 비팽창형: illite
    • 팽창형: vermiculite, montmorillonite, beidellite, saponite, nontronite
  (3) 혼층형 광물
    • 규칙혼층형: chlorite

제1장 영양불균형 개선하기(토양·비료)

09 우리나라 토양에서 대표적으로 나타나는 점토광물을 쓰시오.

정답 카올리나이트

해설 결정단위 간의 결합은 강한 수소결합, 결정단위 사이에 물 분자가 출입할 수 없어 수축, 팽창 불가, 온난 습윤하며 배수가 잘되는 지역에서 규소가 용해, 용탈되어 알루미늄의 비율이 상대적으로 높아져 생성된다. 우리나라 토양의 주된 점토광물이다(양분흡착능력이 낮다).

kaolinite는 우리나라 토양에서 대표적으로 나타나는 점토광물이다.
바위 → 암석 → 광물 → 점토

10 점토광물에서 2:1 비팽창형인 점토광물을 쓰시오.

정답 일라이트(illite)

11 다음에서 설명하는 토양의 구조를 쓰시오.

- 접시와 같은 모양이거나 수평 배열의 토괴로 구성된 구조
- 우리나라 논 토양에서 많이 발견되며 용적 밀도가 크고 공극률이 급격히 낮아지며 대공극이 없어진다. 따라서 수분의 하향이동이 불가능해지고, 뿌리가 밑으로 자랄 수 없게 만들어 벼의 생육을 나쁘게 한다.

정답 판상 구조

12 다음에서 설명하는 알맞은 토양 구조를 보기에서 골라 쓰시오.

─○보기○─
구상 구조, 괴상 구조, 판상 구조, 각주상 구조

① ( ): 토양의 구조에 있어 접시와 같은 모양이거나 수평 배열의 토괴로 구성된 구조
② ( ): 입상 구조라고도 하며 유기물이 많은 표층토에서 발달
③ ( ): 배수와 통기성이 양호하며 뿌리의 발달이 원활한 심토층에서 주로 발달

정답 ① 판상 구조
② 구상 구조
③ 괴상 구조

해설 **토양 구조의 발달과 종류**
① 구상 구조: 입상 구조라고도 하며 유기물이 많은 표층토에서 발달
② 괴상 구조: 배수와 통기성이 양호하며 뿌리의 발달이 원활한 심토층에서 주로 발달
③ 각주상 구조: 건조 또는 반건조지역의 심층토에서 주로 지표면과 수직한 형태로 발달
④ 판상 구조
  - 접시와 같은 모양이거나 수평 배열의 토괴로 구성된 구조
  - 우리나라 논 토양에서 많이 발견되며 판상 구조는 용적 밀도가 크고 공극률이 급격히 낮아지며, 대공극이 없어진다. 따라서, 수분의 하향이동이 불가능해지고, 뿌리가 밑으로 자랄 수 없게 만들어 벼의 생육을 나쁘게 한다.
  - 우리나라에서는 경반층(耕盤層)이라고 하며, 판상 구조를 없애기 위하여 깊이갈이(심경)를 권장하고 있다.

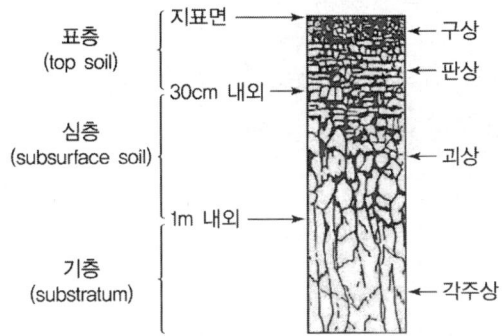

○ 토양단면의 구조 및 토층분화의 특성

13 토양의 단일입자가 집합해서 2차 입자로 되고, 다시 3차, 4차 등으로 집합해서 입단을 구성하고 있는 토양 구조를 쓰시오.

정답 입단 구조(떼알 구조)

해설 **입단의 생성과 발달**
1) 단립 구조: 비교적 큰 입자가 무구조인 단일상태로 집합되어 있는 구조로서, 대공극이 많고 소공극이 적으며, 토양통기와 투수성은 좋으나, 수분과 비료 분을 지니는 힘은 적다.

🌱 입단
토양의 물리적 구조를 변화시켜 수분보유력과 통기성을 향상함으로써 식물의 생육과 미생물의 성장에 좋은 영향을 끼치기 때문에 매우 중요하다.

🌱 토양의 입단화
양이온에 의하여 점토가 뭉쳐지는 응집 현상에 유기물이 첨가되면서 안정한 형태로 변하는 것이다.

제1장 영양불균형 개선하기(토양·비료)

2) **이상 구조**: 미세한 토양 입자가 무구조인 단일 상태로 집합된 구조로서 부식함량이 적고 과습한 식질 토양에서 많이 보이며, 소공극은 많으나 대공극이 적어서 토양통기가 불량하다.
3) **입단 구조(떼알 구조)**: 단일입자가 집합해서 2차 입자로 되고, 다시 3차, 4차 등으로 집합해서 입단(粒團, compound granule)을 구성하고 있는 구조로 유기물과 석회가 많은 표층토에서 많이 보인다. 대·소 공극이 많아서 통기·투수가 양호하고, 양·수분의 저장력이 높아서 작물생육에 알맞다.

14 다음에서 설명하는 토양의 입단 생성에 따른 토양 구조를 보기에서 골라 쓰시오.

> **보기**
> 단립 구조, 입단 구조(떼알 구조), 이상 구조

① ( ): 대·소 공극이 많아서 통기·투수가 양호하고 양·수분의 저장력이 높아서 작물 생육에 알맞다.
② ( ): 소공극은 많으나 대공극이 적어서 토양통기가 불량하다.
③ ( ): 대공극이 많고 소공극이 적으며, 토양통기와 투수성은 좋으나, 수분과 비료분을 지니는 힘은 적다.

정답
① 입단 구조(떼알 구조)
② 이상 구조
③ 단립 구조

15 입단을 형성하는 작용 3가지를 쓰시오.

정답
① 미생물의 작용
② 유기물의 작용(유기물 시용)
③ 양이온의 작용(석회(Ca^{2+}) 시용)

16 입단을 파괴하는 작용 3가지를 쓰시오.

정답
① 경운
② 비와 바람
③ 입단의 팽창과 수축의 반복

입단의 형성 작용
① 유기물의 작용(유기물 시용)
② 양이온의 작용(석회(Ca^{2+}) 시용)
③ 미생물의 작용
④ 콩과작물 재배
⑤ 토양의 피복
⑥ 토양개량제 시용

해설 **입단의 파괴**
① 경운
② 비와 바람
③ 입단의 팽창과 수축의 반복
④ 나트륨이온(Na^+)의 첨가(수화도가 크다.)

17 입자 밀도 $2.65g/cm^3$, 용적 밀도 $1.5g/cm^3$일 때 공극률을 퍼센트로 구하시오.

정답 $(1 - 1.5/2.65) \times 100 = 43.4\%$

해설 **공극률**
1) 입자 밀도(진비중)
① 입자 밀도(ρs)는 고상을 구성하는 유기물을 포함한 고형 입자 자체의 밀도를 말한다.
② 고형 입자의 무게(Ms)를 고형 입자의 용적(Vs)으로 나누므로 g/cm^3 또는 mg/m^3으로 나타낸다.
2) 용적 밀도(가비중)
① 공극을 포함한 토양의 단위 부피당 건조 토양의 질량
② 일정 부피의 토양 무게를 그 토양 전체 부피로 나누어 얻어지는 밀도
③ 용적 밀도(ρb)는 고상을 구성하는 고형 입자의 무게(Ms)를 전체 용적(Vt)으로 나눈 것이며, 단위는 g/cm^3 또는 mg/m^3로 나타낸다.
3) 공극률
① 입자 밀도와 용적 밀도를 이용한 공극률
② 공극률 = 1 - 용적 밀도(ρb)/입자 밀도(ρs)

18 토양의 수분함량 측정법 3가지를 쓰시오.

정답 ① 전기저항법
② 중성자법
③ TDR 법

해설 **토양 수분함량 측정**
① 전기저항법: 토양의 전기저항이 수분함량에 따라 변하는 원리를 이용
② 중성자법: 중성자가 물 분자의 수소 원자와 충돌하면 속력이 느려지고 반사되는 원리를 이용하는 방법
③ TDR 법: 토양의 유전상수를 측정하여 간접적으로 토양 수분함량을 환산한다.

제1장 영양불균형 개선하기(토양·비료)

19 다음에서 설명하는 토양 견지성에 관련한 용어를 보기에서 골라 쓰시오.

> ─○ 보기 ○─
> 강성, 액성한계, 이쇄성, 가용성, 소성

① (　　　): 토양이 강성과 소성을 가지는 중간 정도의 수분을 함유하고 있는 조건에서 토양에 힘을 가하면 쉽게 부스러지며, 경운하기 적합한 강도를 가진 토양 상태이다.
② (　　　): 힘을 가했을 때 물체가 파괴되는 일이 없이 단지 모양만 변화되고 힘을 제거하면 다시 원래의 상태로 돌아가지 않는 성질을 말한다.

정답 ① 이쇄성 ② 소성

해설 **토양 견지성**
외부요인에 의해 토양 구조가 변형되거나 파괴되는 것에 대한 저항성 또는 응집성
1) **강성**: 토양이 건조하여 딱딱하게 굳어지는 성질을 강성(剛性) 또는 견결성(堅結性)이라고 한다.
2) **이쇄성**
  ① 토양이 강성과 소성을 가지는 중간 정도의 수분을 함유하고 있는 조건에서 토양에 힘을 가하면 쉽게 부스러지는데, 이러한 성질을 이쇄성이라고 한다.
  ② 경운하기 적합한 강도를 가진 토양 상태이다.
3) **소성**: 소성(塑性)은 힘을 가했을 때 물체가 파괴되는 일이 없이 단지 모양만 변화되고 힘을 제거하면 다시 원래의 상태로 돌아가지 않는 성질을 말한다.
4) **액성한계**: 소성 상태에서 액성 상태로 변하는 순간의 수분함량을 말한다.
5) **소성한계**: 반고체 상태에서 소성 상태로 변하는 순간의 수분함량을 말한다.

20 토양의 견지성에 있어 소성한계에 대하여 설명하시오.

정답 반고체 상태에서 소성 상태로 변하는 순간의 수분함량

21 토양 수분 퍼텐셜(potential)에 있어 총수분 퍼텐셜을 구성하는 퍼텐셜 빈칸에 알맞은 3가지를 쓰시오.

총수분 퍼텐셜=( )+( )+( )+삼투퍼텐셜

정답 ① 중력퍼텐셜 ② 매트릭퍼텐셜 ③ 압력퍼텐셜

해설 토양 수분의 퍼텐셜(potential)
1) 퍼텐셜의 종류
   토양 수분의 퍼텐셜은 토양 입자에 의한 인력, 토양 모세관의 힘, 용질에 의한 삼투력, 중력, 물에 가해지는 외부압력 등의 힘에 의하여 결정된다. 즉 물은 퍼텐셜에너지가 높은 곳에서 낮은 곳으로 이동하게 된다.

   - 낮은 삼투압 → 높은 삼투압
   - 높은 수분 퍼텐셜 → 낮은 수분 퍼텐셜
   - 수분 포텐셜의 크기: 토양 〉 뿌리 〉 수간 〉 과실 〉 잎 〉 대기
   - 총수분 퍼텐셜 = 매트릭퍼텐셜 + 압력퍼텐셜 + 중력퍼텐셜 + 삼투퍼텐셜

   ① 중력퍼텐셜: 중력의 작용으로 인하여 물이 가질 수 있는 에너지를 말한다.
   ② 매트릭퍼텐셜: 극성을 가진 물 분자가 토양 표면에 흡착되는 부착력과 토양 입자 사이의 모세관에 의하여 만들어지는 힘 때문에 생성되는 물의 에너지를 말한다.
   ③ 압력퍼텐셜: 물의 무게에 의하여 생성되며, 주로 수면 이하에서 그 위에 존재하는 물의 무게로 인한 압력 때문에 생기는 퍼텐셜이다.
   ④ 삼투퍼텐셜
      - 토양 용액 중에 존재하는 이온이나 용질 때문에 생긴다.
      - 용액 중의 이온이나 분자들은 수화현상으로 물분자들을 끌어당기므로 물의 퍼텐셜 에너지가 낮아진다.
      - 총수분 퍼텐셜: 여러 가지 퍼텐셜의 합이다.

2) 토양 수분 퍼텐셜 측정
   수분 퍼텐셜을 측정함으로써 토양 내에서의 물의 이동 방향, 식물이 물을 흡수할 수 있는지의 여부, 관개 시기와 관개량 등을 평가하는 데 필요한 정보를 얻을 수 있다.
   - tensiometer법: tensiometer(장력계)가 측정하는 것은 토양 수분의 매트릭퍼텐셜로서 포장에서 많이 쓰이는 방식이다.

토양 수분 퍼텐셜
토양 내 수분이 가지는 잠재적 에너지를 의미하며, 수분이 뿌리에 의해 흡수되거나 증발하여 공기 중으로 이동할 때의 에너지원으로 작용한다. 높은 퍼텐셜에서 낮은 퍼텐셜로 이동할 때 활성화되는 에너지를 나타낸다.

텐시오메타(tensiometer)
토양 수분의 매트릭퍼텐셜을 측정하는 것으로 포장에서 많이 쓰이는 방법으로 측정결과를 이용하여 식물이 흡수할 수 있는 유효수분의 함량을 평가할 수 있으며 관개 시기와 관수량을 결정하는 데 활용된다.

제1장 영양불균형 개선하기 (토양·비료)

3 토양 화학성

01 염기치환용량에 대한 정의를 쓰시오.

정답 토양 1kg이 보유하는 치환성 양이온의 총량을 $cmol(+)kg^{-1}$으로 표시한 것을 양이온치환용량(C.E.C; Cation Exchange Capacity) 또는 염기치환용량이라고 한다.

해설 **토양의 화학성**: 양이온치환용량(C.E.C) 염기치환용량
토양 1kg이 보유하는 치환성 양이온의 총량을 $cmol(+)kg^{-1}$으로 표시한 것을 양이온치환 용량(C.E.C; Cation Exchange Capacity) 또는 염기치환용량이라고 한다.

점토
- 입경이 $1\mu m$ 이하이며, 특히 $0.1 \mu m$ 이하의 입자는 교질로 되어 있다.
- 교질 입자는 보통 음전하를 띠고 있어 양이온을 흡착한다.
- 토양 중에 고운 점토와 부식이 늘어나면 C.E.C도 커진다.

02 규산염 점토광물은 일반적으로 음전하를 띠고 있다. 동형치환에 의하여 생성되는 전하를 쓰시오.

정답 영구전하

해설 **규산염 점토광물의 전하**
일반적으로 음전하를 띠고 있으며 이들 전하는 영구 전하와 pH 의존 전하로 나뉜다.
① 영구 전하: 동형치환에 의하여 생성되는 전하, 일반적으로 음전하를 띠며 pH 영향을 받지 않는다.
② pH 의존 전하: 규산염 점토광물의 결정단위 가장자리에 있는 -Si-OH 또는 -Al-OH의 pH 변화에 따른 해리에 의하여 음전하가 발생하므로 변두리 전하라고도 한다(pH 기준값 표면 전하 있음, 등전점).

03 양이온 교환에 대하여 정의를 쓰시오.

정답 토양콜로이드 표면에 흡착되어 있던 양이온이 용액 중의 양이온과 교환되는 현상, 이때 흡착되어 있던 양이온을 교환성 양이온이라고 한다.

해설

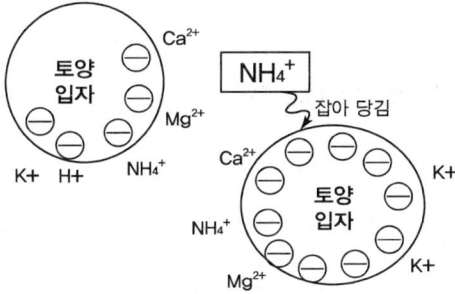

○ 토양 입자와 무기영양분의 흡착

04 토양 중 양이온치환 용량(C.E.C)이 높아지면 이로운 점 3가지를 기술하시오.

정답 ① 비료 성분을 흡착·보유하는 힘이 커져서 비료를 많이 주어도 작물이 한꺼번에 너무 많이 흡수하는 것을 막을 수 있다.
② 비료 성분의 용탈이 적어서 비효가 늦게까지 지속된다.
③ 토양반응의 변동에 저항하는 힘, 즉 토양의 완충능도 커지게 된다.

- 산성토양의 pH를 높이기 위한 석회요구량은 CEC가 클수록 많아진다.
- 중금속 등을 흡착하여 지하수 및 지표수로의 이동을 억제함으로써 오염 확산을 방지한다.

해설 토양 중에 고운 점토와 부식이 늘어나면 C.E.C도 커진다.
- 토양의 C.E.C가 커지면 NH_4^+, K^+, Ca^{2+}, Mg^{2+} 등의 비료 성분을 흡착·보유하는 힘이 커져서 비료를 많이 주어도 작물이 한꺼번에 너무 많이 흡수하는 것을 막을 수 있고, 또 비료 성분의 용탈이 적어서 비효가 늦게까지 지속된다. 또한, 토양반응의 변동에 저항하는 힘, 즉 토양의 완충능도 커지게 된다.

비옥도가 낮은 산성토, 낮은 CEC는 영양분이 별로 없다고 해석

○ 토양 콜로이드 종류와 양이온 교환 능력

종류	부식(유기물)	카올리나이트	몬모릴로나이트	일라이트
양이온교환 (me/100g)	200	10	100	30

- 우리나라 토양의 80% 이상이 카올린계(고령토) 점토광물로서 C.E.C 10 정도로 양분 보유 능력이 매우 적은 척박한 토양

05 알카리 토양과 염류토양에 있어 염류 – 나트륨 토양에 대하여 기술하시오.

정답 염류 – 나트륨 토양
① pH 〈 8.5
② EC 〉 4

제1장 영양불균형 개선하기(토양·비료)

③ ESP(%) > 15
④ SAR(%) > 13
⑤ 토양 구조의 불량이 뿌리 성장 억제 탄산염, 중탄산염 다량 함유

해설 **알카리토양과 염류토양**

1) 특성
   - 해안지대나 건조 및 반건조 지대의 내륙 지방
   - NaCl, CaCl$_2$, MgCl$_2$, KCl 등의 가용성 염류의 용탈이 쉽게 일어나지 않는 환경 조건에서는 알카리를 띤 염류토양이 발달

2) 염류토양
   - 대부분 염화물, 황산염 때로는 질산염 등의 가용성 염류가 비교적 많음
   - 식물 생육 불가능

3) 염류나트륨토양
   - 염류토양과 알카리토양의 중간적인 특성

4) 석회질 토양
   - 다량의 CaCO$_3$을 갖고 있어 묽은 염산을 가하면 거품 반응 토양

○ 알카리토양과 염류토양

토양 분류	pH	EC	ESP(%)	SAR(%)	특징
일반토양	6.5~7.2	< 4	< 15	< 13	• 대부분 작물 재배 • 대부분 영향 없다.
염류토양	< 8.5	> 4	< 15	< 13	• 높은 삼투압과 특정 이온이 뿌리와 줄기 성장 억제 • 나트륨 함량 낮다.
염류-나트륨 토양	< 8.5	> 4	> 15	> 13	• 토양 구조의 불량이 뿌리 성장 억제 • 탄산염, 중탄산염 다량 함유
나트륨성 토양	> 8.5	< 4	> 15	> 13	• 높은 pH가 영양소 흡수에 영향 • 나트륨 함량 높다. • 점토질 토양 • 식물이 거의 살 수 없다.

치환성 나트륨 비율
(exchhangeable sodium ratio)
- ESR
  = Na$^+$/CEC(exchhangeable sodium percentage)
- ESP
  = (교환성 Na$^+$ ÷ CEC)×100

나트륨 흡착비

$$SAR = \frac{Na^+}{\sqrt{\frac{Ca^{2+} + Mg^{2+}}{2}}}$$

4 비료

01 비료 시비 시 적용하는 시비법의 원리 3가지를 쓰시오.

정답 ① 최소양분율
② 최소율의 법칙
③ 보수 점감(체감)의 법칙
④ 우세의 원리

02 리비히가 제창한 최소양분율의 정의를 쓰시오.

정답 작물이 필요로 하는 여러 가지 무기성분 중에서 가장 부족한 성분에 의하여 작물생육이 지배된다는 이론(리비히가 제창)

03 최소율의 법칙에 대한 정의를 쓰시오.

정답 최소율(식물의 생산량은 여러 인자(양분, 수분, 온도, 광선 등) 중에서 공급률이 가장 적은 인자(제한 인자)에 의하여 재배됨(울니가 제창), 최소양분율의 확장 이론

04 보수 점감(체감)의 법칙에 대한 정의를 쓰시오.

정답 주어진 환경에서 작물은 시비 양분을 증가하여 사용할 경우 초기에는 시비량의 증가에 따라 수확량이 정비례하여 증가하지만, 어느 수준을 넘으면 증수되는 비율이 점차 감소하면서 최고의 한계에 도달한 후 수량이 감소하는 현상

05 우세의 원리에 대한 정의를 쓰시오.

정답 작물을 재배하는 데 기본적으로 필요한 요소는 질소, 인산, 가리 및 칼슘인데 이 요소들이 모든 작물에 고르게 필요한 것이 아니라 작물의 종류에 따라서 다량을 필요로 하는 요소가 각각 다른 것을 우세의 원리라 한다.

06 비료의 정의를 기술하시오.

정답 비료라함은 식물에 영양을 주거나 식물의 재배를 돕기 위해서 흙에서 화학적 변화를 가져오게 하는 물질과 식물에 영양을 주는 물질을 말한다.

07 비료의 주성분에 의한 분류에 있어 질소질 비료 3가지를 쓰시오.

정답 ① 유안   ② 요소   ③ 질산암모늄

해설 **주성분에 의한 분류**
① 단비: 비료 3요소 중 1성분만 포함한 비료
② 복합비료: 비료 3요소 중 2성분 이상이 있는 것

시비법에 의한 분류
① 시비 시기에 의한 분류
  • 밑거름: 파종, 이식, 발아 전에 사용하는 비료
  • 웃거름: 작물의 생육 도중에 사용하는 비료
② 시비 계절에 의한 분류
  • 춘비, 하비, 추비, 동비

제1장 영양불균형 개선하기(토양·비료)

③ BB 비료: 비료 성분을 단순 배합한 비료
④ 질소질 비료: 유안, 요소, 석회질소, 염화암모늄, 질산암모늄
⑤ 인산질 비료: 과인산석회, 중과인산석회, 용성인비, 용과린
⑥ 칼리질 비료: 염화가리, 황산가리
⑦ 특수성분 비료: 석회, 고토, 규산 중 1성분을 주성분으로 한 것
⑧ 미량요소 비료: 망간, 붕소, 철, 아연, 몰리브덴 외 1~2성분을 함유한 것

> **동의어로 사용함**
> - 황산암모늄 — 유안
> - 질산암모늄 — 초안
> - 칼륨 — 가리 — 카리
> - 과인산석회 — 과석
> - 중과인산석회 — 중과석
> - 마그네슘 — 고토

08 비료를 형태적 분류하였을 때 해당하는 비료 3가지를 쓰시오.

정답 ① 입상 비료 ② 분상 비료 ③ 고형 비료

해설 ① 입상 비료: 직경 1mm 이상으로 조립된 비료(요소, 복합비료 등)
② 분상 비료: 분말로 된 비료(용성인비, 석회질, 규산질 등)
③ 사상 비료: 모래와 비슷한 비료
④ 고형 비료: 2종 이상의 비료에 이탄을 가한 직경 3mm 이상의 것
⑤ 액상 비료: 수용액, 현탁액의 비료(제4종 복합비료)

09 다음 보기 중에서 생리적 산성비료를 모두 고르시오

> ─ 보기 ─
> ① 황산암모늄   ② 질산암모늄
> ③ 용성인비   ④ 과인산석회
> ⑤ 중과인석석회   ⑥ 요소
> ⑦ 황산가리   ⑧ 석회질소
> ⑨ 염화가리   ⑩ 석회질

정답 ① 황산암모늄 ⑦ 황산가리 ⑨ 염화가리

해설 **화학적, 생리적 반응에 의한 분류**
① 생리적 산성 비료: 황산암모늄, 황산가리, 염화가리
② 생리적 중성 비료: 과인산석회, 중과인석석회, 요소, 질산암모늄
③ 생리적 알카리 비료: 질산소다, 석회질소, 용성인비, 석회질

> **비료의 효과에 의한 분류**
> ① 속효성 비료: 요소, 황산암모늄, 염화칼륨 등
> ② 완효성 비료: 피복요소, CDU, IBDU
> ③ 지효성 비료: 퇴비, 구비

10 완효성 비료의 정의를 쓰시오.

정답 작물별 양분 흡수특성에 맞춰 질소·인산·가리를 천천히 용출하는 비료

해설) 완효성 비료는 작물별 양분 흡수특성에 맞춰 질소·인산·가리를 천천히 용출하는 비료로서, 작물의 이용률이 높고 비료 성분의 유실이 거의 없는 것이 특징이다. 토양 및 수질오염을 원칙적으로 방지할 수 있어 친환경적 비료로 각광받고 있다. 또한, 속효성 비료가 평균 3~5회 시비하는 것에 비해, 완효성 비료는 1회 시비만으로도 양분의 지속적인 공급이 가능해 노동력 절감에 획기적인 전환을 이뤘다는 평가도 받고 있다.

11 비료 성분의 복합화에 있어 제1종 복합비료의 내용을 설명하시오.

정답) 제1종 복합비료: 무기질 3요소 중 2가지 이상을 함유한 것으로, 성분의 합계가 20% 이상이다.

해설) **비료 성분의 복합화**
1) **제1종 복합비료**: 무기질 3요소 중 2가지 이상을 함유한 것으로, 성분의 합계가 20% 이상이다.
   - 예) 인산암모늄, 질산칼륨, 황산인산암모늄, 암모늄화과린산석회, 인산칼륨
2) **제2종 복합비료**: 무기질 질소, 무기질 인산 및 무기질 칼륨비료와 제1종 복합비료 중 두 가지 이상을 배합하여 성분합계 20% 이상인 것이다.
3) **제3종 복합비료**: 제2종 복합비료의 원료 비료와 유기질 비료(공정규격품인 것) 중에서 각각 한 가지 이상의 비료를 배합하여 성분합계 12% 이상인 것이다.
4) **제4종 복합비료**: 수용성 비료와 액비로서 액체 상태로 쓰이는 비료로 성분합계 10% 이상인 것이다.

제3종 복합비료란 제2종 복합비료의 원료비료와 유기질 비료(공정규격품인 것) 중에서 각각 한 가지 이상의 비료를 배합한 것으로 두 가지 이상의 성분합계량이 12% 이상인 것이다.

12 1ha당 100kg의 질소를 사용하기 위해 필요한 요소(46%, 46-0-0)의 양을 구하시오.

정답) 217kg

[풀이과정] 1 : 0.46 = X : 100
X = 100÷0.46 = 217kg

시비량의 이론적 계산법
시비량 = (비료의 흡수량－천연공급량)÷비료요소의 흡수율

13 퇴비 제조는 유기물이 미생물에 의해 분해되어 안정화되는 과정이라 할 수 있다. 유기물의 퇴비 제조에 가장 적당한 C/N율을 쓰시오.

정답) 20

해설 1) 퇴비 제조의 기본원리
    (1) 퇴비화의 정의
        ① 유기물이 미생물에 의해 분해되어 안정화되는 과정이며 그 최종물질은 환경과 토양에 나쁜 영향을 주지 않아야 한다.
        ② 유기물이 미생물에 의해 완전분해 되면 이산화탄소와 물 및 무기물로 전환되며 토양이나 대기 중의 세균, 방선균 및 사상균 등 다양한 종류의 미생물은 통기성, 수분, 영양원 등 적합한 서식환경이 주어지면 유기물을 분해한다.
        ③ 미생물의 특성을 이용하는 것이 퇴비화이다.
    2) 퇴비 제조의 목적
        퇴비는 농경지에서 안전하게 작물을 생산하기 위하여 필요불가결한 농자재이며 질 좋은 퇴비의 사용은 토양의 물리성 화학성 및 미생물상 개선되어 작물이 생육하기에 좋은 환경을 조성하게 한다.
        ① 유기물의 C/N 비를 20 전후로 조절 – 작물의 질소기아, 급격한 분해 방지
        ② 유기물 중의 유해성분을 미리 분해 – 식물의 생육 장애 방지
        ③ 유기물 중 유해 해충, 잡초의 종자를 고열 사멸
        ④ 오물감을 없애 취급이 쉽고 용이

14 퇴비화의 진행 3단계 부숙 과정을 기술하시오.

정답 **1단계**
① 유기물 중 당류, 아미노산 등 분해되기 쉬운 물질들이 분해
② 부숙 온도 상승, 중온성(Methophilic) 균이 관여

2단계
① 셀룰로오스, 펙틴 등 물질들이 분해되는 단계
② 고온성(Thermophilic) 미생물들이 관여하며 수주 간 계속

3단계
① 퇴비의 온도가 떨어지고 리그닌 등 난분해성 물질이 분해되는 숙성단계
② 중온성 미생물들이 다시 관여한다.

해설 **부숙유기질 비료**
1) 부숙유기질 비료
    농·림·축·수산업 및 제조·판매업 과정에서 발생하는 부산물, 인분뇨 또는 음식물류 폐기물을 원료로 하여 부숙 과정을 통하여 제조한 비료로 원료 외의 보통 비료를 첨가하면 안 된다.
2) 유기질 비료
    유기질을 주원료로 사용하여 제조한 비료로 질소, 인산, 칼리 및 유기물을 일정량 이상 보증하는 비료를 말한다.

5 토양 pH 및 EC 측정

01 토양 검사를 위한 토양 시료 채취 시 다음에서 설명에서 ( )에 알맞은 수치를 쓰시오.

> - 일반적인 농경지에서는 경운이 이루어지고 식물의 뿌리가 분포하는 작토층인 약 (①) 깊이까지의 토양이 부피비율로 균등하게 채취되어야 한다.
> - 과수원의 경우 채취 시 지표면의 식물잔사 및 이물질이 덮여 있는 지표면의 표토 (②)를 걷어내고 뿌리 근처의 작토층 30~40cm 깊이까지의 흙이 채취되도록 토양 채취기를 이용하여 채취한다.

정답 ① 15cm ② 1~2cm

해설 시료 채취

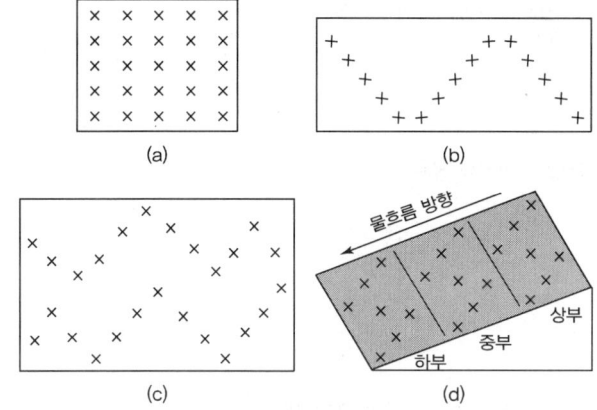

○ 토양시료 채취 지점 선정방법

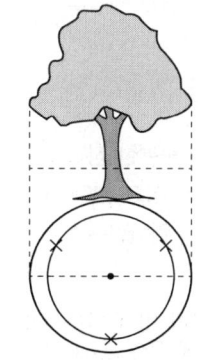

○ 과수의 토양시료 채취 지점 선정

제1장 영양불균형 개선하기(토양·비료)

1) 포장 내 채취 지점의 선정

토양분석을 위한 시료는 어떤 한 필지나 구획 전체를 대표하는 것이어야 한다. 즉, 넓은 면적의 포장에서 일부분(표본)의 토양이 채취되나 전체 포장(모집단)의 상태를 대표하여야 한다. 그러나 동일 포장 내에서도 부위에 따라 토양비옥도가 불균일하므로 전체 포장을 대표할 수 있도록 시료채취 지점을 여러 곳 선정하여 시료를 채취하여야 한다(포장의 대표성).

① 채취 시 지표면의 식물 잔사나 이물질 등은 제거한다.
② 일반적인 농경지에서는 경운이 이루어지고 식물의 뿌리가 분포하는 작토층인 약 15cm 깊이까지의 토양이 부피비율로 균등하게 채취되어야 한다.
③ 과수원의 경우 채취 시 지표면의 식물 잔사 및 이물질이 덮여 있는 지표면의 표토 1~2cm를 걷어내고 뿌리 근처의 작토층 30~40cm 깊이까지의 흙이 채취되도록 토양채취기를 이용하여 채취한다.
④ 채취된 흙을 골고루 섞어준 뒤 비닐봉투 안에 담는다.

> 동일 포장이라도 육안이나 재배력을 고려하여 비옥도가 서로 다를 것으로 판단되면 여러 부분으로 나누어 각각 시료를 채취한다. 여러 필지로 되어 있지만 실제로는 한 필지로 같은 재배관리가 이루어지고 있다면 한 필지로 간주하여 시료를 채취한다. 반대로 한 필지이지만 두 종류 이상의 작물이 재배된다면 부분으로 나누어 각각 토양시료를 채취한다.

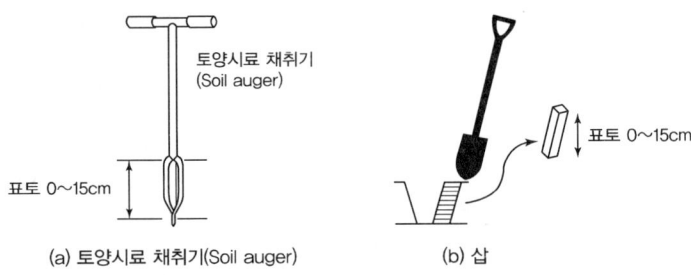

○ 토양채취기(Soil auger)와 삽을 이용한 토양시료 채취

02 토양 pH 측정법에 대해 기술하시오.

정답

1) 원리

토양에는 많은 물질이 있으며 이들 물질은 직간접적으로 수소이온을 해리하고 있다. 토양 용액에 해리된 수소이온의 활동도는 몰농도로 나타내면 매우 적은 수이므로 -log 변환하여 사용한다. 그래서 pH는 용액에 해리된 수소이온 활동도의 역수의 대수치이다.

$$pH = -\log[H^+] = \log 1/[H^+]$$

토양의 pH는 포장에서 직접 측정하는 것이 좋으나, 여러 가지 불편한 점이 많기 때문에 말린 토양을 실험실에서 분석하는 것을 표준으로 삼고 있다. 이때 토양과 물의 비율은 1 : 5를 사용하고 있으며 물의 비율이 많아질수록 pH는 높아지는 경향이다.

2) 측정절차

① 풍건 토양 5g을 50mL 원심분리 튜브에 취하여 분주기로 증류수 25mL를 가한 후 마개를 한다.

② 시소형 진탕기(Rocker)나 Dancing shaker로 30분간 또는 Vortex mixer로 30분간 5회 진탕한다.
③ pH meter를 표준완충용액(pH 4, pH 7)으로 보정한다(캘리브레이션).
  ※ 매번 측정 전에 보정을 실시한다.
④ 전극을 토양현탁액에 넣고 측정한다.
  ※ 전극의 염다리 부분이 토양현탁액에 잠길 수 있도록 한다.

03 토양의 전기전도도 측정에 대해 기술하시오.

정답 토양 전기전도도(EC) 측정

해설
1) 원리
토양 용액에 염류가 많으면 많을수록 전기가 잘 통한다. 전기전도도는 전기를 잘 통하는 정도인 전기비전도도를 사용하여 토양의 염류집적 정도를 판단하는 방법이며, EC meter는 두 전극 사이의 전류의 흐름을 저항으로 측정한 후 전기전도도로 환산하는 기기이다. 백금과 같은 비활성 전극판 2장을 평행하게 넣고 전극 사이에 전압 $E[V]$을 걸 때 흐른 전류의 세기 $I[A]$는 용액의 저항 $R[\Omega]$에 반비례한다. 이때 전극의 실효면적 A, 전극 사이에 거리를 l로 나타내면 저항은 다음식과 같다.

$$R = \rho(l/A)$$

여기서, ρ: 비례상수로서 비저항, l: 거리, A: 실효면적

2) 측정절차
① 풍건 토양 5g를 50mL 원심분리 튜브에 취하여 분주기로 증류수 25mL를 가한 후 마개를 한다(pH 측정과 동일).
② 시소형 진탕기(Rocker)나 dancing shaker로 30분간 또는 Vortex mixer로 30분간 5회 진탕한다(pH 측정과 동일).
③ EC meter를 1413μS/cm 표준용액으로 보정한다(캘리브레이션).
  ※ 매번 측정 전에 보정을 실시한다.
④ 전극을 토양 침출액의 상층부(상징액)에 위치시키고 측정한다.
  ※ 전극의 측정 부위 사이에 토양 입자가 놓이지 않도록 한다.
⑤ 1 : 5 추출액의 EC×5=토양의 EC
  [1 : 2 추출액의 EC×2=EC, (토양의 형태에 따라) 토양 추출액의 EC와 대략적으로 유사]

전기전도도(EC)의 중요성
(1) 토양 상태 평가
  • EC를 통해 토양 내 염류와 양분 상태를 파악할 수 있다.
  • EC 값이 높으면 염류장애, 낮으면 양분 부족을 유발할 수 있다.
(2) 비료 관리
  • 비료의 적정 농도를 확인하여 과다 시비로 인한 염류 축적을 방지할 수 있다.
(3) 관개수 품질 확인
  • 관개수의 EC 값이 높으면 토양에 염류가 축적될 수 있으므로 이를 미리 파악하여 관리할 수 있다.
(4) 작물 생육 최적화
  • 작물별로 적합한 EC 값을 유지하면 영양소 흡수가 원활해져 생육이 최적화된다.

전기전도도(EC) 단위
• dS/m(데시시멘스/미터)
• mS/cm(밀리시멘스/센티미터)

Part II. 재배학

제 2 장 재배기술 이해하기

1 작물 생리

 광합성과 작물

01 광합성(光合成)을 정의하고 광합성의 산물 탄수화물(포도당)의 화학식을 쓰시오.

정답 광합성의 정의: 엽록체가 빛 에너지를 이용해 이산화탄소와 물을 원료로 탄수화물을 합성하는 과정 탄소동화작용

탄수화물(포도당) $C_6H_{12}O_6$

🌱 **광합성(photosynthesis)**
광합성은 생물이 빛을 이용하여 양분을 스스로 만드는 과정으로, 물과 이산화탄소를 재료로 포도당과 산소를 생성한다. 여기서 포도당은 녹말의 형태로 저장하고 산소는 배출한다. 이 반응식을 거꾸로 돌리면 세포호흡이 된다.

02 다음에서 광합성의 명반응과 암반응이 일어나는 엽록체의 조직을 쓰시오.

- 명반응: 햇빛이 있을 때 엽록체의 (①)에서 진행
- 암반응: 엽록소가 없는 (②)에서 담당하며, 빛이 있는 상태에서 상태에서도 진행

정답 ① 그라나 ② 스트로마

해설 1) 명반응
  ① 햇빛이 있을 때 엽록체의 그라나에서 진행
  ② 물을 분해하면서 에너지 저장물질인 ATP와 NADPH 생산
  ③ 전자전달계
    • 물 분해로 방출되는 전자가 NADP까지 전달되는 과정(환원과정)
    • 관여물질: Q, X, plastocyanin, cytochrome, ferredoxin 등
2) 암반응
  ① 엽록소가 없는 스트로마에서 담당하며, 빛이 있는 상태에서 상태에서도 진행
  ② 이산화탄소를 환원시켜 탄수화물을 합성화하는 과정
  ③ 명반응에서 생산한 ATP와 NADPH를 에너지원으로 사용

🌱 **광합성 과정**

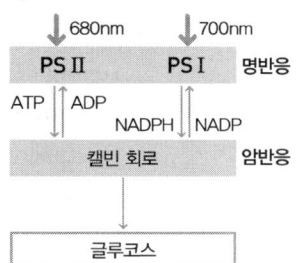

03 광합성의 과정을 화학식으로 쓰시오.

정답 $6CO_2 + 12H_2O \leftrightarrow C_6H_{12}O_6 + 6O_2 + 6H_2O$

04 광합성에 영향을 주는 여러 가지 요인 중에서 광합성량을 제한하는 요인을 제한 요인 또는 한정 요인이라 한다. 광합성에 영향을 미치는 요인 3가지를 쓰시오.

정답 ① 빛의 파장과 세기 ② 이산화탄소의 농도 ③ 온도

05 식물의 광포화점에 대하여 설명하시오.

정답 식물의 광합성 속도가 한계에 이르러 더 이상 증가하지 않는 시점에서의 빛의 세기

해설 광합성에 영향을 주는 요인
① 광합성에는 675nm를 중심으로 한 620~770nm의 적색 부분과 450nm를 중심으로 한 300~500nm 청색, 적외선 부분이 효과적
② 광포화점: 광합성량이 최대가 되기 위한 최소한의 빛의 세기
③ 광보상점(보상점): 광합성으로 사용되는 CO_2와 방출되는 CO_2가 같을 때의 빛의 세기
④ 총광합성량 = 순광합성량 + 호흡량

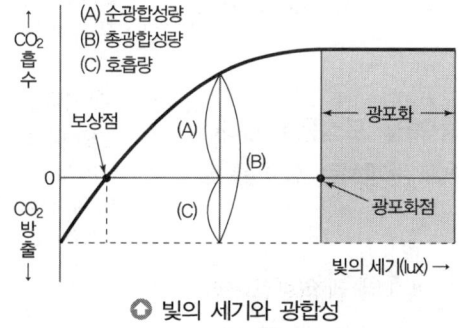

● 빛의 세기와 광합성

06 식물의 광보상점에 대하여 설명하시오.

정답 광합성과 호흡의 속도가 같아지는 특정 광도

광보상점
암흑 상태에서는 호흡작용만 함으로써 CO_2를 방출하며, 서서히 광도가 증가하면 광합성을 시작하면서 CO_2를 흡수하기 시작한다. 어떤 광도에 도달하면 호흡작용으로 방출되는 CO_2의 양과 광합성으로 흡수하는 CO_2의 양이 일치할 때는 광보상점이라고 한다.

제2장 재배기술 이해하기

07 식물이 광조사의 방향에 반응하여 굴곡 반응을 나타내는 것을 무엇이라 하는가?

정답 굴광 현상

해설 작물과 광
1) **증산작용**: 작물이 햇볕을 받으면 온도가 상승하여 증산이 촉진
2) **굴광 현상**
   ① 식물이 광조사의 방향에 반응하여 굴곡 반응을 나타내는 것을 굴광 현상이라 한다.
   ② 굴광 현상에는 400~500nm의 파장, 특히 440~480nm의 청색광이 가장 유효하다.
3) **착색**: 광이 없을 때는 엽록소의 현상이 저해되고, 에티올린이란 담황색 색소가 형성되어 황백화 현상을 나타낸다.
4) **신장 및 개화**
   ① 자외선 같은 단파장의 광은 신장을 억제한다.
   ② 자외선의 투과가 적은 그늘 조건에서는 도장하기 쉽다.
   ③ 광조사가 좋으면 광합성이 촉진되어 탄수화물 축적이 많아지고 이에 따라 C/N율이 높아져서 화아 형성이 촉진된다.

08 최적엽면적지수를 설명하시오.

정답 건물생산이 최대로 되는 단위면적당 군락엽면적, 군락의 엽면적을 토지면적에 대한 배수치로 표시하는 경우를 엽면적지수라고 한다. 최적엽면적일 때의 엽면적지수를 최적엽면적지수(最適葉面積指數, optimum leaf area index)라고 한다.

09 포장군락의 단위면적당 동화능력(광합성 능력)을 포장동화능력이라고 하며, 수량을 지배한다. 포장동화능력에 관계하는 요소를 쓰시오.

> 포장동화능력=총 엽면적×(①)×(②) 3자의 곱으로 표시된다.

정답 ① 수광능률
② 평균동화능력

화아 형성(花芽形成)
식물에서 일정한 영양 생장 기간이 지난 후 생식 생장 기간이 되어 꽃이나 화서가 될 꽃눈이 생기는 현상이다.

고립상태
한 개체가 고립되어 있는 경우와 같이 실험대상이 되는 각각의 잎이 직사광선을 받는 상태이다.

군락상태
포장에서 작물이 밀생하고 크게 자라며 잎이 서로 포개져서 많은 수의 잎이 직사광선을 받지 못하고 그늘에 있는 상태이다.

수광능률
군락의 잎들이 어느 정도 광을 효율적으로 받아서 광합성에 이용하는가 하는 표시이다.

10 벼의 수광태세가 좋아지기 위한 초형을 기술하시오.

정답 ① 잎이 과히 얇지 않고, 상위엽이 직립한다.
② 키가 너무 크거나 작지 않다.
③ 분얼(分蘖, tiller)이 조금 개산형인 것이 좋다.
④ 각 잎이 공간적으로 되도록 균일하게 분포한다.

콩의 수광태세가 좋아지기 위한 초형
① 키가 크고, 도복이 안 되며, 가지를 적게 치고, 가지가 짧다.
② 꼬투리가 원줄기에 많이 달리고, 밑에까지 착생한다.
③ 잎자루가 짧고 일어선다.
④ 잎이 작고 가늘다.

11 일장의 농업적 이용 3가지를 쓰시오.

정답 ① 인위개화 ② 개화기 조절
③ 육종연한 단축 ④ 품종의 선택
⑤ 성전환의 이용

해설 **일장(日長, day-length)**
- 1일 24시간 중의 명기(밝은 기간, 햇빛이 나는 기간)의 길이를 일장이라 하고, 일장이 12~14시간 이상인 것을 장일(長日, long-day)이라 하고 그 이하(보통 12시간)인 것을 단일이라 한다.
- 일장이 식물의 화성 및 그 밖의 여러 면에 영향을 끼치는 현상을 일장효과(광주율)이라고 하며, 식물의 화성을 유도할 수 있는 일장을 유도일장이라 하고, 화성유도의 한계가 되는 일장을 한계일장(임계일장)이라고 한다.

12 일장에 의해 화성이 유도 촉진되는 식물의 일장형 5가지를 분류를 쓰시오.

정답 ① 장일식물 ② 단일식물
③ 중성식물 ④ 정일성 식물
⑤ 장단일 식물

해설 ① 장일식물: 장일상태에서 화성이 유도, 촉진, 단일상태는 이를 저해, 한계 일장은 보통 단일 측에 있다.
② 단일식물: 단일상태에서 화성이 유도, 촉진, 장일상태는 이를 저해, 한계 일장은 보통 장일 측에 있다.
③ 중성식물: 대단히 넓은 범위의 일장에서 화성이 유도한다.
④ 정일성 식물: 어떤 좁은 범위의 특정한 일장에서만 화성이 유도한다.
⑤ 장단일 식물: 처음에는 장일이고, 뒤에 단일이 되면 화성이 유도, 계속 일정한 일장에 두면 개화하지 못한다.

- 일장처리에 감응하는 부분은 잎이며, 어린잎이나 늙은잎보다 성엽(成葉)이 더 잘 감응한다.
- 일장처리를 하면 호르몬성 개화유도 물질이 형성되어 이것이 줄기의 생장점으로 이동해서 화성을 유도하는 것이 확실해졌는데, 이 개화유도물질을 플로리겐(florigen) 또는 개화호르몬이라고 한다.

제2장 재배기술 이해하기

13 단일성 작물을 일장을 이용하여 개화 시기를 늦추려고 하려고 할 때 사용하는 방법을 쓰시오.

정답 전조재배

해설 인공적으로 식물에 전등을 비춰 계절과 관계없이 개화를 유도

- 장일성 작물

| 낮 | 밤 | 장일성 개화
단일성 개화 x |

- 단일성 작물

| 낮 | 밤 | 장일성 개화 x
단일성 개화 |

- 단일성 작물

| 낮 | 밤 | 조명 | 밤 | 단일성 개화 x
장일성 개화 |

단일성 작물(한밤중 전조 12시 ~ 02시)

> 국화 중 조생국(早生菊)을 단일처리하면 촉성재배(促成栽培)가 가능하고, 단일처리의 시기를 조금 늦추면 반촉성재배가 된다. 만생추국(晩生秋菊)에 장일처리를 하여 개화기를 늦추면 억제재배(抑制栽培)를 할 수 있다.

14 빛을 흡수하여 흡수스펙트럼의 형태가 가역적으로 변하는 식물체 내의 색소단백질로서 균류 이외의 모든 식물에 들어 있다. 색소단백질의 이름을 쓰시오.

정답 파이토크롬

해설 빛을 흡수하여 흡수스펙트럼의 형태가 가역적으로 변하는 식물체 내의 색소단백질로서 균류 이외의 모든 식물에 들어 있다.

참고
- 빛 조건에 따라 식물의 여러 생리학적 기능을 조절하는 데 관여한다.
- 660nm의 흡수극대를 가지는 적색광흡수형(Pr)과 730nm의 흡수극대를 가지는 원적색광형(Pfr)이 있으며, 저마다 빛을 흡수할 때 상호변환(Pr ↔ Pfr)을 일으킨다.
- Pfr 상태는 시간대가 낮일 때 나타난다. – 적생광이 우세한 시간대가 대낮이기 때문이다.
- 반대로 Pr형은 시간대가 밤일 때 나타난다. – 원적색광이 우세한 시간대가 밤이기 때문이다.

Pr(밤)		Pfr(낮)
• 파이토크롬의 99%가 Pr 형태로 존재 • 파이토크롬의 불활성화 상태 • 발아 억제	적색광(660nm) → ← 원적색광(730nm)	• 파이토크롬의 80%가 Pfr 형태로 존재 • 파이토크롬의 활성화 상태 • 발아 촉진

> **크립토크롬(Cryphochrome)**
> 청색광과 자외선을 흡수하여 햇빛 쪽으로 자라게 하는 굴광성을 유도

② 온도와 작물

01 Q_{10}(온도계수)에 대해 설명하시오.

정답 온도가 10℃ 상승하는 데 따르는 이화학적 반응이나 생리작용의 증가 배수

해설 이산화탄소, 광의 강도, 수분 등이 제한 요소로 작용하지 않는 한 30～35℃에 이르기까지 Q_{10}은 2 내외

02 적산온도에 대한 정의를 쓰시오.

정답 적산온도(積算溫度)는 작물이 일생을 마치는 데 소요되는 총온량(總溫量)을 표시하는 것으로 작물의 발아로부터 성숙에 이르기까지의 0℃ 이상의 일평균 기온을 합산하여 구한다.

해설 작물의 발아로부터 성숙에 이르기까지의 0℃ 이상의 일평균 기온을 합산하여 적산온도를 구하고 있다. 따라서 작물의 적산온도는 생육 시기와 생육 기간에 따라 차이가 생긴다.
① 유효적산온도: 유효온도를 작물의 발아 이후 일정한 생육단계까지 적산한 것
② 유효고온한계온도: 고온의 한계, 즉 어떤 온도 이상으로 올라가도 생육 효과가 나타나지 않는 온도

03 버널리제이션(춘화처리)의 의미를 쓰시오.

정답 식물체가 생육의 일정시기(주로 초기)에 저온을 경과함으로써 화성(花成), 즉 꽃눈의 분화·발육이 유도·촉진되거나, 또는 생육의 일정시기(주로 초기)에 인위적인 저온을 주어서 화성을 유도·촉진하는 것을 말한다.

04 이춘화에 대하여 설명하시오.

정답 춘화의 효과가 상실되는 현상

해설 1) 춘화처리를 받은 후 고온이나 건조상태에 두면 춘화처리의 효과가 상실됨
2) 이춘화와 재춘화
   (1) 이춘화(離春化, devernalization)
      ① 춘화의 효과가 상실되는 현상

🌱 작물과 온도
작물의 생리작용은 복잡한 물리화학 반응이며, 온도의 영향을 받는다.
- 유효온도: 작물의 생육이 가능한 범위의 온도
- 최저온도: 작물의 생육이 가능한 가장 낮은 온도
- 최고온도: 작물의 생육이 가능한 가장 높은 온도

🌱 작물의 적산온도
① 여름작물
  - 담배(3,200～3,600℃)
  - 메밀(1,000～1,200℃)
  - 벼(3,500～4,500℃)
  - 조(1,800～3,000℃)
② 겨울작물
  - 추파맥류(1,700～2,300℃)
③ 봄작물
  - 봄보리(1,600～1,900℃)
  - 아마(1,600～1,850℃)

② 춘화처리를 받은 후 고온이나 건조상태에 두면 춘화처리의 효과가 상실됨
③ 춘화처리가 불충분한 경우는 쉽게 이춘화되지만, 충분한 춘화처리 후에는 어려움

(2) 재춘화(再春化, revernalizaion)

이춘화 후에 다시 저온 춘화처리를 하면 다시 춘화처리가 되는 것

05 탄산시비에 대하여 기술하시오.

정답
① 공기 중의 이산화탄소 농도를 높여 주면 광합성이 증대되어 작물생육이 촉진되고, 수량과 품질이 향상되는 경우가 많음
② 원예작물 등의 시설재배에서 탄산가스를 시설 내에 투입하여 수량과 질을 높이는 것으로서 탄산시비라고도 함
③ 이산화탄소시비는 쉽게 농도를 조절할 수 있는 하우스 등에서 이용되며, 수분, 온도, 광 등과 함께 잘 조절해야 함

해설 CO_2 농도

빛이 충분해도 어느 범위 이상에서는 CO_2 증가에 따라 광합성량이 증가하지 않는다. 이는 루비스코(rubisco) 효소 활성과 RubP 재생성률이 포화되는 것에서 기인한다.

참고 이산화탄소 농도에 관여하는 요인

① **계절**: 식물의 잎이 무성한 공기층은 여름철에 광합성이 왕성하여 이산화탄소 농도가 낮고 가을철에는 다시 높아진다. 그러나 지표면과 접한 공기층은 여름철에 토양 유기물의 분해와 뿌리의 호흡이 왕성하여 오히려 이산화탄소 농도가 높다.
② **지면과의 거리**: 지표로부터 멀어짐에 따라 이산화탄소 농도는 낮아지는 경향이 있는데 이산화탄소는 무거워서 가라앉는 경향이 있기 때문이다.
③ **식생**: 식생이 무성하면 뿌리 호흡이 왕성하고 바람을 막아서 지면에 가까운 공기층의 이산화탄소 농도를 높게 하나, 지표에서 떨어진 공기층은 잎의 왕성한 광합성 때문에 이산화탄소 농도가 낮아진다.
④ **바람**: 바람은 공기 중의 이산화탄소 농도의 불균형을 완화한다.
⑤ **미숙유기물의 시용**: 미숙퇴비, 낙엽, 구비 등을 시용하면 이산화탄소의 발생이 많으며, 작물 주변 공기층의 농도를 높여 일종의 탄산시비 효과를 발생시킨다.

③ 광호흡과 작물

01 호흡의 화학적 반응에 대하여 다음의 괄호를 완성하시오.

> - 광합성으로 생성된 탄수화물이 (산화, 환원)되어 에너지를 발생시키는 과정
> - 탄수화물($C_6H_{12}O_6 + 6O_2 \rightarrow 6CO_2 +$ (   ) $+ 686kcal$)
> - 탄수화물이 산소를 소모하면서 분해되어 CO_2와 (   ) 분자를 방출하는 과정

정답
- 광합성으로 생성된 탄수화물이 (산화)되어 에너지를 발생시키는 과정
- 탄수화물($C_6H_{12}O_6 + 6O_2 \rightarrow 6CO_2 + (6H_2O) + 686kcal$)
- 탄수화물이 산소를 소모하면서 분해되어 CO_2와 (H_2O) 분자를 방출하는 과정

해설 호흡의 기능
① 탄수화물의 이동, 저장
② 원형질막을 통한 무기영양소 흡수
③ 세포의 분열, 신장, 분화
④ 대사 물질의 합성, 분해, 분비

🌱 **세포 및 미토콘드리아에서 호흡의 과정**
해당 과정 → TCA(시트르산, 크렙스) 회로 → 전자전달계

02 광호흡이 가장 잘 발생하는 경우를 쓰시오.

정답 강광이고, 고온이며, CO_2 농도가 낮고, O_2 농도가 높을 때

해설 광호흡
광합성에서 중요한 효소인 루비스코의 산화제로서의 대사과정이다. 루비스코는 이산화탄소뿐만 아니라 산소와도 결합하여, 환원제와 산화제의 역할을 동시에 가지고 있다. 광호흡은 C_3 식물에서 흔히 볼 수 있으며, 강한 빛 조건에서 이산화탄소 농도가 낮고 상대적으로 산소농도가 높을 때 잘 일어난다. 예를 들자면 식물이 건조한 낮에 수분손실을 막기 위해 기공을 닫게 되면 잎 내부의 산소농도가 높아져 빛에 의한 산소 소모(광호흡)가 일어난다.

🌱 **광호흡**
광합성 과정에서만 CO_2를 방출하는 현상인데, 세포 내의 엽록소 · 미토콘드리아 · 페록시좀(peroxisome) 등의 협동작용으로 이루어지며 광합성률을 떨어뜨리는 원인으로 본다.

참고 광호흡의 과정
① 식물이 여름철 일정온도(25도 이상) 이상이 되면 식물체 내 수분 증발을 막기 위해 기공을 닫아버린다(기공을 완전히 닫는 건 아니다).
② 기공이 닫히면서 이산화탄소의 유입이 되지 못하고 식물체내의 산소농도는 증가하게 된다.
③ 엽록체 내의 루비스코라는 효소가 있는데 이 효소는 이산화탄소와 산소 둘 다 반응을 한다.

④ 이 루비스코라는 효소가 산소농도가 증가함에 따라 산소와 반응을 하게 되어 이산화탄소를 방출하고 ATP라는 에너지 저장물질을 소모한다.

03 다음은 C_3 식물과 C_4 식물을 비교한 것이다. 빈칸을 채우시오.

특성	C_3 식물	C_4 식물
CO_2 고정계	캘빈 회로	C_4 회로 + 캘빈 회로
잎 조직 구조	엽육 세포	유관속초세포가 매우 발달
CO_2 보상점	(① 높다 / ② 낮다)	(① 높다 / ② 낮다)
광포화점	(① 높다 / ② 낮다)	(① 높다 / ② 낮다)
내건성	약	강

정답

특성	C_3 식물	C_4 식물
CO_2 보상점	(② 낮다)	(① 높다)
광포화점	(② 낮다)	(① 높다)

해설 C_4 식물과 CAM 식물은 광호흡이 거의 없다.
C_3 식물은 광합성 과정에서 들어온 CO_2의 30~50%를 광호흡으로 재방출하기 때문에 CO_2 고정이 극히 낮아서, 광합성률이 C_4 식물의 1/1.5~1/2 정도이다. 강광이고 고온이며, CO_2 농도가 낮고, O_2 농도가 높을 때 광호흡이 높다.

1) C_3 식물
- 광합성 과정에서 이산화탄소(CO_2)를 처음 고정할 때 만들어지는 탄소 화합물이 탄소 3개인 식물이다.
- 지구상의 식물 중 85%가 C_3 식물에 속한다. 벼, 보리, 밀, 콩 등의 대부분의 작물 및 대부분의 나무들이 C_3 식물이다.

2) C_4 식물
- 이산화탄소(CO_2)가 포스포에놀피루브산 카르복실라제(PEPcase)에 의해 옥살로아세트산(OAA)이 첫 번째로 생성되는 식물이다.
- 가뭄이나 고온과 같은 환경스트레스 조건에서 C_4 식물이 C_3 식물에 비해서 경쟁적인 우위를 갖고 있다. 옥수수나 사탕수수와 같은 작물이 C_4 식물이다.

3) CAM(Crassulacean Acid Metabolism) 식물
- 주로 밤 동안 기공을 열어 광합성에 필요한 CO_2를 말산에 고정하여 저장하였다가 명반응이 가능한 낮 시간에 이를 이용하여 포도당을 생산하는 식물이다.

◎ C_3 식물과 C_4 식물 CAM 식물을 비교

구분 생리작용	C_3 식물	C_4 식물	CAM 식물
CO_2 흡수	낮	낮	밤
광호흡 피하는 방법	–	명반응, 탄소 고정이 별도 세포에서 일어남	명반응은 낮에, 탄소고정은 밤에 일어남
사용 회로	캘빈 회로	C_4 + 캘빈 회로	C_4 + 캘빈 회로
광호흡 여부	있음	없음	있음
캘빈 회로	엽육 세포	유관속초세포	엽육 세포
내건성	약	강	극강
광포화점	최대일사량의 1/4 ~ 1/2	최대일사량 이상으로 강광 조건에서 높은 광합성률을 보임	부정

참고
1) **CAM 식물과 C_4 식물의 공통점**
   - PEP 카르복실레이스를 이용하여 말산을 형성하고 형성된 말산이 탈탄산되어 CO_2를 방출한다. 루비스코를 사용하여 캘빈 회로의 3-PGA로 CO_2를 재고정한다.

2) **CAM 식물과 C_4 식물의 차이점**
   - C_4 식물은 CAM 식물과는 달리 엽육 세포와 유사한 유관속초세포를 가지고 있다.
   - C_4 식물의 경우 엽육 세포 내에서는 CO_2를 유기산의 형태로 고정시키는 C_4 회로가 작동하고 유관속초세포 내에서 캘빈 회로가 들어가 각 세포가 다른 역할을 수행하지만, CAM 식물의 경우는 유관속초세포가 없이 시간적으로 나누어지며 모든 과정이 엽육 세포 내에서 진행된다. 즉 C_4 식물은 공간적으로 CAM 식물은 시간적으로 격리된 광합성 반응을 하게 된다.

04 작물이 영양적 발육 단계로 이행하여 화성(花成)을 이룩하는 데 필요한 내적 요인에 대해 2가지를 쓰시오.

정답
① 영양 상태 특히 C/N율로 대표되는 동화산물의 양적 관계
② 식물호르몬, 특히 옥신과 지베렐린의 체내 수준 관계

해설 화성(花成)
1) 내적 요인
   ① 영양 상태 특히 C/N율로 대표되는 동화산물의 양적 관계
   ② 식물호르몬, 특히 옥신과 지베렐린의 체내 수준 관계

상적발육의 개념
- 생장: 여러 기관이 양적으로 증대하는 것
- 발육: 작물이 아생·분얼·화성·등숙 등의 과정을 거치면서 체내 질적인 재조정작용이 생기는 것
- 발육상: 작물발육의 여러 가지 단계적 양상
- 상적발육
  - 작물이 순차적인 여러 발육상을 거쳐 발육이 완성되는 것
  - 영양기관의 발육단계인 영양생장 + 생식기관의 발육단계인 생식 생장

제2장 재배기술 이해하기

2) 외적 요인
  ① 광조건, 특히 일장효과의 관계
  ② 온도조건, 특히 버널리제이션과 감온성의 관계

05 식물체가 생육의 일정시기(주로 초기)에 저온을 경과함으로써 화성(花成), 즉 꽃눈의 분화·발육이 유도·촉진되거나, 또는 생육의 일정시기(주로 초기)에 인위적인 저온을 주어서 화성을 유도·촉진하는 것을 무엇이라고 하는가?

정답 춘화처리(버널리제이션)

06 작물이 영양적 발육 단계로 이행하여 화성(花成)을 이룩하는 데 필요한 외적 요인에 대해 2가지를 쓰시오.

정답 ① 광조건, 특히 일장효과의 관계
  ② 온도조건, 특히 버널리제이션과 감온성의 관계

🌱 **화성유도의 내적 요인**
- 영양상태, 특히 C/N율로 대표되는 동화산물의 양적 관계
- 식물호르몬, 특히 옥신과 지베렐린의 체내 수준 관계

07 C/N율이 식물에 미치는 영향에 있어서 CN율이 높을 경우 보기에서 골라 다음 괄호를 완성하시오.

─ 보기 ─
영양생장, 생식생장

- (   )이 다소 저하되고 착화가 많아지며 결실이 좋다. 꽃과 열매 맺는 나무는 이러한 상태로 만들어주는 것이 좋다.
- 착화기, 결실기에는 비료를 안 주거나 적게 주는 것이 좋다.

정답 영양생장

해설 ① C/N율이 높으면: 화성유도
  ② C/N율이 낮으면: 영양 생장
  ③ C와 N이 풍부하고 C/N율이 높을 때 개화 결실이 양호

08 식물체 내의 탄수화물과 질소의 비율을 탄수화물질소비율 또는 C/N율이라고 하며 나무의 가지나 줄기 전체 둘레에서 나무껍질을 완전히 제거하여 당분을 비롯한 여러 양분을 뿌리와 같은 저장 부위로 이동하지 못하게 하는 방법을 일컫는 용어를 쓰시오.

정답 환상박피

해설 C/N율
식물체 내의 탄수화물과 질소의 비율을 탄수화물질소비율 또는 C/N율이라고 하며, C/N율이 식물의 생장 및 발육을 지배한다는 이론을 C/N율설이라고 한다.

환상박피(環狀剝皮)
과수가 가지고 있는 영양물질 및 수분, 무기양분 등의 이동 경로를 차단함으로써 잎에서 생산한 영양물질을 뿌리로 이동하는 것을 제한하기 위해 굵은 나뭇가지의 겉껍질을 너비 3cm쯤 되는 고리 모양으로 벗기는 것이다. 과수의 화아분화 유도와 착과증진, 과실 크기의 비대 등 생산성을 향상과 과실의 질적 향상을 도모한다.

2 작부체계

01 동일한 포장에 같은 종류의 작물을 계속해서 재배하는 것을 연작(이어짓기)이라 하고, 연작할 때는 작물의 생육이 뚜렷하게 나빠지는 일이 있는데, 이를 기지(忌地)라고 한다. 기지의 원인 5가지를 쓰시오.

정답
① 토양 비료분의 소모 ② 토양 중의 염류집적
③ 토양물리성 악화   ④ 잡초의 번성
⑤ 유독물질의 축척   ⑥ 토양선충의 피해
⑦ 토양전염의 병해

해설
1) 기지(忌地)현상
연작을 할 때 나타나는 문제로, 동일한 작물을 계속해서 재배할 때 작물의 생육이 뚜렷하게 나빠지는 현상을 말한다.
2) 기지 현상의 원인
① 토양 비료분의 고갈: 동일한 작물을 계속 재배하면 특정 영양분이 과도하게 소모되어 토양이 영양분 부족 상태가 된다.
② 병해충의 축적: 특정 병원균이나 해충이 토양에 축적되어 작물의 생육을 저해한다.
③ 유독물질의 축적: 작물의 뿌리나 잎에서 나오는 유독물질이 토양에 축적되어 같은 종류의 작물생육을 방해한다.
④ 토양 물리성의 악화: 반복적인 재배로 인해 토양 구조가 악화되어 물리적 성질이 나빠진다.

제2장 재배기술 이해하기

⑤ 토양 중의 염류집적: 하우스 재배의 다비연작(茶毘連作)은 작토층에 염류가 과잉 집적하는 결과를 초래하게 된다.
⑥ 잡초의 번성: 동일 작물을 연작할 때에는 특정 잡초가 몹시 번성할 우려가 있다.

02 기지의 대책 5가지를 쓰시오.

정답
① 윤작 ② 토양 소독
③ 객토 및 환토 ④ 지력 배양
⑤ 접목

03 토양 기지 현상을 극복하기 위해 윤작을 하는데 윤작의 역할 3가지를 쓰시오.

정답
① 지력의 유지(질소고정, 잔비량의 증가, 토양 구조개선, 사료작물, 토양유기물 증대) 및 증진
② 기지 현상의 회피
③ 병해충 및 잡초의 경감

해설 윤작(輪作, crop rotation)
지력유지를 목적으로 한 포장에 몇 가지 작물을 일정한 순서대로 순환하여 재배하는 양식을 윤작이라 한다. 유럽에서 발달한 작부방식이다.
1) 윤작의 역할
① 지력의 유지(질소고정, 잔비량의 증가, 토양 구조개선, 사료작물, 토양유기물 증대) 및 증진
② 기지 현상의 회피
③ 병해충 및 잡초의 경감
④ 토지이용도의 향상
⑤ 수량 및 생산성의 증대
⑥ 노력분배의 합리화
⑦ 농업경영의 안정성 증대
⑧ 토양 보호

04 윤작 방식에 있어 개량 3 포식 농법을 설명하시오.

정답 3 포식 농법의 휴한지에 클로버 등의 콩과 녹비작물을 재배하여 지력 증진을 도모한다.

답전윤환(畓田輪換)
- 정의: 논을 몇 해마다 담수한 논 상태와 배수한 밭 상태로 돌려가면서 이용하는 것을 말한다.
- 답전윤환의 효과: 지력증강, 기지의 회피, 잡초의 감소, 벼의 수량증가 등이 있다.

혼파(混播)
- 정의: 두 종류 이상의 작물 종자를 함께 섞어서 뿌리는 방식(볏과 + 콩과)이다.
- 혼파의 이점: 가축 영양상의 이점, 공간의 효율적 이용, 비료 성분의 효율적 이용, 질소질 비료의 절약, 잡초의 경감 등이 있다.

해설) 윤작 방식

1) 순 3 포식 농법
   포장을 3등분하여 경지의 2/3은 춘파곡물 또는 추파곡물을 재식하고 나머지 1/3은 휴한하는데, 장소를 돌려가며 실시

밀(식량)	보리(식량)	휴한

2) 개량 3 포식 농법
   3 포식 농법의 휴한지에 클로버 등의 콩과 녹비작물을 재배하여 지력 증진을 도모

밀(식량)	보리(사료)	클로버(녹비)

3) 노포크식 윤작

밀 또는 귀리(식량)	순무(사료, 중경)	보리(사료)	클로버(사료, 녹비)

기타 작부체계

- 간작(間作): 한 가지 작물이 생육하고 있는 줄 사이(고랑 사이)에 다른 작물을 재배하는 방식이다.
- 혼작(混作): 생육 기간이 거의 같은 두 종류 이상의 작물을 동시에 같은 포장에 섞어서 재배하는 방식이다.
- 교호작(交互作): 생육 기간이 비슷한 작물들을 교호로 재배하는 방식이다.

05 작휴법에 있어 평휴법에 대하여 설명하시오.

정답)
- 이랑과 고랑의 높이를 같게 하는 방식이다.
- 건조해와 습해가 동시에 완화되며, 채소. 밭벼 등에서 실시되고 있다.

해설) 작휴

1) 평휴법
   ① 이랑과 고랑의 높이를 같게 하는 방식이다.
   ② 건조해와 습해가 동시에 완화되며, 채소. 밭벼 등에서 실시되고 있다.
2) 휴립법
   (1) 휴립구파법
      ① 이랑을 세우고 낮은 골에 파종하는 방식이다.
      ② 맥류에서는 한해(旱害)와 동해(凍害)를 방지할 목적으로 실시한다.
   (2) 휴립휴파법
      ① 이랑을 세우고 이랑에 파종하는 방식이다.
      ② 이랑에 재배하면 배수와 토양통기가 좋게 된다.
   (3) 성휴법: 이랑을 보통보다 넓고 크게 만드는 방법이다.

휴립법(畦立法)
이랑을 세워서 고랑을 낮게 하는 방식이다.

제2장 재배기술 이해하기

3 수분

01 작물에 있어 수분의 역할을 쓰시오.

정답
① 생리작용
② 용매로서 작용
③ 작물의 체온을 조절
④ 화합수로서 작물체의 구성 물질
⑤ 작물체 구성 물질의 형성과 체제 유지

해설 작물체 내 수분의 역할
1) 생리작용
   작물체 내에 흡수된 수분이 체내를 이동하여 배출할 때까지 관여하는 생리작용은 생명유지의 근원이다.
2) 용매로서 작용
   작물은 생육에 필요한 필요물질을 기체의 상태로 경엽에서 흡수하거나 용해 상태로 뿌리에서 흡수한다. 무기양분은 용해 상태로 주로 뿌리에서 흡수하는데 이산화탄소도 그 일부는 뿌리에 의해 용해 상태로 흡수한다. 흡수된 물질은 확산, 이온의 치환 등에 의해서 작물체의 조직과 기관으로 이동하는데 이때도 수분은 용매로서 작용한다.
3) 작물체 구성 물질의 형성과 체제 유지
   작물은 수분과 이산화탄소를 원료로 빛 에너지를 이용하여 유기물을 합성하는 광합성을 수행하며, 수분은 작물체 구성 물질의 형성과 체제 유지에 기여한다.
4) 화합수로서 작물체의 구성 물질
   수분은 세포 내에 유리수로서 팽윤 상태를 유지하여 세포의 신장상태를 유지할 뿐만 아니라 화합수로서 작물체의 구성 물질이 되어 생장과 체제 유지의 요소가 된다.
5) 작물의 체온을 조절
   물은 비열이 큰 물질로서 작물체온의 급격한 상승과 하강을 방지하는 역할을 하여 작물의 체온을 조절한다.

02 다음 설명에서 ( ) 알맞은 용어를 쓰시오.

> 식물이 흡수할 수 있는 토양 수분은 (①) (−0.033MPa) 과 (②) (−1.5MPa) 사이의 수분이다.

정답 ① 포장용수량 ② 위조점

해설 **토양 수분의 분류**

1) 식물의 흡수 측면에서 분류
   ① 포장용수량
   • −0.033MPa(1/3bar)의 퍼텐셜로 토양에 유지되는 수분함량을 말하며, 일반적으로 식물의 생육에 가장 적합한 수분 조건이다.
   ② 위조점
   • 식물이 물을 흡수하지 못하여 시들게 되는 토양 수분상태를 말한다.
   • 일반적인 식물의 경우 토양의 수분 퍼텐셜이 −1.5MPa 이하로 낮아지면 물을 흡수하기 어려워지고 시들어 죽는다.
   ③ 유효 수분
   • 식물이 이용할 수 있는 물로서 식물이 물을 흡수하는 힘보다 약한 힘으로 토양에 저장되어 있는 물을 말한다.
   • 식물이 흡수할 수 있는 토양 수분은 포장용수량(−0.033MPa)과 위조점(−1.5MPa) 사이의 수분이다.

풍건	흡수계수	위조점	수분당량	포장용수량	포화상태
−100MPa	−3.1MPa	−1.5MPa	−0.05~0.1MPa	−0.033MPa	0

이용 불가	식물이용(유효 수분)	이용 불가

압력 단위의 환산
• 1기압은 중력가속도가 980cm/sec²인 곳에서 760mm의 0℃의 수은주의 높이에 해당한다.
• 0℃의 수은주의 밀도는 13.5951 g/cm³이다. 따라서, 1기압(atm)은 다음과 같이 나타낸다.
  1atm = 760mmHg
  = 1,033cm H_2O
  = 13.01325g/cm³
    ×980.665cm/sec²×76cm
  = 1.01325×10⁶dyne/cm²
    (1dyne = 1g·cm/sec²)
• 1bar는 10⁶dyne/cm²이며, 1Pa은 1N/m²로 정의된다. 따라서, bar·atm·Pa 및 물기둥의 높이는 다음과 같이 서로 환산할 수 있다.
  1bar = 10⁶dyne/cm²
  = 0.987atm = 1,020cm H_2O
  = 10⁵N/m² = 10⁵Pa
  = 100KPa = 0.1MPa

03 토양 수분의 분류에 있어 식물의 흡수 측면에서 분류하였을 때 식물생육에 가장 적합한 수분 조건을 쓰시오.

정답 포장용수량

• 중력수 = 포화상태 − 포장용수량
• 모세관수 = 포장용수량 − 흡수계수
• 유효수분함량 = 포장용수량 − 위조점

04 토양 수분의 분류에 있어 물리적 분류로 분류하였을 때 −3.1~−0.033MPa 퍼텐셜을 갖는 식물이 흡수 이용할 수 있는 수분을 쓰시오.

정답 모세관수

해설 **토양 수분의 분류(물리적 분류)**

1) 흡습수(吸濕水)
   ① 흡습수는 습도가 높은 대기 중에 토양을 놓아두었을 때 대기로부터 토양에 흡착되는 수분으로서 −3.1MPa 이하의 퍼텐셜을 갖는다.
   ② 식물이 이용할 수 없는 수분으로 105℃ 이상의 온도에서 8~10시간 건조시키면 제거된다.

• 흡습수 = 흡수수 = 흡착수

제2장 재배기술 이해하기

2) 모세관수
① 모세관수는 토양 공극 중에서 모세관 공극에 존재하는 물을 말하며 −3.1 ~ −0.033MPa 사이의 퍼텐셜을 가지는 수분이다.
② 토양 표면에 가까이 있는 모세관수를 제외하면 대부분이 식물이 흡수 이용할 수 있는 물이다.

3) 중력수
중력수는 −0.033MPa보다 큰 퍼텐셜을 가지는 수분으로 중력의 작용에 의하여 이동할 수 있어 토양 공극으로부터 쉽게 제거되는 수분이다.

4) 결합수(결정수)
① 토양광물이나 화합물을 구성하는 성분으로 들어있는 물이다.
② 이 물은 당연히 식물이 이용할 수 없으며 1,000MPa 이하의 퍼텐셜을 가지는 수분이다.

---

05 토양 수분의 분류에 있어 물리적으로 분류하였을 때 −3.1MPa 이하의 퍼텐셜을 갖는 식물이 흡수 이용할 수 없는 수분을 쓰시오.

정답 흡습수(吸濕水)

해설 식물이 이용할 수 없는 수분으로 105℃ 이상의 온도에서 8 ~ 10시간 건조하면 제거된다.

---

06 요수량의 용어를 설명하시오.

정답 작물의 건물1(g)을 생산하는 데 소비되는 수분량(g)

해설
1) 요수량
① 작물의 건물1(g)을 생산하는 데 소비되는 수분량(g)
② 일정 기간 내 수분 소비량과 건물 축적량을 측정해 산출함
③ 작물의 수분 경제의 척도를 표시한 것
※ 요수량 작은 작물 건조에 강함, 요수량 큰 작물−관개를 해주어야 함

2) 증산계수: 건물1(g)을 생산하는 데 소비된 증산량

3) 증산능률
① 일정량의 수분을 증산해 축적된 건물량
② 요수량, 증산계수와 반대되는 개념임

4 필수식물영양소

01 식물의 생육과 대사과정에 필요한 필수 식물영양소의 기준을 기술하시오.

정답 ① 해당 원소가 결핍되었을 때에는 식물체가 생명 현상을 유지할 수 없다.
② 해당 원소는 그 원소만이 가지는 특이적인 기능이 있어야 하며, 다른 원소에 의하여 그 기능이 대체될 수 없다
③ 해당 원소는 식물의 대사 과정에 직접적으로 관여하여야 한다.
④ 해당 원소의 필수성이 특정 식물에만 한정되는 것이 아니고 모든 식물에 공통적으로 적용되어야 한다.

02 필수식물영양소의 비무기성 원소 및 이온 형태를 쓰시오.

정답 비무기성
C: HCO_3^-, CO_3^{2-}, CO_2
H: H_2O
O: H_2O, O_2

해설 유기물과 무기물
① 유기물질은 광물에서 얻을 수 있는 무기물질의 상대적 개념으로 살아있거나, 있었던 생물에서 얻어지는 물질을 유기화합물이라고 구분했었다.
② 오늘날에는 화합물의 구성 원자 중 탄소를 포함하며 그 물질을 분해하는 과정에서 에너지를 얻을 수 있으면 유기물, 없으면 무기물이라고 구분한다.
③ 일산화탄소나 이산화탄소 같은 것은 분해과정에서 에너지를 얻을 수 없어 무기질로 분류되며 포도당이나 알코올은 에너지를 얻을 수 있어 유기질로 분류된다.

03 식물의 필수영양소에서 다량원소는 건중량의 0.1% 이상인 것을 말한다. 다음 보기에서 다량원소를 모두 고르시오.

보기
N, P, K, Ca, Mg, S, Fe, Zn, B, Cu, Mn, Mo, Cl

정답 N, P, K, Ca, Mg, S

제2장 재배기술 이해하기

[해설] 무기성

구분	원소	주요 흡수형태	주요기능
다량영양소	N	NH_4^+, NO_3^-	아미노산, 단백질 핵산, 효소의 구성요소
	P	$H_2PO_4^-$, HPO_4^{2-}	에너지 저장과 공급(ATP 반응의 핵심)
	K	K^+	효소의 형태유지 및 기공의 개폐조절
	Ca	Ca^{2+}	세포벽 중립 층의 구성요소
	Mg	Mg^{2+}	엽록소의 분자 구성
	S	SO_4^{2-}, SO^2	황 함유 아미노산의 구성요소
미량영양소	Fe	Fe^{2+}, Fe^{3+}, chelate	시토크롬의 구성요소, 광합성작용의 전자전달
	Cu	Cu^{2+}, chelate	산화효소의 구성요소
	Zn	Zn^{2+}, chelate	알코올탈수소효소의 구성요소
	Mn	Mn^{2+}	탈수소효소 및 카르보닐 효소, 질소환원 효소의 구성요소
	Mo	MoO_4^{2-}, chelate	질소환원 효소의 구성요소
	B	H_2BO_3	탄수화물대사에 관여
	Cl	Cl^-	광합성 반응에서 산소 방출

종류(17 원소)
C, H, O, N, P, K, Ca, Mg, S, Fe, Zn, B, Cu, Mn, Mo, Cl, Ni

05 필수식물영양소에서 질소의 흡수 형태 두 가지를 쓰시오.

[정답] ① NH_4^+ ② NO_3^-

06 다음은 식물의 필수원소이다. 양이온으로 흡수되는 것을 모두 고르시오.

― 보기 ―
N, P, K, Ca, Mg, S, Fe, Zn, B, Cu, Mn, Mo, Cl

[정답] N, K, Ca, Mg, Fe, Zn, Cu, Mn

[해설] NH_4^+, K^+, Ca^{2+}, Mg^{2+}, Fe^{2+}, Fe^{3+}, Zn^{2+}, Cu^{2+}, Mn^{2+}

07 한 개의 리간드가 금속 이온과 두 자리 이상에서 배위결합을 하여 생긴 착이온을 일컫는 용어를 쓰시오.

[정답] 킬레이트(chelate)

08 엽록소의 분자 중심 구성 원소로 광합성 과정에서 빛 에너지를 화학에너지로 전환하는 데 필수적인 원소를 쓰시오.

정답 마그네슘(Mg)

09 식물체 내에서 이동이 잘되며 부족 시 하엽에서 결핍증상을 나타내는 원소 4가지를 쓰시오.

정답 ① N ② P ③ K ④ Mg

10 토양 중에서 이동이 잘 안 되며 산성 토양에서 Al, Fe과 결합하여 불용화되며 알카리 조건에서도 Ca과 결합하여 불용화되는 원소를 쓰시오.

정답 P

해설 인(P)의 불용화
1) 산성 토양에서의 인산의 침전

$$Al^{3+} + H_2PO_4^- \rightarrow Al(OH)H_2PO_4$$
(수용성)　　　　(난용성)

$$Fe^{3+} + H_2PO_4^- \rightarrow Fe(OH)H_2PO_4$$

2) 알카리 토양에서의 인산의 침전

$$Ca^{2+} + PO_4^{3-} \rightarrow Ca_3(PO_4)_2$$
(수용성)　　　　(난용성)

11 세포벽 중립 층의 구성요소이며 식물체 내에서 이동성이 나빠서 가장 어린 조직, 세포 분열이 일어나는 분열조직에서 특징적으로 결핍증상이 나타내는 원소를 쓰시오.

정답 칼슘(Ca)

해설 칼슘(Ca) 부족 시
① 토마토: 배꼽썩음병
② 상추와 딸기는 어린잎: 팁번
③ 사과: 고두병

🌱 **마그네슘(Mg)**
• 광합성에 관여하는 엽록소 분자의 구성 원소이다. 또한, 인산화 작용을 활성화하는 효소들의 보조인자로 작용하는데, 이때 마그네슘은 ATP의 pyrophosphate와 효소분자 사이에서 가교 역할을 한다.
• 마그네슘이 결핍되면 엽록소의 합성이 저해되므로 잎에서 엽맥 사이의 황화현상이 뚜렷하게 나타난다. 마그네슘은 칼슘과는 달리 체관부를 통한 이동이 있으므로 식물체 내에서 재분배 가능하며, 따라서 결핍증상은 오래된 잎에서 먼저 나타난다.

🌱 **칼슘(Ca)**
식물체 내에서 비확산성 음이온에 쉽게 흡착되므로 그 이동성이 매우 낮다. 따라서, 흡수된 칼슘이 오래된 조직으로부터 새로 생장하는 유조직으로의 이동과 재분배는 매우 어렵다.

제2장 재배기술 이해하기

5 염류장해

01 엽면시비는 토양시비보다 비료 성분의 흡수가 쉽고 빠른 장점이 있다. 엽면시비의 효과적 이용 방법 4가지를 쓰시오.

정답
① 미량요소 결핍
② 영양 상태의 신속한 회복이 필요할 때
③ 뿌리의 흡수가 나쁠 때
④ 토양시비가 곤란하거나 특수 목적이 있을 때

해설 엽면시비
① 미량요소 결핍: 작물에 미량요소 결핍이 나타났을 경우 그 결핍요소를 토양에 주는 것보다는 엽면살포하는 것이 효과가 빠르고 사용량도 적게 들어 경제적이다. 그 예로 망간, 아연, 철 등의 결핍증이 나타난 추락답의 벼와 감귤에 대하여 요소를 엽면살포한 결과 효율적인 효과를 거두었다.
② 영양 상태의 신속한 회복이 필요할 때: 엽면살포는 토양시비의 경우보다 흡수가 빠르므로 동상해, 풍수해, 병해충 등의 해를 받아 생육이 나쁠 때 요소를 엽면시비 하면 효과가 있다.
③ 뿌리의 흡수가 나쁠 때: 뿌리가 병해충, 습해, 환원성 유해물질 등에 의하여 해를 받았을 경우 뿌리의 피해가 심하지 않으면 엽면살포에 의해서 생육이 좋아지고 피해가 어느 정도 회복된다.
④ 토양시비가 곤란하거나 특수 목적이 있을 때: 수박, 참외 등과 같이 덩굴이 지상에 포복, 만연하여 웃거름 사용이 곤란한 경우 또는 품질향상 등의 특수목적을 위하여 엽면시비를 실시한다.
⑤ 비료분의 유실방지 등

02 뿌리의 양분 흡수 기작 3가지를 쓰시오.

정답 ① 뿌리차단 ② 집단류 ③ 확산

해설 뿌리의 양분
1) 양분흡수
  (1) 뿌리차단(root interception)
    ① 뿌리가 직접 접촉하여 흡수
    ② 접촉교환학설: 뿌리에서 H^+를 내놓고 교환성 양이온을 흡수
    ③ 뿌리가 발달할수록 접촉 기회 증가
    ④ 유효태 영양소 흡수의 1% 미만에 해당

(2) 집단류(mass flow)
① 수분퍼텐셜에 의한 물의 이동과 함께 영양소가 뿌리 쪽으로 이동하여 공급
② 식물이 흡수하는 물의 양과 영양소 농도에 의해 흡수량 영향
③ 기후조건과 토양 수분함량에 따라 변화
④ 증산작용이 클수록 증가
⑤ 대부분 영양소의 공급기작
(3) 확산(diffusion)
① 이온이 높은 농도에서 낮은 농도로 이동하는 현상
② 뿌리 근처의 이온 농도는 주변 토양에 비해 낮아 농도 기울기가 발생
③ 확산속도: NO_3^-, SO_4^-, Cl^- 〉 K^+ 〉 $H_2PO_4^-$
④ 인산, 칼륨의 주된 공급기작

03 뿌리의 양분 흡수 기작 중 수분 퍼텐셜에 의한 물의 이동과 함께 영양소가 뿌리 쪽으로 이동하여 공급하는 흡수 기작을 일컫는 용어를 쓰시오.

정답 집단류

해설 집단류(mass flow)
① 수분 퍼텐셜에 의한 물의 이동과 함께 영양소가 뿌리 쪽으로 이동하여 공급
② 식물이 흡수하는 물의 양과 영양소 농도에 의해 흡수량 영향
③ 기후조건과 토양 수분함량에 따라 변화
④ 증산작용이 클수록 증가
⑤ 대부분 영양소의 공급기작

04 식물의 수분 흡수 기작에 있어 수동적 흡수에 대하여 설명하시오.

정답 수동적 흡수
① 증산작용을 왕성하게 하는 모든 식물에서 볼 수 있는 현상
② 증산작용에 의한 수분의 집단유동에 의해 수분흡수
③ 식물이 에너지를 소모 없이 수분흡수

해설 식물의 수분 흡수 기작
1) 수동적 흡수
① 증산작용을 왕성하게 하는 모든 식물에서 볼 수 있는 현상

제2장 재배기술 이해하기

② 증산작용에 의한 수분의 집단유동에 의해 수분흡수
③ 식물이 에너지를 소모 없이 수분흡수

2) 적극적 흡수(능동적 흡수)
① 목본낙엽식물: 낙엽 후 뿌리의 삼투압에 의하여 수분흡수
② 초본식물: 증산작용을 하지 않는 야간에 부리의 무기염을 축적하여 삼투압에 의하여 수분 흡수

05 시설재배지에서 염류가 많이 집적되면 작물에 좋지 않은 영향을 미치게 된다. 이러한 염류장해 3가지를 쓰시오.

정답 ① 토양 염류의 삼투압 증가에 따른 작물의 수분흡수 장해
② 개개 염의 특이적인 생리작용에 의한 과잉 장해
③ 특정염의 농도가 높아지면 다른 염의 흡수를 억제하는 길항 관계에 있는 생리장해

해설 염류장해
① 염류집적의 원인: 시설재배지에서 염류가 많이 집적되는 원인으로 다비재배, 강우 차단, 특수 환경 등이 있다.
② 토양 염류집적을 적게 관리: 합리적인 시비관리의 기본 원칙은 작물 재배에 있어서 천연 공급만으로 부족한 양분을 비료로 공급하는 것으로 토양 중에 과잉의 비료 성분이 남지 않도록 하는 것이다.

참고 염의 의미
① 염-염은 산과 염기가 반응을 일으킬 때 물과 함께 생성되는 물질로서 산의 음이온과 염기의 양이온으로 만들어지는 화합물을 말하며, 비료로 사용되는 황산 칼리는 황산(산)과 칼리(염기)가 결합한 염이고, 대부분 화학비료는 염으로 되어 있다.
② 염기는 전기적으로 양성을 나타내는 K, Ca, Mg, Na, Fe, Zn, Mn 등의 금속원소이고, 산은 전기적 음성을 띠는 질산, 황산, 및 염소 이온 등이 있다.
③ 염은 작물생육에 꼭 필요로 하는 영양소이다. 그러나 이들 염류가 토양 중에 적정 수준 이상으로 존재할 때 염류집적이라 말하며, 염류집적으로 작물의 생육이 불량하게 되고 수량과 품질이 낮아지는 생육장해를 염류장해라 한다.
④ 토양의 염류농도는 풍건 토양 1에 대하여 5배 양의 증류수를 가하여 침출되는 염류 이온의 농도를 전기전도계로 측정하여 표시한다.

🌱 **일액현상**
근압을 해소하기 위하여 잎의 엽맥 끝부분에 있는 구멍, 즉 배수조직을 통하여 수분이 밖으로 나와서 물방울이 맺히는 현상이다.

🌱 **일비현상**
식물체의 줄기를 자르거나 줄기의 도관부(물관)에 상처를 주면 밖으로 식물체의 물이 다량으로 나오는 것으로 일비현상은 능동적 흡수인 근압이 생겨야 하므로 환경조건 및 식물의 활력과 관계가 많다.

🌱 **근압**
삼투압에 의하여 흡수된 수분에 의해 발생된 뿌리 내의 압력이다.

🌱 **전기전도도(EC)**
토양 중에 이온화된 비료량(염류량)을 표시하기 위해 사용하는 단위로 용액의 전도도는 용액에 존재하는 이온의 농도에 비례한다.
1dS/m = 1mS/cm 또는 mmho/cm

06 시설 내 토양에는 작물이 필요로 하는 양만큼의 물을 표층 토양에만 관개하게 되므로 염류가 땅속으로 용탈되는 양이 매우 적어 표층의 염류집적이 더욱 높아진다. 이러한 염류집적을 제염하는 방법 3가지를 쓰시오.

정답
① 관수 및 담수에 의한 제염
② 제염 작물에 의한 제염
③ 객토, 심토의 반전 등에 의한 농도 감소

해설) 제염기술
① 관수 및 담수에 의한 제염: 토양에 축적된 염류를 물로 씻어내는 방법으로 200~300mm의 관수량이 필요하다. 투수성이 양호한 토양 조건 암거배수 설비를 갖춘 곳에서 처리 효과가 가장 높다. 그러나 처리가 충분하게 안 될 경우에는 하층에 남은 염류가 모세관 상승에 따라서 다시 표층에 집적하거나 용해도가 낮은 황산석($CaSO_4$), 황산이온이 작토 중에 잔존하게 되며, 제염된 염분이 지하수나 하천으로 유출되는 문제가 있다.
② 제염 작물에 의한 제염: 제염 작물에 의한 제염은 흡비력이 강한 옥수수와 같은 화본과 작물을 시설재배의 휴한기를 이용하여 단기간 재배하는 방법이다.
③ 미분해성 유기물에 의한 농도 감소: 분해가 덜된 볏짚과 같은 유기물을 사용하면 토양 중의 무기태 질소가 유기화 되어 무기태 질소 특히 염류농도와 관계가 깊은 질산태 질소의 함량을 현저히 감소시켜 토양의 염류 농도를 감소시킨다. 미숙 유기물을 사용할 때 암모니아 가스의 발생 등에 의한 작물 피해가 있으므로 사용 시기 및 사용량 등에 유의하여야 한다.
④ 객토, 심토의 반전 등에 의한 농도 감소: 토양의 염류는 표층에 많이 집적되어 있고 아래층에는 적게 집적되어 있다. 따라서 표층의 흙을 새 흙으로 바꾸거나 아래층의 흙을 위로 올리는 심토반전, 새 흙을 표토의 흙과 혼합하는 객토 등의 방법이 있지만 새 흙이 혼입될 때는 작토의 비옥도가 낮아지므로 비료 사용량을 늘려야 한다.

참고) 염류집적을 막기 위한 시비 방법
① 토양 양분 함량을 고려한 균형시비
② 유기물 사용: 유기물 자재의 사용은 토양 구조, 통기성, 보수성, 양분 공급 능력 및 완충능 등의 토양이화학성에 영향을 미쳐 지력을 개선하는 데 도움을 주며, 토양 유용 미생물의 활성을 높이고 토양 병원균의 활성을 억제하여 토양 전염병 병해를 억제하는 기능이 있다. 유기물을 사용할 때 토양의 조건, 유기물의 종류 등을 고려하여야 한다.
③ 가축퇴비 사용량에 따른 화학비료의 조절 시비: 가축분 퇴비를 종래의 볏짚 퇴비로 인식하고 다다익선으로 사용하는 것은 대단히 위험한 농법이다. 가축분에는 질소, 인산, 칼리 등의 비료 성분이 상당히 함유되어 있다.

6 토양과 작물

1 질소 고정균

01 질소를 고정하는 미생물에는 기주와 관계없이 독립적으로 질소를 고정하는 (①)균과 기주식물과 공생하면서 질소를 고정하는 (②)균이 있다. 괄호 안에 알맞은 균을 쓰시오.

정답 ① 단생질소고정균 ② 공생질소고정균

해설 질소 고정균
① 단생질소고정균: 단생질소고정균으로 잘 알려진 Azotobacter는 타급영양의 호기성 세균이다.
② 공생질소고정균
- 콩과식물과 공생하는 공생질소고정균은 Rhizobium과 Bradyrhizobium이 대표적이다.
- 이들 균은 근류(뿌리혹)를 형성하기 때문에 보통 근류균(뿌리혹박테리아)이라고 부른다.
③ 생물학적 질소고정

$$N_2 + 6e^- + 6H^+ \rightarrow 2NH_3$$

광합성세균인 cyanobacteria는 수생생물로서 논토양에서 질소를 고정하는 중요한 질소공급원이다.

02 질소환원효소의 구성성분으로 질소를 고정하는 콩과식물에 필요한 원소 2가지를 쓰시오.

정답 ① Mo ② Co

해설 ① Mo: 니트로게나이제의 보조인자로 작용
② Co: 레그헤모글로빈의 생합성에 필요

03 다음의 질소순환에 관여하는 균을 쓰시오.

유기 N → NH_4^+ (①) → NO_2^- (②) → NO_3^- (③) → 식물체 흡수

정답 ① 암모니아생성균
② 아질산균
③ 질산균

해설 질소순환에 관여하는 균

유기 N → NH_4^+(암모니아화성균) → NO_2^-(아질산균) → NO_3^-(질산균) → 식물체 흡수

1) 암모니아화성균(암모니아생성균)
   ① 유기물의 분해에 의한 암모니아(NH_3)의 생성은 미생물이 분비하는 분해효소에 의해 이루어진다.
   ② 유기물로부터 암모니아를 생성하는 미생물에는 세균, 방선균, 사상균 등이 있으며 이런 미생물들은 단백질분해효소를 분비한다.

2) 질산화 작용
   ① 질산화균은 전형적인 자급영양세균으로 암모니아를 산화하여 에너지를 얻는다.
   ② 첫 번째 단계에 관여하는 세균을 아질산균(암모니아산화균)이라고 하는데, Nitrosomonas, Nitrosococcus, Nitrosospra 등이 이에 속한다.
   ③ 두 번째 단계에 관여하는 세균을 질산균(아질산산화균)이라고 하는데, Ntrobacter, Nitrocystis 등이 이에 속한다.
   - NH_4^+에서 NO_2^-로 가는 1단계 과정에 관여하는 미생물은 Nitrosomonas, Nitrosolobus, Nitrosovibrio, Nitrosospira, Nitrosococcus 등 5가지가 있다.
   - NO_2^-에서 NO_3^-로 가는 2단계 과정에 관여하는 미생물은 Nitrobacter가 있다.

🌱 암모니아화성균

단백질 → amino acid → ammonia → ammonium

$RCHNH_2COOH + ½O + H^+$
$→ RCOCOOH + NH_3 → NH_4^+$

유기물 → 암모늄태(NH_4^+) —+산소→ 아질산태(NO_2^-) —+산소→ 질산태(NO_3^-)
비료 ↗

04 시설 내의 유해가스 중 주로 토양으로부터 방출되는 가스 3가지를 쓰시오.

정답
① 암모니아 가스
② 아질산 가스
③ 질산 가스

해설 토양 중 유기물이 분해되면서 발생
암모니아 가스, 아질산 가스, 질산 가스

제2장 재배기술 이해하기

05 C/N율이 116 : 1인 밀짚을 토양에 넣었을 때 토양에서 일어날 수 있는 현상을 쓰시오.

정답 식물과 미생물 사이에 질소경합이 일어난다(질소고정화).

해설
- C/N율이 30 이상일 때 고정화 반응
- C/N율이 20 ~ 30 사이 고정화 반응=무기화 작용
- C/N율이 20 이하 무기화 우세

🌱 질소기아 현상
토양 중에 있는 질소의 양이 작물의 생육에는 부족하지 않으나, 탄질률(炭窒率: 탄소와 질소의 비율)이 30 이상 높은 유기물을 넣을 때 미생물이 원래 토양 중에 있는 질소를 빼앗아 이용하므로 작물이 일시적으로 질소의 부족 증상을 일으키는 현상을 '질소기아'라고 한다.

② 논 토양의 탈질현상

01 질소화합물이 토양미생물에 의해 다음과 같은 순서로 그 형태가 바뀌는 작용을 일컫는 용어를 쓰시오.

$$NO_3 \rightarrow NO_2^- \rightarrow NH_4^+$$

정답 질산환원작용

해설 **토양미생물의 작용**
1) **유익작용**: 암모니아화성작용, 질산화성작용, 공중 질소의 고정, 균사 등의 점질물에 의한 토양입단의 조성, 질소순환, 탄소순환 등이 있다.
2) **탈질작용**
① 미생물에 의해 질산성 질소가 질소가스(N_2)로 환원되는 작용을 지칭한다.
② 탈질작용은 미생물이 산소가 부족하면 질산(NO_3)에 포함되어 있는 산소를 빼내 이용하므로 질산은 산소를 잃고, 질소가스(N_2)로 환원되어 대기 중으로 방출되는 것이다.
③ 탈질작용에 관여하는 미생물에는 Pseudomonas, Bacillus, Mocrococcus 등이 있다.

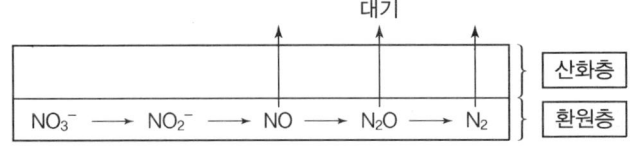

🌱 건토효과(乾土效果, airdrying effect)
- 토양 중 유기태 질소의 무기화를 촉진시키는 현상의 하나로 습지나 장기간 물이 들어있는 토양을 건조시킨 후 담수 보온 처리를 하면 다량의 암모니아가 생성되는 현상을 말한다.
- 이는 미생물 등에 의해 유래되는 단백질태 질소로 추정되고 기존의 유기물 함량이 많을수록 효과가 크다.

02 논 토양의 토층분화에 따른 탈질현상을 설명하시오.

정답 암모니아태 질소를 산화층에 주면 질화균이 질화작용을 일으켜 질산으로 된다. 질산은 토양에 흡착되지 않고 아래의 환원 층으로 씻겨 내려가면 탈질균의 작용으로 환원되어 가스태 질소로 바뀌어 대기 중으로 날아가게 되는데 이를 탈질작용이라고 한다.

해설 논 토양의 토층분화에 따른 탈질현상

1) 토층분화
   ① 표층 수 mm에서 1~2cm 층은 산소가 함유된 수분의 공급에 따라 어느 정도의 산소가 공급되어 산화제이철(Fe^{3+}) 적갈색을 띤 산화층
   ② 작토층은 산소 공급보다 소비가 많고 CO_2 공급이 많아져 산화제일철(Fe^{2+}) 청회색을 띤 환원층
   ③ 심토는 유기물이 극히 적어 산화층을 형성

2) 탈질현상
   암모니아태 질소를 산화층에 주면 질화균이 질화작용을 일으켜 질산으로 된다. 질산은 토양에 흡착되지 않고 아래의 환원층으로 씻겨 내려가면 탈질균의 작용으로 환원되어 가스 태 질소로 바뀌어 대기 중으로 날아가게 되는데 이를 탈질작용이라고 한다.

$$NO_3^- \rightarrow NO_2 \rightarrow N_2, NO$$

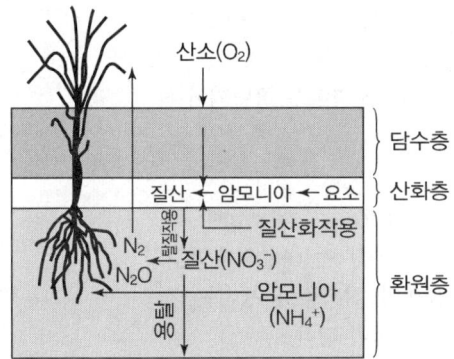

○ 벼 재배 환경

공기(산소)	
물(공기의 투입)	산화층
$NH_4 \rightarrow NO_2 \rightarrow NO_3$ $N_2(NO) \leftarrow NO_3$ 탈질 경로 NH_4 안정	
서상	환원층
심토	

○ 논 토양의 토층분화

제2장 재배기술 이해하기

03 논 토양에서 암모니아태질소를 심층시비하는 목적을 쓰시오.

정답 환원층에 시비하여 질화 작용을 억제하기 위해

해설 **심층시비(深層施肥, deep placement of fertilizer)**
암모니아태질소를 논 토양의 심부 환원 층에 주면 절대적 호기균인 질화균의 작용을 받지 않으며 토양에 잘 흡착되므로 비효가 오래 지속된다. 이와 같이 암모니아태질소를 논 토양의 심부 환원층에 주어서 비효를 증진시키는 목적의 시비법이다.

04 노후화답의 뜻에 대하여 쓰시오.

정답 작토층의 무기성분이 용탈되어 결핍된 논 토양

해설
1) 노후화답의 생성
   ① 뜻: 작토층의 무기성분이 용탈되어 결핍된 논 토양
   ② 생성조건: 토양 모재가 Fe, Mg은 적고 규산(SiO_2)이 많은 산성암(화강암) → 우리나라 토양 투수가 잘 되는 토양으로 podzol화 조건과 같다.
2) 용탈 집적과 추락 현상
   ① 논 토양의 토층분화: 담수로 환원되면 $Fe^{3+} \rightarrow Fe^{2+}$, $Mn^{3+} \rightarrow Mn^{2+}$로 용해도 증가하여 물 따라 하층 이동
   ② 무기성분의 용탈과 집적: 이때 K, Ca, Mg, Si, P, 점토도 용탈되어 심토의 산화층에 집적
   ③ 노후화 현상
      • 배수가 양호한 논: 작토층은 환원되지만 심토층은 산화 상태
      • 환원으로 가용화된 Fe^{2+}, Mn^{2+}가 물의 하강 이동에 의해 산화 상태인 하층에 운반·침전되어 적갈색의 집적층이 생기는 것 → podzol화와 비슷하여 나중에는 노후화답이 된다.

05 벼의 영양생장기에는 건전하게 생장하던 것이 생식생장기에 하엽부터 말라들고 깨시무늬병이 만연하여 수량이 적어지는 현상을 쓰시오.

정답 노후화답의 벼의 추락 현상

(해설) **노후화답에서 벼의 추락 현상**
- 뜻: 벼의 영양생장기에는 건전하게 생장하던 것이 생식생장기에 하엽부터 말라들고 깨시무늬병이 만연하여 수량이 적어지는 현상
- 원인: 고온기 유기물 분해로 H_2S가 발생하여 벼뿌리가 상하여 양분흡수를 저해(즉 벼 생육 후기 양분결핍 때문에 발생한다.) 그러나 철이 많으면 뿌리의 산화철 피막, FeS로 침전되어 해가 없는 현상
- 발생토양: 누수 심하여 양분 보유력이 적은 사력질답, 유기물이 과다한 습답

06 노후화 답의 벼의 추락현상의 원인을 기술하시오.

(정답) 고온기 유기물 분해로 H_2S가 발생하여 벼뿌리가 상하여 양분흡수를 저해(즉 벼 생육후기 양분결핍 때문에 발생, 깨시무늬병)

(해설) **발생토양**
누수 심하여 양분보유력이 적은 사력질답, 유기물이 과다한 습답

07 노후답 토양 개량 대책 4가지를 쓰시오.

(정답)
① 객토
② 심경
③ 함철자재 사용
④ 규산질비료 사용

(해설) **노후답 토양관리**
1) 개량대책
① 객토: 점토와 Fe, Si, Mg, Mn 등 보급 효과(산적토, 해니토)
② 심경: 침전된 철분재 사용(누수가 심한 논은 추락 더 조장 우려)
③ 함철 자재 사용: 퇴비철, 비철토
④ 규산질비료 사용: 규산석회, 규회석은 규산뿐만 아니라 Fe, Mn, Mg도 함유
2) 재배대책
① 저항성 품종 재배: H_2S 저항성 품종, 조·중생종 > 만생종
② 조기재배: 수확 빠르면 추락 덜함
③ 시비법 개선: 무황산근 비료 사용, 추비 중점시비, 엽면시비
④ 재배법 개선: 직파재배(관개 시기 늦출 수 있음), 휴립 재배(심층시비 효과, 통기 조장), 답전윤환(지력 증진)

제2장 재배기술 이해하기

08 다음 논 토양의 토층분화에 따른 산화·환원층을 쓰시오.

토층 구부	산화·환원
표층	①
작토층	②
심토	③

정답 ① 산화층 ② 환원층 ③ 산화층

09 봄과 여름철에 지온이 높을 때 토양이 과습하면 직접 피해뿐만 아니라, 토양미생물의 활동으로 환원성 유해물질이 생성되어 피해가 커진다. CO_2의 환원형을 쓰시오.

정답 CH_4

해설 **산화 환원**
토양 중의 산화환원전위가 낮아져 환원 상태가 되면 식물영양원소의 어떤 것은 용해도가 증가 되므로 작물생육에 좋은 영향을 끼친다. 그 예로 논토양 중의 인산은 무기철의 형태로 들어 있으며 환원으로 말미암아 그 용해도가 증가하므로 이용률이 높다. 그러나 환원 상태가 심히 발달한 경우에는 여러 가지 유해물질이 생성되어 작물의 생육을 저해할 때가 많다.

구분	탄소 (C)	질소	황	철	망간
산화형(밭)	CO_2	NO_3^-	SO_4^{2-}	Fe^{3+}	Mn^{4+}
환원형(논)	CH_4 CH_3COOH	NH_4^+ N_2	H_2S S	Fe^{2+}	Mn^{2+}

③ 산화 환원과 토양의 산성화

01 토양이 산성화되면 작물에 이롭지 않다. 토양 산성화의 원인 3가지를 적으시오.

정답 ① 토양 중의 Ca^{2+}, Mg^{2+}, K^+ 등의 치환성 염기의 용탈
② 토양 중의 탄산, 유기산은 그 자체가 산성화의 원인
③ 토양 중의 질소나 황이 산화되면 질산 또는 황산으로 됨에 따라 토양 산성화

해설 토양 산성화의 원인

① 토양 중의 Ca^{2+}, Mg^{2+}, K^+ 등의 치환성 염기의 용탈

$$(colloid)\ H^+ + KCl \leftrightarrow (colloid)\ K^+ + HCl(H^+ + Cl^-)$$

② 토양 중의 탄산, 유기산은 그 자체가 산성화의 원인

$$H_2CO_3 \leftrightarrow CO_3^{2-} + 2H^+$$

③ 토양 중의 질소나 황이 산화되면 질산 또는 황산으로 됨에 따라 토양 산성화
④ 토양 중의 토양염기가 줄어들면 토양 중의 Al^{3+}이 용출되고 물과 만나면 다량의 H^+ 생성
⑤ 산성비료 등을 연용하면 토양이 산성화 등
　◎ 암모늄비료의 질산화 작용에 의한 H^+ 생성

$$NH_4^+ + 2O_2 \rightarrow NO_3^- + H_2O + H^+$$

02 토양이 산성화되면 작물에 이롭지 않다. 토양 산성화에 따른 해작용(害作用) 3가지를 기술하시오.

정답 ① 과다한 수소이온(H^+) 그 자체로 식물체의 양분흡수와 생리작용을 방해
② 강산성이 되면 P, Ca, Mg, B, Mo 등의 가급도가 감소되어 작물생육에 불리하고 Al, Cu, Zn, Mn 등은 용해도가 증대하여 그 독성 때문에 작물생육이 저해된다.
③ 강산성, 강알카리는 점토와 부식을 분산하여 토양 입단의 생성을 방해한다.

03 토양 중의 작물양분의 가급도는 토양의 pH에 따라 크게 다르다. 산성토양에서 가급도가 감소하는 원소 5가지를 적으시오.

정답 ① P　② Ca　③ Mg　④ B　⑤ Mo

04 토양의 산성에는 두 가지가 있다. 괄호 안에 알맞은 용어를 쓰시오.

토양 용액에 들어있는 H^+에 따른 것을 (①)이라 하고, 토양교질물질에 흡착된 H^+과 Al 이온에 따라 나타나는 것을 (②) 또는 치환산성이라고 한다.

정답 ① 활산성　② 잠산성

제2장 재배기술 이해하기

해설 토양반응과 산성토양의 종류
- 토양반응(pH)은 수소이온(H^+)과 수산이온(OH^-)의 비율에 의해 결정되며 pH7이 중성이다.
- 산성 토양의 종류에는 활산성과 잠산성이 있는데 활산성은 수소이온에 기인하는 산성이고, 잠산성은 염화칼슘과 같은 중성염을 가해주면 더 많은 수소이온이 용출되는데 이에 기인하는 산성이다.

05 산성 토양을 개량하기 위한 석회 요구량을 설명하시오.

정답 석회 요구량
① 산성 토양 또는 활성 Al에 의한 산성 피해가 우려되는 토양의 pH를 일정 수준으로 중화시키는 데 필요한 석회 물질의 양을 $CaCO_3$ 값으로 나타낸 값
② 산성 토양 개량(석회 요구량): 석회 물질
- 산화물의 형태 CaO, MgO
- 수산화물 형태 $Ca(OH)_2$, $Mg(OH)_2$
- 탄산염 형태 $CaCO_3$, $MgCO_3$, $CaMg(CO_3)_2$

④ 토양 유기물

01 토양 유기물의 기능에 대해 5가지를 쓰시오.

정답
① 암석의 분해 촉진 ② 양분의 공급
③ 생장촉진물질의 생성 ④ 미생물의 번식 촉진
⑤ 입단의 형성

해설 토양 유기물
1) 미생물의 작물에 유익한 활동
① 유기물 분해: 유기태 질소화합물을 무기태 질소로 변환
② 유리질소 고정: 대기의 질소를 고정하여 숙주 식물에 질소를 공급
③ 질산화 작용: 암모니아를 질산으로 변하게 하여 밭작물에 이롭게 한다.
④ 무기물(무기성분)의 산화
⑤ 무기물 유실 경감
⑥ 입단형성: 균주들의 점질 물질은 토양의 입단을 형성
⑦ 길항작용: 미생물 간의 길항작용은 물질의 유해작용을 경감
⑧ 생장촉진물질: 호르몬성의 생장촉진물질을 분비
⑨ 근권 형성: 뿌리의 양분흡수를 촉진하고 뿌리의 신장 생장을 억제하며 뿌리의 효소 활성을 높임

⑩ 균근의 형성: 뿌리에 사상균 등이 착생하여 특수형태를 형성하게 되면 식물은 물과 양분의 흡수가 용이하고 뿌리의 유효표면이 확장되며 내염성, 내건성, 내병성 등이 강해짐

2) 토양 유기물의 기능
① 암석의 분해 촉진
② 양분의 공급
③ 생장촉진물질의 생성
④ 미생물의 번식 촉진
⑤ 입단의 형성
⑥ 보수, 보비력 증대
⑦ 완충능의 증대
⑧ 지온의 상승
⑨ 토양 보호

02 토양 유기물이 변하여 형성된 화학적으로 안정한 고분자량의 물질을 무엇이라 하는가?

정답 부식

해설 **부식의 의미**
- 토양 유기물이 변하여 형성된 화학적으로 안정한 고분자량의 물질이다.
- 부식은 탄질비(C/N)가 10 내외의 유기물로 생물학적 분해에 대한 저항성이 크고 점토와 결합되어 있기 때문에 이를 물리적 방법으로 분리할 수 없다.
- 탄수화물과 지질, 지방산, 왁스, 리그닌, 유기산, 아미노산, 탄닌과 같은 중간 유기물질로 구성된 미숙한 부식과 유기물의 콜로이드 부분을 형성하는 안정한 부식이 있다.
- 안정한 부식은 식물 유기물로부터 미생물적, 화학적 합성에 의해 생성된다.

03 부식의 기능 중 장점 3가지를 쓰시오.

정답 ① 양이온 교환 용량이 크다.
② 식물생장촉진물질을 제공
③ 토양의 물리적 성질을 개선

해설 **부식**
- 부식은 토양 유기물의 약 60 ~ 80%를 차지하며 분자량은 2,000 ~

제2장 재배기술 이해하기

300,000/mol 정도이다. 페놀이나 퀴논과 같은 방향성의 고리형 구조를 가지고 있으며, 이러한 유기구조단위는 양이온이나 음이온과 결합할 수 있는 전하를 띠는 부위를 제공한다.
- 부식의 표면 음전하는 주로 카르복실기, 페놀기와 같은 작용기로부터 유래하며, 그 크기는 pH에 영향을 받는다.
- 부식의 양이온 교환용량은 점토보다 훨씬 큰 150~300 cmol/kg이다.
- 부식은 비타민, 아미노산, 옥신, 지베렐린 등과 같은 여러 종류의 식물 생장촉진물질을 제공하기 때문에 고등식물과 토양미생물의 성장을 촉진한다.
- 부식은 작물생산에 필요한 주요 다량원소(K, Ca, Mg) 및 미량원소(Fe, Zn)의 주요 공급원이며, 토양 입자의 입단화 및 안정성 증가, 수분보유 능력 증가 등과 같은 토양의 물리적 성질을 개선하는 데 중요한 역할을 한다.

04 다음 문장에서 설명하는 내용 중 괄호에 알맞은 물질을 보기에서 골라 적으시오.

―○ 보기 ○―
㉠ 폴브산   ㉡ 부식산(humic acid)   ㉢ 휴민

> 토양 부식물은 일정 용매에 대한 용해성에 따라 구별하게 된다. 흔히 사용되는 계통적 구별 방법은 먼저 묽은 알카리액에 대한 용해성에 따라 불용성인 (①)과/이 가용성 부분으로 나눈다. 가용성 부분은 산 가용성인 (②)과/이 응고물인 (③)으로/로 나뉜다.

정답 ① ㉢ 휴민
② ㉠ 폴브산
③ ㉡ 부식산(humic acid)

해설 **토양 부식물**
- 부식의 무기화는 습윤 온대지역에서 매우 느리게 일어나며 열대지역에서는 빠르게 일어난다.
- 토양 부식물은 일정 용매에 대한 용해성에 따라 구별하게 된다. 흔히 사용되는 계통적 구별 방법은 먼저 묽은 알카리액에 대한 용해성에 따라 불용성인 휴민과 가용성 부분으로 나눈다.
- 가용성 부분은 산 가용성인 폴브산과 응고물인 부식산(humic acid)으로 나뉜다.

05 토양유기물 부식의 물리적 효과에 대해 3가지를 쓰시오.

정답 ① 입단화 증진
② 용적 밀도 감소
③ 토양 공극 증가

해설 부식의 물리적 효과
① 입단화 증진
② 용적 밀도 감소
③ 토양공극 증가
④ 토양의 통기성과 배수성 향상
⑤ 보수력 증가
⑥ 지온상승(부식의 검은색)

06 토양유기물 부식의 화학적 효과에 대해 3가지를 쓰시오.

정답 ① 무기양분의 공급 ② 생리활성작용
③ 무기이온의 유효조절 ④ 양이온치환능
⑤ 완충능

해설 1) 부식의 화학적 효과
① 무기양분의 공급: 서서히 분해되어 N, P, K, Ca, Mg, Mn, B 등의 다량 및 미량원소 방출
② 생리활성작용: 부식물질의 주성분인 페놀성 카르복실산(carboxylic acid) 대사조절작용
③ 무기이온의 유효조절: 부식의 킬레이트화합물의 Al의 유해작용을 억제하고, 인산의 비효를 높이고, 미량요소를 가용화시킴
④ 양이온치환능: CEC가 점토보다 수 배~수십 배 큼
⑤ 완충능: 다수의 약산기를 가지고 있어 완충능이 강해짐
2) 부식의 생물적 효과
① 미생물 활성 증가
② 생육제한인자 또는 식물성장촉진제 공급

07 화학비료를 대체하고 비용을 절감하기 위해 식물의 잎과 줄기 등을 비료로 이용하는 작물을 무엇이라 하는가?

정답 녹비작물

제2장 재배기술 이해하기

[해설] 1) **녹비작물의 의미**
녹비작물은 화학 비료를 대체하고 비용을 절감하기 위해 식물의 잎과 줄기 등을 비료로 이용하는 작물로, 퇴비와 함께 농가 자급비료의 중요한 자원으로 사용되고 있다. 녹비작물은 양분공급 효과가 크고 땅심을 높여주기 때문에 화학 비료를 대체할 수 있어 친환경 농업을 위해서는 필수작물로 인정받고 있다.

2) **녹비작물의 종류**
녹비작물은 일반적으로 두과녹비작물과 화본과 녹비작물로 나뉘는데, 양분공급 효과를 위해 사용되는 녹비작물은 대부분 두과녹비작물을 이용하고 있다.
① 두과작물은 뿌리혹박테리아가 있어 공기 중 질소를 고정하는 능력이 매우 뛰어나 녹비작물로 많이 이용되고 있으며 헤어리베치, 자운영, 클로버 등이 이에 속한다.
② 화본과 녹비작물에는 귀리, 보리, 옥수수 등이 있고, 야생 녹비로는 산야초가 있다(토양물리성 개선).

🌱 녹비작물 재배 조건
1) 녹비작물 자체만으로는 농가의 소득원이 될 수 없기 때문에 다른 작물과 작부 조합을 잘 이용해야 하며, 다음과 같은 조건을 갖춰야 녹비작물로서 가치가 높다.
 ① 생육이 왕성하고 재배가 쉬워야 함
 ② 심토의 양분을 이용할 수 있는 심근성(深根性) 작물
 ③ 비료성분의 함유량이 높으며 유리질소의 고정력이 강해야 함
 ④ 줄기와 잎이 유연해 토양 속에서 분해가 빠름
 ⑤ 화학비료를 사용하지 않아도 재배되는 식물이어야 함
2) 이러한 두과녹비작물로 헤어리베치, 자운영, 클로버, 알팔파, 풋베기콩, 풋베기완두, 루핀 등이 재배되고 있다.

이 밖에 호밀, 보리, 귀리, 옥수수, 수단그라스, 유채, 메밀 등도 녹비로 이용되고 있다.

7 관개와 배수

01 논에서 관개의 효과에 대하여 기술하시오.

[정답] ① 관개수에 의해 공급되는 영양물질: 질소, 칼륨, 석회, 규산, 마그네슘
② 관개와 담수를 하여 토양이 부드러워지면 이앙·중경제초 등의 작업이 용이해서 작업능률이 향상됨

[해설] 관개의 효과 – 논에서의 효과
- 관개수에 의해 공급되는 영양물질 – 질소, 칼륨, 석회, 규산, 마그네슘
- 관개와 담수를 하여 토양이 부드러워지면 이앙·중경제초 등의 작업이 용이해서 작업능률이 향상되고, 수량과 품질이 향상된다.
- 관개는 혹서기에는 지온을 낮출 수 있고 냉온기에는 지온을 높일 수 있다.

02 다음에서 수도의 이론상 용수량의 계산식을 완성하시오.

용수량 = (엽면증발량 + ① + ②) − 유효강우량

[정답] ① 수면증발량
② 지하침투량

해설) 수도의 용수량 및 관개법
① 용수량: 재배 기간 중 관개에 소비되는 수분의 총량
② 이론상 용수량의 계산

> 용수량=(엽면증발량+수면증발량+지하침투량)−유효강우량

- 엽면증발량: 같은 기간의 증발계 증발량의 1.2배 정도
- 수면증발량: 증발계 증발량과 거의 비슷
- 지하침투량: 토성에 따라 크게 다르며 201～830mm, 평균 536mm 정도
- 유효강수량: 관개수에 더해지는 우량이며, 강우량의 75% 정도

03 관개 방법 중 지표관개는 지표면에 물을 흘러대는 방법이다. 전면관개에 해당하는 방법 3가지를 쓰시오.

정답) ① 전면관개 ② 보더관개 ③ 수반법

해설) 관개 방법
1) **지표관개**: 지표면에 물을 흘러 대는 방법이다.
    ① 전면관개: 지표면 전면에 물을 흘러 대는 방법이다.
        - 일류관개: 등고선을 따라 수로를 내고, 임의의 장소로부터 월류하도록 하는 방법이다.
        - 보더관개: 완경사의 포장을 알맞게 구획하고, 상단의 수로로부터 전체표면에 물을 흘려 펼쳐서 대는 방법이다.
        - 수반법: 포장을 수평으로 구획하여 관개하는 방법이다.
    ② 고랑관개: 포장에 이랑을 세우고, 이랑 사이에 물을 흐르게 하는 방법이다.
2) **살수관개**
    ① 다공관 관개: 파이프에 직접 작은 구멍을 내어 살수하는 방법이다.
    ② 스프링클러 관개
    ③ 물방울 관개

04 관개 방법 중 지하관개는 지하에 물을 흘러 대는 방법이다. 지하관개에 해당하는 방법 3가지를 쓰시오.

정답) ① 개거법 ② 암거법 ③ 압입법

해설) 지하관개
① 개거법: 개방된 토수로 투수하여 이것이 침투해서 모관 상승을 통하여 근권에 공급되게 하는 방법이다. 지하수위가 낮지 않은 사질토 지대에서 이용된다.
② 암거법: 지하에 토관. 목관. 콘크리트. 플라스틱관 등을 배치하여 통수하고, 간극으로부터 스며 오르게 하는 방법이다.
③ 압입법: 뿌리가 깊은 과수 주변에 구멍을 뚫고, 물을 주입하거나 기계적으로 압입하는 방법이다.

제2장 재배기술 이해하기

05 다음을 읽고 대표적인 지표 배수 2가지를 쓰시오.

> 농경지의 지하수위가 높으면 토양이 과습하여 농작업의 지장, 작물생육 저해를 초래하고 용출수에 의해 근군역의 지온저하 등의 원인이 되므로 지하수위가 높은 포장에서는 지하수위를 저하시켜야 한다.

정답 ① 개거 배수   ② 명거 배수

해설 배수

농경지의 지하수위가 높으면 토양이 과습하여 농작업의 지장, 작물생육 저해를 초래하고 용출수에 의해 근군역의 지온저하 등의 원인이 되므로 지하수위가 높은 포장에서는 암거 배수 시설 설치로 지하수위를 저하시켜야 한다.

1) 배수법
   ① **지표 배수**: 논이나 밭에 도랑을 쳐서 배수하는 방법(개거 배수, 명거 배수)
   ② **지하 배수**: 땅속에 암거를 만들어서 배수하는 것으로 암거의 재료에 따라 분류한다.
   - **관 암거**: 완전 암거라고도 하며, 오지토관, 구워낸 토관, 콘크리트관, PVC 관 등이 이용되며 관의 접합부를 피복재(자갈, 모래, 섶, 왕겨, 볏집 등)로 덮어야 한다.
   - **간이 암거**: 얻기 쉬운 재료를 이용하여 나뭇가지, 대나무, 판자 등이 이용된다.
   - **무재 암거**: 중점토, 이탄지 등에서 보조용으로 만드는 암거이며 천공기를 사용해 통수공을 만든다. 심토파쇄기를 사용하여 작토층 아래 다져진 불투수층을 파괴하여 수직 배수를 도모한다.

🌱 암거 배수 시 유의점
- 습답에 암거 배수시설을 한 당년에는 미숙유기물이 한꺼번에 분해되어 암모니아가 많이 생성됨(건토 효과) → 벼가 과도하게 자라 도복, 병해의 우려(질소질 비료 사용량 줄이기)
- 환원성 황화물이 산화해서 황산 등 많이 생산(토양이 산성화되기 쉬움)

🌱 배수의 효과
- 습해, 수해방지
- 토양의 성질 개선 → 작물의 생육 촉진
- 1모작 논을 2, 3모작 논으로 하여 경지이용도를 높임
- 농작업을 용이하게 하고, 기계화를 촉진

8 식물호르몬

01 다음 보기 중에서 천연 옥신을 모두 고르시오.

─ 보기 ─
① IAA   ② NAA   ③ MCPA
④ PAA   ⑤ IBA   ⑥ 2,4-D
⑦ 2,4,5-T

정답 ① IAA   ④ PAA   ⑤ IBA

해설 옥신
① 천연옥신: IAA, 4-chloro IAA, PAA, IBA
② 합성옥신: NAA, 2,4-D, MCPA, 2,4,5-T

참고 옥신의 생리적 효과
옥신은 줄기의 선단, 어린잎, 수정이 끝난 꽃의 씨방 등에서 생합성되어 체내의 아래쪽으로 이동(극성이동)하며, 주로 세포의 신장촉진 작용을 하며 이때 알맞은 농도가 있으며, 한계농도 이상으로 농도가 높으면 오히려 생장이 억제된다.
① 발근촉진
② 개화촉진
③ 가지의 굴곡유도
④ 정아우세(측아억제)
⑤ 부정근 발달 촉진
⑥ 제초제로 이용

- 줄기 끝에 있는 분열조직에서 합성된 옥신은 끝눈(頂芽)의 생장은 촉진하나 아래로 확산하여 곁눈(側芽)의 발달을 억제하는데 이 현상을 정아우세(頂芽優勢)라고 한다.
- 천연 및 합성된 호르몬성 화학 물질을 총칭하여 식물생장조절 물질 또는 식물생장조절제라고 한다.

02 지베렐린의 생리적 효과 3가지를 쓰시오.

정답 지베렐린의 생리적 효과
① 신장 생장
② 개화 및 결실
③ 종자의 휴면

해설 지베렐린(gibberellin)의 생리적 기능
1) 지베렐린은 줄기, 수정된 씨방, 종자의 배, 어린잎 등에서 생합성(生合成)되어 뿌리, 줄기, 잎, 종자 등의 모든 기관에 널리 분포하며, 특히 미숙종자에 많이 함유되어 있다.
2) 지베렐린은 옥신과 함께 주로 신장 생장을 유도하는데, 옥신과 달리 농도가 높아도 억제 효과가 나타나지 않고 체내이동에 극성이 없으며, 식물체 어느 부분에 공급하더라도 자유로이 이동하여 줄기 신장, 과실 생장, 발아촉진, 개화촉진 등 다면적인 생리작용을 나타낸다.
① 휴면타파와 발아촉진
② 화성 유도 및 개화촉진
③ 경엽의 신장촉진
④ 단위결과 유도(GA3 씨 없는 포도)

생합성(biosynthesis)
생물체 세포의 작용으로 유기 물질을 합성하는 것으로서, 생체 구성 물질과 그 밖의 필요 물질의 합성, 보급, 저장 따위를 포함한다.

03 조직배양 시 옥신과 함께 사용하는 호르몬으로 기관의 분화를 촉진하는 호르몬을 쓰시오.

정답 시이토키닌

제2장 재배기술 이해하기

[해설] 시이토키닌

1) 뿌리 끝에서 생산된 시이토키닌은 물관을 통해 수송되며, 세포의 분열과 분화에 관여하여 여러 가지 생리작용에 관여한다.
   ① 천연 시이토키닌: zeatin, dihydrozeatin, zeatin riboside
   ② 합성 시이토키닌: kinetin
2) 시이토키닌의 생리적 효과
   ① 세포 분열과 기관형성: 조직배양 시 유상조직(callus)의 세포 분열 촉진
     • 시이토키닌의 함량이 높을 때: 유상조직 → 줄기로 분화 → 눈, 잎 형성
     • 옥신의 함량이 높을 때: 유상조직 → 뿌리 형성
   ② 노화 지연

04 식물 호르몬 중 기공 개폐와 관련 있는 호르몬을 쓰시오.

[정답] 에브시식산(ABA)

[해설] 에브시식酸(ABA)의 생리적 효과
① 휴면유도
  • 휴면 상태가 아닌 눈에 ABA 처리: 휴면 상태로 전환
  • 종자 휴면: 휴면 상태 유지
② 탈리 현상 촉진
③ 스트레스 감지: 수분 스트레스 → ABA 함량 증가 → 기공 폐쇄
④ 모체 내 종자 발아 억제

05 식물호르몬 중 기체로서 성숙 호르몬 또는 스트레스 호르몬이라고도 하는 식물호르몬을 쓰시오.

[정답] 에틸렌

[해설]
1) 에틸렌
   ① 2개 탄소가 이중결합으로 연결된 기체
   ② 에틸렌은 기체이므로 처리가 곤란하여 합성 호르몬인 에세폰을 농업적으로 이용
2) 에틸렌의 생리적 효과
   ① 과실의 성숙 촉진
   ② 줄기와 뿌리 생장 억제

• 에틸렌: 잎의 탈리 현상 촉진
• 옥신: 탈리 현상 지연
• ABA: 에틸렌 생성을 유도

생장 억제물질
B-Nine, Phosfon-D, CCC, Amo-1618, MH, Rh-531, BOH 등

06 원자번호가 같고 원자량이 다른 원소들을 동위원소라 하고 방사능을 가진 동위원소를 방사성 동위원소라 한다. 농업적으로 이용되는 원소 3가지를 쓰시오.

정답 ^{14}C, ^{32}P, ^{45}Ca

해설 방사선 동위원소
① 광합성 연구: ^{14}C, $^{11}C^-$
② 작물영양생리의 연구: ^{32}P, ^{45}Ca, ^{42}K, $^{15}N^-$

9 종자·교잡·육묘

01 종자의 중복수정에 대하여 다음 괄호 안을 쓰시오.

> 화분(웅핵) (n) + 난핵(n) → (①)
> 화분(웅핵) (n) + 극핵(2n) → (②)

정답 ① 배(2n)   ② 배유(3n)

해설 1) 중복수정
화분 내에 있던 성핵은 화분 내에서 분열하여 제1, 제2의 2개 웅핵이 된다. 화분관 내의 3개의 핵 중 영양 핵은 소실되며, 제1 웅핵과 난핵은 접하여 배(2n)가 되고, 또 하나의 웅핵은 극핵과 결합해 배유(3n)가 된다. 이와 같이 웅핵이 두 곳에서 수정되는데, 이것을 중복수정이라고 한다.

2) 종자의 생성
(1) 화분(花粉)
화분은 약벽(葯壁)에 있는 화분모세포의 분열에 의하여 생기는데 2회 분열하여 1개의 화분모세포에서 4개의 화분이 생기며 화분 내에는 1개 화분관 세포와 1개의 생식세포가 들어 있다.
(2) 배낭
① 배낭은 배주 내의 배낭모세포의 분열에 의하여 생성되며, 2회 분열하여 4개의 세포를 형성하나 그중 3개는 퇴화하고 1개가 배낭을 형성한다.
② 배낭 내의 핵은 둘로 나누어져 1개는 주공 가까이로 1개는 반대쪽으로 이동하며 각각 2회씩 분열하여 4개의 핵이 되는데 양쪽에서 1개의 핵이 중심으로 이동하여 극핵을 이룬다. 주공 가까이에 있는 3개의 핵 중 1개를 난세포 2개를 조세포라 하고 반대쪽 3개의 세포를 난핵이라 하고 반족세포라고 한다.

제2장 재배기술 이해하기

02 저장 중에 종자가 발아력을 상실하는 원인에 대하여 쓰시오.

정답 원형질단백의 응고, 효소의 활력 저하, 저장 양분의 소모 등이다.

해설 저장 중의 종자가 발아력을 상실하는 이유
① 저장에 의해서 종자가 발아력을 상실하는 것은 종자의 원형질을 구성하는 단백질의 응고에 기인한다.
② 장기간 저장한 종자는 저장 중에 호흡으로 인해 저장물질이 소모된다.

종자의 수명에 영향을 미치는 사항
종자의 수명은 작물의 종류 및 품종에 따라 다르며 또한, 채종지의 환경·종자의 숙도(熟度)·수분함량·수확 및 조제 방법·저장조건 등에 따라서 달라진다. 저장 중의 종자 수명에 영향을 미치는 주요조건은 수분 함량·온도·산소 등이다.

03 종자 저장법 중 발아력 저하 방지 및 휴면타파를 위한 저장법·나무 상자나 나무통에 습기가 있는 모래나 톱밥과 종자를 층을 지어 5℃의 저온 저장고에 보관하는 저장법을 쓰시오.

정답 층적저장

해설 종자저장법
1) **건조저장**: 통상의 저장방법으로서 관계습도 50% 내외, 함수율 13% 이하, 가능한 한 낮게 저장한다.
2) **저온저장**: 종자를 저온상태(섭씨 0 ~ 10도)에서 저장, 장기저장 시에는 0도 이하, 관계습도 30% 내외를 유지한다.
3) **밀폐저장**: 건조 시킨 종자를 밀폐 용기에 넣고 질소가스로 충전하여 함수율 5 ~ 8% 정도를 유지하여 저장하며, 소량의 판매 종자저장에 적합하다.
4) **토중저장**: 적당한 용기에 종자를 넣어 묻어두는 방법과 종자 과숙을 억제하고 여름의 고온, 겨울의 저온을 피하는 저장방법 등이 있다. 습도는 80~90%를 유지하고, 밤, 호두 등의 견과류 저장에 이용한다.
5) **층적저장**: 발아력 저하 방지 및 휴면타파를 위한 저장 방법으로서, 나무 상자나 나무통에 습기가 있는 모래 톱밥과 종자를 층을 지어 5℃의 저온 저장고에 보관한다.

04 성숙한 종자에 적당한 발아 조건을 주어도 일정 기간 발아하지 않는 성질을 종자휴면이라고 한다. 종자휴면의 원인 5가지를 쓰시오.

정답
① 배의 미숙 ② 배휴면
③ 종피의 불투기성 ④ 종피의 기계적 저항
⑤ 발아억제물질

종자의 발아과정
수분흡수 → 저장양분 분해효소 생성과 활성화 → 저장양분의 분해·전류 및 재합성 → 배의 생장 개시 → 과피(종피)의 파열 → 유묘의 출현

해설 종자휴면(seed dormancy)
1) 뜻과 형태
발아 능력을 가진 종자가 외적 환경조건이 생육에 알맞더라도 내적 요인에 의해서 휴면을 하는데 이것을 자발적 휴면(自發的休眠)이라고 하며, 본질적인 휴면이다. 또한, 종자의 외적 조건이 부적당해서 유발되는 휴면을 타발적 휴면(他發的休眠)이라고 한다.
2) 휴면의 원인
① 배의 미숙
② 배 휴면
③ 경실(硬實, hard seed)
④ 종피의 산소 흡수 저해(예 귀리, 보리 등)
⑤ 발아억제물질(예 왕겨, 과육 등)
⑥ 배의 미숙(예 미나리아재비과, 장미과 등)
⑦ 종피의 기계적 저항
⑧ 종피의 불투수성(不透水性)
⑨ 종피의 불투기성(不透氣性)

05 경실종자의 발아촉진 방법 3가지를 쓰시오.

정답 ① 종피파상법(種皮破傷法) ② 진한 황산처리 ③ 진탕처리(振盪處理)

해설 경실종자(硬實種子, hard seed)의 발아촉진법
① 종피파상법(種皮破傷法)   ② 진한 황산처리
③ 온도처리   ④ 진탕처리(振盪處理)
⑤ 질산처리(窒酸處理)

06 품종 퇴화의 종류 3가지를 쓰시오.

정답 ① 유전적 퇴화 ② 생리적 퇴화 ③ 병리적 퇴화

해설 품종의 퇴화
① 유전적 퇴화: 작물의 종류에 따라 다르나 이형유전자형의 분리, 자연교잡, 돌연변이, 이형종자의 기계적 혼입 등이 있다.
② 생리적 퇴화: 재배 환경(토양환경, 기상환경 및 생물환경)과 재배적 조건 등의 불량으로 생리적으로 열세화하여 생산력과 품질의 저하와 그에 따른 우수성이 저하되는 경우이다.
③ 병리적 퇴화: 종자로 전염하는 병해나 바이러스 병 등으로 퇴화하는 것을 말한다.

제2장 재배기술 이해하기

07 우량품종의 퇴화를 방지하는 동시에 특성을 유지하기 위한 방법 4가지를 쓰시오.

정답 ① 영양번식 ② 격리재배 ③ 종자의 저온저장 ④ 종자 갱신

해설 ① 영양번식: 영양번식하면 유전적 원인에 의한 퇴화가 방지된다.
② 격리재배: 격리재배하면 자연교잡이 방지된다.
③ 종자의 저온저장: 새 품종의 종자를 고도로 건조시켜 밀폐 냉장하여 두고 해마다 종자 증식의 기본 식물 종자로 사용한다.
④ 종자 갱신: 체계적으로 퇴화를 방지하면서 채종한 종자를 해마다 보급한다.

08 종자번식의 장점(다섯 가지)을 쓰시오.

정답 종자번식의 장점
① 번식방법이 쉽고 다수의 모를 생산할 수 있다.
② 품종 개량을 목적으로 우량종의 개발이 가능하다.
③ 영양번식과 비교하면 일반적으로 발육이 왕성하고 수명이 길다.
④ 종자의 수송이 용이하며 원거리 이동이 안전하고, 용이하다.
⑤ 육묘 비가 저렴하다.

해설 종자번식의 단점
① 육종된 품종에서는 변이가 일어나며 대부분 좋지 못한 것이 많이 나온다.
② 불임성과 단위 결과성 식물의 번식이 어렵다.
③ 목본류는 개화까지의 시간이 장기간 걸리는 수가 많다.

09 A 품종은 수량, 품질 등이 우수하나 특정 병에 약할 때, 그 병에 강한 B 품종을 찾아내어 A와 B를 교잡한 후, 1대 잡종(F1)을 다시 B 품종에 교잡하는 것을 무엇이라고 하는지 교잡법을 쓰시오.

정답 여교잡법

해설 **여교잡법**

A×B ‥‥‥‥ (A×B)×B

A 품종은 수량, 품질 등이 우수하나 특정 병에 약할 때, 그 병에 강한 B 품종을 찾아내어 A와 B를 교잡한 후, 1대 잡종(F1)을 다시 B 품종에 교잡하는 것으로 육종의 시간과 경비를 절약할 수 있다.

10 잡종강세가 왕성하게 나타나는 1대 잡종(F1)을 품종으로 이용하는 육종법을 (   )이라고 한다. 괄호 안의 알맞은 육종법을 쓰시오.

정답 잡종강세 육종법

해설 잡종강세 육종법
① 단교잡 A×B ·················· F1(종자)
② 복교잡 (A×B)×(C×D) ·············· F1(종자)
③ 잡종강세가 왕성하게 나타나는 1대 잡종(F1)을 품종으로 이용하는 육종법
　　예 옥수수, 토마토, 가지, 수박 등 타가 작물

11 육묘의 목적 3가지를 쓰시오.

정답 ① 직파가 매우 불리할 경우　② 종자절약　③ 조기수확 가능

해설 육묘의 필요성
① 수확 및 출하기를 앞당길 수 있다.
② 품질향상과 수량증대, 집약적인 관리와 보호가 가능하다.
③ 종자를 절약하고 토지이용도를 높일 수 있다.
④ 직파가 불리한 딸기, 고구마 등의 재배에 유리하다.
⑤ 과채류의 조기 수확과 증수, 배추·무 등의 추대를 방지할 수 있다.
⑥ 재해방지
⑦ 노력 절감

육묘의 의미
재배에 있어서 번식용으로 이용되는 어린 식물, 즉 뿌리가 있는 어린 작물을 "모"라고 하며, 초본와 목본묘, 종자로부터 양성된 실생묘, 종자 이외의 식물영양체로부터 분리 양성한 삽목묘·접목묘·취목묘로 구분한다. 종자를 경작지에 직접 뿌리지 않고 이러한 모를 일정 기간 시설 등에서 생육시키는 것을 육묘라고 한다.

12 육묘상에 쓰이는 흙을 상토라 하며 상토의 구비조건 3가지를 쓰시오.

정답 ① 배수가 잘 되어야 한다.
② 공기의 유통이 좋아야 한다.
③ 무병, 무충의 조건이어야 한다.

해설 상토의 구비조건
① 육묘상의 쓰이는 흙을 상토라고 하며, pH6.2 전후가 적당하다.
② 배수가 잘 되고, 부수력이 있으며, 공기의 유통이 좋아야 하고, 부식질을 많이 함유하며, 비옥해야 한다.
③ 유효미생물이 많이 번식하고 있으며 무병, 무충의 조건이어야 한다.

- 흙: 토양전염성 병원균이나 해충 등의 거의 없는 논흙이나 산흙을 많이 사용
- 퇴비: 상토의 통기성과 부소력의 증대를 위해 사용하며 볏짚, 낙엽 등을 완전히 썩혀서 사용
- 모래: 상토의 물리성을 좋게 하기 위해 주로 강모래를 사용

제2장 재배기술 이해하기

13 조직배양의 장점(3가지)을 기술하시오.

정답 ① 병균, 바이러스가 없는 식물 개체를 얻을 수 있다.
② 유전적으로 특이한 새로운 특성을 가진 식물체를 분리해 낼 수 있다.
③ 어떤 일정한 식물체를 단시간 내에 대량으로 번식시킬 수 있다.
④ 좁은 면적에 많은 종류와 품종을 보유할 수 있어 유전자은행 역할을 한다.

해설 **조직배양의 장점**
1) **정의**: 식물의 세포, 조직, 기관 등을 기내의 영양 배지에서 무균적으로 배양하여 완전한 식물체로 재분화시키는 것을 조직배양이라고 한다. 이는 한 번 분화한 식물세포가 정상적인 식물체로 재분화할 수 있는 전체형성능을 지니고 있기 때문이다.
2) **조직배양**: 식물의 일부 조직을 무균적으로 배양하여 조직 자체의 증식 생장, 각종 조직 및 기관의 분화 발달에 의해 완전한 개체를 육성하는 방법이다.
3) **작업 순서**: "작물선정 → 배양방법 및 배지 결정 → 살균 → 치상 → 배양 → 경화 → 이식" 순서이다.

🌱 조직배양 시 유상조직(callus)의 세포 분열 촉진
① 사이토키닌의 함량이 높을 때: 유상조직 → 줄기로 분화 → 눈, 잎 형성
② 옥신의 함량이 높을 때: 유상조직 → 뿌리 형성

🌱 세포융합
식물세포벽을 융해시켜 얻은 원형질체에 PEG(polyethylene giycol) 처리나 전기적 충격을 가하여 세포를 융합시킨다. 세포융합은 통상 교배가 불가능한 원연종간의 잡종을 만들거나 세포질에 존재하는 유전자를 도입하는 수단으로 이용되고 있다.

10 수목 생리

01 수목의 측생분열조직에 대하여 설명하시오.

정답 식물의 부피 성장을 담당하는 중요한 조직으로 측생분열조직은 줄기와 뿌리의 부피를 증가시키는 역할을 하며, 식물의 구조적 지지를 강화

해설 **수목의 조직**
1) **살아있는 조직(세포)**: 유조직, 후각조직, 체관부의 양분운반 세포
2) **죽어있는 조직(세포)**: 후막(후벽세포)
3) **분열조직**
① **정단분열조직**: 줄기, 가지, 뿌리의 끝에 존재, 수목의 길이 생장에 관여
② **측생분열조직**: 식물의 부피 성장을 담당하는 중요한 조직으로 측생분열조직은 줄기와 뿌리의 부피를 증가시키는 역할을 하며, 식물의 구조적 지지를 강화

02 다음 보기 중에서 교목성 수종을 모두 고르시오.

┌─ 보기 ─────────────────────────┐
│ ① 소나무   ② 반송   │
│ ③ 진달래   ④ 느티나무   │
└───────────────────────────────┘

정답 ① 소나무   ④ 느티나무

해설 ① 교목성: 지면으로부터 하나의 원줄기가 올라와 가지와의 구분이 뚜렷하고 키가 크게 자라는 특성이 있다.
　　예 대표적인 교목성 나무: 소나무, 느티나무, 목련 등
② 관목(灌木): 키가 작고 원줄기와 가지의 구별이 분명하지 않으며 밑동에서 가지를 많이 치는 나무를 뜻한다.
　　예 대표적인 관목성 나무: 개나리, 진달래, 장미, 반송 등

03 수목의 종류에 따라 당년에 자랄 모든 줄기의 원기가 전년도 동아에 형성하는 고정생장형 나무를 보기에서 모두 고르시오.

┌─ 보기 ─────────────────────────┐
│ ① 소나무   ② 은행나무   │
│ ③ 자작나무   ④ 참나무   │
└───────────────────────────────┘

정답 ① 소나무   ④ 참나무

해설 **수목의 생장**
1) 생장의 종류
　① 유한생장: 정아가 줄기의 생장을 조절(대부분 1년에 1마디)
　② 무한생장: 정아가 죽고 측아가 정아 역할을 하며 이듬해 다시 줄기로 성장하며, 가지 끝에 죽은 흔적이 남음
2) 줄기(수고) 생장형
　① 고정생장: 당년에 자랄 모든 줄기의 원기가 전년도 동아에 형성
　　예 가문비나무, 소나무, 잣나무, 참나무 등
　② 자유생장: 동아의 원기가 자라서 춘엽이 되고 곧이어 새로운 원기가 하엽 생산(이엽지가 공존)
　　예 은행나무, 자작나무, 포플러 등

제2장 재배기술 이해하기

제2장 재배기술 이해하기

04 다음 보기에서 내한성이 강한 수종을 모두 고르시오.

─○보기○─
① 자작나무 ② 배롱나무
③ 소나무   ④ 사시나무

정답 ① 자작나무
③ 소나무
④ 사시나무

해설 1) **내한성이 강한 수종**: 한대림에서 자라는 수종으로서 자작나무, 오리나무, 사시나무, 버드나무류, 소나무, 잣나무, 전나무 등이 있다.
2) **내한성이 약한 수종**: 삼나무, 편백, 해송, 금송, 히말라야시다, 배롱나무, 파라칸사 등 주 로 남부 지역에서 자라는 수종과 자목련, 사철나무, 가이즈까향나무, 능소화, 벽오동, 오동나무 등이 있다.

05 다음의 보기 중에서 충분한 광선 조건이 충족되어야 생장을 잘하는 양수를 모두 고르시오.

─○보기○─
① 후박나무 ② 소나무   ③ 은행나무
④ 느티나무 ⑤ 전나무

정답 ② 소나무
③ 은행나무
④ 느티나무

해설 1) **양수**: 충분한 광선 조건이 충족되어야 좋은 생장을 하는 수종을 양수라고 한다.
① 양수는 잎의 폭이 좁고 미세한 털이 있어 체내의 수분 증발을 억제하거나 해충으로부터 잎을 보호할 수 있다.
② 소나무, 측백나무, 향나무, 은행나무, 철쭉류, 느티나무, 백목련, 개나리 등이 있다.
2) **음수**: 내음성은 부족한 광량에서도 죽지 않고 생존할 수 있는 저항성을 말하며 내음성이 강해 약한 광선 조건에서도 자랄 수 있는 수종을 음수라고 한다.
① 대체적으로 색깔이 짙고 두께가 얇으며 줄기는 길게 뻗는 수종이다.
② 비자나무, 독일가문비, 전나무, 가시나무, 후박나무 등이 있다.

06 목본식물은 건중량의 75% 이상이 탄수화물로 구성되어 있다. 수목에서 탄수화물의 역할 5가지를 쓰시오.

정답 ① 세포벽의 주요 성분
② 에너지를 저장하는 주요 화합물
③ 지방, 단백질 같은 다른 화합물을 형성하기 위한 기본 물질
④ 세포액의 삼투압을 증가시키는 용질
⑤ 호흡 과정에서 산화되어 에너지를 발생시키는 주요 화합물

해설 **탄수화물의 기능**
① 광합성에 의해 처음 만들어진 물질
② 포도당은 호흡 과정에서 산화되어 에너지를 발생시키는 주요 기본 물질
③ 포도당은 지질, 단백질 같은 다른 화합물을 합성하기 위한 기본 물질

07 탄수화물의 종류에 있어 6탄당 단당류 3가지를 쓰시오.

정답 ① 포도당(glucose)
② 과당(fructose)
③ 갈락토스(galactose)

해설 **탄수화물의 종류**
1) 단당류
    ① 5탄당: 리보스(핵산의 구성 물질), 디옥시리보스
    ② 6탄당: 포도당(glucose), 과당(fructose), 갈락토스(galactose)
2) 이당류
    ① 자당: 설탕(sucrose)
    ② 젖당: 락토스(lactose), 유당
    ③ 엿당: 맥아당(麥芽糖), 말토스(maltose)
3) 다당류
    ① 섬유소(cellulose): 세포벽의 주요 구성성분
    ② 전분(starch): 불용성 탄수화물이지만, 효소에 의해 쉽게 포도당으로 분해됨
    ③ 헤미셀룰로우즈: 1차 세포벽에 가장 많이 존재
    ④ 펙틴: 중엽층에서 이웃 세포를 접합시키는 시멘트 역할
    ⑤ 세포벽의 구성성분이며 구성 비율은 2차 벽보다 1차 벽에서 더 많음

설탕(sucrose)
2당류로서 포도당과 과당이 결합된 형태로 사부를 통하여 이동하는 탄수화물의 주성분이다.

제2장 재배기술 이해하기

08 광합성의 1차적 최종산물은 녹말과 설탕(자당)이다. 설탕은 대부분 체관을 통해 필요한 부위로 전류되어 이동된다. 다음은 설탕에 대한 내용으로 괄호 안에 알맞은 단당류를 쓰시오.

> 설탕: 포도당과 (　　)이/은 물 1분자를 잃고 축합된 이당류이다.

정답 과당(fructose)

해설 젖당은 포도당과 갈락토스가 축합되어 만들어진 이당류이고, 사탕수수와 사탕무에 함유된 설탕(sucrose)는 포도당과 과당이 축합되어 만들어진 이당류이다. 엿당은 2분자의 포도당이 축합되어 생성된다.

09 낙엽수의 경우 탄수화물농도가 가장 적은 시기를 쓰시오.

정답 늦은 봄

해설
- 가을 낙엽 시기에 탄수화물농도 최고
- 겨울철 호흡 에너지로 사용되면서 농도 감소
- 봄철 새로운 잎과 가지를 내면서 사용, 늦은 봄 탄수화물농도 최저
- 늦봄부터 가을까지 탄수화물 축적, 탄수화물농도 증가

🌱 탄수화물의 이용
① 세포 분열 조직의 대사 작용 등에 필요한 에너지 공급
② 균근균이나 질소고정 박테리아에게 제공
③ 설탕으로 축적되어 빙점을 낮춰 세포의 동결 예방
④ 봄에 개엽보다 뿌리가 먼저 생장하며 저장된 탄수화물을 이용하기 시작
⑤ 저장 탄수화물을 모두 소모한 늦은 봄(6～7월)의 농도가 가장 낮음

10 균근은 뿌리와 곰팡이가 상호 공생하는 형태이다. 근균의 역할 3가지를 쓰시오.

정답
① 토양 비옥도가 낮을 때 균근을 통해 무기염 흡수
② 한발에 대한 저항성 증가
③ 식물 생장 호르몬 생성

해설 균근의 역할
① 산성 토양에서 암모늄태(NH_4^+) 질소의 흡수에 기여
② 토양 비옥도가 낮거나 인산(P) 함량이 낮을 때에는 균근균을 통해 무기염 흡수
③ 각종 스트레스에 대한 저항성 향상
- 병원균이나 선충 등 병원체 침입 예방(내병성 증가)
- 강산성과 독성 물질에 의한 식물 피해 경감
- 식물생장호르몬 생성
- 한발에 대한 저항성 증가

🌱 균근
① 균근 = 곰팡이 + 뿌리
- 어린 뿌리와 곰팡이 균사체가 상호 공생하는 형태로서 균근은 균과 식물 뿌리의 공생체이다.
- 식물에게 영양물질과 물을 제공하고 숙주 식물로부터 탄수화물을 공급받는 균류 공생 생물체이다.
② 전체 뿌리의 약 5%인 세근만 균근이 형성되며, 균근이 형성된 뿌리는 뿌리 전체 호흡량의 25%를 차지할 정도로 호흡을 많이 한다.
③ 토양 비옥도가 낮을수록 균근이 촉진된다.

11 다음은 균근에 대한 설명이다. 괄호 안에 알맞은 균근류를 쓰시오.

> (   )는/은 일반적으로 뿌리를 둘러싼 균사체가 두꺼운 껍질을 형성하고, 균사체의 일부가 피층 세포 사이로 침투되는 현상을 보인다. 식물체의 피층 세포는 하르티히 망(Hartig Net)이라는 균사의 망에 의해 둘러싸여 있을 뿐 균사에 의해 침투되지 않는다.

정답 외생균근

해설 **균근의 종류**
1) 외생균근(ectrophic mycorrhizal fungi)
    일반적으로 뿌리를 둘러싼 균사체가 두꺼운 껍질을 형성하고, 균사체의 일부가 피층 세포 사이로 침투되는 현상을 보인다. 식물체의 피층 세포는 하르티히 망(hartig net)이라는 균사의 망에 의해 둘러싸여 있을 뿐 균사에 의해 침투되지 않는다. 식물의 근계의 능력은 외부 균사가 존재할 때 크게 개선된다. 외생균근은 나자식물, 목본성 피자식물(被子植物)만을 감염시킨다. 외생균근은 매우 광범위하여 균사의 질량이 뿌리 전체 질량과 비슷한 경우도 생긴다.
2) 내생균근(versiculararbuscular mycorrhizae)
    균사가 표피나 뿌리털을 통해 뿌리에 들어온 다음에 세포 사이로 확장될 뿐만 아니라 피층의 각 세포로 침투한다. 세포 안으로 침투한 균사는 균낭(vesicle)이라는 난형의 구조와 균지(arbuscule)라는 분지 구조를 형성한다. 내생균근은 외생균근과 달리 질량이 뿌리 전체 질량의 10%를 초과하지 않는 게 보통이며 초본성 피자식물과 관련되어 있다. 대표적인 내생균근의 형태는 수지상균근(arbuscular mycorrhiza)이다.

🌱 균근(菌根)
사상균 뿌리라는 뜻으로 사상균과 식물 뿌리와의 공생 관계를 의미한다.

🌱 사상균(絲狀菌)
효모, 곰팡이 및 버섯의 3개 그룹으로 나누지만, 일반적으로 곰팡이를 사상균이라 한다.

🌱 균근균
- 뿌리의 역할로 양분흡수를 돕는다.
- 과도한 양의 염류와 독성 금속이온의 흡수를 억제한다.
- 식물의 수분흡수를 증가시켜 한발(旱魃)에 대한 저항성을 높여주고, 항생물질을 생성하거나 병원성 균과 경합하여 병원균이나 선충으로부터 식물을 보호하기도 한다.

12 눈(bud)을 수목의 가지에서의 위치에 따라 분류하여 쓰시오.

정답 가지에서의 위치에 의한 분류
① 정아: 가지 끝의 중앙에 위치, 주지로 자람
② 측아: 가지의 측면에 위치, 측지로 자람
③ 액아: 대와 잎 사이의 엽액(겨드랑이)에 위치, 동아가 되거나 잠아로 남음

해설 **눈(bud)**
1) 눈(bud)의 정의
    ① 아직 자라지 않은 잎, 가지, 꽃의 원기를 품고 있는 압축된 조직
    ② 가지 끝의 왕성한 세포 분열 조직 - 정단 분열조직(apical meristem)

제2장 재배기술 이해하기

2) 눈의 분류
(1) 함유조직에 의한 분류
① 엽아: 잎과 대로 자라는 눈
② 화아: 꽃으로 자라는 눈
③ 혼합아: 잎과 꽃의 원기를 함께 가진 눈

(2) 가지에서의 위치에 의한 분류
① 정아: 가지 끝의 중앙에 위치, 주지로 자람
② 측아: 가지의 측면에 위치, 측지로 자람
③ 액아: 대와 잎 사이의 엽액(겨드랑이)에 위치, 동아가 되거나 잠아로 남음

(3) 형성시간에 의한 분류
① 잠아: 수피 밑에 묻힌 액아, 나이테가 추가될 때마다 수피 밑까지 따라 나옴, 외부 자극에 의해 맹아지로 자람
② 부정아: 눈이 없는 곳에 유상조직, 조직배양 또는 뿌리 삽목 시 형성되는 눈

(4) 수목 전체에서의 위치에 의한 분류
① 주맹아: 지상부 그루터기의 잠아에서 자라는 눈
② 근맹아: 지하부 뿌리 삽목 시 형성되는 부정아의 일종인 눈

---

13 수목의 전정 목적 및 효과에 대해 5가지를 쓰시오.

정답
① 목적하는 수형을 만든다.
② 해거리를 예방하고, 적과의 노력을 적게 한다.
③ 튼튼한 새 가지로 갱신하여 결과를 좋게 한다.
④ 가지를 적당히 솎아서 수광, 통풍을 좋게 한다.
⑤ 결과 부위의 상승을 막아 보고, 관리를 편리하게 한다.

해설 전정
1) 전정의 목적 및 효과
① 목적하는 수형을 만든다.
② 해거리를 예방하고, 적과의 노력을 적게 한다.
③ 튼튼한 새 가지로 갱신하여 결과를 좋게 한다.
④ 가지를 적당히 솎아서 수광, 통풍을 좋게 한다.
⑤ 결과 부위의 상승을 막아 보고, 관리를 편리하게 한다.
⑥ 병, 해충의 피해부나 잠복처를 제거한다.

2) 전정의 원칙
① 나무의 자연성을 최대한 살린다.
② 간장은 가급적 낮게 하고 분지의 각도는 50~60도로 넓게 한다.
③ 원가지, 덧원가지, 곁가지의 주종관계가 확실하도록 가지는 굵기의 차이를 두고 키운다.

적심(摘心, 순자르기)
원줄기나 원가지의 순을 잘라서 그 생장을 억제하고 곁가지의 발생을 많게 하여 개화ㆍ착과를 조장하는 것으로 과수ㆍ과채류ㆍ두류 등에서 실시되고 있다.

T/R 율(S/R 율)
식물체의 지상부와 지하부(Top & Root)의 무게 비율. 즉 지상부(줄기와 가지) 질량 나누기 지하부(뿌리)의 중량'을 말한다. 식물체는 T/R 율이 1이 되며 생장하려는 성질을 가지고 있다. 때문에 분갈이, 전정 시 항상 T/R 율을 고려하여야 한다.

④ 한 곳에서 여러 개의 원가지가 발생하면 바퀴살가지로 되어 가지가 찢어지기 쉬우므로 원줄기에서 나온 원가지는 서로 간격을 두어야 한다.

14 가지의 무게를 지탱하기 위하여 발달한 가지 밑살로서 화학적 보호층을 가지고 있어 나무의 방어체계 중 하나를 구성하는 부분을 무엇이라고 하는가?

정답 지륭

해설 1) **지륭(枝隆, branch collar: 가지 밑살, 가지 깃)**
① 가지의 무게를 지탱하기 위하여 발달한 가지 밑살로서 화학적 보호층을 가지고 있어 나무의 방어체계 중 하나를 구성하는 부분이다.
② 지륭은 가지의 하중을 지탱하기 위하여 가지 밑에 생기는 불룩한 조직으로서, 목질부를 보호하기 위하여 화학적 보호층을 가지고 있기 때문에 가지치기할 때 제거하지 않도록 주의해야 한다.
③ 그러나, 수종과 개체에 따라서 지륭을 만들지 않는 경우가 있으며, 이 때 거의 수직으로 잘라도 된다.

2) **지피융기선(枝皮隆起線, branch bark ridge)**
① 줄기와 가지 또는 두 가지가 서로 맞닿아서 생긴 주름살로서 가지 밑쪽에 발달한 지륭(가지 밑살)과 달리 줄기와 가지 사이 또는 가지와 가지 사이의 위쪽에 나타난다.
② 가지치기를 할 때 절단이 시작되는 부위에 해당하며 이 지점으로부터 지륭을 보호하는 지점까지가 가지치기의 올바른 절단선이 된다.

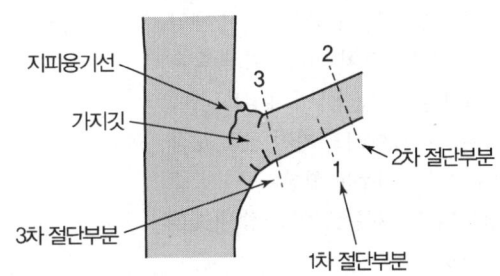

○ 가지치기 절단 부위

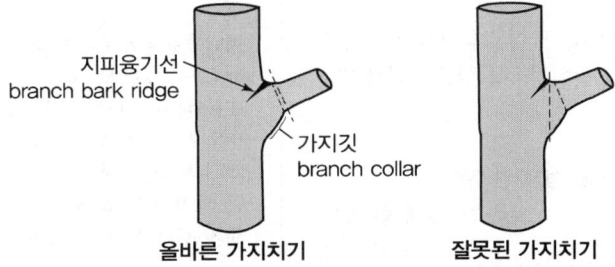

○ 가지치기

제2장 재배기술 이해하기

> **참고** 낙엽수와 상록수의 알맞은 전정 시기
>
> 1) **낙엽수의 경우**: 수목의 건강 측면에서 가장 좋은 전정 시기는 제1 휴면기가 끝나고 제2 휴면기가 시작되기 직전이며, 이는 외형적으로 볼 때 수목의 가지와 줄기에 물이 이동하기 직전이다.
> 2) **상록수의 경우**: 완전 휴면에 들어가지 않고 반휴면 상태로 겨울을 나기 때문에 수목의 건강 측면에서 가장 좋은 전정 시기는 반휴면이 끝나는 시점이다. 즉 외형적으로 새로운 신초 생장이 시작되기 직전이다.

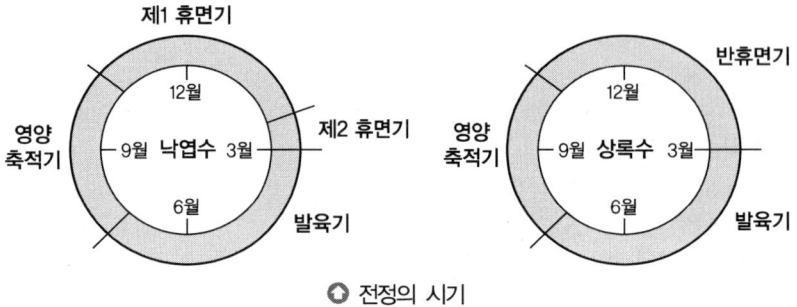

○ 전정의 시기

15 하나의 가지에서 가장 높은 곳에 위치한 눈에서 발생한 가지가 세력이 제 강하게 자라고 아래 눈으로 내려올수록 가지 세력이 점차 약해지거나 숨은 눈으로 되는 현상을 일컫는 용어를 쓰시오.

정답 정부우세성(頂部優勢性)

해설 정부우세성(頂部優勢性)
하나의 가지에서 가장 높은 곳에 위치한 눈에서 발생한 가지가 세력이 제일 강하게 자라고 아래 눈으로 내려올수록 가지 세력이 점차 약해지거나 숨은 눈으로 되는 현상을 정부우세성(頂部優勢性)이라 한다. 정부우세성은 하나의 가지뿐만 아니라 나무 전체 또는 주지, 부주지 내에서도 가지 간의 생장에 영향을 미친다. 그러므로 주지 또는 부주지의 선단부는 항상 그 가지 중에서 가장 높게 관리하여 생장이 강하게 유지되도록 하는 것이 도장지(徒長枝) 발생을 억제할 수 있다.

> **참고** 리콤의 법칙
>
> 과수의 생육 특성 및 결과 습성에 있어 나뭇가지는 수직으로 세울수록 생장이 강해지며 꽃눈 형성이 불량해지고 수평으로 눕혀질수록 생장은 약해지나 꽃눈 형성이 좋아지는 현상이다.

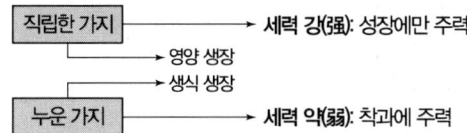

 배나무의 수형 구성 시 주지(主枝)와 부주지(副主枝) 또는 부주지(副主枝)와 측지(側枝) 간의 세력 차이도 가지 각도(유인 정도)에 의해 크게 좌우된다. 특히 측지의 유인은 배 재배에 있어서 수량증대(收量增大)와 품질향상(品質向上)을 위한 중요한 전정수단에 속한다.

16 다음에서 설명하는 수형을 보기에서 골라 쓰시오.

> **보기**
> ① 주간형　　　　② 개심자연형
> ③ 변칙주간형　　④ 배상형

- 배상형의 단점을 보완한 수형으로 원줄기를 길게 하지 않고 2~3개의 원가지를 위아래로 붙여 만든다.
- 복숭아, 매실, 자두, 배, 감귤 등에 적합한 수형이다.

정답 ② 개심자연형

해설) 여러 가지 수형 만들기
① 원추형(주간형): 수형이 원추 상태가 되도록 하는 정지법으로 주지수가 많고 주간과의 결합이 강한 장점이 있으나 수고가 높아서 관리에 불편하고 풍해도 심하게 받는다.
② 개심 자연형: 배상형의 단점을 보완한 수형으로 원줄기를 길게 하지 않고 2~3개의 원가지를 위아래로 붙여 만든다.
　　복숭아, 매실, 자두, 배, 감귤 등에 적합한 수형이다.
③ 변칙주간형: 주간형의 단점인 높은 수고와 수관 내부의 광부족을 시정한 수형으로 수관 내부까지 햇볕의 투과를 좋게하고 관리가 주간형보다 편리하다.
④ 배상형: 짧은 원줄기상에 3~4개 원가지를 거의 동일한 위치에서 발생시켜 외관이 술잔 모양으로 되는 수형으로 수관 내부에 햇빛 투과성이 좋고 관리하는 데 편리하다.

11 토양 침식

01 물에 의한 침식, 즉 수식은 토괴로부터 토양 입자의 분산 탈리, 분산 탈리된 입자들의 이동, 보다 낮은 곳으로 운반된다. 수식의 종류 3가지를 쓰시오.

정답 ① 면상침식
② 세류침식
③ 협곡침식

제2장 재배기술 이해하기

해설 **수식의 종류**
① **우적침식**: 빗방울에 의한 입단이 파괴되고 토립이 분산되는 입단침식을 말한다.
② **표면침식(비옥도침식)**: 분산된 미세 토립으로 토양 공극이 매워지는 토양투수력이 경감되고, 이때 투수되지 못한 물에 의해 지표면을 침식시키게 된다.
③ **우곡침식**: 빗물이 모여 작은 골짜기를 만들어 토양을 침식한다.
④ **계곡침식**: 골짜기를 형성한 침식이 대단한 상태이다.
⑤ **평면침식**: 빗물이 어느 한쪽으로 흐르지 않고 토양 전면에 흐르는 침식을 말한다.
⑥ **유수침식**: 골짜기 물이 모여 강물을 이루고 암석을 깎아 내는 삭마작용의 침식을 말한다.
⑦ **방식침식**: 빙하에 의한 물질의 마찰, 분쇄되는 침식을 말한다.

02 수식에 의한 침식의 종류에 있어 분산된 미세 토립으로 토양 공극이 매워지는 토양투수력이 경감되어 이때 투수되지 못한 물에 의해 지표면을 침식시키게 되는 침식을 쓰시오.

정답 표면침식(비옥도 침식)

03 바람에 의한 침식을 풍식이라 한다. 풍식의 종류 중 지름 0.1～0.5mm의 토양 입자가 지표면에서 30cm 이하의 높이로 비교적 짧은 거리를 구르거나 튀는 모양으로 이동하는 것을 무엇이라 하는지 그 용어를 쓰시오.

정답 약동

해설 **풍식의 기작**
1) **약동**: 풍식의 종류 중 지름 0.1～0.5mm의 토양 입자가 지표면에서 30cm 이하의 높이로 비교적 짧은 거리를 구르거나 튀는 모양으로 이동하는 것을 말한다.
2) **포행**: 보다 큰 토양 입자가 토양 표면을 구르거나 미끄러지며 이동하는 것을 말한다.
3) **부유**: 가는 모래 정도의 크기의 토양 입자나 그보다 작은 입자가 공중에 떠서 토양 표면과 평행하게 멀리 이동하는 것을 말한다.

04 토양유실예측공식에 관여하는 인자를 적으시오.

정답
① 강우 인자
② 토양 침식성 인자
③ 경사도와 경사장 인자
④ 작부 인자
⑤ 토양관리 인자

해설

$$A = R \times K \times LS \times C \times P$$

여기서, A: 연간 토양유실량, R: 강우 인자, K: 토양 침식성 인자, LS: 경사도와 경사장 인자, C: 작부 인자, P: 토양관리 인자

수식에 영향을 미치는 요인
① 강우의 속도와 강우량, 경사도와 경사장(수평거리), 토양의 성질과 지표면의 피복 상태에 따라 다르며 기상 조건, 지형, 토양 조건, 식생에 따라 종합적으로 관여한다.
② 강우 속도와 강우량: 강우량보다는 강우 속도가 더 크게 영향을 준다.
③ 경사도와 경사장: 경사도가 심할수록, 경사장이 길수록 가속도가 붙어서 피해가 커진다.

PART III

방제학

Engineer Plant Protection

Industrial Engineer Plant Protection

제1장 농약 화학적 방제 적용하기

제2장 잡초방제학

제1장 농약 화학적 방제 적용하기

1 농약학

01 농약에 대한 정의를 쓰시오.

정답 농약
① 농작물(수목 · 농림산물 포함)을 해치는 균, 곤충, 응애, 선충, 바이러스, 잡초, 그 밖에 농림축산식품부령으로 정하는 동 · 식물을 방제하는 데 사용하는 살균제 · 살충제 · 제초제이다.
② 농작물의 생리 기능을 증진하거나 억제하는 데 사용하는 약제이다.
③ 그 밖에 농림축산식품부령으로 정하는 약제로서 유인제, 기피제, 전착제이다.

02 화학적 방제의 장점 3가지를 쓰시오.

정답 ① 약효가 빠르고(가장 속효성임) 정확하다.
② 방제면적을 자유롭게 조절하여 넓은 곳이나 좁은 곳에서도 할 수 있다.
③ 한 번 사용으로 많은 해충을 동시에 방제할 수 있다.

해설 농약은 그 효과가 신속 정확하며 사용이 간편할 뿐만 아니라, 병이 발생한 후에도 효과를 나타낸다.

03 화학적 방제의 단점 3가지를 쓰시오.

정답 ① 유용 천적의 살충, 잠재 해충의 해충화
② 농약의 지속적인 사용으로 살충제 저항성 해충의 출현
③ 농약의 과용 및 오용에 따른 인축에 대한 독성, 약해 문제 야기

04 일일섭취허용량(ADI; Acceptable Daily Intake)에 대해 설명하시오.

정답 인간이 농약을 함유하는 식물을 일생 동안 섭취하더라도 현재까지 알려진 지식으로는 아무런 장해가 일어나지 않는 양

해설 1일 섭취허용량은 실험동물(쥐)의 만성독성시험으로부터 구한 최대무작용량을 안전계수로 나누어 결정한다.

$$ADI = 장기\ NOAEL(최저값) \div 100$$

05 반수치사량(LD50)을 설명하시오.

정답 반수치사량(半數致死量 LD50; Median Lethal Dose) 또는 중앙치사량이란, 어떤 물질의 독성을 실험할 때 실험군의 50%가 사망하는, 즉 치사율이 50%가 되는 투여량을 말한다.

해설 반수치사농도(LC50), 반수치사농도 및 시간(LCt50)은 피실험동물에 실험대상물질을 투여할 때 피실험동물의 절반이 죽게 되는 양을 말한다.

06 농약 등의 품목별 또는 제품별 안전사용기준(PLS)에 대해 쓰시오.

정답
① 적용대상 농작물에만 사용할 것
② 적용대상 병해충에만 사용할 것
③ 적용대상 농작물과 병해충별로 정해진 사용방법, 사용량을 지켜 사용할 것
④ 적용대상 농작물에 대하여 사용 시기 및 사용가능 횟수가 정해진 농약 등은 사용 시기 및 사용 가능 횟수를 지켜 사용할 것
⑤ 사용대상자가 정하여진 농약 등은 사용대상자 외에는 사용하지 말 것
⑥ 사용지역이 제한되는 농약은 사용제한지역에서 사용하지 말 것

2 농약의 분류

01 다음을 읽고 농약을 독성에 따라 분류하시오.

> 농약의 독성구분은 실제 농약을 사용하는 농업인의 안전을 위하여 필요한 것으로 제품 농약의 독성으로 구분한다.

정답
① 맹독성
② 고독성
③ 보통독성
④ 저독성

농약의 독성에 따른 구분
- 독성의 발현속도: 급성독성, 아급성독성, 만성독성
- 급성농약의 투여방법: 경구독성, 경피독성, 흡입독성
- 독성의 정도: 저독성, 보통독성, 고독성, 맹독성

제1장 농약 화학적 방제 적용하기

02 농약의 사용 목적에 의한 분류를 쓰시오.

정답
① 살균제 ② 살충제
③ 살비제 ④ 살선충제
⑤ 제초제 ⑥ 식물생장조절제
⑦ 보조제

해설 농약의 사용 목적에 의한 분류
① 살균제: 식물 병의 원인인 미생물(진균, 세균, 원생동물 등)을 방제 약제
② 살충제: 해충 방제 약제
③ 살비제: 거미강에 속하는 응애 방제 약제
④ 살선충제: 선형동물에 속하는 선충 방제 약제
⑤ 제초제: 잡초 방제 약제
⑥ 식물생장조절제: 식물의 생육촉진 또는 억제, 개화촉진, 낙과방지 등 생육 조절에 사용되는 약제
⑦ 보조제: 살균제, 살충제, 제초제 등의 효력을 증진시키는 약제

🌱 농약의 색상에 의한 분류
① 살균제: 바탕색은 분홍색
② 살충제: 바탕색은 녹색
③ 제초제: 바탕색은 황색
④ 비선택성 제초제: 바탕색은 적색
⑤ 생장조정제: 바탕색은 청색
⑥ 기타 약제: 바탕색은 백색

03 농약 제조 및 사용 시 사용되는 보조제의 종류 5가지를 쓰시오.

정답
① 전착제 ② 증량제
③ 협력제 ④ 용제
⑤ 협력제

해설 보조제

분류		특성	종류
보조제	전착제	약제가 해충과 식물체에 잘 전착되게 함	spread sticker
	증량제	주성분의 농도를 낮추고 부피를 늘려 균일하게 살포하기 위해 사용하는 재료	활석, 카올린, 설탕, 유안, 물
	용제	액상 농약을 만들 때 주제를 녹이기 위한 물질	xylene, benzene, 물, 메탄올
	유화제	유제의 유화성을 높이는 물질	계면활성제
	협력제	유효성분의 생물학적 활성 증대	piperonyl butoxide, pyrethroid 화합물

🌱 협력제
- piperonyl butoxide: 제충국에서 추출된 피레트린과 데리스에서 추출된 로테논의 협력제로서 황백색의 액체로 냄새가 없고 물에 용해되지 않으나 알코올, 벤젠 등에 용해된다.
- sulfoxide: 피레드린의 협력제로 제충국 분제에 혼합해서 저장 곡물의 방충용으로 사용한다.
- 황산아연: 결정석회황 합제와 혼용하면 감귤의 깍지벌레에 대하여 보조증진작용을 나타낸다.

04 주성분을 병해충이나 식물체에 잘 전착시키기 위해 사용되는 전착제의 특성을 쓰시오.

정답 ① 고착성 ② 확전성 ③ 부착성 ④ 습윤성

해설 ① 고착성: 비바람에 의한 유실방지
② 확전성: 농약을 넓게 퍼지게 함
③ 부착성: 농약이 표면에 잘 붙도록 함
④ 습윤성: 살포한 약액이 작물이나 해충의 표면을 잘 적시고 퍼지는 성질

05 농약의 분제에 사용되는 증량제의 종류 5가지를 쓰시오.

정답 ① 규조토 ② 고령토
③ 탈크 ④ 벤토나이트
⑤ 납석

해설 **증량제의 종류**
① 규조토: 주성분은 규산 곤충의 각질에 강한 연마력(87% 살충력) 수화제 조제에 쓰임
② 고령토: 주성분은 규산알미늄의 수화물, 수화제, 분제의 증량제로 쓰임
③ 탈크: 마그네슘규산의 수화물, pH는 알칼리성이나 안전, 분제 제조용으로 널리 쓰임
④ 벤토나이트: 비교적 무거운 점토형 광물질로 물을 비롯한 액체 및 가스체를 흡착시키는 힘이 크며 유화성, 점착성, 습윤성을 갖추어 유류의 유화제의 제조용으로 널리 쓰임
⑤ 납석: 분제 및 수화제

06 약제의 유효성분을 녹이는 용제(용매)의 구비조건을 쓰시오.

정답 ① 농약에 대한 용해도가 커야 한다.
② 농약의 약효 및 안정성을 저하시켜서는 안 된다.
③ 농약의 독성을 증대시켜서는 안 된다.
④ 용제 자신이 약해를 내서는 안 된다.

07 계면활성제는 수용액 중에서 해리하는 이온의 상태에 따라 3가지로 구분할 수 있는 종류 3가지를 쓰시오.

정답 ① 음이온성 계면활성제
② 양이온성 계면활성제
③ 비이온성 계면활성제

> **계면활성제(界面活性劑)**
> 서로 섞이지 않는 유기물질층과 물층으로 이루어진 두 층계에 첨가하였을 경우 계면활성을 나타내는 물질을 총칭하며, 농약제제에서는 유화제, 분산제, 전착제 등으로 사용되고 있다.

제1장 농약 화학적 방제 적용하기

[해설] 계면활성제
① 유제의 유화성을 높이는 약제이다.
② 친수기와 친유기 모두 가지고 있는 독특한 화학 구조의 고분자 물질로 물과 유지 양쪽에 친화력을 가지면 계면의 성질을 바꾸는 효과가 크다.

◎ 계면활성제의 종류

음이온성 계면활성제	비누, 알코올황산에스테르염, 알킬아릴설폰산염과 같이 수중에서 해리하여 음이온을 내는 계면활성제 비누: RCOONa ············ RCOO$^-$ + Na$^+$ 알코올황산에스테르염 ROSO$_3$Na ············ ROSO$_3^-$ + Na$^+$
양이온성 계면활성제	아민염 R$_3$NHX ············ R$_3$NH$^+$ + X$^-$ 비누 (NR)$_4$X ············ (NR)$_4^+$ + X$^-$
비이온성 계면활성제	수용액에서 이온으로 해리되지 않는 -O, -OH, -CONH$_2$ 등의 친수기를 갖고 있다. 비교적 친수성은 작지만, 분자 내에 에스테르, 산아미드, 에테르 결합 등이 있다.

◎ 계면활성제를 구성하는 주요 원자단

친유기	강친유기	친수기	강친수기
ROCH$_2$	C$_n$H$_{2n+1}$ C$_n$H$_{2n-1}$	OH COOH CN	SO$_3$H(Na) COONa X

HLB
계면활성제 분자 내에 친유기와 친수기가 겸유되어 있으며, 이 양기가 적당한 평형을 이루었을 때 HLB라고 한다. HLB 값은 가장 친유성이 큰 것을 1, 가장 친수성이 큰 것을 40으로 나타낸다.

08 계면활성제의 작용 3가지를 쓰시오.

[정답] ① 습윤작용 ② 분산작용 ③ 침투작용
④ 세정작용 ⑤ 고착작용

09 농약을 제형에 따라 구분하였을 때 물에 타서 사용하는 제형 4가지를 쓰시오.

[정답] ① 유제 ② 액제 ③ 수화제 ④ 수용제

[해설] 물에 타서 사용하는 제형
① 유제: 농약원제를 유기용매에 녹인 후 유화제를 혼합하여 액체상태로 만든 것으로 한 가지 또는 몇 가지의 용매를 함유하고 있어 독특한 냄새가 난다.
② 유탁제: 유제에 사용되는 인화성 용제를 바꾼 제형으로 농약원제를 물에 녹지 않는 적은 양의 용매에 녹인 후 유화제를 사용하여 물에는 녹지는 않으면서 작은 낱알 상태로 분산되도록 제조한다.

③ 액제: 물에 잘 녹으며 가수분해의 우려가 없는 농약 원제를 물 또는 메탄올에 녹인 후 동결방지제를 첨가하여 제조한 것으로 물과 섞어 살포액을 만든다.

④ 분산성액제: 물에 잘 섞이는 특수용매를 사용하여 물에 잘 녹지 않는 농약원제를 계면활성제와 함께 녹여 만든 제형이다. 특성은 액제와 비슷하나 고농도 제제를 만들 수 없는 단점을 가지고 있다.

⑤ 수화제: 물에 녹지 않는 농약원제를 규조토나 카오린 등과 같은 광물질의 증량제 및 계면활성제와 혼합하여 미세한 가루로 만든 것으로 물과 혼합하여 살포액을 만든다. 일반적으로 식물의 잎에 안전하게 사용할 수 있으며 수송, 보관, 조제가 쉽고 가격도 비교적 저렴하다.

⑥ 액상수화제: 물과 용제에 잘 녹지 않는 원제를 걸쭉한 액상의 형태로 만든 것이다. 물에 타서 살포액을 만들 때는 적당한 휘젓기가 필요하며 노즐을 막히게 하는 경우도 있다. 가루가 날리지 않아 사용하기 편리하고 유기용매 대신 물을 사용하기 때문에 독성, 환경면에서 유리하다.

⑦ 입상수화제: 가루 상태의 농약원제와 보조제를 공기압축기로 미세하게 분쇄하여 접착제를 이용, 입자끼리 서로 붙여 만든 제형이다.

⑧ 수용제: 물에 잘 녹는 농약원제를 설탕이나 유안과 같이 물에 잘 녹는 물질을 증량제로 하여 제조한 것으로 물과 섞어 살포액을 만들면 물에 완전히 녹아 투명한 액체로 된다.

⑨ 캡슐현탁제: 미세하게 분쇄된 농약원제의 입자에 고분자 물질을 얇은 막으로 피복하여 유탁제나 액상수화제와 비슷하게 현탁시켜 만든 제형이다.

10 액제 사용제의 물리적 성질 5가지를 쓰시오.

정답 ① 유화성 ② 습전성 ③ 현수성 ④ 침투성 ⑤ 표면장력

해설 **액제 사용제의 물리적 성질**

① 유화성: 유제농약을 물에 희석하였을 때 유제 입자가 물속에 균일하게 분산되어 유탁액을 형성하는 성질로 물에 유제를 섞었을 때 유화 정도를 나타낸다.

② 습전성: 살포한 약액이 작물이나 해충의 표면을 잘 적시고 퍼지는 성질로 균일하게 적시는 습윤성과 표면에 밀착되어 피복 면적을 넓히는 확전성을 나타낸다.

③ 침투성: 살포된 약제가 식물체나 충체에 침투하여 스며드는 성질로 접촉살충제, 직접 살충제, 침투성 살균제의 중요한 성질이다.

④ 접촉각: 접촉각이 크면 물에 적셔지기 어렵다(계면활성제 사용하여 접촉각을 작게).

⑤ 표면장력: 표면 장력이 작아야 농약의 살포에 유리하다.

⑥ 부착성: 살포한 약액이 식물체나 충체에 붙는 성질

살포한 농약이 식물체나 곤충의 체표면을 적시는 성질을 습윤성(濕潤性)이라 하고, 식물이나 곤충의 체표면에 부착한 약액의 입자가 잘 퍼지게 하는 성질을 확전성(擴展性)이라고 한다. 또한, 이 두 가지 성질을 합하여 습전성(濕展性)이라 한다.

제1장 농약 화학적 방제 적용하기

⑦ 수화성: 수화제와 물과의 친화도
⑧ 현수성: 수화제에 물을 가하여 조제한 현탁액에 있어서 고체입자가 균일하게 분산 부유하는 성질과 그 안전성을 나타내는 것

11 수화제에 물을 가했을 때 고체 미립자가 침전하거나 떠오르지 않고 오랫동안 물속에서 균일한 분산상태를 유지하는 성질을 무엇이라 하는지 그 용어를 쓰시오.

정답 현수성

12 농약을 제형에 따라 구분하였을 때 물에 녹이지 않고 직접 살포하는 제형 3가지를 쓰시오.

정답 ① 분제 ② 미분제 ③ 입제

해설 물에 녹이지 않고 직접 살포하는 제형
① 분제: 농약 원제를 탈크, 점토와 같은 증량제와 물리성 개량제, 분해방지제 등과 혼합하여 분쇄한 것으로 제품을 그대로 사용할 수 있다. 취급이 편리하고 살포기구의 가격이 저렴하지만, 살포 시에 바람에 의한 흩날림이 심하며 식물체에 도달하는 유효성분량이 적은 단점이 있다.
② 미분제: 병해충 방제 효과를 높이기 위해 분제농약보다 알맹이를 더욱 작게 하여 흩날림성을 증대시켜 만든 제형이다. 주로 시설 하우스 입구에서 고성능 동력살분기를 이용하여 살포한다. 시설 하우스 안의 습도를 높이지 않고 살포자에게도 안전하며 방제 효과가 높은 장점이 있다.
③ 저비산분제: 분제의 흩날림성을 보완하기 위해 개발된 제형으로 응집제를 첨가하여 살포 후 대기 중에서 약제의 알맹이가 응집되도록 하여 약제의 흩날림을 방지한다.
④ 입제: 침투이행성이 있는 농약을 쌀 알 형태의 증량제에 흡착 또는 피복시키든가 증량제와 혼합한 후 쌀알형태로 만든 것으로 제품을 그대로 사용할 수 있다. 알맹이가 비교적 무거워 비산의 위험이 적고 다른 제형보다 안전하게 사용할 수 있으나 줄기나 잎에 부착되는 양이 적어 흡수이행성이 필요하며 단위면적당 사용량이 많고 가격이 비싼 단점이 있다.
⑤ 미립제: 입제보다 알맹이의 크기를 작게 한 것으로 벼 밑부분의 농약 부착량을 증대시켜 벼멸구 및 잎집무늬마름병을 효율적으로 방제할 수 있다.
⑥ 캡슐제: 농약원제를 고분자 물질로 피복하여 고체형태로 만들거나 캡슐 안에 농약을 넣어 만든 제형이다.
⑦ 오일제: 농약을 오일에 녹여 만들고 살포할 때는 유기용매에 희석하여 살포할 수 있도록 한 제형이다.

종자처리를 위한 제형
① 종자처리 수화제: 종자부착성을 높인 수화제로 벼직파용 종자, 벼육묘상 파종 때 종자에 피복하여 사용할 수 있다.
② 종자처리액상수화제: 액상수화제 형태로 종자처리 수화제와 특성이 비슷하나 액상인 점이 다르다.
③ 분의제(紛依劑): 일반 수화제의 형태로 되어 있다. 가루 상태 그대로 종자에 처리할 수 있고, 수화제와 같이 물에 희석하여 사용할 수도 있다.

13 분제의 입자가 살분기의 분출구로 잘 미끄러져 가는 성질을 일컫는 용어를 쓰시오.

정답 토분성

해설 **고체 사용제의 물리적 성질**
① 분말도: 분말도에 있어 메시(mesh)는 1인치 평방 안의 체눈 수를 말하며 메시의 숫자가 커질수록 크기가 작아진다.
② 입도: 분제, 미립제, 입제 등의 입경
③ 용적 비중: 농약 제형의 단위용적당 무게를 나타내는 것
④ 응집력: 응집력이 크면 입자가 뭉쳐서 균일한 살포의 어려움
⑤ 비산성: 살분된 분제 입자가 공기의 움직임에 따라 유동되는 성질
⑥ 부착성 및 고착성: 약제가 식물체에 잘 부착되는 성질
⑦ 안전성: 인체 및 환경 안전성
⑧ 토분성: 살포기에서 분제의 토출 정도

14 다음 괄호 안에 알맞은 농약 제형을 보기에서 골라 쓰시오.

> **보기**
> 훈연제, 연무제, 훈증제, 살비제, 살서제

- (①): 농약원제에 발연제, 방염제 등을 혼합하고 기타 보조제 및 증량제를 첨가하여 만든다.
- (②): 농약을 액체상태, 고체상태 또는 압축가스 상태로 용기 내에 충진한 것으로 가스가 대기 중으로 기화하여 방제효과를 나타낸다.
- (③): 가정용 스프레이통에 농약을 압축가스 형태로 충진하여 분무하거나, 연무발생기 등을 이용해 압력이나 열을 가하여 농약성분을 분출시키는 방법이다.

정답 ① 훈연제　② 훈증제　③ 연무제

해설 **특수목적으로 제조된 제형**
① 훈연제
- 농약원제에 발연제, 방염제 등을 혼합하고 기타 보조제 및 증량제를 첨가하여 만든다.
- 가루 형태, 압축하여 만든 블록 형태, 깡통에 넣어 만든 형태 등 모양이 여러 종류이다.

제1장 농약 화학적 방제 적용하기

- 시설 하우스 전용 약제로 심지에 불을 붙이면 연기가 퍼지면서 작물체에 고루 묻어 효과를 나타내는 일손절약형 약제이다.
- 농작물 중 농약 잔류량이 매우 적은 반면 열에 안정된 농약원제를 선택해야 하는 단점이 있다.

② 연무제
- 살포방법을 개선한 제형이다.
- 가정용 스프레이 통에 농약을 압축가스 형태로 충진하여 분무하거나 연무 발생기 등을 이용해 압력이나 열을 가하여 농약 성분을 분출시키는 방법 등이 있다.
- 가격이 비싸 가정원예용과 같이 부가가치가 높은 농약에 주로 사용되며 시설 하우스에도 적용할 수 있다.

③ 훈증제
- 농약을 액체상태, 고체상태 또는 압축가스 상태로 용기 내에 충진한 것으로 가스가 대기 중으로 기화하여 방제 효과를 나타낸다.
- 인축에 대한 독성이 매우 커 사용할 때 특히 주의해야 하며 주로 저장 곡물을 소독할 때나 토양소독용으로 사용한다.

④ 도포제
- 특정 병이나 상처를 효과적으로 치료하거나 보호하기 위해 개발된 제형이다.
- 농약을 점성(粘性)이 큰 액상으로 만들어 붓 등으로 필요한 부위에 발라준다. 마른 후 피막을 형성할 수 있도록 고분자 필름제를 섞어서 만들기도 한다.

⑤ 농약함유비닐멀칭제
- 노지에서 고추와 같이 비닐 멀칭재배를 할 경우 사용하기 위해 개발한 제형이다.
- 일반 투명비닐 수지에 제초제와 같은 농약을 함께 녹여 멀칭용 투명비닐과 같이 만든다.

⑥ 판상줄제
- 농약을 고분자 합성수지에 녹여 붙여 판상의 끈과 같이 기다란 줄 형태로 뽑아낸 제형이다.

15 농약의 지상 액제 살포방법 중 분무법에 대해 설명하시오.

정답 살포액을 분무기로 작물에 미세하게 뿌리는 방법

해설 농약의 살포방법
① 분무법: 유제, 수화제, 수용제 등 약제를 물에 희석하여 분무기로 살포하는 방법으로 분제에 비해 식물체에 오염이 적고 약제의 혼합이 용이하여 가장 많이 이용되는 방법이다.

② **미스트법**: 미스트기로 미립자를 살포/살포량은 분무법 1/3 ~ 1/4, 농도는 2 ~ 3배이다.
③ **스프링클러법**: 스프링클러를 이용하여 시비, 관수를 겸한다.
④ **폼스프레이법**: 살포 희석액에 기포제를 가하여 특수 제작한 노즐로 공기와 함께 살포한다.
⑤ **연무법**: 약제의 주성분을 연기(10~20μm)의 형태로 해서 사용하는 방법이다.
⑥ **훈증법**: 저장곡물 또는 종자 소독 시 밀폐된 곳에 넣고 약제를 가스화시켜 방제하는 방법이다.
⑦ **관주법**: 토양 내에 서식하고 있는 병해충을 방제하기 위하여 땅 속에 약액을 주입하는 방법이다(선충을 방제할 때 사용된다).
⑧ **살분법**: 다공호스를 이용한 파이프더스터법이 많이 사용된다.
⑨ **살립법**: 살립기를 이용하여 입제를 살포하는 것으로 토양살포법이라고 한다.
⑩ **침지법**: 종자 또는 종묘를 소독하기 위하여 사용하는 방법으로 희석액에 종자를 담가 표면이나 내부에 감염된 병해충을 사멸시키는 방법이다.
⑪ **분의법**: 종자를 소독하기 위하여 분제로 된 약제를 종자에 피복시켜 병해충을 사멸시키는 방법이다.
⑫ **도포법**: 나무줄기에 환상으로 약액을 처리하여 이동하는 해충을 잡는 방법과 가지를 절단했을 때 또는 상처 부위를 병균이 침입하지 못하도록 약제를 처리하는 방법이다(정지전정이나 물리적 피해를 입은 나무에 많이 사용된다).

16 아래 설명에서 괄호 안에 알맞은 농약 사용 방법을 쓰시오.

> 나무줄기에 환상으로 약액을 처리하여 이동하는 해충을 잡는 방법과 가지를 절단했을 때 또는 상처 부위를 병균이 침입하지 못하도록 약제를 처리하는 방법을 (   )이라고 한다.

정답 도포법

17 농약에 대한 저항성 중 살충제의 교차 저항성에 대하여 설명하시오.

정답 교차 저항성
하나의 살충제를 계속 처리하였을 때 다른 살충제에 대해서도 동시에 저항성이 생기는 현상

제1장 농약 화학적 방제 적용하기

해설) 저항성

1) 교차 저항성
    ① 하나의 살충제를 계속 처리하였을 때 다른 살충제에 대해서도 동시에 저항성이 생기는 현상이다.
    ② 두 약제 간 작용기작이나 무해화 대사에 관여하는 효소계가 유사할 경우 나타난다.

2) 복합 저항성
    종 이상의 살충제 처리하였을 때 각각의 살충제에 대해 저항성이 생기는 현상이다.

3) 역상관 교차 저항성(이상적인 약제 관계)
    어떤 살충제에는 저항성을 나타내나 타 약제에 대해서는 감수성이 증가하는 현상이다.

18 해충의 살충제에 대한 저항성 발달 기작 중 생리적 요인에 대하여 쓰시오.

정답) 생리적 요인

① 해충이 표피 Cuticle 층의 lipid(지질, 지방질) 구성을 변화시킴으로써 약제의 체내 침투를 저하시키거나, 친유성 약제를 체내 지방에 저장하여 불활성화시킨 후 서서히 대사 시키는 능력이 증가하는 것을 의미한다.
② 피부 지질과 체내지질의 함량을 증가시켜 작용점 도달 약량을 감소시키고 체내에 침투된 살충제가 대사되기 전에 신속히 배설하는 능력이 증가하는 것이다.

해설) 살충제 저항성 발달 기작

1) 행동적 요인
    해충이 살충제가 살포된 지역에 대한 해충의 본능적 식별력의 증가로 일종의 기피 현상을 나타내게 되는 요인이다.

2) 생리적 요인
    ① 해충이 표피 Cuticle 층의 lipid(지질, 지방질) 구성을 변화시킴으로써 약제의 체내 침투를 저하시키거나, 친유성 약제를 체내 지방에 저장하여 불활성화시킨 후 서서히 대사시키는 능력이 증가하는 것을 의미한다.
    ② 피부 지질과 체내지질의 함량을 증가시켜 작용점 도달 약량을 감소시키고 체내에 침투된 살충제가 대사되기 전에 신속히 배설하는 능력이 증가하는 것이다.

3) 생화학적 요인
    해충이 대사과정을 이용하여 체내에 침투한 살충제를 무력화하는 능력이 증가하거나, 작용점의 변형을 통하여 약제에 대한 작용점의 감수성을 저하시키는 능력이 발달하는 것이다.

19 생물농약에 대하여 정의하시오.

정답 생물농약(biopesticides)
농작물에 발생하는 병, 해충 및 잡초를 제거하기 위하여 자연환경으로부터 유래한 천연물, 천적 및 유익한 미생물을 골라서 농업용으로 이용할 수 있도록 제품화한 것을 말한다.

20 천연식물보호제에 대하여 정의하시오.

정답 천연식물보호제
① 진균, 세균, 바이러스 또는 원생동물 등 살아있는 미생물을 유효성분으로 하여 제조한 농약이다.
② 자연계에서 생성된 유기화합물 또는 무기화합물을 유효성분으로 하여 제조한 농약이다.

해설 생물농약에는 미생물농약(microbial biopesticide)과 생화학농약(biochemical biopesticide) 등이 있는데, 그중에서도 가장 많이 개발되고 있는 것은 세균, 곰팡이, 바이러스, 선충 등으로 개발하는 미생물농약이다. 생화학 농약은 작물보호 활성을 가지면서 거의 독성이 없는 식물, 미생물, 동물 및 조류(algae) 등 천연자원에서 기원한 생물농약을 말한다.

 **바실러스 튜린겐시스 (BT; Bacillus Thuringiensis)**
- 고초균의 일종으로 대표적인 미생물농약이며, 살충제로 사용되고 있다.
- BT는 몸 안에 결정성 독소를 만드는데, 곤충이 BT가 묻은 먹이를 먹으면 알칼리 조건하의 소화기관 안에서 분해효소에 의해 독소가 활성화되어 소화기관을 파괴하여 살충력을 나타내게 된다.
- 그러나 꿀벌과 같이 소화기관 안이 알칼리성이 아닌 곤충이나 위액이 산성인 포유류에서는 독성을 나타내지 않는다.
- 종류에 따라 배추좀나방, 배추흰나비 등에게 효과가 있는 것, 파리나 모기에게 효과가 있는 것, 갑충에게 효과가 있는 것 등이 있다.

21 농약 혼용의 장점 3가지를 쓰시오.

정답 ① 농약의 살포 횟수를 줄이므로 방제 비용의 절감
② 서로 다른 병해충의 동시 방제를 통한 약효 상승
③ 동일 약제의 연용에 의한 내성 또는 저항성 발달 억제

해설 농약 혼용의 장점 및 단점
1) 농약 혼용의 장점
① 농약의 살포 횟수를 줄이므로 방제 비용의 절감
② 서로 다른 병해충의 동시 방제를 통한 약효 상승
③ 동일 약제의 연용에 의한 내성 또는 저항성 발달 억제
④ 약제 간 상승 작용에 의한 약효 증진
2) 농약 혼용의 단점
① 약제에 따라서는 다른 약제와 혼용 시 농약 성분의 분해에 의한 약효 저하
② 농작물의 약해 발생
③ 3종 이상 약제를 섞으면 농약 보조제의 농도가 높아져 약해가 발생할

제1장 농약 화학적 방제 적용하기

　　가능성이 커지므로 가급적 3종 이상 혼합 지향
④ 제4종 복합비료(영양제)와 미량요소가 함유된 비료와 혼용하면 농약에 함유된 계면활성제 성분이 비료의 흡수를 증가시켜 생리장해가 나타날 가능성이 높아지므로 섞어 쓰기 지양
⑤ 불합리한 섞어 쓰기는 주성분이 가수분해, 금속염의 치환, 등과 같은 유화성, 현수성 악화 등으로 약효 저하 및 약해 발생이 흔히 일어남
⑥ 일반적으로 살충제는 유제 형태이고, 살균제는 수화제 형태가 많아서 양자를 섞으면 유제의 유립이 수화제의 증량제에 흡착되어 응집함으로써 약해의 원인이 됨
⑦ 살균제에 침투성의 유화제를 첨가함으로써 식물체 내에 침투량이 많아져 약해가 일어날 경우도 있음

> 최근에 개발 보급되고 있는 농약은 병해충에 대한 적용 범위가 좁아 선택적으로 작용하는 것이 대부분인 반면, 다수확을 위한 재배기술의 발전은 해충의 발생이 일시에 다양화되도록 하였기 때문에 작물생육 시기별로 같은 시기에 발생하는 병해충을 동시에 효과적으로 방제하기 위해서는 농약의 혼용 살포가 불가피하고, 최근 농촌의 노동력 부족도 농약의 혼용 살포를 성행하게 하는 데 큰 원인이 되고 있다.

3 살균제

01 살균제에 있어 보호용 살균제의 정의에 대하여 쓰시오.

정답 병이 발생하기 전에 미리 잎, 줄기에 약제를 처리해서 예방적인 효과를 목적으로 사용되는 약제이다.

해설 **보호용 살균제**
병원균의 포자가 발아하여 식물체 내에 침입하는 것을 방지하기 위하여 사용하는 약제로 병이 발생하기 이전에 작물체에 처리하여 예방을 목적으로 사용되는 것이다.
① 병원균의 포자가 발아하여 침입하는 것을 방지하는 약제
② 예방을 목적 약효 지속시간이 길고 부착성과 고착성이 양호해야 함
　　예 보르도액, 결정석회황합제

○ 살균제의 종류

구분	보호 살균제	치료 살균제
침투성	없음	침달 효과, 침투 이행 효과
처리 시기	발병 전	발병 전후
병원균에 대한 효과	포자 발아 억제 효과가 우수	균사 생장 억제 효과가 우수

> **석회 보르도액**
> 잎, 줄기에 살포된 보르도액은 잎 줄기 표면에 엷은 막을 형성해서 외부로부터 침입하는 병원균을 방지시키는 예방적 효과가 주작용
> ① 4두식 보르도액: 황산동 450g에 생석회 225g, 물 80L(4斗)를 가지고 만든 것
> ② 6두식 보르도액: 황산동 450g에 생석회 450g, 물 120L(6斗)를 가지고 만든 것

> **스트로빌루린계 살균제**
> • 예방적으로 처리하였을 때 병 방제의 효과가 우수
> • 포자 발아 억제 효과가 매우 높음(보호 살균제이면서, 치료 살균제)

> **트리아졸계 살균제**
> • 병원균이 식물체를 침입하고, 감염과 병징 단계가 진행되는 시기에 처리
> • 포자 발아보다는 균사 생장에 대한 억제 효과가 더 우수

02 살균제의 작용기작 3가지를 쓰시오.

정답
① 핵산합성저해
② 세포분열저해
③ 호흡저해(에너지 생성저해)

작용기작
- 대분류 + (소분류)로 표기
- 한글 + (숫자)는 살균제
- 숫자 + (영어 소문자)는 살충제
- 영어 대문자 + (숫자)는 제초제

해설

작용기작 구분 (살균제)	표시기호	세부작용 기작 및 계통
가. 핵산합성저해	가1	RNA 중합 효소 1 저해
	가2	아데노신 디아미나제 효소
	가3	핵산 활성 저해
	가4	DNA 토포이소메라제 저해
나. 세포분열저해	나1	미세소관 생합성 저해(벤지미다졸계)
	나2	미세소관 생합성 저해(페닐카바메이트계)
	나3	미세소관 생합성 저해(톨루아미드계)
	나4	세포분열저해(페닐우레아계)
	나5	스펙트린 단백질 저해(벤자마이드계)
	나6	액틴/미오신/피브린저해(시아노아크릴계)
다. 호흡저해(에너지 생성저해)	다1	복합체 I의 NADH 기능저해
	다2	복합체 II의 숙신산 탈수소효소 저해
	다3	복합체 III 퀴논 외측에서 시토크롬 bc1 저해
	다4	복합체 III 퀴논 내측에서 시토크롬 bc1 저해
	다5	산화적 인산화 반응에서 인산화 반응 저해
	다6	ATP 생성 효소 저해
	다7	ATP 생성저해
라. 아미노산 및 단백질 합성저해	라1	메티오닌 생합성 저해(사이프로디닐, 피리메타닐)
	라2	단백질 합성저해(신장기 및 종료기)
	라3	단백질 합성저해(개시기, 핵소피라노실계)
	라4	단백질 합성저해(개시기, 글루코피라노실계)
	라5	단백질 합성저해(테트라사이클린계)
마. 신호전달저해	마1	작용기구 불명
	마2	삼투압 신호전달효소 MAP 저해(플루디옥소닐)
	마3	삼투압 신호전달효소 MAP 저해(이프로디온, 프로사이마이돈)
바. 지질합성 및 막 기능 저해	바2	인지질 생합성, 메틸 전이효소 저해(이프로벤포스)
	바3	지질 과산화 저해(에트리디아졸)
	바4	세포막 투과성 저해(카바메이트계)

제1장 농약 화학적 방제 적용하기

03 살균제 중 호흡을 저해하는 살균제를 보기에서 모두 고르시오.

―보기―
① 클로르피크린 ② 스트렙토마이신
③ 메프로닐 ④ 에디펜포스
⑤ 디나코나졸 ⑥ 폴리옥신
⑦ 티오파네이트메틸 ⑧ 베노밀
⑨ 마이클로뷰타닐 ⑩ 아족시스트로빈

정답 ① 클로르피크린
③ 메프로닐
⑩ 아족시스트로빈

해설 살균제의 종류
호흡 저해, 아미노산 및 단백질 합성저해, 세포막 형성의 저해, 세포벽 형성 저해, 세포분열의 저해 등이 있다.

1) 호흡 저해
  (1) SH기(해당과정, TCA) 저해
    ① 유기 염소계: 클로로타로닐, 펜타클로미트로벤젠
    ② 유기 유황계: 만제브, 켑타폴, 캡탄, 지람
    ③ 지방족계: 클로르피크린
2) 전자전달효소복합체 Ⅱ 저해
  메프로닐, 플루톨라닐, 옥사카복신, 카복신, 아이소피라짐, 펜티오피라드, 플록사피록사드, 보스칼리드, 플루오피람
3) 전자전달효소복합체 Ⅲ 저해
  시아조파미드, 아미설브롬, 아족시스트로빈, 피콕시스트로빈, 피라클로스트로빈, 크레속심메틸, 트리플록시스트로빈, 오리사스트로빈, 피목사돈, 페나미돈, 아메톡트라딘
4) 산화적인산화저해
  디노캅, 플루아지남

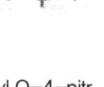

농약 명명법의 예
- 화학명: O, O-diethyl O-4-nitrophenyl
- 일반명: Parathion
- 품목명: 파라치온유제, 파라치온입제
- 상표명: 파라치온

SH기 저해제
세포의 원형질내 단백질 등의 SH기(또는 -S-S-)와 결합하여 불활성화하거나 산화, 환원에 관여하는 효소의 SH(또는 -S-S-)와 결합하여 탈수소과정을 비선택적으로 저해한다.

04 살균제 중 아미노산 및 단백질 합성을 저해하는 살균제를 보기에서 모두 고르시오.

> **보기**
> ① 클로르피크린　② 스트렙토마이신
> ③ 메프로닐　　　④ 에디펜포스
> ⑤ 디나코나졸　　⑥ 폴리옥신
> ⑦ 티오파네이트메틸　⑧ 베노밀
> ⑨ 마이클로뷰타닐　⑩ 아족시스트로빈

정답 ② 스트렙토마이신

해설 **살균제의 종류**
1) 아미노산 및 단백질 합성저해
　(1) 단백질 합성저해
　　① 합성개시기 저해: 스트렙토마이신, 가스가마이신
　　② 펩타이드 신장기 저해: 블라스티시딘에스, 옥시테트라사이클린
　　③ 합성종료기 저해: 테누아조닉산
　　④ 합성 전 과정 저해: 시클로헥시미드
　　⑤ 메티오닌 합성저해: 메파니피람, 사이프로디닐, 피리메타닐

 **스트렙토마이신**
토양 중의 방선균인 Streptomyces griseus의 배양액에서 분리한 물질로, 세균에 의해서 발생되는 식물 병해에 사용한다.

05 살균제 중 세포막 형성을 저해하는 살균제를 보기에서 모두 고르시오.

> **보기**
> ① 클로르피크린　② 스트렙토마이신
> ③ 메프로닐　　　④ 에디펜포스
> ⑤ 디나코나졸　　⑥ 폴리옥신
> ⑦ 티오파네이트메틸　⑧ 베노밀
> ⑨ 마이클로뷰타닐　⑩ 아족시스트로빈

정답 ④ 에디펜포스　⑤ 디나코나졸　⑨ 마이클로뷰타닐

해설 **살균제의 종류**
1) 세포막 형성의 저해
　(1) 인지질생합성 저해
　　① 유기인계: 에디펜포스, 이프로벤포스

제1장 농약 화학적 방제 적용하기

② 디티올린계: 아이소프로티올레인
③ AH계: 톨클로포스메틸
④ 헤테로아로마틱계: 에트리디아졸
(2) 에르고스테롤 생합성 저해
디페노코나졸, 디나코나졸, 헥사코나졸, 마이클로뷰타닐, 뉴아리몰, 트리아디메폰
2) **세포벽 형성저해**: 폴리옥신, 에디펜포스, 이프로벤포스
3) **세포 분열의 저해**: 베노밀, 티오파네이트메틸

4 살충제

01 살충제 분류에 있어 침투성 살충제에 의미에 대하여 쓰시오.

정답 잎, 줄기 또는 뿌리의 일부로부터 식물 전체에 이행시켜서 살충 효과를 거두는 약제

해설 살충제의 종류
① 식독제: 약제를 해충의 입틀을 통해 섭취시켜 소화기관 내에서 약제를 흡수하게 하여 중독을 일으켜 죽게 하는 약제
② 접촉독제: 약제를 해충의 피부에다 접촉 흡수시켜서 죽게 하는 약제
③ 훈증제: 약제를 가스 상태로 하여 해충의 호흡기관을 통해 흡수시켜 죽게 하는 약제
   예 메틸브로마이드, 클로르피크린, 사이안화수소
④ 침투성살충제: 잎, 줄기 또는 뿌리의 일부로부터 식물 전체에 이행시켜서 살충 효과를 거두는 약제
⑤ 기피제: 해충의 근접을 방지시키는 목적으로 사용되는 약제
⑥ 유인제: 해충을 유인시켜 살충
⑦ 화학불임제: 해충의 불임을 유발시켜 번식을 저지

02 살충제의 작용기작 3가지를 쓰시오.

정답 ① 아세틸콜린 에스테라제 기능 저해
② 신경전달물질 수용체 차단
③ 유약호르몬 작용

해설) 살충제 작용기작

작용기작 구분(살충제)	표시기호	계통 및 성분
1. 아세틸콜린 에스테라제 기능 저해	1a	카바메이트계
	1b	유기인계
2. GABA 의존 염소통로 억제	2a	시클로디엔제 유기염소계
	2b	페닐피라졸계
3. Na 통로조절	3a	합성 피레스로이드계
	3b	디디티, 메톡시클로르
4. 신경전달물질 수용체 차단	4a	네레이스톡신계
	4b	니코틴계
	4c	설폭사플로르
5. 신경전달물질 수용체 기능 활성화	5	스피노계
6. 염소통로 활성화	6	아바멕틴계
7. 유약 호르몬 작용	7a	유약호르몬 유도체
	7b	페녹시카브
	7c	피리프록시펜
8. 다점저해(훈증제)	8a	할로젠화알킬계
	8b	클로로피크린
10. 응애류 생장 저해	10a	클로펜테진, 헥시티아족스
	10b	에톡사졸
11. 미생물에 의한 중장 세포막 파괴	11a	B.t 독성 단백질
	11b	B.t 아종의 독성 단백질
12. 미토콘드리아 ATP 합성 효소저해	12a	디아펜티우론
	12b	오르가노틴 살 선충제
	12c	프로파자이트
	12d	테트라디폰
15. 키틴생합성저해	15	벤조이우레아
16. 키틴생합성저해	16	뷰프로페진

03 살충제를 유효성분 조성에 따라 분류할 때 종류 5가지를 쓰시오.

정답
① 유기인계
② 카바메이트계
③ pyrethroid계
④ 유기염소계
⑤ benzoylurea계

제1장 농약 화학적 방제 적용하기

[해설] 유효성분 조성에 따른 분류(살충제)

구분	구조 및 특성	종류
유기인계	• 현재 농약 중 가장 많은 종류 • 인을 중심으로 각종 원자 또는 원자단 결합 구조	parathion, chlorpyrifos, diazinon
카바메이트계	• carboxyl acid와 amine과의 반응물인 carbamic acid 유도체 일부 제초제로도 개발	carbaryl, carbofuran, methomyl
Pyrethroid계	• 제충국의 살충 성분인 pyrethrin 화합물	fenvalerate, deltamethrin, biphenthrin
유기염소계	• 염소 원자를 많이 함유하고 있는 농약	endosulfan, heptachlor, DDT
Benzoylurea계	• 요소를 기본으로 한 화합물 • 키틴 생합성을 저해	diflubenzuron, teflubenzuron, hexafl umuron
Nereistoxin계	• 바다갯지렁이의 독소인 nereis-toxin 유사 화합물 • 식독 및 접촉독제로 작용	cartap, bensultap

04 유기인계 살충제의 특징 3가지를 쓰시오.

[정답]
① 살충력이 강하고, 적용 해충의 범위가 넓다.
② 체내에서 분해가 빨라 체내에 축적 작용이 없다.
③ 에스테르 결합을 하고 있는 것들은 가수분해가 잘 된다.
④ 약제가 광선이나 기타 요인에 빨리 소실된다.

05 카바메이트계 살충제의 특징 3가지를 쓰시오.

[정답]
① 살충작용이 선택적임
② 체내에서 빨리 분해됨
③ 인축에 대한 독성이 낮은 안전한 화합물

[해설]
① AChE(아세틸 콜린에스테라제)의 활성 저해제로서, 인축에 대한 독성이 일반적으로 낮다.
② 살충작용이 선택적이나 적용 범위는 넓다.
③ 식물체 내 침투력은 강하나 약해는 적다.
④ 제초제와 살균제로도 개발한다.

06 천연살충제의 종류 3가지를 쓰시오.

정답 ① 피레트린   ② 로테논   ③ 니코틴   ④ 기계유 유제

해설 ① 피레트린제: 국화과인 제충국에서 추출 온혈동물에는 독성이 없고 곤충의 신경계에 작용한다.
② 로테논: 콩과 식물인 데리스의 뿌리에 존재하는 살충 성분이다.
③ 니코틴: 말린 담배잎에 함유되어 있으며, 곤충의 신경계에 독으로 작용한다.
④ 기계유 유제: 해충 기문에 피막을 형성한다.

07 살충제 중 신경계 작용기작 살충제를 보기에서 모두 고르시오.

○보기○
① 다이아지논   ② 메틸브로마이드
③ 클로르피리포스   ④ 클로르피크린
⑤ 뷰프로페진   ⑥ 헥사플로뮤론
⑦ 아바멕틴   ⑧ 페노브카브
⑨ 디플로벤주론   ⑩ 이미다클로프리드

정답 ① 다이아지논   ③ 클로르피리포스   ⑦ 아바멕틴
⑧ 페노브카브   ⑩ 이미다클로프리

해설 **살충제의 종류**
1) 신경계 작용기작
  (1) 아세틸콜린에스테라제 기능저해
    ① 카바메이트계: 아이소프로카브, 카바릴, 카보설판, 카보퓨란, 페노브카브
    ② 유기인계: 다이아지논, 말라티온, 클로르피리포스, 파라티온메틸, DDVP, EPN
  (2) GABA 의존 염소 통로억제
    ① 피프로닐 ② BHC
  (3) GABA 의존 염소 통로활성화
    ① 아바멕틴 ② 에마멕틴벤조에이트 ③ 밀벡멕틴 ④ 레피멕틴
  (4) 전위 의존 Na 통로조절
    ① 델타메트린 ② 사이퍼메트린 ③ 비페트린 ④ 사이플루트린
    ⑤ 펜프로파트린 ⑥ 피레스

🌱 피레트로이드계 살충제
피레트린의 근연화합물인 합성 피레트로이드(pyrethroid)계 살충제이다.
(1) 특징
  • 일반적으로 낮은 농도에서 살충력이 크고 선택적이며 저독성이다.
  • 고온보다는 저온에서 약효가 잘 나타나므로 가정용 살충제나 온실 해충 방제에 주로 사용되고 있다.
(2) 피레트로이드계 살충제의 종류
알레트린(allethrin), 알파메트린(alphamethrin), 비펜트린(biphenthrin) 등이 있다.

🌱 살충제의 종류
• 호흡계 작용기작
• 내분비계(호르몬)의 작용기작
• 신경계 작용기작

제1장 농약 화학적 방제 적용하기

　　(5) 전위 의존 Na 통로폐쇄
　　　　① 메타플루미존 ② 인독사카브
　　(6) 신경전달물질 수용제 차단
　　　　① 아세타미프리드 ② 이미다클로프리드 ③ 티아클로프리드
　　　　④ 설폭사플로르
　　(7) 신경전달물질 수용체 기능 항진
　　　　① 스피네토람 ② 스피노사드
　　(8) 신경전달물질 수용체 통로폐쇄
　　　　① 벤설탑 ② 카탑하이드로클로라이드
　　(9) 라이아노딘 수용체 결합
　　　　① 사이안트라닐리프롤 ② 크로란트라닐리프롤 ③ 플루벤디아마이드

08 살충제 중 호흡계 작용기작 살충제를 보기에서 모두 고르시오.

> **보기**
> ① 다이아지논　　　② 메틸브로마이드
> ③ 클로르피리포스　④ 클로르피크린
> ⑤ 뷰프로페진　　　⑥ 헥사플로뮤론
> ⑦ 아바멕틴　　　　⑧ 페노브카브
> ⑨ 디플로벤주론　　⑩ 이미다클로프리드

정답 ② 메틸브로마이드
　　　 ④ 클로르피크린
　　　 ⑧ 페노브카브

해설 살충제의 종류
　1) 호흡계 작용기작
　　　① 데리스제(로테논) ② 메틸브로마이드 ③ 클로르피크린
　　　④ 크로르페나피르
　2) 내분비계(호르몬)의 작용기작
　　(1) 유약호르몬 작용
　　　　① 메소프렌 ② 페녹시카브 ③ 피리프록시펜
　　(2) 탈피호르몬 작용
　　　　① 프리코신 ② 메톡시페노자이드 ③ 크로마페노자이드
　　　　④ 테부페노자이드

🌱 훈증제
가스 상태로 병해충에 접촉시켜 방제 효과를 거두는 약제로 일정한 기간 내에 일정한 농도의 약제가 공간 내에 보유되어야 하며, 따라서 휘발성을 갖추어야 하고, 가급적 비인화성이며, 인축에 독성이 적어야 한다.
예 크로로피크린, 메틸브로마이드 등

09 살충제 중 표피(키틴)합성의 작용기작 살충제를 보기에서 모두 고르시오.

> **보기**
> ① 다이아지논　　② 메틸브로마이드
> ③ 클로르피리포스　　④ 클로르피크린
> ⑤ 뷰프로페진　　⑥ 헥사플로뮤론
> ⑦ 아바멕틴　　⑧ 페노브카브
> ⑨ 디플로벤주론　　⑩ 이미다클로프리드

정답 ⑤ 뷰프로페진　⑥ 헥사플로뮤론　⑨ 디플로벤주론

해설 표피(키틴)합성의 작용
① 뷰프로페진　　② 헥사플로뮤론
③ 디플로벤주론　　④ 클로르플루아주론
⑤ 테플루벤주론

🌱 **살비제의 종류**
디코폴, 밀벡멕틴, 벤족시메이트, 사이헥사틴, 스피로디클로펜, 아바멕틴, 테트라디폰, 클로펜테닌, 프로파지트 등이 있다.

5 제초제

01 다음은 제초제의 선택적 기작의 원리 중 형태적 선택성에 대해 보기에서 선택하여 괄호를 완성하시오.

> **보기**
> 엽초 마디에 위치, 엽액에 위치

"식물 외형의 차이에 의한 선택성으로 뿌리의 분포 상태(심근성, 천근성), 생장점의 위치는 화본과: (①), 광엽잡초: (②), 잎의 특징 등에 따라 나타난다."

정답 ① 엽초 마디에 위치　② 엽액에 위치

해설 제초제의 선택성 기작의 원리
1) 선택성의 유형
　(1) 물리적 선택성
　　① 생태적 선택성: 작물과 잡초 간의 시간적, 공간적 차이에 의한 선택성으로 생육 시기나 생육 공간이 다를 때 나타난다.

🌱 **벼과(화본과) 잡초 등의 생장점 위치**
잎이나 줄기 중간을 자를 경우 재생하므로 반드시 뿌리를 완전히 뽑아 생장점을 제거해야 한다.

제1장 농약 화학적 방제 적용하기

② 형태적 선택성: 식물 외형의 차이에 의한 선택성으로 뿌리의 분포상태(심근성, 천근성), 생장점의 위치(화본과 – 엽초 마디에 위치, 광엽잡초 – 엽액에 위치), 잎의 특징 등에 따라 나타난다.

(2) 생리적 선택성
① 경엽 또는 토양에 처리한 제초제의 흡수 및 이행의 차이에 의하여 나타나는 선택성
② 흡수성: 제초제는 잎의 표면과 기동을 통해 흡수되며 식물의 표피 구조와 세포막 구성 성분에 따라 흡수 차이에 의한 선택성이 나타난다.
③ 이행성: 제초제의 작용점이 도달하는 농도 차이에 의해 선택성이 나타난다.

> **제초제의 작용 기작 순서**
> 접촉 → 침투 → 작용점으로의 이행 → 작용점으로의 작용

02 제초제의 작용기작 3가지를 쓰시오.

정답
① 광합성 저해
② 호르몬 작용저해
③ 아미노산 합성저해

해설 제초제의 작용 기작

작용 기작	제초제 분류	제초제의 종류
광합성 저해	요소계	linuron, monuron,
	트라이진계	simazin, atrazin, simeton
	아마이드계	proranil
	벤조티아디아졸계	bentazone
	비피리딜리움계	paraquat
호흡작용 및 산화적 인산화 저해	카바마이트계	chlopropham
	유기 염소계	dalapon
호르몬 작용 저해	페녹시계	2,4-D, MCP
	벤조산계	dicamba
단백질 합성 저해	아마이드계	alachlor, butachlor
	유기인계	glyphosate
세포분열 저해	디니트로아닐계	trifluralin
	카바메이트계	chlorpropham
아미노산 합성 저해	유기인계	glyphosate

03 보기의 제초제에서 비선택성 제초제를 모두 고르시오.

보기
① simazine   ② paraquat
③ butachlor   ④ diquat

정답 ② paraquat
④ diquat

해설 제초제 사용 목적에 따른 분류

특성		종류
작용특성	선택성 제초제	2,4-D, simazine
	비선택성 제초제	paraquat, diquat
사용 시기	발아 전 처리제(토양처리제)	butachlor, thiobencarb
	발아 후 처리제(경엽처리제)	bentazone, 2,4-D

04 물 20L에는 유제 50mL 들어가는 농약이 희석액 300mL일 때 농약량은? (단, 소수점 셋째 자리에서 반올림하시오.)

정답 0.75mL

[풀이과정] 20,000mL : 50mL = 300mL : X
X = (50mL × 300mL)/20,000mL
X = 0.75mL

해설 약제의 희석법
비중이 1에 가까운 약제를 희석할 때 용량계로 취해서 희석해도 좋으나 비중이 큰 액체는 이렇게 하면 주제의 함유량이 많아지므로 중량으로 환산해서 희석해야 한다.

1) 배액 조제법(일반 농민에게 추천)
   소요약량 = 단위면적당 사용량/소요 희석 배수

   > 예) 메치온 40% 유제를 1,000배액으로 희석해서 10a당 120ℓ를 살포할 때 소요되는 양은?
   > [풀이] 120/1,000 = 0.12ℓ = 120cc

2) 퍼센트액 조제법
   ① 일정한 농도의 원액을 % 액으로 희석할 때 희석에 필요한 물의 양
   ② 희석에 필요한 물의 양 = 원액의 용량 × (원액의 농도/희석할 농도 − 1) × 원액의 비중

💡 살포액 조제 방법
유제, 수화제 등을 물에 희석하여 살포액을 만드는데 배액, 퍼센트(%)액 등 여러 가지 조제 방법이 있으나 이 경우에는 약제의 중량으로 계산하여 조제하는 것이 원칙이다.

> 예) 45% EPN 유제(비중 1.0) 200cc를 0.3%로 희석하는 데 소요되는 물의 양은?
> [풀이] 200×(45/0.3−1)×1 = 200×149 = 29,800cc

3) 분제의 희석법

희석할 증량제의 중량 = 원분제의 중량×(원분제의 농도/희석할 농도−1)

> 예) 다조멧 85% 분제 1kg을 50%의 분제로 만들려면 증량제가 얼마나 필요한가?
> [풀이] 1×(85/50−1)=1×0.7=0.7kg

4) 면적당 소요약량(%액 살포)

면적당 소요약량(%액 살포) = 추천 농도(%)×면적당 살포량/약액 농도(%)×비중

> 예) 약제 50%(비중 0.7)를 0.05%로 희석하여 10a당 5말로 살포하려고 할 때 약제의 소요량은?
> [풀이] 0.05×5×1800/50×0.7=4,500/35=128.57cc

5) 소요약량(ppm 살포)

소요약량(ppm 살포) = 추천 농도(ppm)×피처리물(kg)×100/1,000,000×비중×원액 농도

> 예) 60kg의 쌀에 살충제 malathion 50% 유제(비중 1.07)를 5ppm이 되도록 처리하고자 할 때 필요한 살충제량(cc)은?
> [풀이] 5×60×100/1,000,000×1.07×50
>   =30,000/53,500,000=0.56cc

Part Ⅲ. 방제학

제2장 잡초방제학

01 잡초로 인한 피해 양상을 3가지 쓰시오.

정답 ① 작물의 수량 감소
② 농작물의 품질 저하
③ 병해충의 서식지 역할

> 🌱 **잡초의 뜻**
> 작물 사이에 자연적으로 발생하여 직·간접적으로 작물의 수량이나 품질을 저하시키는 식물을 말한다.

02 잡초가 작물보다 경쟁에서 유리한 이유를 5가지 쓰시오.

정답 ① 발아와 초기 생육이 빠르다.
② 번식력 및 재생력이 강하다.
③ 불량환경에 대한 적응력이 강하다.
④ 대부분 광합성 효율이 높은 C_4 식물이다.
⑤ 가벼운 종자를 다량 생산한다.

해설 **잡초의 생육 특성**
① 종자를 많이 생산하고 종자의 크기가 작아 발아가 빠르다.
② 이유기가 빨라 독립 생장을 통한 초기의 생장 속도가 빠르다.
③ 불량환경에 잘 적응하고 잡초 종자는 휴면을 통해 불량환경을 극복한다.
④ 작물과의 경합력이 강하여 작물의 수량 감소를 초래한다.
⑤ 지하기관을 통한 영양번식과 종자번식 등 번식기관이 다양하고 번식력도 비교적 강하다.
⑥ 밀도의 변화에 대응하여 생체량을 유연하게 변동시키므로 단위면적당 생장량은 거의 일정하다. 이와 같은 현상을 잡초생육의 유연성이라 한다.
⑦ 광합성 효율이 높은 C_4 식물이고 주요 작물들은 C_3 식물이므로 고온·고광도 및 수분제한 조건에서는 초기 단계에서 생육에 큰 차이를 나타낸다.

> 🌱 **잡초의 해작용**
> - 작물과의 경쟁
> - 유해물질의 분비
> - 병해충의 전파
> - 품질의 저하
> - 가축에의 피해

03 잡초의 유용성 3가지를 쓰시오.

정답 ① 토양에 유기물과 퇴비 공급
② 야생동물의 먹이와 서식처 제공
③ 토양유실 방지

제2장 잡초방제학

해설) 잡초의 유용성
① 토양에 유기물과 퇴비를 공급한다.
② 야생동물의 먹이와 서식처를 제공한다.
③ 토양침식 및 토양유실을 방지한다.
④ 자연경관을 아름답게 하고 환경보전에 도움이 된다.
⑤ 작물개량을 위한 유전자 자원으로 활용된다.
⑥ 오염된 물이나 토양을 정화하는 기능을 가진 종들도 있다.
⑦ 피는 식용 및 동물사료, 쑥은 식용 및 약재, 부레옥잠은 수질 정화, 별꽃은 한방약재 등으로 이용된다.

04 보기의 재배양식을 잡초가 많이 발생하는 순서대로 나열하시오.

―○보기○―
① 손이앙 ② 중묘 기계이앙
③ 담수직파 ④ 건답직파

정답) ④ 건답직파 → ③ 담수직파 → ② 중묘 기계이앙 → ① 손이앙

05 보기의 잡초를 논 잡초와 밭 잡초로 구분하시오.

―○보기○―
① 올방개 ② 명아주
③ 쇠비름 ④ 바랭이
⑤ 물달개비 ⑥ 피
⑦ 벗풀

정답)
• 논 잡초: ① 올방개, ⑤ 물달개비, ⑦ 벗풀, ⑥ 피
• 밭 잡초: ② 명아주, ③ 쇠비름, ④ 바랭이

해설) 잡초의 분류

		1년생 잡초	다년생 잡초
논 잡초	화본과	둑새풀, 피	나도겨풀
	방동사니과	바늘골, 알방동사니, 참방동사니	너도방동사니, 매자기, 쇠털골, 방개, 올챙이고랭이
	광엽잡초	물달개비, 물옥잠, 생이가래, 여뀌, 여뀌바늘, 자귀풀, 중대가리풀, 사마귀풀	가래, 개구리밥, 네가래, 벗풀, 올미

		1년생 잡초	다년생 잡초
밭 잡초	화본과	강아지풀, 개기장, 둑새풀, 바랭이, 피	
	방동사니과	바람하늘지기, 참방동사니, 파대가리	
	광엽 잡초	개비름, 명아주, 쇠비름, 여뀌, 자귀풀, 환삼덩굴, 깨풀, 광대나물	반하, 쇠뜨기, 쑥, 토끼풀, 메꽃
	광엽월년생	별꽃, 망초, 중대가리풀, 황새냉이, 개망초, 여뀌, 점나도나물	

06 우리나라 논에서 다년생 잡초가 우점하게 된 주된 요인 3가지를 쓰시오.

정답 ① 이모작의 감소
② 동일제초제의 연용
③ 춘경 및 추경의 감소

07 작물과 잡초 양분 경합에 있어서 경합이 가장 큰 양분을 쓰시오.

정답 질소(N)

08 벼와 피의 주된 형태적 차이점을 쓰시오.

정답 피의 잎은 벼의 잎과 비슷하지만 잎혀(葉舌, 엽설)와 잎귀(葉耳, 엽이)가 없어 구별된다.

PART IV

식물보호 관련 법규

제1장 병해충 목록
제2장 농약관리법
제3장 식물방역법

제 1 장 병해충 목록

1 병원균에 의한 병해

벼 병해의 분류

병명	병원균	전파(매개충)	월동태 및 장소	특징
벼도열병	진균 (불완전균류)	바람(종자)	균사 또는 분생포자로 볏짚 또는 병든 종자에서 월동	저온 다습, 규소 시비
벼잎집무늬마름병	진균 (담자균류)	물	균핵 상태로 땅 위에서 월동	균핵과 담포자 형성
벼흰잎마름병	세균	물	잡초(겨풀류)나 벼의 그루터기에서 월동	태풍과 침수 후 발생
벼줄무늬잎마름병	바이러스	애멸구	**바이러스**: 매개충의 체내에서 월동 **매개충**: 잡초, 밀밭, 자운영밭 등에서 유충의 형태로 월동	경란전염
벼깨씨무늬병	진균 (자낭균류)	바람(종자)	포자나 균사의 형태로 병든 볏짚이나 볍씨에서 월동	사질논, 노후 화답에서 발생
벼 키다리병	진균 (자낭균류)	바람(종자)	분생포자의 형태로 종자표면에서 월동	지베렐린 분비
벼 오갈병	바이러스	끝동매미충, 번개매미충	**바이러스**: 매개충의 체내에서 월동 **매개충**: 잡초, 밀밭, 자운영밭 등에서 유충이나 성충의 형태로 월동	경란전염
벼 세균성알마름병	세균	물(종자)	종자에서 월동	종자 전염
벼이삭누룩병	진균 (자낭균류)	바람	균핵 또는 후막포자 상태로 토양에서 월동	풍년병이라고 불림
벼모잘록병	진균	물, 토양	난포자의 상태로 병든 조직 또는 토양에서 월동	상자육묘에서 많이 발생

② 맥류 및 기타 작물 병해의 분류

병명	병원균	전파(매개충)	월동태 및 장소	특징
보리, 밀겉깜부기 병	진균 (담자균류)	바람(종자)	균사 상태로 종자에서 월동	후막포자 발아 전균사 형성
보리속 깜부기병	진균 (담자균류)	바람(종자)	균사 상태로 종자에서 월동	떡잎집을 통해 침입
맥류 흰가루병	진균 (자낭균류)	바람	균사 또는 자낭포자의 형태로 병든 잎에서 월동	자낭각 형성
맥류 붉은 곰팡이 병	진균 (자낭균류)	비, 바람	분생포자, 균사, 자낭포자의 형태로 병든 종자 또는 밀짚 등에서 월동	곰팡이독소 제랄레논
맥류 줄기녹병	진균 (담자균류)	바람	겨울포자는 마른 밀짚에서 월동 (이종 기생성)	중간기주(매자나무)
호밀 맥각병	진균 (자낭균류)	바람	균핵의 형태로 땅위에서 월동	유독 알칼로이드 생성
콩 자줏빛 무늬병	진균 (불완전균류)	비바람(종자)	균사의 형태로 병든 종자나 병든 식물에서 월동	종자 외관이 나빠짐
담배 모자이크병	바이러스	접촉전염	토양 내의 병든 잔재 또는 종자의 표면에서 월동	이식, 순지르기 등 접촉전염
담배 불마름병	세균	접촉전염	병든 식물의 잎, 토양, 종자 등에서 월동	간상형 세균 독소 생성
담배 역병	유사균 (난균류)	바람, 물	땅속에서 난포자 형태로 월동	고온 다우, 유주자

제1장 병해충 목록

③ 서류 병해의 분류

병명	병원균	전파(매개충)	월동태 및 장소	특징
감자 역병	유사균 (난균류)	바람, 관개수, 씨감자	균사로 흙속의 병든 감자나 씨감자에서 월동	식물병리학상 중요 병해
감자더뎅이병	세균	바람, 물, 오염된 흙	병든 씨감자와 흙속에서 월동	건조한 알칼리성 토양 발생
감자 둘레썩음병	세균	씨감자, 농기구, 곤충	병든 씨감자에서 월동	대표적 그람 양성 세균
감자 잎말림병	바이러스	복숭아혹진딧물, 감자수염진딧	괴경에서 월동	즙액전염 아닌 매개충전염
고구마 검은무늬병	진균 (자낭균류)	씨고구마, 농기구 등	균사의 형태로 병든 괴근이나 땅 속에서 월동	이포메아마론 독소
고구마 무름병	진균 (접합균류)	공기, 토양, 씨고구마	공기, 토양, 저장고 등에 무수히 존재	포자낭포자와 접합포자 형성

④ 채소류 병해의 분류

병명	병원균	기주(중간기주)	월동태 및 장소	특징
가지과 풋마름병	세균	감자, 가지, 토마토, 고추	병든 식물의 잔재에서 월동	토양전염
오이류 풋마름병	세균	오이, 멜론, 호박	매개충의 체내에서 월동	매개충(오이 잎벌레)
채소 세균성 무름병	세균	고추, 무, 배추, 마늘	이병식물의 잔재나 토양 등에서 월동	펙틴분해효소 분비
고추, 사과탄저병	진균 (자낭균류)	고추, 사과, 포도	균사 또는 분생포자, 자낭각의 형태로 병든 열매나 나뭇가지에서 월동	고온 다습, 성숙기에 발생
고추 역병	유사균 (난균류)	고추, 토마토, 가지, 호박	난포자로 토양 중에서 월동	토양전염성 물을 통해 전염
오이류 노균병	유사균 (난균류)	오이, 참외, 호박, 수박	주년 재배지 에서는 분생포자로 토양에서 월동	바람과 물을 통해 전염

병명	병원균	기주(중간기주)	월동태 및 장소	특징
오이류 덩굴쪼김병	진균 (불완전균류)	수박, 오이, 참외, 수세미 등	균사나 후막포자의 형태로 땅속에서 월동	토양전염, 연작 방지
토마토 시들음병	진균 (불완전균류)	토마토	균사나 후막포자의 형태로 땅속에서 월동	가지과 풋마름병과 비슷, 줄기 즙액 배출 않음
무, 배추 무사마귀병	유사균 (점균류)	무, 배추, 양배추 등	휴면포자로 토양에서 월동	저온 다습, 산성토양
잿빛곰팡이병	진균 (불완전균류)	딸기, 오이, 고추, 사과, 포도	균핵이나 분생포자의 형태로 병든 식물이나 흙에서 월동	저온 다습, 주야 온도변화
균핵병	진균 (자낭균류)	오이, 감자, 배추, 토마토, 콩	균핵의 형태로 병든 식물이나 토양에서 월동	저온 다습, 다범성병
토마토 잎곰팡이병	진균 (불완전균류)	토마토	균사덩이의 형태로 종자 표면에서 월동	영양부족, 시설재배

⑤ 과수류 병해의 분류

병명	병원균	기주(중간기주)	월동태 및 장소	특징
사과나무 갈색무늬병	진균 (자낭균류)	사과나무	균사 또는 자낭포자의 잎에서 월동	조기낙엽 원인
사과나무 부란병	진균 (자낭균류)	사과나무	병포자 또는 자낭포자의 가지에서 월동	껍질이 벗겨지고 알코올 냄새를 발산
배나무 붉은별무늬병	진균 (담자균류)	사과나무, 배나무, 모과나무(향나무)	겨울포자퇴로 향나무에서 월동 (여름포자퇴 없음)	향나무와 기주 교대, 이종기생, 녹포자, 순활물기생
배나무 검은무늬병	진균 (불완전균류)	배나무	균사의 형태로 병든 잎이나 가지 등에서 월동	기주 특이적 AK 독소 분비
배나무 화상병	세균	배나무, 사과나무	병든 나뭇가지나 줄기에서 월동	
복숭아나무 잎오갈병	진균 (자낭균류)	복숭아나무	분생포자 형태로 나무줄기나 눈에서 월동	
복숭아나무 세균성구멍병	세균	복숭아, 자두, 살구	나뭇가지의 병환부에서 월동	비바람에 의해 전파
포도나무 새눈무늬병	진균 (자낭균류)	포도나무	균사의 형태로 병든 덩굴 또는 열매에서 월동	열매의 병반이 새의 눈처럼 보임

제1장 병해충 목록

6 수목류 병해의 분류

병명	병원균	기주(중간기주)	월동태 및 장소	특징
모잘록병	난균	소나무, 낙엽송, 참나무류	난포자의 상태로 병든 조직 또는 토양에서 월동	
뿌리썩이선충병	선충		이동성 내부 기생선충으로 뿌리 조직 내에서 월동	
뿌리혹병(근두암종병)	세균		병환부에서 월동하고 땅속에서 다년간 생존	밤나무, 감나무의 지표식물, Agrobacterium radiobacter
소나무 재선충병	선충	소나무, 잣나무, 해송	매개충 솔수염하늘소는 소나무 속에서 유충으로 월동	소나무 AIDS, 벌채 훈증 소각
소나무 잎녹병	진균(담자균류)	소나무(황벽나무, 참취, 잔대)	겨울포자가 발아하여 형성된 담자포자가 소나무의 침엽에서 월동	이종기생, 녹포자, 여름포자
소나무 잎떨림병	진균(자낭균류)	소나무류	자낭포자의 형태로 땅 위에 떨어진 병든 잎에서 월동	병원균·기공 침입
소나무 잎마름병	진균(불완전균류)	소나무, 해송	균사의 형태로 병든 낙엽에서 월동	해송에 많이 발생
푸사리움 가지마름병	진균(불완전균류)	리기다소나무, 해송	균사의 형태로 병든 가지에서 월동	바람 및 매개충 전파
잣나무 털녹병	진균(담자균류)	잣나무(송이풀, 까치밥나무)	균사의 형태로 잣나무 수피 조직 내에서 월동	이종기생, 녹포자, 여름포자
포플러 잎녹병	진균(담자균류)	포플러류(낙엽송, 현호색, 줄꽃주머니)	겨울포자의 형태로 병든 낙엽에서 월동	이종기생, 녹포자, 여름포자
밤나무 줄기마름병	진균(자낭균류)	밤나무	균사 또는 포자의 형태로 병환부에서 월동	저병원성 균주 생물적 방제
벚나무 빗자루병	진균(자낭균류)	벚나무류	균사의 형태로 병든 가지에서 월동	빗자루 병징 진균병
호두나무 탄저병	진균(자낭균류)	호두나무	자낭각 형태로 병든 가지나 낙엽에서 월동	과습한 점질토양 발생
참나무 시들음병	진균(레펠리아속)	참나무류(신갈나무 피해가 큼)	매개충인 광릉긴나무좀은 대부분 5령의 노숙유충으로 월동	참나무 AIDS, 피해목 벌채후 훈증 소각
대추나무·오동나무 빗자루병	파이토플라즈마	대추나무, 오동나무	대추나무 빗자루병은 마름무늬매미충, 오동나무 빗자루병은 담배장님노린재에 의해 매개	옥시테트라사이클린계 항생제 수간주사

병명	병원균	기주(중간기주)	월동태 및 장소	특징
뽕나무 오갈병	파이토 플라즈마	뽕나무	마름무늬매미충에 의해 매개	
흰가루병	진균 (자낭균류)		자낭각 또는 균사의 형태로 병든 낙엽 또는 가지에서 월동	가을철 흑색 알맹이
그을음병	진균 (자낭균류)		균사 또는 자낭각의 형태로 월동	깍지벌레, 진딧물의 분비물인 감로에서 기생
아밀라리아 뿌리썩음병	진균 (담자균류)	침엽수 및 활엽수	낙엽이나 다른 병든 식물에서 부생생활	산성 토양에서 발생

2 해충에 의한 피해

① 벼 해충의 분류

해충명	가해양식	발생	월동형태 및 장소	특징
이화명나방	줄기 가해	1년에 2회	노숙유충 형태로 볏짚 속에서 월동	초기에는 잎을 가해하다가 잎집 속으로 파고 들어가 약간 자라면 줄기 속으로 먹어 들어간다.
멸강나방	잎(식엽성)	매년 비래	국내 월동 불가능	유충이 잎을 폭식하는 다식성 해충
벼잎벌레	잎(식엽성)	1년에 1회	성충의 형태로 논둑 잡초 사이에서 월동	6월 초순에 발생하는 저온성 해충으로 건조에 약함
혹명나방	잎(권엽성)	매년 비래	국내 월동 불가능	유아등에 유인되지 않음으로써 피해 잎이 1~2개가 보일 때 방제
벼줄기굴파리	잎(잠엽성)	1년에 3회	유충의 형태로 둑새 풀이나 벼과 잡초의 줄기 속에서 월동	제1화기 유충은 생장점 부근의 어린잎을, 제2화기 유충은 어린 이삭을 가해
벼애잎굴파리	잎(잠엽성)	1년에 7~8회	번데기 형태로 둑새 풀이나 잡초의 뿌리 부근에서 월동	저온성 해충으로 유충이 늘어진 잎에 기생하여 굴을 파고 가해
벼멸구	줄기(흡즙성)	매년 비래	국내 월동 불가능	벼 포기의 아랫부분을 흡즙하므로 이삭이 패기 전에 방제
흰등멸구	줄기(흡즙성)	매년 비래	국내 월동 불가능	벼멸구에 비해 기주범위가 넓고 비래량이 많음

제1장 병해충 목록

해충명	가해양식	발생	월동형태 및 장소	특징
애멸구	줄기(흡즙 및 바이러스 매개)	1년에 5회	4령 약충의 형태로 논둑의 잡초나 보리밭 등에서 월동	벼 줄무늬잎마름병, 벼 검은줄오갈병, 보리 북지 모자이크병 등의 바이러스병 매개
끝동매미충	줄기, 이삭 (흡즙 및 바이러스 매개)	1년에 4~5회	4령 약충의 형태로 논둑의 잡초나 벼 그루 등에서 월동	성충과 약충이 줄기와 이삭 흡즙, 배설물에 의한 그을음병 유발, 벼 오갈병 매개
먹노린재	줄기, 이삭 (흡즙성)	1년에 1회	성충의 형태로 낙엽 밑이나 고사한 잡초 속에서 월동	등숙기에 이삭을 흡즙하면 반점미(斑點米) 발생
벼물바구미	잎(성충), 뿌리(유충)	1년에 1회 정도	성충의 형태로 논둑의 잡초나 낙엽 밑에서 월동	성충은 잎을, 유충은 뿌리를 가해할 성충보다 유충의 섭식량이 많음

② 맥류 및 기타 작물의 해충 분류

해충명	가해양식	발생	월동형태 및 장소	특징
보리굴파리	잎(잠엽성)	1년에 3회	번데기의 형태로 땅속에서 월동	유충이 잎끝에서 잠입하여 엽육을 불규칙하게 식해(食害)
보리수염진딧물	잎(흡즙성)	1년에 수회	알로 월동	보리 이삭과 이삭목을 흡즙하여 임실저하
조명나방	줄기 가해	1년에 2~3회	유충의 형태로 기주의 줄기 속에서 월동	1화기 유충의 2~3령충이 옥수수의 엽초나 줄기 속을 식해
콩잎말이명나방	잎(권엽성)	1년에 2~3회	유충의 형태로 월동	질소 과용 및 통풍이 좋지 않은 밭 또는 제1화기에 가장 피해가 심함
콩나방	꼬투리 및 종실	1년에 1회	노숙유충의 형태로 땅속의 고치 안에서 월동	콩의 어린 꼬투리에 유충이 먹어들어가 여물지 않은 열매를 갉아 먹는다.
콩시스트선충	뿌리 (토양해충)	콩의 생육 기간 중 3~4세대 경과	알 또는 유충의 형태로 시스트 내에서 월동	고온, 저온, 건조, 약제 등에 저항할 수 있는 시스트를 형성하여 방제 어려움
왕됫박벌레붙이	잎(식엽성)	1년에 3회	성충의 형태로 월동	성충과 유충이 잎의 표피만 남기고 가해
감자나방	잎(잠엽성) 괴경	1년에 6~8회	유충 또는 번데기의 형태로 감자 또는 기주의 잔재물에서 월동	주로 감자의 눈 부분에 산란 부화유충은 괴경을 파먹고 그을음 같은 똥을 배출

해충명	가해양식	발생	월동형태 및 장소	특징
방아벌레	괴경 (토양해충)	1세대를 경과하는 데 3년	유충 또는 번데기의 형태로 땅속에서 월동	철사벌레로 불리는 유충이 감자의 괴경에 구멍을 내고 그 상처로 병원균이 침입하여 부패의 원인이 됨

③ 채소류 해충의 분류

해충명	가해양식	발생	월동형태 및 장소	특징
배추흰나비	잎(식엽성)	1년에 4~5회	번데기의 형태로 가해식물 등에서 월동	유충이 십자화과 채소의 잎을 가해, 피해받은 배추 등 결구하지 못함
도둑나방	잎(식엽성)	1년에 2회	번데기의 형태로 땅속에서 월동	유충이 기주식물의 잎을 가해, 극히 잡식성이어서 기주범위가 넓음
배추좀나방	잎(식엽성)	1년에 수 회	성충, 유충, 번데기의 형태로 월동	부화유충은 엽맥을 따라 뒷면의 엽육만 식해, 완전한 잠엽성은 아님
배추순나방	잎(식엽성)	1년에 2~3회	번데기의 형태로 월동	유충이 기주식물의 본엽이 나올 무렵 생장점 부근을 가해
배추벼룩잎벌레	잎(식엽성) 뿌리	1년에 4~5회	성충의 형태로 잡초나 땅속에서 월동	성충은 잎을, 유충은 뿌리를 가해
무잎 벌레	잎(식엽성)	1년에 2~3회	성충의 형태로 잡초 등에서 월동	성충과 유충이 기주식물의 잎을 엽육만 남기고 가해
담배거세미나방	잎(식엽성)	1년에 4~5회	유충 및 번데기의 형태로 월동	유충이 기주식물의 줄기와 잎을 가해하고 기주 범위가 매우 넓음
오이잎벌레	잎(식엽성) 뿌리	1년에 1회	성충의 형태로 따뜻한 곳에서 월동	성충은 잎을, 유충은 뿌리를 가해
아메리카잎굴파리	잎(식엽성, 흡즙성)	온실에서 1년에 15회 이상	번데기의 형태로 월동	외래해충으로 유충은 잎 조직 내에서 굴을 파고, 성충은 산란관으로 잎의 즙액 흡즙
복숭아혹진딧물	흡즙 및 바이러스 매개	1년에 9~23회	알의 형태로 겨울기주 복숭아나무 등의 겨울눈에서 월동	월동란이 부화하여 간모가 되고 간모는 여름 내내 단위생식을 계속함

제1장 병해충 목록

해충명	가해양식	발생	월동형태 및 장소	특징
목화진딧물	흡즙 및 바이러스 매개	1년에 33회 정도	알의 형태로 겨울기주에서 월동	피해 증상은 배설물에 의한 그을음병 유발, 흡즙에 의한 시들음, 바이러스의 매개 등
온실가루이	흡즙 및 바이러스 매개	시설 내에서 1년에 10회 이상	노지월동은 불가능 시설 내에서 불규칙한 형태로 월동	외래해충으로 약충과 성충이 기주식물의 잎 뒷면에서 흡즙
담배가루이	흡즙 및 바이러스 매개	노지 3~4회, 시설 내 1년에 10회 이상	시설 내에서 불규칙한 형태로 월동	외래해충으로 약충과 성충이 기주식물의 잎 뒷면에서 흡즙 B-type의 피해가 가장 큼
숯검은밤나방	지 제부 (토양해충)	1년에 1회	3~4령 유충의 형태로 지표의 잎 뒷면에 잠복 월동	월동유충이 고추, 토마토 등의 지제부를 자르고 가해하여 치명적
땅강아지	뿌리 (토양해충)	1년에 1회	성충 또는 약충의 형태로 땅속에서 월동	성충과 약충이 지표 밑에서 각종 작물의 지하부를 가해
거세미나방	어린모 (토양해충)	1년에 2회	유충의 형태로 땅속에서 월동	유충이 어린 모를 지표면 가까이에서 자르고 식해, 특히 유묘기에 주의
고자리파리	뿌리 줄기 (토양해충)	1년에 3회	번데기의 형태로 땅속에서 월동	유충이 기주식물의 뿌리 부분에서 먹어 들어가 줄기까지 가해
작은뿌리파리	뿌리 (토양해충)	시설 내 연중 발생	알에서 성충까지의 기간은 약 4주	유기물을 다량 시용한 경우 또는 육묘장 및 양액 재배에서 피해가 심함
뿌리응애	뿌리 (토양해충)	1년에 10회 정도	성충이나 약충의 형태로 구근 속이나 땅속에서 월동	성충과 약충이 기주식물의 뿌리와 지하부를 가해, 연작지나 유기질이 풍부한 산성 모래땅에서 피해가 심함
뿌리혹선충류	뿌리 (토양해충)	환경요인에 따라 다름	알 또는 유충의 형태로 알주머니에서 월동	고구마뿌리혹선충과 당근뿌리혹선충 등이 있음
담배나방	과실 (과실해충)	1년에 3회	번데기의 형태로 땅속에서 월동	고추에 가장 큰 피해를 주는 해충으로 과실 속으로 파고 들어가 속을 먹음
파밤나방	과실 (과실해충)	1년에 4~5회	중부지방 월동 불가능, 시설 내 연중 발생	부화유충이 기주의 표피를 갉아먹거나 과실에 구멍을 뚫으며 불규칙하게 폭식

④ 과수류 해충의 분류

해충명	가해양식	발생	월동형태 및 장소	특징
사과잎말이 나방	잎(권엽성)	1년에 3회	어린 유충의 형태로 오래된 잎이나 나무껍질 속에서 월동	제1화기 유충 잎을 말고 엽육 가해, 제2화기 유충 잎 또는 과실 가해
사과순나방	잎(권엽성)	1년에 2회	유충의 형태로 신초 끝의 말린 잎 속에서 월동	유충이 사과나무 신초에 있는 잎의 주맥 아랫부분을 접고 엽육을 가해
사과굴나방	잎(잠엽성)	1년에 5~6회	번데기의 형태로 피해 잎에서 월동	유충이 잎의 엽육 안으로 먹어 들어가고 심하면 잎이 뒷면으로 말림
복숭아굴나방	잎(잠엽성)	1년에 7회	성충의 형태로 지피물에 숨어서 월동	유충이 잎의 엽육을 먹으며 소용돌이 모양 또는 긴 선의 잠입 흔적이 남음
사과혹진딧물	잎(흡즙성)	1년에 10회	알의 형태로 가지 끝이나 겨울눈에서 월동	사과의 잎이 트기 시작할 때부터 흡즙하며 피해를 받은 잎은 뒤쪽을 향하여 세로로 말림
사과응애	잎(흡즙성)	1년에 7~8회	알의 형태로 겨울 눈이나 수간에서 월동	사과의 잎 뒤쪽에서 즙액과 엽록소를 흡즙하므로 잎 표면에 불규칙한 백색 반점이 생김
점박이응애	잎(흡즙성)	1년에 10회	성충의 형태로 나무껍질, 낙엽, 잡초 등에서 월동	기주범위가 넓고, 성충과 약충이 잎의 앞뒷면에 모두 기생하며 흡즙
꼬마배나무이	잎, 과실 (흡즙성)	1년에 5회	월동형 성충 형태로 거친 껍질 속에서 집단적으로 월동	성충과 약충이 배나무의 어린잎과 꽃봉오리, 과실을 흡즙
사과하늘소	줄기, 가지 가해	2년에 1회	유충의 형태로 월동	유충이 사과나무 등의 주간부 또는 가지의 목질부에 굴을 뚫어 가해
샌호제깍지벌레	줄기, 가지 (흡즙성)	1년에 3회	암컷 성충 또는 약충의 형태로 기주의 가지와 줄기에서 월동	성충과 약충이 가지와 줄기에 기생하여 흡즙, 다른 깍지벌레와는 달리 난생이 아닌 태생
포도호랑 하늘소	줄기, 가지 가해	1년에 1회	어린 유충의 형태로 포도나무 가지 밑에서 월동	유충이 포도나무의 목질부에 구멍을 뚫고 가해
복숭아심식 나방	과실	1년에 2회	노숙유충의 형태로 땅속의 고치 속에서 월동	유충이 과실 내부로 뚫고 들어가 요철의 기형과 발생, 침입구보다 탈출구가 더 큼

제1장 병해충 목록

해충명	가해양식	발생	월동형태 및 장소	특징
복숭아순나방	신초, 과실	1년에 4회	유충의 형태로 주변에서 고치를 짓고 월동	1·2화기 유충은 복숭아 나무 등의 신초 가해, 3·4화기 유충은 사과·배 등의 과실 가해
복숭아명나방	과실	1년에 2회	노숙유충의 형태로 지피물이나 수피의 고치 속에서 월동	제1회 유충은 주로 복숭아나 사과 등을, 제2회 유충은 밤이나 감 등을 가해
콩가루벌레	과실	1년에 6~10회	주로 알의 형태로 수간의 나무껍질 밑에서 월동	성충과 약충이 주로 봉지를 씌운 배를 가해 일부는 단위생식으로 번식
가루깍지벌레	과실	1년에 3회	보통 알덩어리 형태로 거친 껍질 밑에서 월동	부화약충이 과실의 즙액을 흡즙하여 기형과 발생 및 그을음병 유발
꽃노랑총채벌레	잎, 과실	1년에 5~6회	성충 형태로 지표면이나 나무껍질 속에서 월동	약충과 성충이 어린잎이나 꽃, 과피의 즙액을 흡즙

⑤ 수목류 해충의 분류

해충명	가해양식	발생	월동형태 및 장소	특징
솔나방	잎(식엽성)	1년에 1회	5령 유충의 형태로 지피물이나 나무껍질 사이에서 월동	후식의 피해가 큼, 천적은 송충알좀벌(알), 고치벌·맵시벌(유충·번데기) 등이 있음
매미나방 (집시나방)	잎(식엽성)	1년에 1회	알의 형태로 나무의 줄기에서 월동	잡식성 해충으로 유충이 잎을 식해, 난괴(卵塊)로 산란하고 암컷의 황색 털로 덮여 있음
미국흰불나방	잎(식엽성)	1년에 2회	번데기의 형태로 나무껍질 사이에서 월동	잡식성 해충으로 제1화기보다 제2화기의 피해가 더 심함
텐트나방(천막벌레나방)	잎(식엽성)	1년에 1회	알의 형태로 월동	유충이 천막을 치고 모여 살면서 낮에는 쉬고 밤에만 가해
오리나무잎벌레	잎(식엽성)	1년에 1회	성충의 형태로 피물 또는 흙속에서 월동	성충과 유충이 동시에 오리나무 잎을 식해, 유충은 엽육만을 먹기 때문에 잎이 붉게 변색
잣나무넓적잎벌	잎(식엽성)	보통 1년에 1회	노숙유충의 형태로 땅속에서 월동	주로 20년생 이상된 밀생 임분에서 발생

해충명	가해양식	발생	월동형태 및 장소	특징
버즘나무 방패벌레	잎(흡즙성)	보통 1년에 2회	성충의 형태로 수피 틈에서 월동	외래해충으로 약충이 버즘나무(플라타너스) 류의 잎 뒷면을 흡즙 및 가해
진달래 방패벌레	잎(흡즙성)	1년에 4~5회	성충의 형태로 낙엽사이나 지피물 밑에서 월동	잎 뒷면을 흡즙 및 가해, 성충과 약충이 동시에 출현
솔껍질깍지벌레	줄기(흡즙성)	1년에 1회	후약충의 형태로 월동	부화약충의 이동으로 확산, 남부 해안지방의 해송(곰솔)에 피해
솔잎혹파리	잎(충영성)	1년에 1회	유형의 형태로 지피물 밑이나 땅 속에서 월동	유충이 건조에 약하고 먹좀벌류가 천적임
밤나무혹벌	눈(충영성)	1년에 1회	유형의 형태로 잎눈의 조직 내에 충영을 만들고 월동	암컷만으로 번식하는 단성생식
소나무좀	분열조직(천공성)	1년에 1회	성충의 형태로 수피 틈에서 월동	2차 해충으로 유충 피해 및 성충의 후식 피해, 먹이나무(ffi木)로 성충 유인 방제
박쥐나방	분열조직(천공성)	1년에 1회	알의 형태로 월동	줄기를 고리 모양으로 가해한 다음 똥을 배출하고 실을 토함
향나무하늘소 (측백하늘소)	분열조직(천공성)	1년에 1회	성충의 형태로 피해목에서 월동	형성층을 갉아 먹고 갱도에 똥을 채워 놓아 외부에서 피해를 발견하기 어려움
밤바구미	종실(밤)	1년에 1회	노숙유충의 형태로 땅속에서 월동	유충이 배설물을 밖으로 내보내지 않음
솔알락명나방	종실(잣나무 구과)	1년에 1회	노숙유충 또는 알의 형태로 땅속이나 구과에서 월동	잣송이를 가해하여 잣 수확을 감소
도토리거위벌레	종실(참나무 구과)	1년에 1~2회	노숙유충 형태로 땅속에서 월동	성충은 도토리가 달린 참나무류 가지를 자르고 유충은 도토리 과육 식해

제2장 농약관리법

제1장 총칙

▶ **제2조(정의)**

이 법에서 사용하는 용어의 뜻은 다음과 같다.

1. "농약"이란 다음 각 목에 해당하는 것을 말한다.
   가. 농작물[수목(樹木), 농산물과 임산물을 포함한다. 이하 같다]을 해치는 균(菌), 곤충, 응애, 선충(線蟲), 바이러스, 잡초, 그 밖에 농림축산식품부령으로 정하는 동식물(이하 "병해충"이라 한다)을 방제(防除)하는 데에 사용하는 살균제·살충제·제초제
   나. 농작물의 생리기능(生理機能)을 증진하거나 억제하는 데에 사용하는 약제
   다. 그 밖에 농림축산식품부령으로 정하는 약제

1의2 "천연식물보호제"란 다음 각 목의 어느 하나에 해당하는 농약으로서 농촌진흥청장이 정하여 고시하는 기준에 적합한 것을 말한다.
   가. 진균, 세균, 바이러스 또는 원생동물 등 살아있는 미생물을 유효성분(有效成分)으로 하여 제조한 농약
   나. 자연계에서 생성된 유기화합물 또는 무기화합물을 유효성분으로 하여 제조한 농약

2. "품목"이란 개별 유효성분의 비율과 제제(製劑) 형태가 같은 농약의 종류를 말한다.

3. "원제(原劑)"란 농약의 유효성분이 농축되어 있는 물질을 말한다.

3의2 "농약활용기자재"란 다음 각 목의 어느 하나에 해당하는 것으로서 농촌진흥청장이 지정하는 것을 말한다.
   가. 농약을 원료나 재료로 하여 농작물 병해충의 방제 및 농산물의 품질관리에 이용하는 자재
   나. 살균·살충·제초·생장조절 효과를 나타내는 물질이 발생하는 기구 또는 장치

4. "제조업"이란 국내에서 농약 또는 농약활용기자재(이하 "농약등"이라 한다)를 제조(가공을 포함한다. 이하 같다)하여 판매하는 업(業)을 말한다.

5. "원제업(原劑業)"이란 국내에서 원제를 생산하여 판매하는 업을 말한다.

6. "수입업"이란 농약등 또는 원제를 수입하여 판매하는 업을 말한다.
7. "판매업"이란 제조업 및 수입업 외의 농약등을 판매하는 업을 말한다.
8. "방제업(防除業)"이란 농약을 사용하여 병해충을 방제하거나 농작물의 생리기능을 증진하거나 억제하는 업을 말한다.

제2장 영업의 등록 등

▶제3조(영업의 등록 등)

① 제조업·원제업 또는 수입업을 하려는 자는 농림축산식품부령으로 정하는 바에 따라 농촌진흥청장에게 등록하여야 한다. 등록한 사항 중 농림축산식품부령으로 정하는 중요한 사항을 변경하려는 경우에도 또한 같다.

② 판매업을 하려는 자는 농림축산식품부령으로 정하는 바에 따라 업소마다 판매관리인을 지정하여 그 소재지를 관할하는 시장(특별자치도의 경우에는 특별자치도지사를 말한다. 이하 같다)·군수 또는 자치구의 구청장(이하 "시장·군수·구청장"이라 한다)에게 등록하여야 한다. 등록한 사항 중 농림축산식품부령으로 정하는 중요한 사항을 변경하려는 경우에도 또한 같다.

③ 제조업 또는 수입업을 하려는 자 중 농약등을 판매하려는 자는 농림축산식품부령으로 정하는 기준에 맞는 판매관리인을 지정하여 제1항 전단에 따라 등록하여야 한다.

④ 제3항에 따른 판매관리인을 지정하지 아니하고 제1항 전단에 따라 제조업 또는 수입업의 등록을 한 자 중 농약등을 판매하려는 자는 제3항에 따른 판매관리인을 지정하여 변경등록을 하여야 한다.

⑤ 제1항이나 제2항에 따른 등록을 하려는 자는 농림축산식품부령으로 정하는 기준에 맞는 인력·시설·장비 등을 갖추어야 한다. 이 경우 원제업 또는 수입업을 하려는 자 중 「화학물질관리법」에 따른 금지물질 또는 유독물질에 해당하는 원제를 취급하는 자가 갖추어야 할 기준을 따로 정할 수 있다.

⑤ 제1항이나 제2항에 따른 등록을 하려는 자는 농림축산식품부령으로 정하는 기준에 맞는 인력·시설·장비 등을 갖추어야 한다. 이 경우 원제업 또는 수입업을 하려는 자 중 「화학물질관리법」에 따른 금지물질 또는 인체급성유해성물질, 인체만성유해성물질, 생태유해성물질에 해당하는 원제를 취급하는 자가 갖추어야 할 기준을 따로 정할 수 있다. 〈개정 2024. 2. 6〉, [시행일 2025. 8. 7]

제2장 농약관리법

제3장 농약의 등록 등

▶제8조(국내 제조품목의 등록)

① 제조업자가 농약을 국내에서 제조하여 국내에서 판매하려면 품목별로 농촌진흥청장에게 등록하여야 한다. 다만, 제조업자가 다른 제조업자의 등록된 품목을 위탁받아 제조하는 경우에는 그러하지 아니하다.

② 제1항에 따른 등록을 하려는 자는 다음 각 호의 사항을 적은 신청서에 제17조의4 제1항에 따라 지정된 시험연구기관에서 검사한 농약의 약효, 약해(藥害), 독성(毒性) 및 잔류성(殘留性)에 관한 시험 성적을 적은 서류(이하 "시험성적서"라 한다)를 첨부하여 농약의 시료와 함께 농촌진흥청장에게 제출하여야 한다. 다만, 천연식물보호제나 그 밖에 대통령령으로 정하는 품목을 등록하는 경우에는 농림축산식품부령으로 정하는 바에 따라 시험성적서의 전부 또는 일부의 제출을 면제할 수 있다.

1. 신청인의 성명(법인인 경우에는 그 명칭과 대표자의 성명을 말한다. 이하 같다), 주소, 주민등록번호
2. 농약의 명칭
3. 이화학적(理化學的) 성질·상태 및 유효성분과 그 밖의 성분의 종류와 각각의 함유량
4. 품목의 제조 과정
5. 용기 또는 포장의 종류·재질 및 그 용량
6. 적용 대상 병해충 및 농작물의 범위, 농약의 사용방법 및 사용량
7. 약효의 보증기간
8. 사람과 가축에 해로운 농약은 그 내용과 해독방법
9. 수서생물(水棲生物)에 해로운 농약은 그 내용
10. 인화성·폭발성 또는 피부를 손상시키는 등의 위험이 있는 농약은 그 내용
11. 보관·취급 및 사용상의 주의사항
12. 제조장의 소재지
13. 그 밖에 농림축산식품부령으로 정하는 제조품목의 등록에 필요한 사항

▶제16조(원제의 등록 등)

① 원제업자가 원제를 생산하여 판매하려면 종류별로 농촌진흥청장에게 등록하여야 한다.

② 제1항에 따라 원제를 등록하려는 자는 다음 각 호의 사항을 적은 신청서에 제17조의4 제1항에 따라 지정된 시험연구기관에서 검사한 원제의 이화학적 분석 및 독성 시험성적을 적은 서류를 첨부하여 원제의 시료와

함께 농촌진흥청장에게 제출하여야 한다. 다만, 대통령령으로 정하는 원제를 등록하는 경우에는 농림축산식품부령으로 정하는 바에 따라 서류의 전부 또는 일부의 제출을 면제할 수 있다.
1. 신청인의 성명·주소·주민등록번호
2. 원제의 명칭, 이화학적 성질·상태 및 주요성분과 그 밖의 성분의 종류와 각각의 함유량
3. 원제의 합성·제조 과정
4. 인화성·폭발성 등 위험한 원제는 그 내용
5. 제조장의 소재지
6. 그 밖에 농림축산식품부령으로 정하는 원제등록에 필요한 사항

③ 농촌진흥청장은 제2항에 따른 신청을 받은 경우 농촌진흥청장이 정하여 고시하는 원제등록기준에 맞다고 인정할 때에는 지체 없이 신청인에게 다음 각 호의 사항을 적은 등록증을 발급하여야 한다.
1. 등록번호 및 등록연월일
2. 원제업자의 성명
3. 제2항 제2호의 내용
4. 제조장의 소재지
5. 그 밖에 농림축산식품부령으로 정하는 사항

④ 제1항에 따른 원제등록에 관련된 원제등록자의 지위승계와 행정처분 효과의 승계, 신청에 의한 변경등록 등, 직권에 의한 등록취소에 관하여는 제12조, 제13조 및 제14조 제1항을 준용한다. 이 경우 "품목"은 "원제"로, "제조업자"는 "원제업자"로 본다.

제4장 농약의 유통관리 등

▶제20조(농약 등 및 원제의 표시)

① 제조업자나 수입업자는 자신이 제조하거나 수입한 농약 등을 판매하려면 그 용기나 포장에 농약 등의 명칭, 유효성분별 함유량, 적용 대상 병해충명, 약효 보증기간, 그 밖에 농림축산식품부령으로 정하는 사항을 표시하여야 한다.

② 원제업자나 수입업자는 자신이 생산하거나 수입한 원제를 판매하려면 그 용기나 포장에 원제의 명칭, 유해성, 취급 시 주의사항, 그 밖에 농림축산식품부령으로 정하는 사항을 표시하여야 한다.

③ 판매업자 등 소비자에게 직접 농약 등을 판매하는 자는 농림축산식품부령으로 정하는 바에 따라 농약 등의 가격을 표시하여야 한다.

○◐● 이하 생략 ○◐●

제3장 식물방역법

제1장 총칙

▶제1조(목적)

이 법은 수출입 식물 등과 국내 식물을 검역하고 식물에 해를 끼치는 병해충을 방제(防除)하기 위하여 필요한 사항을 규정함으로써 농림업 생산의 안전과 증진에 이바지하고 자연환경을 보호하는 것을 목적으로 한다.

▶제2조(정의)

이 법에서 사용하는 용어의 뜻은 다음과 같다.

1. "식물"이란 다음 각 목의 어느 하나에 해당하는 것으로서 제2호의 병해충을 제외한 것을 말한다.
   가. 종자식물(種子植物)·양치식물(羊齒植物)·이끼식물·버섯류
   나. 가목에 규정된 것의 씨앗·과실 및 가공품(병해충이 잠복할 수 없도록 가공한 것으로서 농림축산식품부령으로 정하는 것은 제외한다)

2. "병해충"이란 다음 각 목의 것을 말한다.
   가. 진균(眞菌)·점균(粘菌)·세균(細菌)·바이러스 등의 미생물로서 식물에 해를 끼치는 것
   나. 곤충, 응애, 선충(線蟲), 달팽이와 그 밖의 무척추동물로서 식물에 해를 끼치는 것
   다. 잡초(그 씨앗을 포함한다)로서 농림축산식품부장관이 정하여 고시하는 것

3. "식물검역대상물품"이란 식물과 그 식물을 넣거나 싸는 용기·포장, 병해충 및 농림축산식품부령으로 정하는 흙(이하 "흙"이라 한다)을 말한다.

4. "규제병해충"이란 소독·폐기 등의 조치를 취하지 아니할 경우 식물에 해를 끼치는 정도가 크다고 인정되는 것으로서 검역병해충 및 규제비검역병해충을 말한다.

5. "검역병해충"이란 잠재적으로 큰 경제적 피해를 줄 우려가 있는 다음 각 목의 병해충으로서 농림축산식품부령으로 정하는 것을 말한다.
   가. 국내에 분포되어 있지 아니한 병해충
   나. 국내의 일부 지역에 분포되어 있지만 발생예찰(發生豫察) 등 조치를 취하고 있는 병해충

6. "규제비검역병해충"이란 검역병해충이 아닌 병해충 중에서 재식용(栽植

用) 식물에 대하여 경제적으로 수용할 수 없는 정도의 해를 끼쳐 국내에서 규제되는 병해충으로서 농림축산식품부령으로 정하는 것을 말한다.
7. "잠정규제병해충"이란 수입검역 과정에서 처음 발견되었거나 제6조에 따른 병해충위험분석을 실시 중인 병해충으로서 규제병해충에 준하여 잠정적으로 소독·폐기 등의 조치를 취하는 병해충을 말한다.
7의2 "병해충 전염우려물품"이란 식물검역대상물품이 아닌 물품 중 제6조에 따른 병해충위험분석 결과 검역하지 아니하고 수입할 경우 병해충이 해당 물품에 섞여 들어와 국내 식물에 피해를 입힐 우려가 있다고 인정되는 것으로서 목재가구·폐지 등 농림축산식품부령으로 정하는 물품을 말한다.
8. "분포조사"란 병해충이 발생하였거나 발생할 우려가 있다고 인정되는 경우에 그 병해충의 예방과 확산방지 등을 위하여 수행하는 다음 각 목의 조사활동을 말한다.
　가. 병해충의 분포지역에 대한 조사활동
　나. 병해충의 발생밀도 및 피해 정도에 대한 조사활동
9. "역학조사"란 병해충이 발생하였거나 발생할 우려가 있다고 인정되는 경우에 그 병해충의 예방 및 확산방지 등을 위하여 수행하는 다음 각 목의 활동을 말한다.
　가. 병해충의 감염원 추적을 위한 활동
　나. 병해충의 유입경로 규명을 위한 활동

▶제3조(국가 및 지방자치단체의 책무 등)
① 국가 및 지방자치단체는 병해충의 유입·확산을 방지하기 위하여 검역·예찰·방제 등 필요한 조치를 하여야 한다.
② 식물의 소유자나 관리자는 제1항에 따른 조치에 적극 협조하여야 한다.

▶제3조의2(국가식물병해충통합정보시스템의 구축·운영)
① 농림축산식품부장관은 병해충을 예방하고 방제 상황을 효율적으로 관리하기 위하여 전자정보시스템(이하 "국가식물병해충통합정보시스템"이라 한다)을 구축하여 운영할 수 있다.
② 농림축산식품부장관은 병해충의 확산을 방지하기 위하여 필요하다고 인정하면 특별시장·광역시장·특별자치시장·도지사·특별자치도지사, 시장·군수 또는 자치구의 구청장(이하 "지방자치단체장"이라 한다)에게 농림축산식품부령으로 정하는 바에 따라 병해충 발생 현황, 방제 상황 등에 대하여 국가식물병해충통합정보시스템에 입력할 것을 요청할 수 있다. 이 경우 입력을 요청받은 지방자치단체장은 특별한 사유가 없으면 이에 따라야 한다.

③ 그 밖에 국가식물병해충통합정보시스템의 구축·운영 등에 필요한 사항은 농림축산식품부령으로 정한다.

제2장 검역

제1절 통칙

▶제6조(병해충위험분석)

① 농림축산식품부장관은 외국으로부터 병해충이 국내에 유입될 경우 농작물·자연환경 등에 미칠 수 있는 경제적 손실 등을 방지하기 위하여 그 위험 정도를 평가하고 그 위험 정도를 줄일 수 있는 방안을 마련하는 병해충 위험에 관한 분석·평가(이하 "병해충위험분석"이라 한다)를 하여야 한다.

② 병해충위험분석의 방법, 절차, 그 밖에 필요한 사항은 농림축산식품부령으로 정한다.

▶제7조(식물검역대상물품의 안전관리)

수입 중이거나 국내 지역을 경유하는 식물검역대상물품을 수송하거나 보관하는 자는 그 식물검역대상물품에 붙어있는 병해충이 퍼지지 아니하도록 밀폐형 컨테이너나 용기에 넣는 등 농림축산식품부령으로 정하는 기준에 따라 안전하게 수송하거나 보관하여야 한다.

▶제7조의2(식물검역관)

① 이 법에 따른 검역 또는 방제 업무에 종사하게 하기 위하여 농림축산식품부 및 농림축산식품부에 두는 식물 검역 업무를 담당하는 기관(이하 "식물검역기관"이라 한다)에 식물검역관을 두고, 지방자치단체에 지방공무원인 식물검역관을 둘 수 있다. 이 경우 지방자치단체에 두는 식물검역관의 업무범위는 농림축산식품부령으로 정한다.

② 제1항에 따른 식물검역관의 자격, 선발 절차, 그 밖에 필요한 사항은 농림축산식품부령으로 정한다.

▶제7조의3(식물검역관의 권한 등)

① 식물검역관은 규제병해충, 잠정규제병해충 또는 제32조 제3항에 따른 방제 대상 병해충이 붙어 있다고 의심되는 식물검역대상물품·토지·저장소·창고·사업장·선박·차량 또는 항공기 등을 검사할 수 있다.

② 식물검역관은 제1항에 따른 검사 결과 규제병해충, 잠정규제병해충 또는

제32조 제3항에 따른 방제 대상 병해충이 검출되거나 제10조 제1항에 따른 금지품이 발견되면 그 식물검역대상물품·토지·저장소·창고·사업장·선박·차량 또는 항공기 등을 소유한 자 또는 소유자로부터 처분권한을 위임받은 대리인(이하 "대리인"이라 한다)에게 소독·폐기, 그 밖에 필요한 조치를 다음 각호의 장소 또는 시설에서 하도록 명할 수 있다.

1. 제1항에 따른 검사를 한 장소
2. 제14조 제1항에 따른 검역장소 중 식물검역기관의 장이 수입항별로 정하여 고시하는 지역 내에 있는 검역장소
3. 농림축산식품부장관이 정하여 고시하는 소독시설이나 「폐기물관리법」 제2조 제8호에 따른 폐기물처리시설

③ 식물검역관은 제1항에 따른 검사를 위하여 필요하다고 인정하면 토지·저장소·창고·사업장·선박·차량 또는 항공기 등에 출입하여 관계인에게 질문을 하거나 화물 목록(전자문서를 포함한다. 이하 같다)을 확인할 수 있으며, 검사에 필요한 최소량의 시험용 재료를 무상으로 수거할 수 있다.

④ 누구든지 정당한 사유 없이 제1항에 따른 검사나 제3항에 따른 출입, 화물 목록의 확인 및 수거를 거부·방해하거나 기피하여서는 아니 된다.

⑤ 식물검역관이 이 법에 따라 직무를 수행할 때에는 그 권한을 표시하는 증표를 지니고 이를 관계인에게 내보여야 한다.

▶제7조의4(식물검역기술개발계획)

① 농림축산식품부장관은 병해충의 예방·진단·소독방법 등을 포함하는 종합적인 식물검역기술개발계획을 수립하고 시행하여야 한다.

② 제1항에 따른 식물검역기술개발계획을 수립하고 시행하는 데에 필요한 사항은 대통령령으로 정한다.

제2절 수입검역

▶제8조(식물검역증명서 등)

① 식물과 그 식물을 넣거나 싸는 용기·포장(이하 "식물등"이라 한다)을 수입하려는 자는 식물검역증명서 또는 전자식물검역증명서(이하 "검역증명서"라 한다)를 첨부·전송하여야 한다.

② 제1항에 따른 검역증명서는 수출국의 정부기관에서 발급한 것으로서 「국제식물보호협약」의 서식에 따른 것이어야 한다.

③ 제1항에도 불구하고 다음 각호의 어느 하나에 해당하는 경우에는 검역증명서를 첨부·전송하지 아니할 수 있다.

1. 식물 검역에 관한 정부기관이 없는 국가로부터 수입하는 경우
2. 휴대하거나 우편·탁송 또는 이사물품으로 수입하는 경우. 다만, 재식용 또는 번식용 식물은 농림축산식품부장관이 정하여 고시하는 수량 이하로서 농림축산식품부령에 따라 재식용 또는 번식용 식물의 검역증명서 첨부 제외 승인을 받은 경우로 한정한다.
3. 그 밖에 검역증명서를 첨부·전송하는 것이 곤란한 경우로서 농림축산식품부령으로 정하는 경우

④ 제1항 및 제2항에 따라 첨부·전송된 검역증명서 내용의 인정에 관하여 필요한 세부 기준은 농림축산식품부장관이 정하여 고시한다.

▶제9조(수입항)
식물검역대상물품은 항만·공항·기차역 등 농림축산식품부령으로 정하는 장소(이하 "수입항"이라 한다) 외의 장소를 통하여 수입하지 못한다.

▶제10조(수입 금지 등)
① 다음 각 호의 어느 하나에 해당하는 물품 등(이하 "금지품"이라 한다)은 수입하지 못한다.
1. 제6조에 따른 병해충위험분석 결과 국내에 유입될 경우 국내 식물에 피해가 크다고 인정되는 병해충이 분포되어 있는 지역에서 생산 또는 발송되거나 그 지역을 경유(농림축산식품부령으로 정하는 단순 경유는 제외한다)한 식물로서 농림축산식품부령으로 정하는 것
2. 병해충. 다만, 농림축산식품부장관이 병해충위험분석 결과 국내 식물에 경제적 피해를 줄 우려가 없다고 인정한 병해충은 제외한다.
3. 흙 또는 흙이 붙어있는 식물
4. 제1호부터 제3호까지에 규정된 물품 등의 용기·포장

② 제1항에도 불구하고 다음 각 호의 어느 하나에 해당하면 금지품을 수입할 수 있다.
1. 다음 각 목의 어느 하나에 해당하는 경우로서 대통령령으로 정하는 요건을 갖추어 농림축산식품부장관으로부터 수입 후 관리할 장소(이하 "관리장소"라 한다)를 정하여 허가를 받은 경우
   가. 시험연구용이나 정부가 인정하는 국제박람회용으로 제공하기 위한 경우
   나. 「농업유전자원의 보존·관리 및 이용에 관한 법률」에 따라 농업유전자원을 확보하기 위한 경우
2. 제1항 제1호에 따른 식물로서 그 식물에 서식하는 병해충에 대한 위험관리방안을 그 수출국이 제시하고, 농림축산식품부장관이 그 타당성에 대하여 병해충위험분석을 한 결과 국내 식물에 피해를 줄 우려가 없다고 인정한 식물의 경우

3. 제1항 제1호에 따른 식물 중 제한된 장소에서 관리할 경우 병해충을 국내에 비산(飛散)·전파할 우려가 없는 것으로 농림축산식품부령으로 정하는 식물을 다시 포장·가공하여 수출할 목적으로 수입하는 경우로서 대통령령으로 정하는 요건을 갖추어 농림축산식품부장관으로부터 포장·가공 장소(이하 "포장·가공장소"라 한다) 및 수입기간을 정하여 허가를 받은 경우

③ 농림축산식품부장관은 금지품 중 제2항에 따라 수입할 수 있는 물품에 대하여 수입방법, 수입 후의 관리방법, 그 밖에 필요한 조건을 붙일 수 있다.

④ 누구든지 제2항 제1호 또는 제3호에 따라 허가를 받아 수입된 금지품을 해당 관리장소 또는 포장·가공장소 밖으로 유출하거나 반출해서는 아니 된다.

⑤ 농림축산식품부장관은 제4항을 위반하여 금지품을 관리장소 또는 포장·가공장소 밖으로 유출하거나 반출한 자에 대하여 다음 각 호의 조치를 할 수 있다.
  1. 제2항 제1호 또는 제3호에 따른 허가의 취소
  2. 2년 이내의 범위에서 제2항 제1호 또는 제3호에 따른 허가의 제한

⑥ 식물검역관은 제4항을 위반하여 금지품을 관리장소 또는 포장·가공장소 밖으로 유출하거나 반출한 자에 대하여 금지품의 회수 및 폐기를 명할 수 있다. 이 경우 금지품으로 인한 병해충의 오염이 우려되는 경우에는 해당 지역 및 그 주변 지역에 대한 소독을 명할 수 있다.

⑦ 제5항에 따른 행정처분의 세부기준, 제6항에 따른 폐기방법 등은 위반행위의 정도, 금지품의 유형 등을 고려하여 농림축산식품부령으로 정한다.

▶제11조(수입제한)

① 농림축산식품부장관은 외국의 특정 지역에서 규제병해충이 발생하여 국내에 유입될 우려가 있는 등 병해충의 관리상 긴급한 상황이 발생하였다고 인정하면 그 지역에서 생산 또는 발송되었거나 그 지역을 경유한 식물등의 수입을 일시적으로 제한할 수 있다.

② 농림축산식품부장관은 규제병해충이 분포되어 있는 국가에서 수입되는 식물에 대하여는 재배지 검사, 소독, 그 밖에 필요한 조치를 하도록 수출국에 요구할 수 있다. 이 경우 그 요구 대상 국가 및 대상 식물은 농림축산식품부장관이 정한다.

③ 농림축산식품부장관은 제2항에 따라 요구한 재배지 검사, 소독, 그 밖에 필요한 조치를 이행하지 아니한 국가로부터의 식물 수입을 제한할 수 있다.

제3장 식물방역법

▶ **제12조의3(병해충 전염우려물품에 대한 검역)**

① 식물검역관은 국내 식물을 보호하기 위하여 필요한 경우에는 수입하는 병해충 전염우려물품에 대하여 검역을 할 수 있다.

② 식물검역관은 제1항에 따른 검역 결과 병해충 전염우려물품에서 규제병해충이나 잠정규제병해충이 검출된 경우에는 그 물품의 소유자나 대리인에게 소독·폐기, 그 밖에 필요한 조치를 명하여야 한다.

③ 제1항 및 제2항에 따른 병해충 전염우려물품의 검역 절차·방법, 소독·폐기방법 등 필요한 사항은 농림축산식품부령으로 정한다.

▶ **제15조의2(식물 병해충 전문검사 기관의 지정 등)**

① 농림축산식품부장관은 수입 식물의 검역 과정에서 바이러스검사, 세균검사 등 전문적이고 기술적인 검사를 효율적으로 수행하기 위하여 식물 병해충 전문검사기관(이하 "전문검사기관"이라 한다)을 지정하여 검사를 대행하게 할 수 있다. 〈개정 2024. 1. 23.〉

② 제1항에 따른 지정을 받으려는 자는 농림축산식품부령으로 정하는 시설·설비 및 인력 등의 지정요건을 갖추어 농림축산식품부장관에게 신청하여야 한다.

③ 제1항에 따른 전문검사기관 지정의 유효기간은 3년으로 하고, 유효기간이 끝난 후에도 검사업무를 계속하려는 전문검사기관은 유효기간이 끝나기 전에 그 지정을 갱신하여야 한다.

④ 제1항에 따라 지정을 받은 전문검사기관은 지정받은 사항 중 검사 업무 범위의 변경 등 농림축산식품부령으로 정하는 중요한 사항을 변경하려는 경우에는 미리 농림축산식품부장관의 승인을 받아야 한다. 다만, 농림축산식품부령으로 정하는 경미한 사항을 변경할 때에는 변경사항 발생일부터 1개월 이내에 농림축산식품부장관에게 신고하여야 한다.

⑤ 제1항에 따라 지정을 받은 전문검사기관은 매년 검사 실적을 농림축산식품부령으로 정하는 바에 따라 농림축산식품부장관에게 보고하여야 한다. 〈개정 2024. 1. 23.〉

⑥ 농림축산식품부장관은 소속 공무원에게 전문검사기관의 사무소 등에 출입하여 시설·장비 등을 점검하고 관계 장부나 서류에 대하여 조사하게 할 수 있다. 이 경우 점검이나 조사를 하려는 소속 공무원은 그 권한을 표시하는 증표를 지니고 이를 관계인에게 보여주어야 한다. 〈신설 2024. 1. 23.〉

⑦ 제1항에 따라 지정을 받은 전문검사기관은 정당한 사유 없이 제6항에 따른 출입·점검 또는 조사를 거부·방해 또는 기피하여서는 아니 된다. 〈신설 2024. 1. 23.〉

⑧ 제1항부터 제4항까지의 규정에 따른 전문검사기관의 지정·갱신·변경승인 및 변경신고 절차, 전문검사기관이 수행할 수 있는 검사 업무의 범위 및 검사 업무 수행기준, 그 밖에 필요한 사항은 농림축산식품부령으로 정한다. 〈신설 2024. 1. 23.〉

○◐● 이하 생략 ○◐●

PART V

모의고사 · 기출문제 분석

Engineer Plant Protection

Industrial Engineer Plant Protection

제1장 | 실전 모의고사
- 실전 모의고사 01회~10회

제2장 | 실기(필답형) 기출복원문제 분석

1. 식물보호산업기사 실기(필답형)
- 식물보호산업기사 2023년 1회~4회
- 식물보호산업기사 2024년 1회~2회

2. 식물보호기사 실기(필답형)
- 식물보호기사 2023년 1회~3회
- 식물보호기사 2024년 1회~3회

> 식물보호기사·산업기사 필답형 실기시험은 문제와 정답이 공개되지 않아 수험생의 기억에 의해 복원·재구성되었으므로 문제와 정답이 원본과 일치하지 않을 수도 있음을 알려드립니다.

제1장 실전 모의고사 제01회

Part V 모의고사 · 기출문제 분석

01 식물의 전염성 병이 발생하기 위해서는 병의 발생에 필요한 3가지 요인을 쓰시오.

정답
① 병원체(주인)
② 기주식물(소인)
③ 환경(유인)

해설 전염성 병이 발생하기 위해서는 병원성을 갖춘 병원체, 병원체에 감수성인 기주 및 기상 조건이나 토양조건과 같이 병의 발생에 영향을 미치는 환경의 3가지 조건이 갖추어져야 하며 이때 병원체를 주인, 기주를 소인 그리고 환경을 유인이라고 한다.

🌱 **병의 삼각형**
주인(主因), 유인(誘因), 소인(素因)

🌱 **병의 사면체 5요소**
주인, 유인, 소인, 인간활동, 시간

02 다음은 수목의 녹병을 나타낸 것이다. 중간기주를 〈보기〉에서 골라 ( )를 완성하시오.

― 보기 ―
㉠ 참나무류   ㉡ 포플러   ㉢ 황벽나무
㉣ 회화나무   ㉤ 송이풀

기주	중간기주
잣나무 털녹병	(①)
소나무류 잎녹병	(②)
소나무혹병	(③)

정답
① 송이풀
② 황벽나무
③ 참나무류

해설 녹병의 대부분 이종기생균으로 기주 교대를 하며, 경제적인 측면에서 중요하면 기주, 그렇지 않으면 중간기주라고 하며, 일부 녹병균들은 한 종의 기주에서 생활사를 마치는 동종기생균(동종생활사)을 가지기도 한다.

🌱 **녹병**
- 순활물기생체(절대기생체)
- 서로 다른 두 종의 기주를 필요로 하는 이종기생균이다.
- 형성층과 체관부의 세포 간극에 침입 후 흡기를 만들어 세포벽을 뚫고 침입한다.

🌱 **동종기생균**
회화나무 녹병, 후박나무 녹병 등

03 식물의 병에 대한 저항성 중 물리적 저항성 4가지를 쓰시오.

정답
① 왁스(wax)
② 큐티클(cuticle)의 양과 질
③ 표피세포 세포벽의 구조와 두께
④ 기공, 수공 및 피목의 모양, 분포, 밀도, 털 등

해설 병원균에 대한 최초의 방어는 표면에서 이루어지기 때문에 표면을 구성하고 있는 왁스(wax), 큐티클(cuticle)의 양과 질, 표피세포 세포벽의 구조와 두께, 기공, 수공 및 피목의 모양, 분포, 밀도, 털 등은 정적인 물리적 발현에 중요한 요인이 된다.

🌱 저항성
- 정적 저항성: 물리적 저항성, 화학적 저항성
- 동적 저항성: 형태적 방어반응
- 화학적 방어반응

04 다음 〈보기〉를 보고 해충 명을 쓰시오.

> **보기**
> - 학명: Endoclita excrescens
> - 가해 습성: 어린 유충은 초본의 줄기 속을 식해(食害)하지만, 성장한 후에는 나무로 이동하여 줄기를 먹어 들어가면서 똥을 밖으로 배출하고 실을 토하여 이것을 충공(蟲孔) 바깥에 철(綴)하므로 혹같이 보인다.

〈자료 출처: 국가생물종지식정보시스템〉

정답 박쥐나방

05 봄철 늦추위가 올 때 채소, 과수 등의 꽃이나 어린잎이 동상해를 받는 일이 있다. 이를 예방하기 위한 살수빙결법에 대하여 설명하시오.

정답 살수빙결법
- 물이 얼 때는 1g당 약 80cal의 숨은열(潛熱)이 발생한다.
- 식물체 표면에 빙결을 유지되도록 하면 동상해가 방지된다.
- 잘하면 가장 균일하고, 가장 큰 보온 효과를 기대할 수 있다.

06 곤충개체군 밀도를 조사하기 위해서는 표본조사법이 필수적이다. 수관 또는 지상에 서식하는 곤충들 채집하기 위해 사용하는 방법 4가지를 쓰시오.

정답 ① 미끼 트랩 ② 직접조사 ③ 넉다운 조사 ④ 핏폴 트랩

해설 수관 또는 지상에 서식하는 곤충들 표본조사 방법
미끼 트랩, 직접조사, 넉다운 조사, 핏폴 트랩, 쿼드렛, 토양 표본, 스윕핑, 비팅

> **표본조사**
> 해충 집단의 일부를 조사하여, 그 결과를 써서 해충 집단의 특성을 추측하는 것으로 추출된 일부분을 표본이라고 한다.

07 식물체가 생육의 일정 시기(주로 초기)에 저온을 경과함으로써 화성, 즉 꽃의 분화·발육이 유도·촉진되거나, 또는 생육의 일정 기간에 인위적인 저온을 주어서 화성을 유도·촉진하는 것을 무엇이라 하는지 용어를 쓰시오.

정답 버널리제이션(춘화처리)

> **이춘화**
> - 춘화의 효과가 상실되는 현상이다.
> - 춘화처리를 받은 후 고온이나 건조상태에 두면 춘화처리의 효과가 상실된다.
> - 춘화처리가 불충분한 경우는 쉽게 이춘화되나, 충분한 춘화처리 후에는 어렵다.
>
> **재춘화**
> 이춘화 후에 다시 저온 춘화처리를 하면 다시 춘화처리가 되는 것을 말한다.

08 광합성의 전체 과정의 화학식을 쓰시오.

정답 $6CO_2 + 12H_2O \rightarrow C_6H_{12}O_6 + 6O_2 + 6H_2O$

09 측아의 생장을 억제하며 정아의 생장을 촉진하는 식물호르몬을 쓰시오.

정답 옥신

해설 정아우세는 식물학에서 식물의 주요 중앙 줄기가 다른 측면 줄기보다 우세(즉, 더 강하게 자라는) 현상이다.

10 식물의 필수 원소의 정의를 기술하시오.

정답 ① 식물 생육에 필수적인 원소
② 다른 원소가 대신 작용할 수 없는 것
③ 필수 원소가 결핍되면 완전한 생육을 할 수 없는 것

> **식물의 필수 원소 종류(17원소)**
> C, H, O, N, P, K, Ca, Mg, S, Fe, Zn, B, Cu, Mn, Mo, Cl, Ni

해설) **필수 식물 영양소의 기준**
① 해당 원소가 결핍되었을 때에는 식물체가 생명 현상을 유지할 수 없다.
② 해당 원소는 그 원소만이 가지는 특이적인 기능이 있어야 하며, 다른 원소에 의하여 그 기능이 대체될 수 없다.
③ 해당 원소는 식물의 대사 과정에 직접적으로 관여하여야 한다.
④ 해당 원소의 필수성이 특정 식물에만 한정되는 것이 아니고 모든 식물에 공통적으로 적용되어야 한다.

11 병원균 진단 시 코흐의 법칙에 따라 병원균을 동정하게 되는데 코흐의 법칙을 쓰시오.

정답) ① 병환부에는 그 병을 일으키는 것으로 추정되는 병원체가 항상 존재하여야 함
② 그 병원체는 분리되어 배지에서 순수배양되어야 함
③ 순수배양한 병원체를 건전한 기주에 접종하였을 때 동일한 병이 발생하여야 함
④ 발병한 부위로부터 접종에 사용하였던 동일한 병원체가 재분리되어야 함

- 흰가루 병균과 같은 순활물기생균이나 바이러스, 파이토플라즈마, 선충 등은 인공배양이 불가능하므로 이 원칙을 그대로 적용할 수 없다.
- 그러나, 대부분 균류 및 세균병의 병원균은 인공배양이 가능하므로 진단하려는 병이 새로운 병일 경우에는 반드시 코흐의 원칙을 만족시키는지 확인하여야 한다.

12 식물병의 진단에 있어 표징은 매우 중요한 지표가 된다. 표징의 3가지를 쓰시오.

정답) ① 포자 ② 자실체 ③ 균사조직

해설) **표징**
병든 식물체의 표면에 병원균의 영양기관이나 번식기관이 나타나 육안으로 식별되는 것을 표징(表徵; sign)이라고 한다.

13 다음은 가해 부위별 곤충 분류이다. 아래 물음에 따라 〈보기〉에서 알맞은 답을 모두 고르시오.

―보기―
① 진딧물   ② 딱정벌레류 유충
③ 거세미 나방 유충   ④ 담배나방
⑤ 깍지벌레   ⑥ 나방류 유충
⑦ 선충   ⑧ 응애
⑨ 복숭아 명나방   ⑩ 총채벌레

1) 〈보기〉에서 흡즙성 해충을 모두 고르시오.
2) 〈보기〉에서 식엽성 해충을 모두 고르시오.
3) 〈보기〉에서 뿌리를 가해하는 해충을 모두 고르시오.
4) 〈보기〉에서 구과를 가해하는 해충을 모두 고르시오.

정답 1) ① 진딧물, ⑤ 깍지벌레, ⑧ 응애, ⑩ 총채벌레
2) ② 딱정벌레류 유충, ⑥ 나방류 유충
3) ③ 거세미 나방 유충, ⑦ 선충
4) ④ 담배나방, ⑨ 복숭아 명나방

14 생물농약에 대한 정의를 쓰시오.

정답 천적곤충·천적미생물·길항미생물 등을 이용하여 화학농약과 같은 형태로 살포 또는 방사(放射)하여 병해충 및 잡초를 방제하는 약제

> **생물농약**
> 미생물농약과 생화학농약 등이 있는데 그중에서도 가장 많이 개발되고 있는 것은 세균, 곰팡이, 바이러스, 선충 등으로 개발하는 미생물농약이다.

> **생화학농약**
> 작물 보호 활성을 가지면서 거의 독성이 없는 식물, 미생물, 동물 및 조류(algae) 등 천연자원에서 기원한 생물농약을 말한다.

15 다음 도표는 점토함량에 따른 토양 구분이다. 빈칸을 채워 완성하시오.

구분	점토함량
사토	12.5% 이하
(①)	12.5 ~ 25% 이하
(②)	25 ~ 37.5% 이하
식양토	37.5 ~ 50% 이하
식토	(③)

정답 ① 사양토　② 양토　③ 50% 이상

16 토양의 산성화 되면 작물이 생장하는 데 해를 입게 된다. 토양의 산성화로 인한 작물의 해 6가지를 쓰시오.

정답 ① 염기의 부족(식물 영양물질)
② 수소이온($H+$)의 해작용
③ Al^{3+}, Mn^{2+}의 해작용
④ 필수 원소의 결핍
⑤ 토양미생물의 활동 저해
⑥ 토양구조의 악화

해설 **토양 산성화의 원인**
① 토양 중의 Ca^{2+}, Mg^{2+}, K^+ 등의 치환성 염기의 용탈
② 토양 중의 탄산, 유기산은 그 자체가 산성화의 원인

$$H_2CO_3 \leftrightarrow CO_3^{2-} + 2H^+$$

③ 토양 중의 질소나 황이 산화되면 질산 또는 황산으로 됨에 따라 토양 산성화
④ 토양 중의 토양 염기가 줄어들면 토양 중의 Al^{3+}이 용출되고 물과 만나면 다량의 H^+ 생성
⑤ 산성비료 등을 연용하면 토양이 산성화 등

예 암모늄 비료의 질산화 작용에 의한 H^+ 생성
$NH_4^+ + 2O_2 \rightarrow NO_3^- + H_2O + H^+$

물과 이산화탄소 반응
- $CO_2 + H_2O \leftrightarrow H_2CO_3$
- $H_2CO_3 \leftrightarrow HCO_3^- + H^+$
- $HCO_3^- \leftrightarrow CO_3^{2-} + H^+$

17 과수의 생육 특성 및 결과 습성에 있어 나뭇가지는 수직으로 세울수록 생장이 강해지며 꽃눈 형성이 불량해지고 수평으로 눕혀질수록 생장은 약해지나 꽃눈 형성이 좋아지는 현상을 법칙을 무엇이라 하는가?

정답 리콤의 법칙

해설
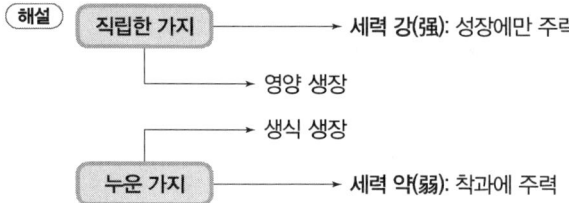

18 산불의 형태 중에 나무의 수관에서 수관으로 번져 타는 불로서 진화하기가 힘들어 큰 손실을 가져오므로 가장 무서운 산불이며 바람에 의하여 나뭇조각이 날아가 새로운 불을 만들어가며 가장 큰 피해를 주는 산불의 형태를 쓰시오.

정답 수관화

해설 ① 지표화(地表火, surface fire): 가장 많이 일어나고 모든 산불의 시초가 됨
② 지중화(地中火, ground fire): 이탄질이나 부식층
③ 수간화(樹幹火): 나무의 줄기가 타는 불

19 다음 〈보기〉 중에서 호르몬 작용 저해제인 제초제를 모두 고르시오.

―○보기○―
① 2,4-D ② linuron
③ MCPA ④ dicamba
⑤ alachlor ⑥ bentazone

정답 ① 2,4-D
③ MCPA
④ dicamba

- 옥신의 농도가 한계 농도 이상으로 높으면 식물 생장이 억제된다.
- 합성옥신: NAA, 2,4-D, MCPA, 2,4,5-T

20 다음 사진과 〈보기〉의 내용을 보고 해당하는 병명을 쓰시오.

―○보기○―
- 병원균 Agrobacterium 속이다.
- 지상부의 접목 부위, 뿌리의 절단 부위, 삽목의 하단부 등이 병원균의 침입 경로가 되고, 고온다습할 때 알카리성 토양에서 많이 발생한다.

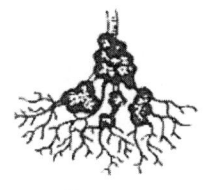
○ 뿌리혹

○ 가지혹

○ 줄기혹

〈자료 출처: 산림보호학〉

정답 혹병

실전 모의고사 제02회

01 식물에 병을 유발하는 생물성 병원을 〈보기〉에서 크기별로 분류하여 쓰시오.

> 보기
> ① 바이러스　　② 세균　　③ 바이로이드
> ④ 파이토플라즈마　　⑤ 균류　　⑥ 선충

정답 ③ 바이로이드 〈 ① 바이러스 〈 ④ 파이토플라즈마 〈 ② 세균 〈 ⑤ 균류 〈 ⑥ 선충

🌱 **바이로이드(viroid)**
단백질 외피 없이 짧은 원형 단일가닥 RNA로 이루어진 관다발 식물에 감염하는 병원성 물질이다. 알려진 병원성 물질 중 가장 작은 크기를 가진다.

02 곤충의 번성 이유에 대하여 4가지를 쓰시오.

정답
① 소형인 크기
② 날개가 있어 이동이 가능
③ 변태를 통해 불량 환경 극복
④ 세대의 소요기간이 짧고 세대교대가 빈번히 이루어짐

해설
① 외골격: 키틴질로된 외골격은 무디지 않아서 곤충의 형태를 잡아주고 내부 장기 보존에 좋다. 또한, 수분증발을 막아준다
② 소형인 크기: 에너지 소모가 적고 중력의 영향도 덜 받게 되어서 형태에 많은 영향을 가할수 있다. 도피에 적합하다.
③ 날개: 비행을 통해서 서식처를 확장하거나 도피, 사냥, 보온 등 많은 곳에 날개를 쓴다.
④ 변태: 변태를 이용해 불량환경에 맞게 적응해 나간다.
⑤ 세대의 소요기간이 짧고 세대교대가 빈번히 이루어지므로 도태를 받을 기회나 돌연변이가 일어날 기회가 많다.

03 산성 토양의 개량하기 위한 방법 3가지를 쓰시오.

정답
① 산성 토양 개량 pH 6.5(필수 원소의 유효도를 높이고 미생물 활성 유도)
② 석회 소용량을 검정하여 석회질 비료 사용
③ 유기물 사용에 의한 토양의 이화학적 성질의 개선

🌱 **토양 산성화의 해작용**
- 염기의 부족(식물 영양물질)
- 수소이온(H^+)의 해작용
- Al^{3+}, Mn^{2+}의 해작용
- 필수 원소의 결핍
- 토양미생물의 활동 저해
- 토양구조의 악화

04 작물이 빙점 이하의 온도에 해를 입는 것을 동사라고 한다. 작물의 내동성에 대하여 괄호 안에 알맞은 것을 고르시오.

> 작물의 내동성 – 생리적 요인
> 1) 원형질의 수분 투과성이 (① 크면, ② 작으면) 내동성 증대
> 2) 원형질의 점도가 (① 높고, ② 낮고) 연도가 (③ 높은, ④ 낮은) 것이 내동성이 크다.
> 3) 당분 함량이 (① 많으면, ② 적으면) 내동성이 크다.

정답
1) ① 크면
2) ② 낮고, ③ 높은
3) ① 많으면

해설 작물의 내동성 – 생리적 요인
- 원형질의 수분투과성이 크면 내동성을 증대시킨다.
- 원형질의 점도가 낮고 연도가 높은 것이 내동성이 크다.
- 당분함량이 많으면 내동성이 크다.
- 원형질의 친수성콜로이드가 많으면 내동성이 커진다.
- 원형질 단백질에 -SH기가 많은 것이 -SS기가 많은 것보다 내동성이 크다.
- 지유(脂油)함량이 높은 것이 내동성이 크다.
- 전분함량이 많으면 내동성이 저하된다.
- 조직의 굴절률이 크면 내동성이 크다.
- 세포의 수분함량이 높아지면 내동성이 저하된다.
- 세포 내 무기성분이 세포 내 결빙을 억제(Ca^{2+}, Mg^{2+})하여 내동성이 크다.

05 토양의 3상은 고상, 액상, 기상으로 구성되어져 있으며 고상은 다시 무기물과 유기물로 이루어져 있다. 가장 이상적인 토양 3상의 비율을 쓰시오. (유기물 포함)

정답 ① 고상(무기물 45%, 유기물 5%)
② 액상 25%
③ 기상 25%

해설 ① 3상: 토양을 이루는 기본적인 3가지 물질을 3상이라고 한다.
② 고상: 암석의 풍화산물인 무기물과 동식물로부터 공급되어진 유기물로 구성된다.
③ 액상: 토양 수분으로 각종 유기 및 무기물질과 이온을 함유한다.
④ 기상: 토양 공기로서 대기에 비해 O_2 농도는 낮고 CO_2 농도는 높다.

🌱 토양 3상의 구성비율
양분과 물의 보유량, 산소공급량 및 뿌리의 자람에 크게 영향을 끼친다.

06 토양 수분의 분류에 있어서 흡습수에 대하여 쓰시오.

정답 토양이 공기 중의 수분을 흡수하여 토양 알갱이 표면에 매우 굳게 부착되어 작물이 이용할 수 없는 수분(pF 4.5 이상)

해설 **토양수분의 종류와 흡착력(pF)**

화합수	토양의 고체 분자를 구성하는 물(pF 7.0 이상)
흡습수	토양이 공기 중의 수분을 흡수하여 토양 알갱이 표면에 매우 굳게 부착되어 작물이 이용할 수 없음(pF 4.5 이상)
모관수	토양의 작은 공극(모세관)의 모세관력에 의해 유지되는 수분 작물이 주로 이용하는 유효 수분(pF 2.7 ~ 4.2)
중력수	토양 공극을 모두 채우고 자체의 중력에 의해서 이동되는 물(pF 2.7 이하)

🌱 **흡습수**
- 105℃ 이상의 온도에서 8~10시간 건조하면 제거된다.
- 흡습수 = 흡수수 = 흡착수

07 농약은 뚜껑 색깔이나 포장지 색깔에 따라 구분한다. 〈보기〉에 알맞은 색깔을 쓰시오.

〈보기〉
- 살균제 - 핑크
- 전착제 - 흰색
- 생장 조절제 - (②)
- 제초제 - 노랑
- 살충제 - (①)
- 맹독성 농약 - 적색

정답 ① 초록 ② 청색

🌱 **농약의 색상에 의한 분류**
① 살균제: 바탕색은 분홍색
② 살충제: 바탕색은 녹색
③ 제초제: 바탕색은 황색
④ 비선택성제초제: 바탕색은 적색
⑤ 생장조정제: 바탕색은 청색
⑥ 기타약제: 바탕색은 백색

08 불완전변태는 알에서 유충 시기에 성충의 외형을 가져 번데기 과정을 거치지 않는 변태로 불완전변태를 하는 곤충목 5가지를 쓰시오.

정답 ① 잠자리목 ② 메뚜기목 ③ 노린재목 ④ 매미목 ⑤ 총채벌레목

해설 1) **완전변태**
① 부화한 유충이 번데기를 거쳐서 성충이 되는 것
② 알 → 유충 → 번데기 → 성충
   예 나비목, 딱정벌레목

2) **불완전변태**
부화한 유충이 번데기라는 명백한 구별 기간을 거치지 않고 바로 성충이 되는 것

🌱 **유충(幼蟲)**
넓은 뜻으로는 곤충의 미성숙한 아성체를, 좁은 뜻으로는 내시류 곤충의 번데기가 되기 전 미성숙 시기를 뜻한다.

🌱 **약충(若蟲)**
불완전변태 또는 무변태를 하는 무시류, 고시류, 외시류 곤충들의 아성체를 뜻한다. 성충과 모습의 형태가 거의 차이가 없다.

09 그을음병은 다른 병들과는 달리 식물체에 직접적인 피해를 주지는 않으나 광합성 방해하여 작물 생장에 지장을 주기도 한다. 그을음병을 유발하는 대표적 곤충 2가지를 쓰시오.

정답 ① 깍지벌레 ② 진딧물

해설 그을음병은 자낭균류로 균사 또는 자낭각의 형태로 월동하며 깍지벌레, 진딧물의 분비물인 감로에서 기생

10 코흐의 법칙이 적용되지 않는 병원균 4가지를 쓰시오.

정답 ① 흰가루병 ② 녹병 ③ 바이러스 ④ 파이토플라즈마

해설 **순활물(절대)기생체**
살아있는 조직 내에서만 생활할 수 있는 것으로 순활물기생체라고도 한다(인공배양 불가).

🌱 **코흐의 원칙**
① 병환부에는 그 병을 일으키는 것으로 추정되는 병원체가 항상 존재하여야 한다.
② 그 병원체는 분리되어 배지에서 순수배양되어야 한다.
③ 순수배양된 병원체를 건전한 기주에 접종하였을 때 동일한 병이 발생하여야 한다.
④ 발병한 부위로부터 접종에 사용하였던 것과 동일한 병원체가 재분리 되어야 한다.

11 종자의 저장방법에서 과수류나 정원 수목에 많이 쓰이며 모래나 톱밥을 층층이 쌓아 저장하는 방법을 무엇이라 하는가?

정답 층적 저장

해설 발아력 저하 방지 및 휴면타파를 위한 저장법. 나무 상자나 나무통에 습기가 있는 모래나 톱밥과 종자를 층을 지어 5℃의 저온 저장고에 보관한다.

🌱 **종자저장법**
건조저장, 저온저장, 밀폐저장, 토중저장, 층적저장이 있다.

12 다음 〈보기〉 중에서 생리적 중성비료 모두를 고르시오.

─ 보기 ─
① 황산암모늄   ② 질산암모늄
③ 염화칼륨   ④ 황산칼륨
⑤ 요소   ⑥ 염화암모늄
⑦ 질산칼륨   ⑧ 용성인비
⑨ 석회질소   ⑩ 질산칼슘

정답 ② 질산암모늄 ⑤ 요소 ⑦ 질산칼륨

해설 화학적·생리적 반응에 의한 분류
- 생리적 산성비료: 황산암모늄, 황산가리, 염화가리
- 생리적 중성비료: 과인산석회, 중과인산석회, 요소, 질산암모늄
- 생리적 알카리비료: 질산소다, 석회질소, 용성인비, 석회질

13 엽록소의 구성 성분으로 잎에 많고 체내 이동이 용이하며, 광합성·인산대사에 관여하고 효소의 활성을 높이는 원소를 쓰시오.

정답 Mg

해설 엽록소 a의 분자 구조는 4개의 질소 원자가 중앙의 마그네슘 원자를 둘러싸고 있는 클로린 고리로 구성되었다.

14 천연옥신 3가지를 쓰시오.

정답 ① IAA ② IAN ③ PAA

해설 옥신
- 천연옥신: IAA, 4-chloro IAA, PAA, IBA
- 합성옥신: NAA, 2,4-D, MCPA, 2,4,5-T

15 식물병 방제에 있어 생물학적 방제의 단점 4가지를 쓰시오.

정답 ① 신속하고 정확한 효과를 기대하기 어렵다.
② 일단 병이 발생한 후에는 치료 효과가 낮다.
③ 넓은 지역에 광범위하게 활용하기 어렵다.
④ 환경의 영향을 많이 받기 때문에 처리 효과가 일정하지 않다.

16 사과나무 점무늬낙엽병, 배나무 검은무늬병 방제에 사용하는 농용항생제를 쓰시오.

정답 폴리옥신 비

해설 ① 폴리옥신 비(polyoxin B): 사과나무점무늬낙엽병, 배나무검은무늬병에 효과
② 폴리옥신 디(polyoxin D): 벼잎집얼룩병, 사과부란병에 효과

🌱 마그네슘(Mg)
마그네슘이 결핍되면 엽록소의 합성이 저해되므로 잎에서 엽맥 사이의 황화현상이 뚜렷하게 나타난다. 마그네슘은 칼슘과는 달리 체관부를 통한 이동이 있으므로 식물체 내에서 재분배가 가능하며, 따라서 결핍 증상은 오래된 잎에서 먼저 나타난다.

🌱 생물학적 방제의 장점
- 잔류 독성이 없다.
- 해충에 대한 저항성이 발생하지 않는다.
- 인간을 비롯한 야생생물에 미치는 영향이 적다.
- 방법에 차이가 있으나 방제 효과가 영구적이다.
- 기주특이성이 커서 대상해충만 선별적으로 방제

17 다음 〈보기〉를 보고 해충명을 쓰시오.

> 보기
> - 학명: Conogethes punctiferalis Guenée
> - 가해 습성: 잡식성인 해충으로 밤나무, 복숭아나무 등 과수의 종실을 식해하는 활엽수형과 잣나무, 소나무 등의 침엽을 식해하는 침엽수형이 있다.
> - 월동태
>   - 활엽수형: 유충이 나무줄기의 수피 틈의 고치 속에서 월동한다.
>   - 침엽수형: 충소(蟲巢) 속에서 중령(中齡) 유충으로 월동한다.
>
>
>
> 〈자료 출처: 국가생물종지식정보시스템〉

정답 복숭아명나방

18 토양이 산성화되면 토양 중 양분의 가급도(可給度)가 감소되어 작물 생육에 불리한 원소 5가지를 쓰시오.

정답
① 인산(P)
② 칼슘(Ca)
③ 마그네슘(Mg)
④ 붕소(B)
⑤ 몰리브덴(Mo)

해설 토양이 강산성이 되면 P, Ca, Mg, B, Mo 등의 가급도가 감소하여 작물 생육에 불리하고 Al, Cu, Zn, Mn 등은 용해도가 증대하여 그 독성 때문에 작물 생육이 저해된다.

19 식물병의 면역학적 진단 방법 효소결합항체법(ELISA)에 대해 설명하시오.

정답 효소결합항체법(ELISA; Enzyme Linked Immunosorbent Assay)은 항체에 효소를 결합시켜 바이러스와 반응시켰을 때 노란색이 나타나는 정도로 바이러스의 감염 여부 및 감염 양을 알 수 있는 방법이다.

20 다음의 사진은 철쭉이다. 〈보기〉의 내용을 참고하여 식물병을 쓰시오.

> ─○보기○─
> - 학명: 병원균은 담자균류인 Exobasidium이다.
> - 가해 습성
>   - 잎눈과 꽃눈에서 옥신의 양을 증가시켜 흰색의 덩어리를 만든다.
>   - 이 덩어리에는 안토시아닌이 생성되어 붉은색을 띠지만, 나중에는 곰팡이가 자라서 흑회색으로 변한다.
>
>
>
> 〈자료 출처: 산림보호학〉

정답 철쭉 떡병

실전 모의고사 제 03회

Part V 모의고사 · 기출문제 분석

01 식물에 병을 일으키는 병원균 중 순활물기생체(절대기생체)의 5가지를 쓰시오.

정답 바이로이드, 바이러스, 파이토플라즈마, 노균병균, 흰가루병균, 녹병균, 무사마귀병균 등

해설 순활물(절대)기생체
- 살아있는 조직 내에서만 생활할 수 있는 것으로 순활물기생체라고도 한다(인공배양 불가).
- 노균병균, 흰가루병균, 녹병균, 바이러스, 파이토플라즈마 등

02 식물의 생장기에 발생하는 동해는 임목뿐만 아니라 농작물에도 큰 피해를 주는 일이 발생하는데, 상열에 대하여 설명하시오.

정답 상열(霜裂, frost crack)
식물 조직의 온도변화에 따른 조직의 수축, 팽창에 따른 줄기가 갈라지는 현상

해설 기온이 빙점 이하로 내려갈 때 바깥쪽 변재 부위가 안쪽 심재 부위보다 더 심하게 수축하여 두 부위 간의 수축 불균형으로 인해 장력이 발생하고, 이로 인해 줄기가 종축 방향으로 갈라지는 현상이다.

🌱 **상열**
줄기의 지표면 가까운 부분 중에서 남서쪽 줄기 표면에 세로로 잘 일어난다.

03 산성 토양화의 원인 4가지를 쓰시오.

정답
① 칼슘, 칼륨, 마그네슘 등 염기의 용탈(강우 및 식물체 흡수)
② 뿌리, 미생물 호흡의 결과 발생한 CO_2와 H_2O 상호 작용 H^+ 증가
③ 요소, 암모늄태 질소 시비 시 질산화 작용으로 H^+ 증가
④ 우리나라 토양 모암이 산성암인 화강암 및 화강 편마암으로부터 유래

🌱 **Al(알루미늄)에 의한 산성화 과정**
$Al^{3+} + H_2O \rightarrow Al(OH)^{2+} + H^+$
$Al(OH)^{2+} + H_2O \rightarrow Al(OH)_2^+ + H^+$
$Al(OH)_2^+ + H_2O \rightarrow Al(OH)_3^0 + H^+$
$Al(OH)_3^0 + H_2O \rightarrow Al(OH)_4^- + H^+$

04 토양 중 양이온치환 용량(C.E.C)이 높아지면 이로운 점 3가지를 쓰시오.

정답 ① NH_4^+, K^+, Ca^{2+}, Mg^{2+} 등의 비료 성분을 흡착하고, 보유하는 힘이 커져서 비료를 많이 주어도 작물이 한꺼번에 너무 많이 흡수하는 것을 막을 수 있다.
② 비료 성분의 용탈이 적어서 비효가 늦게까지 지속된다.
③ 토양반응의 변동에 저항하는 힘, 즉 토양의 완충능도 커지게 된다.

해설 **점토**
① 입경이 $1\mu m$ 이하이며, 특히 $0.1\mu m$ 이하의 입자는 교질로 되어 있다.
② 토양 중에 고운 점토와 부식이 늘어나면 C.E.C도 커진다.
③ 우리나라 토양의 80% 이상이 카올린계(고령토) 점토광물로서 C.E.C 10 정도로 양분보유 능력이 매우 적은 척박한 토양이다.

> 토양 1kg이 보유하는 치환성 양이온의 총량을 $cmol(+)kg^{-1}$으로 표시한 것을 양이온치환용량(C.E.C; Cation Exchange Capacity) 또는 염기치환용량이라고 한다.

05 시비의 원리 중 보수점감(=수량점감)의 법칙을 설명하시오.

정답 식물에 영양공급이 증가할수록 식물생장도 증가하지만, 필요 이상 공급하면 오히려 생장량이 감소한다.

해설 **시비법의 원리**
① 최소양분율
② 보수점감(체감)의 법칙
③ 우세의 원리

> **수량점감의 법칙**
> 시비량이 일정 한계 내에서는 수량의 증가량이 크지만, 어느 한계 이상으로 많아지면 수량의 증가량이 점점 감소한다. 이는 비료공급에 따르는 보수(수량증가)란 견지에서 보수점감의 법칙이라고도 한다.

06 농약의 안전 사용 기준(PLS)에 대해 쓰시오.

정답 ① 적용 대상 농작물에만 사용할 것
② 적용 대상 병해충에만 사용할 것
③ 적용 대상 농작물과 병해충별로 정해진 사용방법, 사용량을 지켜 사용할 것
④ 적용 대상 농작물에 대하여 사용 시기 및 사용 가능 횟수가 정해진 농약 등은 그 사용 시기 및 사용 가능 횟수를 지켜 사용할 것

07 완전변태는 알에서 유충, 번데기, 성충의 단계를 뚜렷하게 거치게 된다. 완전변태하는 곤충목 3가지를 쓰시오.

정답 ① 딱정벌레목 ② 나비목 ③ 파리목

해설 **완전변태**
- 부화한 유충이 번데기를 거쳐서 성충이 되는 것
- 알 → 유충 → 번데기 → 성충
  - 예 나비목, 딱정벌레목

08 식물병의 병징 중 국부병징에 해당하는 3가지 병징에 대하여 쓰시오.

정답
① 병무늬
② 잎마름
③ 가지마름

해설 **국부병징**
병무늬, 잎마름, 가지마름, 혹, 뿌리혹, 빗자루모양, 썩음, 뿌리썩음, 더뎅이, 낙엽, 줄무늬 등

09 S/R(T/R)을 정의를 쓰시오.

정답 작물의 지하부 생장량에 대한 지상부 생장량의 비율임

해설 식물체는 T/R율이 1이 되려고 생장하는 성질을 가지고 있다.

10 토양의 입단구조는 단일입자가 집합해서 2차 입자로 되고, 다시 3차, 4차 등으로 집합해서 입단(粒團, compound granule)을 구성하고 있는 구조로 유기물과 석회가 많은 표층토에서 많이 보인다. 입단구조(떼알구조의) 장점을 쓰시오.

정답 대·소 공극이 많아서 통기, 투수가 양호하고 양·수분의 저장력이 높아서 작물생육에 알맞다.

해설 **입단구조(떼알구조)**
단일입자가 집합해서 2차 입자로 되고, 다시 3차, 4차 등으로 집합해서 입단(粒團, compound granule)을 구성하고 있는 구조로 유기물과 석회가 많은 표층토에서 많이 보인다. 대·소 공극이 많아서 통기, 투수가 양호하고 양·수분의 저장력이 높아서 작물생육에 알맞다.

불완전변태
부화한 유충이 번데기라는 명백한 구별 기간을 거치지 않고 바로 성충이 되는 것
- 반변태: 알 → 유충 → 성충
  - 예 잠자리목
- 점변태: 알 → 유충(약충) → 성충
  - 예 메뚜기목, 총채벌레목, 노린재목
- 무변태: 부화 당시부터 성충과 같은 모양
  - 예 톡토기목

T/R율에 미치는 재배적 조건의 영향
① 파종기, 정식기: 늦어지면 지하부 중량 감소(T/R율 커짐)
② 비료: 질소가 많으면 지상부 발달(T/R율 커짐)
③ 전지및 적엽: 전지하면 액아 발달로 지하부 생장 감소
④ 적화 및 적과: 지하부 생장 발달
⑤ 일사량: 일사량 적으면 체내 탄수화물 감소로 뿌리 생장 저하
⑥ 수분: 토양 수분 감소 시 뿌리보다 지상부 생장 감소
⑦ 토양통기(土壤通氣): 통기 불량은 산소 부족으로 뿌리 생장 저해

11 다음 사진과 〈보기〉의 내용을 보고 해당하는 병명을 쓰시오.

> ─○보기○─
> - 병명: Valsa canker
> - 기주: 사과나무
> - 증상
>   - 주간(主幹)이나 가지에 발생하는데, 처음에는 수피가 갈색으로 변색되어 부풀어 오르고 쉽게 벗겨지며, 알코올 냄새가 난다.
>   - 작은 가지에는 봄에 발생하고, 여름철의 고온기에 말라 죽는데, 겹무늬썩음병의 병징과 구분하기가 매우 어렵다.
>
>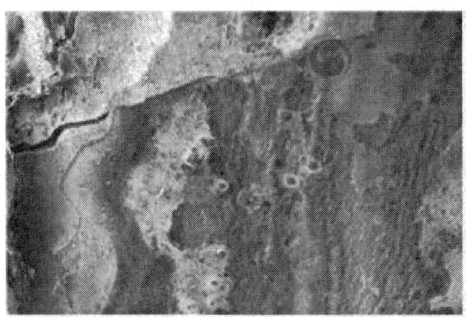
>
> 〈자료 출처: 국가농작물병해충관리시스템〉

정답 사과 부란병

해설 사과 부란병(Valsa canker)의 증상
① 주간(主幹)이나 가지에 발생한다.
② 처음에는 수피가 갈색으로 변색되어 부풀어 오르고 쉽게 벗겨지며, 알코올 냄새가 난다.
③ 병환부가 건조하면 수분을 상실, 함몰되며 그 표면에 흑색의 작은 점(병자각)이 형성된다.
④ 작은 가지에는 봄에 발생하고 여름철의 고온기에 말라 죽는데, 겹무늬썩음병의 병징과 구분하기가 매우 어렵다.
⑤ 나무껍질이 갈색으로 되며 약간 부풀어 오르고 쉽게 벗겨지고 시큼한 냄새가 난다.
⑥ 병이 진전되면 병에 걸린 곳에 까만 돌기가 생기고 여기서 노란 실 모양의 포자퇴가 나온다.

12 토양 중에 이온화된 비료량(염류량)을 표시하기 위해 사용하며 용액에 존재하는 이온의 농도 값을 나타내는 것을 (　　　)라고/이라고 한다. 괄호 안에 알맞은 용어를 쓰시오.

정답 전기전도도(EC)

해설 토양 용액에 염류가 많으면 많을수록 전기가 잘 통한다. 전기전도도는 전기를 잘 통하는 정도인 전기비전도도를 사용하여 토양의 염류집적 정도를 판단하는 방법이다.

🌱 **전기전도도(EC) 단위**
- dS/m(데시시멘스/미터) 또는
- mS/cm(밀리시멘스/센티미터)

---

13 논 토양에 질소질 비료의 심층시비에 대해 쓰시오.

정답 논 토양에 질소질 비료시비 시에 암모니아태 질소를 환원층에 주면 절대적 호기균인 질화균의 작용을 받지 않으며, 또 암모니아는 토양에 잘 흡착되므로 비효가 오래 지속된다(심층시비).

해설 **심층시비**
암모니아태질소를 논 토양의 심부 환원층에 주면 절대적 호기균인 질화균의 작용을 받지 않으며 토양에 잘 흡착되므로 비효가 오래 지속된다. 이와 같이 암모니아태질소를 논토양의 심부 환원층에 주어서 비효를 증진시키는 목적의 시비법이다.

🌱 **시비법의 입체적 위치**
- 표층시비: 작물 생육기간 중에 시비하는 방법이다.
- 심층시비: 작토 속에 비료를 시용하는 방식이다.
- 전층시비: 비료를 작토 전 층에 골고루 혼합하여 시용하는 방식이다.

---

14 관개 방법 중 지하관계법 3가지를 쓰시오.

정답
① 개거법
② 암거법
③ 압입법

해설
① 개거법: 개방된 토수로 투수하여 이것이 침투해서 모관 상승을 통하여 근권에 공급되게 하는 방법이다. 또한, 지하수위가 낮지 않는 사질토 지대에서 이용된다.
② 암거법: 지하에 토관, 목관, 콘크리트, 플라스틱관 등을 배치하여 통수하고, 간극으로부터 스며 오르게 하는 방법이다.
③ 압입법: 뿌리가 깊은 과수 주변에 구멍을 뚫고, 물을 주입하거나 기계적으로 압입하는 방법이다.

🌱 **관개의 종류**
1. 지표관개
    - 전면관개: 일류관개, 보더관개, 수반법
    - 고랑관개
2. 살수관개
    - 다공관관개
    - 스프링쿨러관개
    - 물방울관개
3. 지하관개
    - 개거법
    - 암거법: 점적관개
    - 압입법

15 봄과 여름철에 지온이 높을 때 토양이 과습하면 직접 피해뿐만 아니라, 토양미생물의 활동으로 환원성 유해물질이 생성되어 피해가 커진다. 질소의 산화형 및 환원형을 쓰시오.

정답
- 산화형: NO_3
- 환원형: NH_4, N_2

> **탄소**
> - 산화형: CO_2
> - 환원형: CH_4
>
> **황**
> - 산화형: SO_4^{2-}
> - 환원형: H_2S
>
> **철**
> - 산화형: Fe^{3+}
> - 환원형: Fe^{2+}
>
> **망간**
> - 산화형: Mn^{4+}
> - 환원형: Mn^{2+}

16 해충의 살충제에 대한 저항성 발달 기작 중 생화학적 요인에 대해 쓰시오.

정답 생화학적 요인
해충이 대사 과정을 이용하여 체내에 침투한 살충제를 무력화하는 능력이 증가하거나, 작용점의 변형을 통하여 약제에 대한 작용점의 감수성을 저하시키는 능력이 발달하는 것이다.

17 뿌리의 양분 흡수 기작 중 수분퍼텐셜에 의한 물의 이동과 함께 영양소가 뿌리 쪽으로 이동하여 공급하며 대부분 영양소의 공급 기작을 쓰시오.

정답 집단류

해설 양분 흡수 기작
1) 뿌리차단(root interception)
   ① 뿌리가 직접 접촉하여 흡수
   ② 접촉교환학설: 뿌리에서 H^+를 내놓고 교환성 양이온을 흡수
   ③ 뿌리가 발달할수록 접촉 기회 증가
   ④ 유효태 영양소 흡수의 1% 미만에 해당
2) 집단류(mass flow)
   ① 수분퍼텐셜에 의한 물의 이동과 함께 영양소가 뿌리 쪽으로 이동하여 공급
   ② 식물이 흡수하는 물의 양과 영양소 농도에 의해 흡수량 영향
   ③ 기후조건과 토양 수분함량에 따라 변화
   ④ 증산작용이 클수록 증가
   ⑤ 대부분 영양소의 공급기작
3) 확산(diffusion)
   ① 이온이 높은 농도에서 낮은 농도로 이동하는 현상
   ② 뿌리 근처의 이온 농도는 주변 토양에 비해 낮아 농도 기울기가 발생

> **양분 흡수 기작**
> - 뿌리차단(root interception)
> - 집단류(mass flow)
> - 확산(diffusion)

③ 확산속도: NO_3^-, SO_4^-, Cl^- > K^+ > $H_2PO_4^-$
④ 인산, 칼륨의 주된 공급기작

18 벼 잎집얼룩병, 사과 부란병 방제에 사용하는 농용항생제를 쓰시오.

정답 폴리옥신디

19 토양이 강알카리성이 되면 용해도가 감소하여 작물생육에 불리한 원소 3가지를 쓰시오.

정답 ① 붕소(B) ② 철(Fe) ③ 망간(Mn)

20 다음 사진과 〈보기〉의 내용을 보고 해당하는 해충을 쓰시오.

〈보기〉
- 학명: Carposina sasakii
- 가해 습성
  - 과실류를 직접 가해하는 해충으로서 노숙유충은 2mm 정도의 구멍을 뚫고 나오며 벌레똥을 배출하지 않는다.
  - 주로 사과, 복숭아, 배, 살구, 자두 등의 과실을 침입하여 피해를 준다.

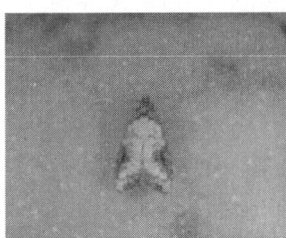 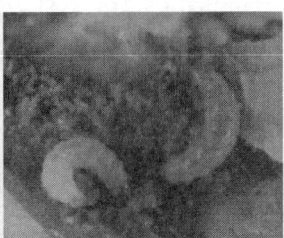

↑ 산림병해충
〈자료 출처: 산림청〉

정답 복숭아 심식나방

실전 모의고사 제04회

01 균의 번식에 있어 무성포자를 형성하는 균 3가지를 쓰시오.

정답 무성포자
① 유주자   ② 포자낭포자   ③ 분생포자

해설 균의 번식체
① 무성포자: 유주자, 포자낭포자, 분생포자, 후벽포자, 휴면포자
② 유성포자: 난포자, 접합포자, 자낭포자, 담자포자

02 다음 〈보기〉의 설명을 보고 해충명을 쓰시오.

> **보기**
> - 학명: Matsucoccus thunbergianae Miller et Park
> - 형태
>   - 암컷 성충의 몸길이는 2~5mm이고, 날개가 없으며 장타원형으로 황갈색을 띤다.
>   - 수컷 성충의 몸길이가 1.5~2.0mm로 한 쌍의 날개가 있어 작은 파리와 비슷한 형태이며, 긴 흰꼬리를 달고 있다.
> - 피해: 약충이 가는 실 모양의 구침을 수피에 꽂고 가해할 때 세포를 파괴하는 타액을 분비하여 양료의 손실, 세포막 파괴 및 세포 내 물질의 분해가 복합되어 피해가 나타나기 시작한다.
>
>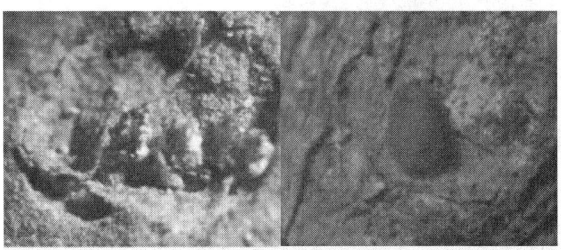
>
> 〈자료 출처: 산림청〉

정답 솔껍질깍지벌레

🌱 **솔껍질깍지벌레**
- 수컷: 완전변태(전성충기·번데기를 거쳐 성충이 됨)
- 암컷: 불완전변태(번데기를 거치지 않고 성충이 됨)

03 산성비가 식물에 미치는 영향을 쓰시오.

정답 식물에 대한 산성 강화물의 영향은 잎 표면에 발견되는 가시적인 피해, 잎의 표피 왁스층의 파괴, 잎에서의 염기 용탈 등

04 유기물체의 탄소와 질소의 비를 탄질비 C/N율이라고 한다. 질소 기아 현상을 설명하시오.

정답 잘 부숙되지 않은 유기물을 시용하면 미생물이 부족한 질소를 주변에서 얻어 분해하기 때문에 식물이 흡수할 수 있는 질소가 부족하게 되므로 일시적으로 질소 부족 현상 발생

해설 미생물 탄질률 10 : 1, 토양 중 탄질률 20 : 1 이상이 되면 질소 기아 현상 발생

> C/N율이 30 이상일 때 고정화 반응으로 인하여 무기화 반응 시 미생물이 식물이 이용할 토양 용액 중의 무기태 질소를 흡수하여 식물에서는 일시적으로 질소 부족을 겪는 현상이다.
>
> **시용(施用)**
> 농약이나 비료 따위를 논밭과 채소밭에 뿌려 이용하는 일

05 물에 녹지 않는 주제를 점토광물과 계면활성제를 혼합 분쇄하여 제재화한 것으로 물속에 넣고 혼합하여 사용하는 농약제제를 쓰시오.

정답 수화제

해설 **수화제(水和劑, WP; Wettable Powder)**
물에 녹지 않는 농약원제를 규조토나 카오린과 같은 광물질의 증량제 및 계면활성제와 혼합하여 미세한 가루로 만든 것으로 물과 혼합하여 살포액을 만든다. 살포액은 미세한 가루가 물속에 고르게 분산되어 있는 상태이므로 살포액을 만든 후 오래 방치하면 미세한 가루가 가라앉기 때문에 저어 주어야 하며 일반적으로 식물의 잎에 안전하게 사용할 수 있으며 수송, 보관, 조제가 쉽고 가격도 비교적 저렴하다.

06 토양에 가해진 신선 유기물이 토양미생물에 의해 분해 작용을 받아 원조직이 변질되거나 새로 합성된 암흑색 무정형의 교질상의 복잡한 물질로 산화분해에 저항성이 큰 혼합물이 무엇인지 쓰시오.

정답 부식(腐植, humus)

> **부식의 기본이 되는 물질**
> 리그닌, 단백질

07 곤충의 가슴은 앞가슴, 가운데가슴, 뒷가슴으로 구분하고, 각 가슴에 1쌍씩의 다리가 있으며(다리 총 6개) 날개가 위치하는 가슴을 쓰시오.

정답 가운데가슴과 뒷가슴에 각각 1쌍의 날개가 있음

08 다음 사진과 〈보기〉의 내용을 보고 해당하는 병명을 쓰시오.

― 보기 ―
- 병원체명: Gymnosporangium asiaticum Miyabe
- 기주: 배나무
- 증상: 잎에는 처음에 등황색의 작은 반점이 생기고, 확대되면서 병반 뒤에는 담황색의 긴 모상체(수자강)가 나타난다. 심하면 잎 전체가 붉게 물든다. 과실이나 새 가지에도 비슷한 증상이 나타난다. 향나무에서는 3월 상순에 잎의 일부가 황변하며, 점차 진전되면 갈색의 피라미드형 동포자퇴가 형성된다.

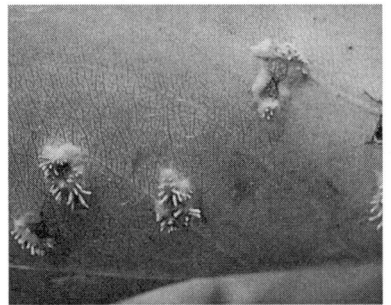

〈자료 출처: 국가농작물병해충관리시스템〉

정답 배나무붉은별무늬병

🌱 **배나무붉은별무늬병**
- 중간기주: 배나무 등 장미과 수종(붉은별무늬병)
- 향나무에서 겨울포자와 담자포자가 형성되며, 여름포자가 없는 녹병
- 봄에 향나무 잎과 줄기에 노란색이나 오렌지색 겨울포자를 형성
- 중간기주(장미과식물)에 녹병정자와 녹포자를 형성
- 장미과 식물과 2km 이상 분리 식재

09 세포막 중 중간막의 주성분으로 잎에 존재하고 체내에서 이동이 어려우며, 결핍하면 생장점 등 분열 조직의 생장이 감퇴하고, 토마토의 배꼽 썩음병, 사과의 고두병을 일으키는 원소를 쓰시오.

정답 Ca

🌱 **칼슘(Ca)**
- 세포벽에 다량 존재하며, 펙틴(pectin) 등 세포벽 구성물질의 COO^-기에 결합하여 세포벽의 안전성을 높여 주고 세포막에서도 이러한 역할을 한다.
- 식물체 내에서 비확산성 음이온에 쉽게 흡착되므로 그 이동성이 매우 낮다.

(해설) **칼슘(Ca)은 세포벽 중립층의 구성요소이며 부족 시**
① 토마토: 배꼽썩음병
② 상추와 딸기는 어린잎: 팁번
③ 사과: 고두병

10 식물체의 어느 부분에 공급하더라도 자유로이 이동하여 줄기 신장과, 발아 촉진, 개화 촉진 등 다면적인 생리적인 효과를 나타는 식물호르몬을 쓰시오.

(정답) 지베렐린

(해설) **지베렐린의 특징**
- 줄기, 수정된 씨방, 종자의 배, 어린잎 등에서 생합성되어 뿌리, 줄기, 잎, 종자 등의 모든 기관에 널리 분포하며, 특히 미숙종자에 많이 함유되어 있다.
- 옥신과 함께 주로 신장 생장을 유도하는데, 옥신과 달리 농도가 높아도 억제효과가 나타나지 않고 체내 이동에 극성이 없다.
- 식물체 어느 부분에 공급하더라도 자유로이 이동하여 줄기신장, 과실생장, 발아촉진, 개화촉진 등 다면적인 생리작용을 나타낸다.

🌱 **지베렐린의 재배적 이용**
- 휴면타파와 발아촉진
- 화성유도 및 개화촉진
- 경엽의 신장촉진
- 단위결과 유도

11 농도가 60% 유제 100mL를 0.05%로 희석하려 할 때 필요한 물의 양을 구하시오.

(정답) $100 \times \{(60 \div 0.05) - 1\} = 119.9L$

12 세토(입경 2mm 이하) 중의 점토함량 %에 따라 토양을 분류할 때 사양토의 점토함량을 쓰시오.

(정답) 사양토 점토함량 12.5~25%

(해설)

토성의 명칭	세토(입경 2mm 이하) 중의 점토함량 %
사토	< 12.5
사양토	12.5~25
양토	25~37.5
식양토	37.5~50
식토	> 50

🌱 **사토(砂土)**
척박하고 한해(旱害)를 입기 쉬우며, 토양 침식도 심하다.

🌱 **식토(埴土)**
공기가 잘 통하지 않고 물이 잘 빠지지 않으며, 유기질의 분해가 더디고, 습해나 유해물질의 피해를 받기 쉽다.

13 토양 1kg이 보유하는 치환성 양이온의 총량을 cmol(+)kg⁻¹으로 표시한 것을 양이온치환용량(C.E.C; Cation Exchange Capacity) 또는 염기치환용량이라고 한다. 토양의 C.E.C가 커지면 이로운점 3가지를 쓰시오.

정답 ① NH_4^+, K^+, Ca^{2+}, Mg^{2+} 등의 비료 성분을 흡착, 보유하는 힘이 커져서 비료를 많이 주어도 작물이 한꺼번에 너무 많이 흡수하는 것을 막을 수 있다.
② 비료 성분의 용탈이 적어서 비효가 늦게까지 지속된다.
③ 토양반응의 변동에 저항하는 힘, 즉 토양의 완충능도 커지게 된다.

c : 센치미터 약자

우리나라 토양의 80% 이상은 카올린계(고령토) 점토광물로서 C.E.C 10 정도로 양분 보유 능력이 매우 적은 척박한 토양

14 노후답의 토양 개량 대책 4가지를 쓰시오.

정답 ① **객토**: 점토와 Fe, Si, Mg, Mn 등 보급 효과(산적토, 해니토)
② **심경**: 침전된 철분재 사용(누수가 심한 논은 추락 더 조장 우려)
③ **함철 자재 사용**: 퇴비철, 비철토
④ **규산질비료 사용**: 규산석회, 규회석은 규산뿐만 아니라 Fe, Mn, Mg도 함유

해설 **노후화답의 생성**
① 뜻: 작토층의 무기성분이 용탈되어 결핍된 논 토양
② 생성조건: 토양 모재가 Fe, Mg 적고 규산 많은 산성암(화강암)
→ 우리나라 토양 투수가 잘되는 토양으로 podzol화 조건과 같다.

노후화답에서 벼의 추락현상
- 뜻: 벼의 영양생장기에는 건전하게 생장하던 것이 생식생장기에 하엽부터 말라들고 깨시무늬병이 만연하여 수량이 적어지는 현상이다.
- 원인: 고온기 유기물 분해로 H₂S 발생하여 벼뿌리 상하여 양분흡수 저해(즉 벼 생육후기 양분결핍 때문에 발생) 그러나 철이 많으면 뿌리의 산화철 피막, FeS로 침전되어 해가 없다.

15 시비법의 원리에 있어 보수 점감(체감)의 법칙을 설명하시오.

정답 주어진 환경에서 작물은 시비 양분을 증가하여 사용할 경우 초기에는 시비량의 증가에 따라 수확량이 정비례하여 증가하지만 어느 수준을 넘으면 증수되는 비율이 점차 감소하면서 최고의 한계에 도달한 후 수량이 감소하는 현상

16 농약에 대한 저항성 중 복합저항성을 설명하시오.

정답 2종 이상의 살충제 처리하였을 때 각각의 살충제에 대해 저항성이 생기는 현상

해설 **저항성**
1) **교차저항성**
① 하나의 살충제를 계속 처리하였을 때 다른 살충제에 대해서도 동시에 저항성이 생기는 현상

② 두 약제 간 작용기작이나 무해화 대사에 관여하는 효소계가 유사할 경우 나타남

2) 복합저항성

2종 이상의 살충제 처리하였을 때 각각의 살충제에 대해 저항성이 생기는 현상

3) 역상관 교차저항성(이상적인 약제 관계)

어떤 살충제에는 저항성을 나타내나 타 약제에 대해서는 감수성이 증가하는 현상

17 농약 보조제 중 주성분의 농도를 낮추고 부피를 늘려 균일하게 살포하기 위해 사용하는 재료를 총칭하는 용어를 쓰시오.

정답 증량제

해설 **증량제의 종류**

1) **납석**: 분제 및 수화제
2) **규조토**: 주성분은 규산 곤충의 각질에 강한 연마력(87% 살충력) 수화제 조제에 쓰임
3) **고령토**: 주성분은 규산알루미늄의 수화물, 수화제, 분제의 증량제로 쓰임
4) **탈크**: 마그네슘규산의 수화물, pH는 알칼리성이나 안전, 분제 제조용으로 널리 쓰임
5) **벤토나이트**: 비교적 무거운 점토형 광물질로 물을 비롯한 액체 및 가스체를 흡착시키는 힘이 크며 유화성, 점착성, 습윤성을 갖추어 유류의 유화제의 제조용으로 널리 쓰임

18 천연살충제 4가지를 쓰시오.

정답 ① 피레트린제
② 로테논
③ 니코틴
④ 기계유 유제

해설 **천연식물보호제**

① 진균, 세균, 바이러스 또는 원생동물 등 살아있는 미생물을 유효성분으로 하여 제조한 농약
② 자연계에서 생성된 유기화합물 또는 무기화합물을 유효성분으로하여 제조한 농약

식물성 살충제
- 제충국제: 피레드린
- 로테논제(데리스제)
- 니코틴제

19 식물체의 필수 원소로 식물체의 95% 이상을 차지하는 차지하는 유기물의 구성 원소 3가지를 쓰시오.

정답 ① 탄소(C) ② 수소(H) ③ 산소(O)

해설 비무기성 원소 및 이온 형태
- C: HCO_3^-, CO_3^{2-}, CO_2
- H: H_2O
- O: H_2O, O_2

20 칼슘(Ca) 184.5ppm을 me/L로 표시한 값(칼슘 원자량 40)을 구하시오.

정답 me/L 값=9

해설 칼슘 원자량 40, 원자가 2, 당량 20, 당량=원자량/원자가
- me/L 값에 당량을 곱하면 ppm
- me/L 값×20=184.5
- me/L 값=9

실전 모의고사 제05회

01 다음은 난균류의 특징을 서술한 것이다. 괄호 안에 알맞은 용어를 쓰시오.

> **난균류**
> - 세포벽에는 키틴이 함유되지 않고 (①)과/와 섬유소로 되어 있음
> - 균사는 잘 발달되어 있으며, 격벽이 없는 다핵균사임
> - 유성생식을 난포자라고 하며, 무성생식으로 직접 발아하는 포자를 (②)라고/이라고 함
> - 뿌리썩음병, 역병, 노균병

정답 ① 글루칸 ② 유주포자

해설 **난균강**
① 유성생식: 난포자(월동태)
 • 포자를 형성하고 격벽이 없는 다핵균사이며 세포벽은 셀룰로스와 베타 글루칸
② 무성생식: 편모 있는 유주포자

02 강광에 노출되어 나무껍질이 데는 현상으로 여름철과 겨울철에 일어나는데 겨울철에 일어나는 것을 동계 피소라 한다. 이식할 때 잎을 자른 나무의 줄기가 강한 직사광선에 노출될 때 발생하기 쉽다. 남서 방향의 경사지 나무에서 직사광선에 노출된 줄기에서 많이 발생하기도 한다. 이를 방지하기 위한 방법 2가지를 쓰시오.

정답 ① 백색의 나무 테이프로 감아준다.
② 흰색 페인트를 이용하여 빛의 흡수를 차단해 준다.

해설 여름철 강한 햇빛과 증발산량의 과다로 인해 줄기에 물 공급이 원활하지 않아 수피가 타면서 형성층까지 파괴하는 현상

특히 수피가 얇은 종인 벚나무, 단풍나무, 목련, 매화나무, 물푸레나무 등에서 많이 발생한다.

실전 모의고사 제05회

03 농약의 오용으로 발생되는 작물 약해 유발 요인 중 근접살포를 설명하시오.

정답 근접살포
서로 다른 2종 이상의 약제를 수일 간격으로 처리하는 경우에 약제 상호 간의 반응에 의하여 약해가 발생하는 사례가 있다.

벼와 잡초인 피 간의 속간(屬間) 선택성이 있는 액제인 propanil은 유기인계 또는 카바메이트계 농약과 근접살포를 할 경우 벼에 엽소 증상이 일어나는 약해가 발생한다.

04 토양통기를 좋게 하는 방법 3가지를 쓰시오.

정답
① 토양구조를 입단구조를 형성하게 함
② 유기물·석회, 토양 개량제 등을 시용 토양 ⇒ 입단조성 유도
③ 객토를 하여 식질토양 개량

해설 입단구조(떼알구조)
단일입자가 집합해서 2차 입자로 되고, 다시 3차, 4차 등으로 집합해서 입단(粒團, compound granule)을 구성하고 있는 구조로 유기물과 석회가 많은 표층토에서 많이 보인다. 대·소 공극이 많아서 통기, 투수가 양호하고 양·수분의 저장력이 높아서 작물생육에 알맞다.

입단
토양의 물리적 구조를 변화시켜 수분보유력과 통기성을 향상함으로써 식물의 생육과 미생물의 성장에 좋은 영향을 끼치기 때문에 매우 중요하다.

토양의 입단화
양이온에 의하여 점토가 뭉쳐지는 응집 현상에 유기물이 첨가되면서 안정한 형태로 변하는 것이다.

05 장기간에 걸쳐 농약을 투여하여 실험동물에 아무런 영향을 미치지 않는 해당 농약의 최대 무작용 약량을 구한 다음, 이 값에 1/100의 안전계수를 곱한 값을 (   )라 한다. 괄호 안에 알맞은 용어를 쓰시오.

정답 ADI(1일 섭취허용량)

1일 섭취허용량
인간이 농약을 함유하는 식물을 일생 동안 섭취하더라도 현재까지 알려진 지식으로는 아무런 장해가 일어나지 않는 양

06 농약의 구비조건 9가지를 쓰시오.

정답
① 적은 양으로 약효가 확실할 것
② 농작물에 대한 약해가 없을 것
③ 인축에 독성이 낮을 것
④ 다른 약제와 혼용 범위가 넓을 것
⑤ 값이 싸고 구입하기 쉬울 것
⑥ 사용방법이 간편할 것
⑦ 품질이 균일하고 저장 중 변질되지 않을 것
⑧ 물리적 성질이 양호할 것
⑨ 등록되어 있을 것

07 세균병(원핵생물)의 병원균은 물관부에서 증식하여 수분의 상승이나 양분 공급을 방해하기 때문에 시들음 현상이 나타게 된다. 토마토풋마름병의 병원균을 확인하는 방법을 쓰시오.

정답 시들은 줄기를 가로로 잘라 멸균수를 넣은 시험관에 넣어 세균의 누출 현상 관찰

🌱 **세균**
상처·기공·밀선 등 개구부를 통해서만 침입

08 주요 대기오염물질에 의한 피해 증상은 가시 피해의 조직학적 특징은 책상조직이 선택적으로 파괴되는 경우가 많고, 기공에 가까운 해면상 조직은 피해를 받지 않는다. 대기오염의 종류를 쓰시오.

정답 오존(O_3)

🌱
책상조직이 오존에 대하여 가장 약하여 제일 먼저 공격을 받음(죽은 깨 같은 반점 형성)

해설 ① 오존(O_3)은 2차 오염물질이며 산화력이 강하기 때문에 많은 식물에 피해를 준다.
② 가시피해의 조직학적 특징은 책상조직이 선택적으로 파괴되는 경우가 많고, 기공에 가까운 해면상 조직은 피해를 받지 않는다.

09 종자의 발아력 상실 원인 3가지를 쓰시오.

정답 ① 원형 단백질의 응고
② 효소의 활력 저하
③ 저장 양분의 소모

해설 저장 중의 종자가 발아력을 상실하는 이유
① 저장에 의해서 종자가 발아력을 상실하는 것은 종자의 원형질을 구성하는 단백질의 응고에 기인한다.
② 장기간 저장한 종자는 저장 중에 호흡으로 인해 저장물질이 소모된다.

🌱 **종자의 수명에 영향을 미치는 사항**
• 종자의 수명은 작물의 종류 및 품종에 따라 다르며 또한 채종지의 환경·종자의 숙도(熟度)·수분함량·수확 및 조제방법·저장조건 등에 따라서 달라진다.
• 저장 중의 종자 수명에 영향을 미치는 주요조건은 수분함량·온도·산소 등이다.

10 광합성 과정에서 명반응을 설명하시오.

정답 명반응
$2H_2O$가 $4H$와 O_2로 분해되는 과정으로, 빛의 강도에 영향을 받음

해설) 명반응
① 햇빛이 있을 때 엽록체의 그라나에서 진행
② 물을 분해하면서 에너지 저장물질인 ATP와 NADPH 생산
③ 전자전달계
 • 물 분해로 방출되는 전자가 NADP까지 전달되는 과정(환원과정)
 • 관여물질: Q, X, plastocyanin, cytochrome, ferredoxin 등

암반응
- 엽록소가 없는 스트로마에서 담당하며, 빛이 있는 상태에서 상태에서도 진행
- 이산화탄소를 환원시켜 탄수화물을 합성화하는 과정
- 명반응에서 생산한 ATP와 NADPH를 에너지원으로 사용

11 온도가 10°C 상승하는 데 따르는 이화학적 반응이나 생리작용의 증가 배수를 (　　)(온도계수)이라고 한다. 괄호에 해당하는 용어를 쓰시오.

정답) Q_{10}

해설) 이산화탄소, 광의 강도, 수분 등이 제한 요소로 작용하지 않는 한 30～35°C에 이르기까지 Q_{10}은 2 내외

12 세토(입경 2mm 이하) 중의 점토함량 %에 따라 토양을 분류할 때 양토의 점토함량을 쓰시오.

정답) 양토 점토함량 25～37.5%

토성의 명칭	세토(입경 2mm 이하) 중의 점토함량 %
사토	〈 12.5
사양토	12.5～25
양토	25～37.5
식양토	37.5～50
식토	〉50

13 규산염점토광물에서 2차 광물은 1차 광물이 풍화되어 이것이 토양생성 과정에서 합성되는데 규소사면체층과 알루미늄팔면체 층이 2:1(비팽창형)로 결합된 점토광물을 쓰시오.

정답) 일라이트(illite)

해설 점토광물 : 2 : 1형 광물
- 비팽창형: illite
- 팽창형: vermiculite, montmorillonite, beidellite, saponite, nontronite

14 토양 수분 측정 시 토양의 유전상수를 측정하여 간접적으로 토양 수분함량을 측정하는 법을 쓰시오.

정답 TDR법

해설 토양 수분함량 측정
1) **전기저항법**: 토양의 전기저항이 수분함량에 따라 변하는 원리를 이용
2) **중성자법**: 중성자가 물 분자의 수소 원자와 충돌하면 속력이 느려지고 반사되는 원리를 이용하는 방법
3) **TDR법**: 토양의 유전 상수를 측정하여 간접적으로 토양 수분함량을 환산하여 측정하는 방법

일라이트(illite)
2 : 1의 층상 구조를 가지며, 2 : 1 층들 사이의 공간에 K^+이 많이 함유되어 있어 습윤상태에서도 팽창이 불가능하다.

토양의 유전상수는 3상의 구성비에 따라 달라질 수 있지만, 물의 유전상수는 80 정도로 공기와 토양입자들에 비하여 훨씬 크기 때문에 가시적으로 측정되는 토양의 유전상수는 토양의 수분함량에 비례한다.

15 토양 수분의 분류에 있어 식물의 흡수할 수 있는 유효 수분의 범위는 (①)과/와 (②) 사이의 수분이다. 괄호 안에 알맞은 수분 상태를 쓰시오.

정답 ① 포장용수량(-0.033MPa)
② 위조점(-1.5MPa)

해설 유효 수분
식물이 이용할 수 있는 물로서 식물이 물을 흡수하는 힘보다 양한 힘으로 토양에 저장되어 있는 물을 말한다.

16 농약의 제형 중 농약을 액체상태, 고체상태 또는 압축가스 상태로 용기 내에 충진한 것으로 가스가 대기 중으로 기화하여 방제 효과를 나타내는 농약제형을 쓰시오.

정답 훈증제(燻蒸劑, Gas, GA)

해설 훈증제
- 가스가 대기 중으로 기화하여 방제 효과를 나타낸다.
- 저장 곡물을 소독할 때 또는 토양소독용으로 사용한다.

17 다음 〈보기〉의 제초제에서 선택성 제초제를 모두 고르시오.

---보기---
① simazine   ② paraquat
③ 2,4-D   ④ diquat

정답 ① simazine   ③ 2,4-D

해설 사용 목적에 따른 분류

분류		특성	종류
제초제	작용 특성	선택성 제초제	2,4-D, simazine
		비선택성 제초제	paraquat, diquat
	사용 시기	발아 전 처리제(토양처리제)	butachlor, thiobencarb
		발아 후 처리제(경엽처리제)	bentazone, 2,4-D

18 식물의 개화기 조절 및 개화기를 유도할 수 있는 방법 3가지를 쓰시오.

정답 ① 일장(日長)   ② 춘화처리   ③ C/N율

해설 화성(花成)
1) 내적 요인
   ① 영양 상태 특히 C/N율로 대표되는 동화산물의 양적 관계
   ② 식물호르몬, 특히 옥신과 지베렐린의 체내 수준 관계
2) 외적 요인
   ① 광조건, 특히 일장효과의 관계
   ② 온도조건, 특히 버널리제이션과 감온성의 관계

19 다음 사진과 〈보기〉의 내용을 보고 해당하는 해충을 쓰시오.

---보기---
- 학명: Platypus koryoensis
- 피해 수종: 신갈나무, 졸참나무, 상수리나무, 서어나무 등
- 병원균인 raffaelea quercusmongolicae를 매개하며, 균은 기주 수종 내부에서 증식하여 수분이나 영양물질의 이동을 방해하여 임목을 고사시킨다.

선택성의 유형
(1) 생태적 선택성: 작물과 잡초 간의 시간적(연령), 공간적 차이에 의해 발현되는 선택성이다.
(2) 형태적 선택성: 외부 형태 차이로 발현되는 선택성이다.
  - 뿌리의 분포상태: 심근성, 천근성
  - 생장점의 위치: 화본과 식물
  - 엽초의 마디에 위치, 광엽잡초 - 엽액
  - 잎의 특성: 광엽, 세엽, 잎 표면의 납질이나 큐티클 유무, 잎 표면의 털의 유무
(3) 생리적 선택성
  - 제초제의 흡수와 이행의 차이에 의한 선택성이다.
  - 제초제의 흡수: 잎의 표면과 기공을 통해 흡수하는데 식물 중의 표피구조와 세포막 구성성분에 따라 다르다.
(4) 생화학 선택성: 동일한 양의 제초제가 흡수되더라도 식물체 내에서 불활성화시킴으로써 선택성을 발휘하는 것이다.

○ 산림병해충

〈자료 출처: 산림청〉

정답 광릉긴나무좀

🌱
광릉긴나무좀 암컷에는 포자를 저장하는 5~10개의 균낭이 있다.

20 다음 사진과 〈보기〉의 내용을 보고 문제에서 제시한 병해를 쓰시오.

─○ 보기 ○─
- 병원체: Lophodermium maximum
- 특징: 15년생 이하의 어린 잣나무에서 발생하며 봄철 3~5월에 새잎이 나오기 전에 묵은 잎이 적갈색으로 변하면서 조기 낙엽

 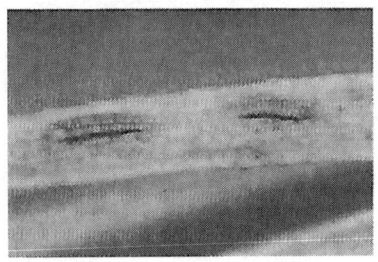

○ 자낭반

〈자료 출처: 국립산림과학원〉

정답 잣나무 잎떨림병

실전 모의고사 제06회

01 다음은 자낭균류의 특징에 서술한 것이다. 괄호 안에 알맞은 용어를 쓰시오.

> **자낭균류**
> - 잘 발달된 균사로 격벽이 있으며, 균사의 세포벽은 (①)으로/로 되어 있다.
> - 유성생식으로 자낭포자를 형성하고 무성생식으로 (②)를/을 형성한다.
> - 자낭에는 8개의 포자가 형성되어 있다.

정답 ① 키틴
② 분생포자

해설 **자낭균류**
① 잘 발달된 균사로 격벽이 있으며, 균사의 세포벽은 키틴으로 되어 있음
② 유성생식으로 자낭포자를 형성하고 무성생식으로 분생포자를 형성함
③ 자낭균은 균사조직으로 균핵과 자좌 등을 형성
④ 자낭은 자낭각, 자낭반, 자낭자좌 같은 특별한 모양을 가지는 자낭과의 내부에서 생성되거나 자낭과 없이 노출되는 것이 있음
⑤ 균사의 격벽에는 물질이동통로인 단순격벽공이 있음
⑥ 자낭에는 8개의 포자 형성
⑦ 곰팡이 중 가장 큰 분류군
⑧ 자낭과의 형태(자낭구, 자낭각, 자낭반), 벽의 구조(단일벽 · 이중벽)

02 식물은 생육적온을 넘어서 최고온도에 가까운 온도에 오래 놓이게 되면 고온 장해가 발생하는 데 재배조건과 내열성에 대하여 쓰시오.

정답 ① 내열성이 강한 작물을 선택한다.
② 재배시기를 조절하여 혹서기의 위험을 회피한다.
③ 관개를 해서 지온을 낮춘다.
④ 밀식 · 질소과용 등을 피한다.

열해의 기구
① 유기물의 과잉소모: 고온에서는 광합성보다 호흡작용이 우세해지고, 고온이 오래 지속되면 유기물의 소모가 많아진다. 고온이 지속되면 당분이 감소한다.
② 질소대사의 이상: 고온에서는 단백질 합성이 저해되고, 암모니아의 축적이 많아진다. 암모니아가 많이 축적되면 유해물질로 작용한다.
③ 철분의 침전: 고온 때문에 철분이 침전되면 황백화 현상이 일어난다.
④ 증산과다: 고온에서는 수분흡수보다도 증산이 과다하여 위조를 유발한다.

03 식물호르몬 중 2개 탄소가 이중으로 연결된 기체로 줄기와 뿌리의 생장 억제와 관련 있는 호르몬을 쓰시오.

정답 에틸렌

해설 에틸렌
① 2개 탄소가 이중결합으로 연결된 기체
② 에틸렌은 기체이므로 처리가 곤란하여 합성 호르몬인 에세폰을 농업적으로 이용

🌱 **에틸렌의 생리적 효과**
- 과실의 성숙 촉진
- 줄기와 뿌리 생장 억제

04 토양 부식의 기능 6가지를 쓰시오.

정답
① 토양의 보비력 증대
② 토양의 완충능 증대: 부식은 양이온치환능력(C.E.C)이 큼
③ 토양의 보수력 증대
④ 토양구조의 발달(입단화 촉진)
⑤ 토양 유용 미생물 생육촉진
⑥ 토양 온도의 상승

해설 1) **부식의 물리적 효과**: 입단화 증진, 용적 밀도 감소, 토양 공극의 증가, 토양의 통기성과 배수성 향상, 보수력 증가, 지온 상승(부식의 검은색)
2) **부식의 화학적 효과**: 무기양분의 공급, 생리활성작용, 무기 이온의 유효조절, 양이온 치환능, 완충능

🌱 **부식(腐植, humus)**
토양 유기물이 변하여 형성된 화학적으로 안정한 고분자량의 물질이다.

05 해충이 약제를 먹으면 중독을 일으켜 죽이는 약제, 씹어먹는 입(저작구)을 가진 해충에 적용 나비류 유충, 딱정벌레류, 메뚜기류에 적용하기 좋은 농약 제형을 쓰시오.

정답 소화중독제

06 진딧물은 처녀 생식(무성생식), 유성생식을 하며, 날개가 있는 개체도 있어 다른 곳으로 금새 퍼져 나갈 수 있다. 또한, 새끼 진딧물은 태어나기 전에 모두 임신한 상태를 (   )라고 한다. 괄호 안에 충태(蟲態)를 쓰시오.

정답 간모

🌱 **간모**
- 진딧물은 보통 수정된 알 상태로 겨울을 보내고 이것을 '월동란'이라고 한다.
- 이듬해 봄, 월동란에서 부화해 처음 나오는 암컷 벌레를 간모라고 한다.
- 간모가 자라서 성체가 되면 수컷의 도움 없이 무성생식으로 날개가 없거나(무시형), 있는 (유시형) 암컷만을 낳는다.
- 간모가 낳는 이 새끼들을 '태생 암컷'이라고 하며, 태생 암컷은 수컷의 도움 없이 홀로 새끼를 낳아 번식하는 '단위생식' 과정을 거친다.

07 다음 설명을 보고 괄호 안에 알맞은 용어를 쓰시오.

"식물은 하나의 기관이나 조직 또는 세포 하나라도 적당한 조건이 주어지면 모체와 똑같은 유전 형질을 갖는 완전한 식물체로 발달할 수 있는 (   )이라는 재생 능력 보유"

정답 전체형성능

08 다음 사진과 〈보기〉의 내용을 보고 해당하는 병명을 쓰시오.

─○ 보기 ○─

- 병원체명: Diplocarpon mali Y. Harada & Sawamura
- 기주: 사과나무
- 증상
  - 주로 잎에 발생하나 드물게 과일에도 발생한다.
  - 잎에는 처음 자색 또는 흑갈색의 작은 반점이 형성, 점차 확대되어 갈색 또는 흑갈색의 대형 병반이 형성되며, 병반 둘레가 녹색으로 남고, 다른 부위는 황색으로 변하여 조기 낙엽된다.
  - 병반에 보이는 검고 작은 반점은 포자층으로, 그 위에 분생포자가 형성된다.

〈자료 출처: 국가농작물병해충관리시스템〉

정답 사과갈색무늬병

09 종자의 자발적 휴면의 원인 5가지를 쓰시오.

정답
① 종피의 불투수성
② 종피의 불투기성
③ 종피의 기계적 저항
④ 배의 미숙
⑤ 저장물질의 미숙
⑥ 발아억제물질의 존재
⑦ 발아촉진물질의 부족

해설 휴면의 뜻과 형태
① 발아 능력을 가진 종자가 외적 환경조건이 생육에 알맞더라도 내적 요인에 의해서 휴면을 하는데 이것을 자발적 휴면(自發的休眠)이라 하는 데 본질적인 휴면이다.
② 종자의 외적 조건이 부적당해서 유발되는 휴면을 타발적 휴면(他發的休眠)이라고 한다.

10 비료란 무엇인지 정의하시오.

정답 식물에 영양을 주거나 식물의 재배를 돕기 위하여 흙에서 화학적 변화를 가져오게 하는 물질과 식물에 영양을 주는 물질

11 지하수위가 높은 저습지나 배수 불량지에서 연중 짧은 기간을 제외하고는 대부분 물이 포화된 상태가 유지되어, 환원 상태가 발달하면서 청회색을 띠는 환원층이 발달하는 토양생성 작용을 쓰시오.

정답 글레이화(gleization) 작용

12 녹비 작물이 갖추어야 할 조건 5가지를 쓰시오.

정답
① 생육이 왕성하고 재배가 쉬워야 한다.
② 심토의 양분을 이용할 수 있는 심근성(深根性) 작물이다.
③ 비료 성분의 함유량이 높고, 유리 질소의 고정력이 강하다.
④ 줄기와 잎이 유연해 토양 속에서 분해가 빠르다.
⑤ 화학비료를 사용하지 않아도 재배되는 식물이어야 한다.

🌱 유기질비료
- 원료: 주로 자연에서 얻어진 유기물질로 만들어진다.
- 장점
  - 토양 구조를 개선하고 유기물 함량을 증가시켜 토양의 비옥도를 높인다.
  - 토양 생태계를 활성화하여 미생물 활동을 촉진한다.
- 단점
  - 영양분 함량이 낮다.
  - 효과가 발현되기까지 시간이 걸린다.

🌱 무기질비료
- 원료: 천연광물을 원료로 화학적으로 합성하여 제조됨
- 장점
  - 작물의 즉각적인 영양결핍을 해결할 수 있어 빠른 효과를 볼 수 있다.
  - 비료 속 영양소의 비율이 정확하게 조절되어 있어 원하는 비율로 공급가능하다.
- 단점
  - 과다 사용 시 토양 산성화, 염류축적 등의 부작용이 발생할 수 있다.

해설) 녹비 작물의 의미
화학비료를 대체하고 비용을 절감하기 위해 식물의 잎과 줄기 등을 비료로 이용하는 작물로, 퇴비와 함께 농가 자급비료의 중요한 자원으로 사용되고 있다. 녹비 작물은 양분 공급 효과가 크고 땅심을 높여주기 때문에 화학비료를 대체 할 수 있어 친환경 농업을 위해서는 필수작물로 인정받고 있다.

13 토양 수분의 퍼텐셜에 관여하는 힘 4가지를 쓰시오.

정답)
① 매트릭퍼텐셜
② 압력퍼텐셜
③ 중력퍼텐셜
④ 삼투퍼텐셜

해설) ① 토양 수분의 퍼텐셜은 토양 입자에 의한 인력, 토양 모세관의 힘, 용질에 의한 삼투력, 중력, 물에 가해지는 외부압력 등의 힘에 의하여 결정된다.
② 물은 퍼텐셜에너지가 높은 곳에서 낮은 곳으로 이동하게 된다.

🌱 토양 수분의 퍼텐셜
- 토양 내 수분이 가지는 잠재적 에너지를 의미하며, 수분이 뿌리에 의해 흡수되거나 증발하여 공기 중으로 이동할 때의 에너지원으로 작용한다.
- 높은 퍼텐셜에서 낮은 퍼텐셜로 이동할 때 활성화되는 에너지를 나타낸다.

14 식물은 기온이 높고 대기 중 이산화탄소 농도가 낮을 경우, 루비스코가 이산화탄소 대신 산소를 RuBP에 결합하게 되며 광합성 효율이 떨어지게 되며 이를 극복하기 위해 에너지를 소비하는 것을 무엇이라 하는지 용어를 쓰시오.

정답) 광호흡

15 탈질작용이 무엇을 의미하는지 그 의미를 쓰시오.

정답) 미생물에 의해 질산성 질소가 질소가스(N_2)로 환원되는 작용을 지칭한다.

해설) 탈질현상
암모니아태 질소를 산화층에 주면 질화균이 질화작용을 일으켜 질산으로 된다. 질산은 토양에 흡착되지 않고 아래의 환원층으로 씻겨 내려가면 탈질균의 작용으로 환원되어 가스 태 질소로 바뀌어 대기 중으로 날아가게 되는데 이를 탈질작용이라고 한다.

$$NO_3^- \rightarrow NO_2 \rightarrow N_2, NO$$

🌱
탈질작용에 관여하는 미생물에는 pseudomonas, bacilus, micrococcus 등이 있으며 일반적으로 탈질 현상이 일어나는 경우는 유기물과 질산(NO_3^-)이 풍부하고, 온도가 25~35°C이며, pH가 중성, 그리고 토양에 산소가 부족할 때이다.

16 농약의 제형 중 침투이행성이 있는 농약을 쌀알 형태의 증량제에 흡착 또는 피복시키든가 증량제와 혼합한 후 쌀알 형태로 만든 것으로 제품을 그대로 사용할 수 있는 농약의 제형을 쓰시오.

정답 입제(粒劑, GR; Granule)

해설 입제의 특징
- 장점: 알맹이가 무거워 다른 제형보다 안전하게 사용할 수 있고, 비산하는 위험이 적다.
- 단점: 제형이 날리지 않아 줄기나 잎 등에 잘 달라 붙지 않으므로 단위면적당 사용량이 많고, 가격이 비싸다.

17 춘화의 효과가 상실되는 현상으로 춘화처리를 받은 후 고온이나 건조상태에 두면 춘화 처리의 효과가 상실되는 것을 무엇이라 하는가 맞는 용어를 쓰시오.

정답 이춘화(離春化, devernalization)

18 살충제 중 유효성분 조성에 따른 분류에 있어 〈보기〉에서 카바메이트계 살충제를 구분하시오.

─보기─
① 메소밀　　② 카보푸란
③ 벤설탑　　④ 페니트로치온

정답 ① 메소밀
② 카보푸란

19 과수원의 토양에 가해지는 빗방울의 직접 타격을 막고 유속을 억제하며 토양의 입단구조와 투수성을 좋게 하여 과수원의 토양 침식을 막는 데 효과적인 재배법을 쓰시오.

정답 초생법 또는 부초법

🌱 **춘화처리**

식물체가 생육의 일정시기(주로 초기)에 저온을 경과함으로써 화성(花成), 즉 꽃눈의 분화·발육이 유도·촉진되거나, 또는 생육의 일정시기(주로 초기)에 인위적인 저온을 주어서 화성을 유도·촉진하는 것을 말한다.

🌱 **재춘화(revernalizaion)**

이춘화 후에 다시 저온 춘화처리를 하면 다시 춘화처리가 되는 것을 말한다.

🌱 **초생법**
- 장점
  - 자란 풀은 유기물로 환원되어 지력 유지 및 증진에 도움
  - 죽은 풀뿌리는 토양의 입단화를 촉진
  - 토양의 유실 및 침식을 방지
  - 지온의 급격한 변화를 방지
- 단점
  - 과수와 초생식물의 양수분 경합
  - 병해충의 잠복 장소 제공 우려

20 다음 사진과 〈보기〉의 내용을 보고 해당하는 해충을 쓰시오.

> ◦보기◦
> - 학명: Obolodiplosis robiniae
> - 기주: 아까시나무
> - 가해 습성
>   - 5월 초순에 우화한 성충은 새잎에 산란하며 부화한 유충은 새잎 전체를 말아 마치 고사리 새순 같은 형태를 띤다.
>   - 6월 이후 성숙된 잎에서 가해를 할 때는 잎의 가장자리를 부분별로 말아 피해를 주며 피해가 경과하면서 흰가루병과 그을음병을 동반한다.
>
>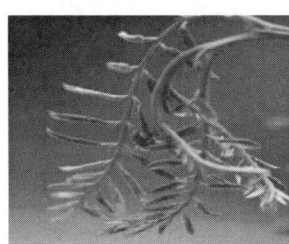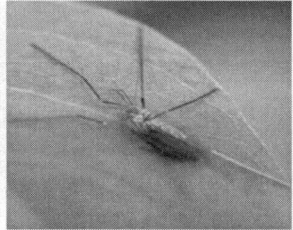
>
> ◉ 산림병해충
>
> 〈자료 출처: 산림청〉

정답 아까시잎혹파리

실전 모의고사 제07회

01 향나무 녹병은 향나무와 배나무(장미과 수종)에 기주 교대를 하는 이종기생성 병으로 배나무, 사과나무, 등의 과수에 피해를 주고 있으며 붉은별무늬병으로 알려져 있다. 다음 〈보기〉에서 향나무 녹병균의 포자퇴를 완성하시오.

향나무	배나무
겨울포자퇴 → (①) →	녹병정자기 → (②)

🌱 담자균류 녹균목에 속하는 균류인 녹균류가 식물에 기생하여 발생되는 식물 병의 총칭으로, 포자의 색이 녹이 슨 색깔과 비슷하여 녹병이라 부른다.

정답 ① 담자포자 ② 녹포자기

해설 향나무 녹병(Gymnosporangium spp)
① 중간기주: 배나무 등 장미과 수종(붉은별무늬병)
② 향나무에서 겨울포자와 담자포자가 형성되며, 여름포자가 없는 녹병
③ 봄에 향나무 잎과 줄기에 노란색이나 오렌지색 겨울포자 형성
④ 중간기주(장미과 식물)에 녹병정자와 녹포자 형성
⑤ 장미과 식물과 2km 이상 분리 식재

02 토양이 건조하면 식물체 내의 수분함량도 감소되어 생육이 나빠지고 심하면 위조·고사하게 된다. 작물이 건조에 견디는 성질을 내건성이라고 하며 내건성이 강한 작물의 세포적 특성에 대하여 쓰시오.

🌱 **내건성 작물의 형태적 특성**
- 표면적·체적의 비가 작으며, 잎이 작다.
- 뿌리가 깊고, 지상부보다 근군(根群)의 발달이 좋다.
- 잎 조직이 치밀하며, 기공이 작거나 적다.
- 저수 능력이 크고 다육화의 경향이 있다.
- 기동 세포가 발달하여 탈수되면 잎이 말려서 표면적이 축소된다.

정답 세포적 특성
① 세포가 작아서 수분이 감소해도 원형질의 변형이 적다.
② 세포 중에 원형질이나 저장 양분이 차지하는 비율이 높아서 수분 보유력이 강하다.
③ 원형질의 점성이 높고, 세포액의 삼투압이 높아서 수분 보유력이 강하다.
④ 탈수될 때 원형질의 응집이 덜하다.
⑤ 원형질막의 수분, 요소, 글리세린 등에 대한 투과성이 크다.

03 토양의 양이온 교환 용량(C.E.C)을 설명하시오.

정답 토양이 양이온을 흡착할 수 있는 능력, 토양 100g이 흡착할 수 있는 양이온의 총량으로 밀리그램 당량으로 표시함

규산염 점토광물의 전하
일반적으로 음전하를 띠고 있으며 이들 전하는 영구 전하와 pH 의존 전하로 나뉜다.
- 영구 전하: 동형 치환에 의하여 생성되는 전하. 일반적으로 음전하를 띠며 pH 영향을 받지 않는다.
- pH 의존 전하: 규산염 점토광물의 결정단위 가장자리에 있는 −Si−OH 또는 −Al−OH의 pH변화에 따른 해리에 의하여 음전하가 발생하므로 변두리 전하라고도 한다(pH 기준값 표면 전화 있음, 등전점).

04 토양 수분수에 있어 포화 용수량을 설명하시오.

정답 포화 용수량: 최대 용수량에서 중력수가 완전히 제거된 후 모세관에 의해 유지되는 수분(pF 2.5)

해설
- 최대 용수량: 토양의 모든 공극에 물이 꽉 찬 상태
- 포화 용수량: 최대 용수량에서 중력수가 완전히 제거된 후 모세관에 의해 유지되는 수분(pF 2.5)
- 위조점: 토양 수분의 장력이 커서 식물이 흡수하지 못하고 시들어버리는 수분함량(pF 4.2)
- 유효 수분: 식물이 흡수할 수 있는 수분(pF 2.5~4.2)

05 식물의 일부분에 처리하면 식물 전체에 퍼져 즙액을 빨아 먹는 흡즙성 해충을 살상시키는 약제를 쓰시오.

정답 침투성 살충제

06 세포벽이 없는 원핵 미생물로 대추나무 빗자루병, 뽕나무 오갈병 등을 유발하는 미생물로 테트라사이클린계의 항생 물질로 치료가 가능한 미생물을 쓰시오.

정답 파이토플라즈마(phytoplasma)

파이토플라즈마
절대기생체(순활물기생체)로 식물에 기생하며 병해를 일으키는 세균을 말한다. 아직까지 인공배양을 할 수 없기 때문에 자세한 생리적 특성 등을 알 수는 없지만 여러 특성이 세균과 닮아 있다. 세균과 구분할 수 있는 가장 큰 특징은 세포벽이 없기 때문에 일정한 모양을 하고 있지 않다는 것과 무엇보다도 대부분이 식물의 체관부에서 기생한다는 것이다.

07 최소양분율(리비히(Liebig's) 법칙)을 설명하시오.

정답 양분 중에서 필요량에 대해 공급이 적은 양분에 의하여 작물 생육이 제한됨

해설 **최소양분율**
작물이 필요로 하는 여러 가지 무기성분 중에서 가장 부족한 성분에 의하여 작물생육이 지배된다는 이론(J. von Liebig 제창)이다.

08 다음 〈보기〉를 보고 해충 명을 쓰시오.

> **보기**
> - 학명: Caligula japonica
> - 일반특징: 성충의 체장은 45mm 정도이고 날개를 편 길이가 105~135mm이며 몸과 날개가 적갈색~암갈색이다. 앞날개에는 2줄의 파상선(波狀線)이 있고 뒷날개의 중앙에는 원형의 검은 무늬가 있다.
> - 가해 습성: 유충 한 마리가 1세대 동안 암컷이 평균 3,500cm², 수컷이 2,500cm²의 잎을 식해하며 피해를 심하게 받은 밤나무는 수세가 약하게 되어 밤 수확이 감소된다.

〈자료 출처: 산림청〉

정답 밤나무산누에나방(어스렝이나방)

🌱 **밤나무산누에나방**
주로 밤나무와 상수리나무, 참나무 잎을 먹고 자라 잎을 상하게 해 수목 생장이 저해되는 등 수목에 피해를 주고 있다.

09 광합성 과정에서 암반응을 설명하시오.

정답 명반응에서 생성된 화학 에너지를 이용하여 CO_2를 고정하여 탄수화물(포도당)을 생성함(캘빈 회로라고도 함)

해설 **암반응**
- 엽록소가 없는 스트로마에서 담당하며, 빛이 있는 상태에서 상태에서도 진행된다.
- 이산화탄소를 환원시켜 탄수화물을 합성화하는 과정이다.
- 명반응에서 생산한 ATP와 NADPH를 에너지원으로 사용한다.

10 우량품종의 조건은 균일성, 우수성, (　　　)이다. 괄호 안에 알맞은 품종 조건을 쓰시오.

정답 영속성

11 조직배양은 식물의 세포, 조직, 기관 등을 기내의 영양배지에서 무균적으로 배양하여 완전한 식물체로 재분화 시키는 것이다. 조직배양의 장점 3가지를 쓰시오.

정답
① 유전적으로 특이한 새로운 특성을 가진 식물체를 분리해낼 수 있음
② 삽목과 접목에 비하여 짧은 기간 동안에 대량 증식이 가능
③ 생장점을 배양하면 바이러스 무병주를 육성할 수 있음

> 🌱 **전형성능(totipotency)**
> 식물 세포의 조직이 세포 전체의 형태를 형성하거나 식물체를 재생하는 능력을 말한다. 식물 세포는 전형성능(全形成能)이 있어서 뿌리, 줄기, 잎, 꽃가루 등의 세포에서 하나의 완전한 식물체로 재생될 수 있다.

12 녹비 작물은 일반적으로 두과녹비작물과 화본과 녹비작물로 나뉘는데, 두과녹비작물의 장점을 쓰시오.

정답 두과작물은 뿌리혹박테리아가 있어 공기 중 질소를 고정하는 능력이 매우 뛰어나 녹비작물로 많이 이용되고 있으며 헤어리베치, 자운영, 클로버 등이 이에 속한다.

13 다음은 C_3 식물과 C_4 식물을 특징을 비교한 것이다. 괄호 안에 알맞은 번호를 선택하시오.

구분	C_3 식물	C_4 식물
CO_2 보상점	(① 높다. ② 낮다.)	(① 높다. ② 낮다.)
광포화점	(① 높다. ② 낮다.)	(① 높다. ② 낮다.)

> 🌱
> C_4 식물은 CO_2를 고정하는 곳과 캘빈 회로가 일어나는 곳을 공간적으로 분리했기 때문에 덥고 건조한 환경에서 C_3 식물보다 생존성이 높다.

정답

구분	C_3 식물	C_4 식물
CO_2 보상점	② 낮다.	① 높다.
광포화점	② 낮다.	① 높다.

14 군락의 최적엽면적지수는 군락의 수광태세가 좋을 때 커진다. 콩의 수광태세가 좋아지기 위한 초형을 쓰시오.

정답
① 키가 크고, 도복이 안 되며, 가지를 적게 치고, 가지가 짧다.
② 꼬투리가 원줄기에 많이 달리고, 밑에까지 착생한다.
③ 잎자루가 짧고 일어선다.
④ 잎이 작고 가늘다.

해설 포장동화능력=총엽면적×수광능률×평균동화능력 3자의 곱으로 표시된다.

15 어떤 토양의 유기탄소 함량이 1.8%이고 C/N율이 12일 때 이 토양의 유기질소 함량을 구하시오.

정답 N=0.15

해설 C/N=탄소/질소, 12=1.8/질소, N=0.15

16 농약의 제형 중 물에 잘 녹는 농약 원제를 설탕이나 유안과 같이 물에 잘 녹는 물질을 증량제로 하여 제조한 것으로 물과 섞어 살포액을 만들면 물에 완전히 녹아 투명한 액체로 되는 농약 제형을 쓰시오.

정답 수용제(水溶劑, SP; Water Soluble Powder)

해설 **수용제의 특징**
보관 및 취급, 수송 등 이동이 액제보다 쉽지만, 종류가 많지 않다.

🌱 **희석살포용 제형**
미탁제, 수용제, 수화제, 액제, 유제, 유탁제, 캡슐현탁제

🌱 **직접 살포형**
미분제, 미립제, 분제, 세립제, 수면전개제, 입제, 제형

17 다음 〈보기〉 중에서 광합성 작용 저해제, 제초제를 모두 고르시오.

―보기―
① 2,4-D   ② linuron
③ MCP   ④ dicamba
⑤ simazin   ⑥ bentazone

정답 ② linuron ⑤ simazin

🌱 **광합성 작용 저해제**
- Triazine 계: simazine, simetryne
- Triazinone 계: hexazinone, metribuzin
- Urea 계: linuron, dymron, siduron, metabenzthizuron
- Amide 계: propanil

18 시설 하우스 내에서 인위적으로 일장이 짧은 가을과 겨울철에 단일 식물의 개화를 억제하거나 장일식물의 개화를 촉진시키는 재배법을 쓰시오.

정답 전조재배

해설 **차광 재배**
자연일장이 긴 계절에 단일 식물의 꽃눈을 형성시켜 개화를 촉진시키는 재배

19 다음 사진과 〈보기〉의 내용을 보고 해당하는 병명을 쓰시오.

> ─○보기○─
> - 병원체 명: Septobasidium tanakae (Miyabe) Boedijn & B.A. Stein.
> - 기주: 밤나무
> - 일반 정보: 자실층에서 형성된 담자포자가 비산하여 공기전염 된다. 깍지벌레류의 분비물을 영양삼아 번식하며 가지에 균사로 침입한다. 이 균은 다른 많은 활엽수를 침해하여 병을 일으킨다.
> - 증상: 가지에 발생한다. 자갈색 또는 암갈색의 균사체가 가지의 표면에 들러붙어 얇은 융단 모양, 혹은 가루 모양으로 보인다.
> - 방제: 깍지벌레류의 방제를 철저히 하고, 병든 가지를 잘라내어 불태운다.

〈자료 출처: 국가농작물병해충관리시스템〉

정답 밤나무갈색고약병

20 C/N율이 116 : 1인 밀짚을 토양에 넣었을 때 토양에서 일어날 수 있는 현상을 쓰시오.

정답 식물과 미생물 사이에 질소경합이 일어난다. (질소고정화)

해설
- C/N율이 30 이상일 때 고정화 반응
- C/N율이 20∼30 사이 고정화 반응 = 무기화 작용
- C/N율이 20 이하 무기화 우세

실전 모의고사 제08회

01 해충의 발생예찰 시 이용하는 방법을 4가지 쓰시오.

정답
① 통계학적 방법
② 다른 생물 현상과의 관계 이용
③ 실험적 방법
④ 개체군 동태학적 방법

🌱 **통계학적 방법**
다년간의 생물 현상과 환경요소와의 상관관계를 이용하는 것으로 유효 적산온도가 많이 사용된다.

02 곤충개체군 밀도를 조사하기 위해서는 표본조사법이 필수적이다. 비행하는 곤충을 채집하기 위해 사용하는 방법 4가지를 쓰시오.

정답
① 끈끈이트랩
② 유아등
③ 말레이즈트랩
④ 페로몬트랩

해설 **산림곤충 표본조사법**
① 비행하는 곤충들, 끈끈이트랩, 유아등, 말레이즈트랩, 페로몬트랩, 흡입트랩, 수반트랩
② 수반트랩: 황색수반트랩은 총채벌레나 진딧물을 포함한 여러 종의 곤충이 황색에 잘 이끌리는 것을 이용한 방법이다.

🌱 **말레이즈트랩**
- 비행하던 곤충이 착륙 후 음성주지성, 즉 높은 곳으로 기어가는 습성을 이용한 트랩이다.
- 활동성이 높은 파리, 벌, 딱정벌레, 나방류의 곤충을 채집하는 데 유용한 수단이 된다.

03 약효 지속시간이 길어야 하는 보호 살균제의 특성을 고려하였을 때, 보호 살균제 살포액의 가장 중요한 물리적 특성 2가지를 쓰시오.

정답 부착성과 고착성

해설 **보호용 살균제**
- 병원균의 포자가 발아하여 침입하는 것을 방지하는 약제이다.
- 예방이 목적 약효 지속시간이 길고 부착성과 고착성이 양호해야 한다.

04 다음 사진과 〈보기〉의 내용을 보고 해당하는 병명을 쓰시오.

> ─○보기○─
> - 병원체 명: Helicobasidium mompa Tanaka
> - 기주: 사과나무
> - 증상
>   - 뿌리 표면에 적색의 균사속(菌絲束)이 얽혀져 있으며, 오래되면 균사막이 형성되어 뿌리 전체를 둘러싼다. 심하면 지표 부분의 줄기까지 자색의 균사가 나타나고, 지상부는 수세가 약해져 시들고 말라죽는다.
>   - 감염된 나무의 지하부 표피를 잘 살펴보면 적자색 실 모양의 균사(菌絲)와 균사속(菌絲束)을 볼 수 있고 습도가 높은 경우에는 원줄기(樹幹)에도 자주색 구름 모양의 버섯이 형성되는 경우도 있다.
>
>
> 〈자료 출처: 국가농작물병해충관리시스템〉

🌱 **균사속**(mycelial strand)
균류에서 볼 수 있는 비교적 미분화된 균사가 평행하게 모여 형성한 끈 모양의 구조이다.

정답 자주날개무늬병

---

05 다음 설명에서 괄호 안에 알맞은 용어를 쓰시오.

> 곤충의 외부 형태는 크게 (   ), (   ), (   )의 3부분으로 구분한다.

정답 머리, 가슴, 배

🌱 **식물체의 바이러스 감염 여부를 확인하는 방법**
- 지표식물 이용법
- 혈청학적 방법
- 전자현미경법
- 분자생물학적 방법

---

06 바이러스병의 진단에 흔히 이용되는 식물을 지칭하는 용어를 쓰시오.

정답 지표 식물

🌱 **지표 식물**
어떤 병에 대하여 고도로 감수성이거나 특이한 병징을 나타내는 식물

07 다음에서 설명하는 토양구조를 쓰시오.

- 접시와 같은 모양이거나 수평 배열의 토괴로 구성된 구조
- 우리나라 논 토양에서 많이 발견되며 용적 밀도가 크고 공극률이 급격히 낮아지며 대공극이 없어진다.
- 수분의 하향 이동이 불가능해지고, 뿌리가 밑으로 자랄 수 없게 만들어 벼의 생육을 나쁘게 한다.

정답 판상 구조

해설 우리나라에서는 경반층(耕盤層)이라고 하며, 판상 구조를 없애기 위하여 깊이갈이(심경)를 권장하고 있다.

🌱 **토양단면의 구조 및 토층분화의 특성**

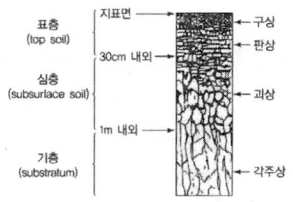

08 다음에서 설명하는 식물 필수 원소를 쓰시오.

- 식물체 내에서 탄수화물(당)의 이동에 관여함
- 결핍되면 코르크화 등 전반적으로 조직이 거칠고 단단해 짐
- 무, 배추 등 십자화과 채소에서 많이 발생하며, 무의 경우 결핍되면 뿌리 내부가 흑색으로 변하거나 구멍이 생김

정답 붕소(B)

🌱 **붕소(B)**

촉매 또는 반응조절물질로 작용하며, 생장점 부근에 그 함량이 많고, 체내 이동성이 낮으므로 결핍증은 생장점이나 저장기관에 나타나기 쉽다.

09 식물은 생육적온을 넘어서 최고온도에 가까운 온도에 오래 놓이게 되면 고온 장해가 발생하는데, 그 주요 원인 4가지를 쓰시오.

정답
① 유기물의 과잉소모
② 질소대사의 이상
③ 철분의 침전
④ 증산과다

🌱 **질소대사의 이상**

고온에서는 단백질 합성이 저해되고, 암모니아의 축적이 많아진다. 암모니아가 많이 축적되면 유해물질로 작용한다.

10 식물생육에 필요한 원소 중 다량원소를 쓰시오.

정답 탄소(C), 산소(O), 수소(H), 질소(N), 인(P), 칼륨(K), 황(S), 칼슘(Ca), 마그네슘(Mg)

11 해충의 방제에 있어 경제적 피해허용수준(ET; Economic Threshold)에 대해 설명하시오.

정답 ① 해충의 밀도가 경제적 피해 수준에 도달하는 것을 억제하기 위하여 방제 수단을 써야 하는 밀도 수준
② 경제적 피해가 나타나기 전에 방제 수단을 사용할 수 있는 시간적 여유가 있어야 하기 때문에, 경제적 피해 수준보다는 낮은 특징

12 수목의 영양을 목적으로 수간(樹幹, 원줄기)에 주사를 하는 목적을 쓰시오.

정답 ① 뿌리의 기능이 원활하지 못하고, 다른 시비 방법의 사용이 어려울 때 사용
② 빠르게 수세를 회복시키고자 할 때 사용

🌱 수간주사
① 뿌리의 기능이 원활하지 못하고, 다른 시비 방법의 사용이 어려울 때 사용
② 수간주사 아래로 주사액이 이동하지 않으므로 수간주사 위치는 낮을수록 좋음
③ 빠르게 수세를 회복시키고자 할 때 사용하며, 생장기인 4~10월 사이에 시행
④ 뿌리가 생육을 시작하는 봄부터 휴면에 들어가기 전까지의 시기
⑤ 방제를 위한 특별한 경우 12~3월 사이에도 주입할 수 있음(소나무 재선충병)

13 철과 알루미늄이 하층으로 용탈되어 생긴 회백색의 표백층과 하층에는 이들이 집적하여 생긴 적갈색 또는 흑갈색의 집적층이 생기는 토양생성 작용을 쓰시오.

정답 포드졸화 작용

해설 우리나라에는 포드졸화한 토양이 많다. 담수하의 논 토양에서 환원에 의한 양분의 용탈과 집적 현상인 일종의 포드졸화 작용이 발생하는데, 이와 같은 작용이 심하게 발생되면 노후화답이 생성된다.

14 다음 설명을 보고 괄호 안에 알맞은 용어를 쓰시오.

> 토양부식(腐植, Humus)은 일정 용매에 대한 용해성에 따라 구별하게 된다. 흔히 사용되는 계통적 구별 방법은 먼저 묽은 알카리액에 대한 용해성에 따라 불용성인 (①)과/와 가용성 부분으로 나눈다. 가용성 부분은 산 가용성인 (②)과/와 응고물인 부식산으로 나뉜다.

정답 ① 휴민
② 폴브산

🌱 토양부식(腐植, Humus)
유기물이 분해, 축합, 중합, 산화되어 형성된 고분자화합물이며 더이상 분해되기 어렵고, 갈색-흑색의 유기교질(콜로이드) 상태의 유기물이다.

15 작물이 영양적 발육 단계로 이행하여 화성(花成)을 이룩하는 데 필요한 주요 요인을 외적 요인을 쓰시오.

정답 외적 요인
① 광조건, 특히 일장효과의 관계
② 온도조건, 특히 버널리제이션과 감온성의 관계

🌱 **화성(花成)의 내적 요인**
- 영양 상태 특히 C/N율로 대표되는 동화산물의 양적 관계이다.
- 식물호르몬, 특히 옥신과 지베렐린의 체내 수준 관계이다.

16 작휴법에 있어 휴립구파법에 대하여 설명하시오.

정답 휴립구파법
- 이랑을 세우고 낮은 골에 파종하는 방식이다.
- 맥류에서는 한해(旱害)와 동해(凍害)를 방지할 목적으로 실시한다.

🌱 **휴립휴파법**
- 이랑을 세우고 이랑에 파종하는 방식이다.
- 이랑에 재배하면 배수와 토양통기가 좋게 된다.

17 농약의 제형 중 물에 녹지 않는 농약원제를 규조토나 카오린 등과 같은 광물질의 증량제 및 계면활성제와 혼합하여 미세한 가루로 만든 것으로 물과 혼합하여 살포하는 농약제형을 쓰시오.

정답 수화제(水和劑, WP; Wettable Powder)

🌱 **수화제의 장 · 단점**
- 장점: 식물에 안전하게 사용할 수 있으며, 수송 · 보관 · 조제가 쉽고 가격도 비교적 저렴하다.
- 단점: 바람에 날리는 단점이 있으며, 살포액을 만든 후 오래 방치하면 미세한 가루가 가라앉기 때문에 저어 주어야 한다.

18 유기인계 살충제의 특징 3가지를 쓰시오.

정답
① 유기인제는 살충력이 강하고 적용 해충의 범위가 넓다.
② 인축에 대한 독성이 강하다.
③ 알카리에 의해 분해되기 쉽다.

해설 유기인계 살충제 특징
① 유기인제는 살충력이 강하고 적용 해충의 범위가 넓다.
② 동 · 식물 체내에서 분해가 빠르다.
③ 일반적으로 잔효성이 짧다.
④ 인축에 대한 독성이 강하다.
⑤ 알카리에 의해 분해되기 쉽다.
⑥ 약해는 기온이 높으면 커지고, 낮으면 감소하는 경향이 있다.
⑦ 야외 살포에 있어서 광선 그 밖의 것에 의하여 소실되기 쉬운 경향이 있다.

19 작물에 있어 C/N(탄수화물과 질소의 비) 율은 생육, 화성, 결실을 지배하는 기본 요인이 된다. 〈보기〉에서 괄호 안에 알맞은 경우를 선택하시오.

> **보기**
> - C/N율이 (① 낮을, ② 높을) 경우에는 화성을 유도한다.
> - C/N율이 (③ 낮을, ④ 높을) 경우 영양 생장이 계속된다.

작물의 내적 균형
- C/N율
- T/R율
- G-D 균형

정답 ② 높을
③ 낮을

해설 C/N율에 있어 개화 결실에 알맞은 상태라 하여도 C와 N의 절대량이 적을 때는 개화, 결실이 불량해진다.

20 다음 사진과 〈보기〉의 내용을 보고 해당하는 해충을 쓰시오.

> **보기**
> - 학명: Ericerus pela
> - 피해 수종: 쥐똥나무, 물푸레나무, 이팝나무, 광나무, 라일락, 금목서 등
>   - 암컷 성충의 깍지 길이는 1mm 정도이고 넓은 타원형 또는 원형으로 황갈색이며 광택이 있다.
>   - 가해 수종의 가지에 기생하여 흡즙 가해하므로 수세가 약화된다.
>
>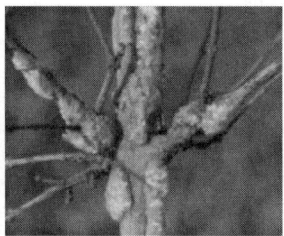
> ✿ 산림병해충
> 〈자료 출처: 산림청〉

정답 쥐똥밀깍지벌레

실전 모의고사 제09회

01 다음에서 설명하고 있는 내용을 읽고 괄호 안에 알맞은 용어를 쓰시오.

> 병원체를 식물체 내에 보유하지만 병징이 나타나지 않거나 병징이 나타나도 수량에 거의 영향을 끼치지 않는 경우를 식물은 ( )를/을 갖고 있다고 할 수 있다.

정답 내병성

02 벼의 냉해의 종류 지연형 냉해에 대하여 설명하시오.

정답 **지연형 냉해**: 생육 초기부터 출수기에 걸쳐서 여러 시기에 냉온을 만나서 출수가 지연되고, 이에 따라 등숙이 지연되어 후기의 저온으로 인하여 등숙 불량을 초래하는 형의 냉해이다.

해설 **냉해의 구분과 기구**
냉해란 여름작물에서 고온이 필요한 여름철에 저온을 만나서 입는 피해를 말하며, 일반적으로 여름작물이 저온을 만나 받는 피해는 시기 여하에 불구하고 냉해라고 하며, 종류는 다음과 같다.
① 지연형 냉해 ② 장해형 냉해
③ 병해형 냉해 ④ 혼합형 냉해

03 식물의 상적 발육에 대해 2가지로 나누어 쓰시오.

정답 ① **영양 생장**: 여러 가지 기관이 양적으로 증대하는 것을 생장
② **생식 생장**: 생식기관의 발육단계인 생식적 발육단계-화성(化成)

04 토양구조의 입단화에 관여하는 인자 4가지를 쓰시오.

정답 ① 양이온의 작용   ② 유기물의 작용
③ 토양 미생물의 작용 ④ 석회 물질(Ca) 작용

감수성
병원체가 감염된 이후 기주가 병에 걸리기 쉬운 성질

내병성
식물이 감염되어도 실질적인 피해를 적게 받는 성질

저항성
기주에 병원균이 침입해도 병의 발생이 어려운 성질

면역성
식물이 전혀 어떤 병에 걸리지 않는 성질

회피성
식물이 적극적·소극적으로 병원체의 활동기를 피하여 병에 걸리지 않는 성질

입단구조
단일입자가 집합해서 2차 입자로 되고, 다시 3차, 4차 등으로 집합해서 입단(粒團, compound granule)을 구성하고 있는 구조로 유기물과 석회가 많은 표층토에서 많이 보인다. 대·소 공극이 많아서 통기, 투수가 양호하고 양·수분의 저장력이 높아서 작물생육에 알맞다.

05 식물 병해충의 종합적 방제(IPM)에 대해 설명하시오.

정답 ① 식물 병해충의 방제는 해충을 박멸하는 것이 아니라 경제적 피해 수준 이하로 해충의 밀도를 줄이는 노력을 말함
② 물리적 방제, 화학적 방제 등 다양한 방법 사용

06 토양의 과습 상태가 지속되어 입는 습해의 피해에 대해 3가지를 쓰시오.

정답 ① 토양의 산소 부족으로 뿌리 호흡 불량
② 미생물 활동 억제
③ 환원성 유해물질 생성

🌱 **습해**
토양의 과습 상태가 지속되어 토양 산소가 부족할 때에는 뿌리가 상하고 심한 경우에는 부패하여 지상부가 황화한 후 위조, 고사하는 것

07 다음에서 설명하는 식물호르몬을 쓰시오.

- 구조가 간단한 기체
- 성숙한 과일, 노화 과정에 있는 잎·줄기의 마디에서 합성
- 식물체에 상처가 났을 때, 병원체가 침입했을 때, 산소 부족 등과 같이 환경 변화에 의하여 합성이 유도됨

정답 에틸렌

08 식물 병의 방제에 있어서 기계적 방제에 사용되는 것 중 등화유살법에 대해 쓰시오.

정답 등화유살법
곤충의 주광성을 이용하여 유아등으로 해충을 유인하여 포살하는 방법

🌱 **기계적 방제**
포살법·진동법·소살법·유살법·찔러죽임·경운법·매몰법·박피법·파쇄법·차단법

09 곤충에 있어 타종에 영향을 미치는 것을 allelochemic이라고 한다. 발산자에게 유리한 분비물질을 일컫는 용어를 쓰시오.

정답 allomone

해설 타종 간에 작용하는 allelochemic은 화학물질의 발산자와 감지자의 상호 이해관계에 따라 분류한다.
① 발산자에게 유리한 allomone: 벌의 독침, 노린재의 악취, 타감작용(alleopathy) 등
② 감지자에게 유리한 kairomone: 먹이곤충에서 발산되는 화학물질을 기생성, 포식성 천적 곤충이 감지)
③ 양측에 유리한 synomone: 꽃에서 발산되는 향기 등

10 다음 〈보기〉를 보고 해충 명을 쓰시오.

> **보기**
> - 학명: Corythucha ciliata
> - 생태: 미국이 원산이지이며 주로 양버즘나무(플라타너스)의 잎을 흡즙하는데, 잎 뒷면에 군서하며 즙액을 빨아 먹어서 황갈색으로 변색시킨다.
> - 월동: 성충
>
>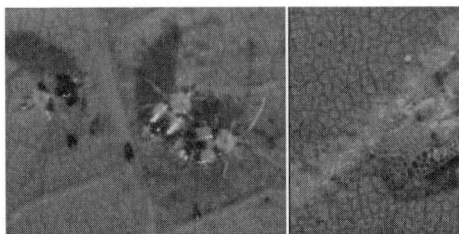
>
> 〈자료 출처: 산림청〉

정답 버즘나무방패벌레

11 나무(수간)주사의 종류 중 압력식의 특징에 대하여 쓰시오.

정답
① 주입속도가 가장 빠름
② 가장 빠른 효과를 볼 수 있음
③ 처리비용이 가장 고가
④ 많은 용량 처리 어려움

🌱 **나무(수간)주사의 종류**
중력식 · 유입식 · 압력식 · 삽입식

12 질소기아 현상에 대하여 설명하시오. (C/N율 포함)

정답 C/N율이 30 이상일 때 고정화 반응으로 인하여 무기화 반응 시 미생물이 식물이 이용할 토양 용액 중의 무기태 질소를 흡수하여 식물에서는 일시적으로 질소 부족을 겪는 현상

해설 **질소기아 현상**
토양 중에 있는 질소의 양이 작물의 생육에는 부족하지 않으나, 탄질률(炭窒率, 탄소와 질소의 비율)이 30 이상 높은 유기물을 넣을 때 미생물이 원래 토양 중에 있는 질소를 빼앗아 이용하므로 작물이 일시적으로 질소의 부족 증상을 일으키는 현상을 '질소기아'라고 한다.

- C/N율이 30 이상일 때 고정화 반응
- C/N율이 20 ~ 30 사이 고정화 반응 = 무기화 작용
- C/N율이 20 이하 무기화 우세

13 동일한 포장에 같은 종류의 작물을 계속해서 재배하는 것을 연작(이어짓기)이라고 하고, 연작할 때는 작물의 생육이 뚜렷하게 나빠지는 일이 있는데, 이를 기지(忌地)라고 한다. 기지의 원인 4가지를 쓰시오.

정답 기지의 원인
① 토양 비료분의 소모
② 토양 중의 염류집적
③ 토양 물리성 악화
④ 유독물질의 축척

해설
- 그 외 잡초의 번성, 토양 선충의 피해, 토양 전염의 병해
- 잡초의 번성은 동일 작물을 연작할 때는 특정 잡초가 몹시 번성할 우려가 있다.

14 엽면시비는 토양시비보다 비료 성분의 흡수가 쉽고 빠른 장점이 있다. 엽면시비의 효과적 이용 방법 4가지를 쓰시오.

정답
① 미량요소 결핍
② 뿌리의 흡수가 나쁠 때
③ 영양 상태의 신속한 회복이 필요할 때
④ 토양시비가 곤란하거나 특수 목적이 있을 때

엽면시비
체내 이동이 잘되지 않는 철, 아연, 망간, 구리의 결핍증상을 치료할 때 주로 사용한다. (인과 질소와 같은 대량원소에도 적용할 수 있다.)

15 농약의 제형 중 물에 잘 녹으며 가수분해의 우려가 없는 농약 원제를 물 또는 메탄올에 녹인 후 동결방지제를 첨가하여 제조한 것으로 물과 섞어 살포액을 만드는 농약제형을 쓰시오.

정답 액제

> **분산성 액제(分散性液劑, DC; Dispersible Concentrate)**
> 물에 잘 섞이는 특수용매를 사용하여 물에 잘 녹지 않는 농약원제를 계면활성제와 함께 녹여 만든 제형이다. 특성은 액제와 비슷하나 고농도 제제를 만들 수 없는 단점을 가지고 있다.

16 수목의 전정 목적 및 효과에 대해 5가지를 쓰시오.

정답
① 목적하는 수형을 만든다.
② 해거리를 예방하고, 적과의 노력을 적게 한다.
③ 튼튼한 새 가지로 갱신하여 결과를 좋게 한다.
④ 가지를 적당히 솎아서 수광, 통풍을 좋게 한다.
⑤ 결과 부위의 상승을 막아 보고, 관리를 편리하게 한다.

17 여름철 강한 햇빛과 증발산량의 과다로 인해 물 공급이 충분하게 되지 않음으로써 잎이 타는 현상을 지칭하는 용어를 쓰시오.

정답 엽소현상

해설 병징
- 잎의 가장자리에서부터 잎이 마르기 시작하여 갈색으로 변함
- 엽맥에서 가장 먼 지역으로부터 수분부족 현상 발생
- 장마 기간 후 저항성이 약한 잎에서 엽소 현상 자주 발생

> 여름철 고온 건조 조건하에서 기공의 개폐 기능이 저하된 잎이 과도한 증산작용으로 수분이 부족할 때 잎의 수분 공급 평형이 깨져 세포가 고사하는 것이 원인이다. 뿌리에서 충분한 수분을 공급하지 못할 때 엽소현상이 나타나게 된다.

18 피자식물이 가지는 중복 수정에서 염색체의 조성을 쓰시오.

배 (①)n, 배유 (②)n

정답
① 2
② 3

해설 피자식물(被子植物)의 중복 수정
- 화분 n + 난핵 n ·········· 배 2n
- 화분 n + 극핵 2n ·········· 배유 3n

> **피자식물(angiosperm)**
> 종자가 자방벽에 둘러싸여 있는 식물이다.

19 DDVP 유제를 500배 희석하여 40L를 살포하려고 한다. DDVP의 소요량(mL)은? (소수점 셋째 자리에서 반올림하시오.)

정답 80.00mL

해설 소요 농약량=단위면적당 사용량÷소요 희석 배수
[풀이과정] 40,000mL÷500=80.00mL

20 다음 사진과 〈보기〉의 내용을 보고 문제에서 제시한 병해를 쓰시오.

> ─○ 보기 ○─
> - 병원체 명: Botrytis cinerea, Pers
> - 특징: 시설재배 시 기온이 20℃ 내외이고 습도가 높을 때 많이 발생하며, 주로 과실에 발생하나 잎, 꽃잎, 잎자루, 과병 등에도 발생한다.

〈자료 출처: 국가농작물병해충관리시스템〉

정답 잿빛곰팡이병

실전 모의고사 제10회

01 기주의 품종과 병원균의 레이스 사이에 특이적인 상호관계가 없는 저항성을 레이스비 특이적 저항성이라고도 한다. 설명에 맞는 저항성을 쓰시오.

정답 수평저항성(포장저항성)

해설 **수평저항성(포장저항성)**
- 기주의 품종과 병원균의 레이스 사이에 특이적인 상호관계가 없는 저항성을 수평저항성, 레이스비 특이적 저항성이라고 한다.
- 수평저항성=레이스 비특이적 저항성=다인자 저항성=동유전자 저항성=포장저항성=비분화적 저항성

❤ 수직저항성(진정저항성)
- 기주의 품종 간에 병원균의 레이스에 관하여 감수성이 다른 상호관계가 존재하는 경우의 저항성을 수직저항성, 레이스특이적 저항성이라고 한다.
- 수직저항성=레이스 특이적 저항성=단인자 저항성=주동유전자 저항성=진정저항성=분화적 저항성

02 곤충의 생태학적 구분에 있어 돌발해충에 대하여 설명하시오.

정답 주기적으로 대발생하거나 평소에는 별로 문제가 되지 않던 종류들이 해충의 밀도를 억제하고 있던 요인들이 제거되거나 약화되어 비정상적으로 대발생하는 경우의 해충이다.

해설 **곤충의 생태학적 구분**
① 주요해충(major insect pests): 관건해충(key pests)이라고도 하며 매년 만성적, 지속적인 피해를 나타내는 해충이다.
② 돌발해충: 주기적으로 대발생하거나 평소에는 별로 문제가 되지 않던 종류들이 해충의 밀도를 억제하고 있던 요인들이 제거되거나 약화되어 비정상적으로 대발생하는 경우의 해충이다.
③ 2차 해충(secondary insect pests): 특정 해충의 방제로 인해 곤충상이 파괴되면서 새로운 해충이 주요 해충화하는 경우로서 응애, 진딧물, 깍지벌레류 등 미소흡수성 해충이 대표적인 예이다.
④ 비경제해충(non-economic insect pests): 임목을 가해는 하나 그 피해가 경미하여 방제의 필요성이 없는 해충으로 산림생태계를 구성하는 수많은 곤충류의 대부분이 여기에 속한다.
⑤ 외래해충(exotic insect pests, Non-indegenous insect pests): 우리나라가 원산이 아닌 해외에서 유입되어 산림, 생활권 가로수, 산림과수 등에 피해를 주는 해충이다.

03 한해(旱害) 대책 드라이 파밍(dry farming) 농법이 이용되고 있다. 드라이 파밍 농법에 대해 설명하시오.

정답 휴작기에 비가 올 때마다 땅을 갈아서 빗물을 지하에 잘 저장하고, 작기에는 토양을 잘 진압하여 지하수의 모관 상승을 좋게 함으로써 한발 적응성을 높이는 농법이다.

04 토양의 여러 입자가 모여 집합을 이루고 집단이 다시 모여 입단을 만든 구조로서 공기를 잘 통하고 물을 알맞게 보유하고 있어 보수력, 보비력이 좋은 토양구조를 일컫는 용어를 쓰시오.

정답 입단구조(떼알구조)

해설 **입단구조(떼알구조)**
단일입자가 집합해서 2차 입자로 되고, 다시 3차, 4차 등으로 집합해서 입단(粒團, compound granule)을 구성하고 있는 구조로 유기물과 석회가 많은 표층토에서 많이 보인다. 대·소 공극이 많아서 통기, 투수가 양호하고 양·수분의 저장력이 높아서 작물생육에 알맞다.

🌱 **입단의 형성 작용**
- 유기물의 작용(유기물 시용)
- 양이온의 작용(석회(Ca^{2+}) 시용)
- 미생물의 작용
- 콩과작물 재배
- 토양의 피복
- 토양개량제 시용

05 균근은 뿌리와 곰팡이가 상호 공생하는 형태이다. 근균의 역할 3가지를 쓰시오.

정답 ① 토양 비옥도가 낮을 때 균근을 통해 무기염 흡수
② 한발에 대한 저항성 증가
③ 식물 생장 호르몬 생성

해설 **균근=곰팡이 + 뿌리**
어린뿌리와 곰팡이 균사체가 상호 공생하는 형태, 균근은 균과 식물 뿌리의 공생체 식물에게 영양물질과 물을 제공하고 숙주 식물로부터 탄수화물을 공급받는 균류 공생 생물체이다.

🌱 **균근(菌根, mycorrhiza)**
식물 뿌리와 공생하며 식물은 균류에게 당분과 아미노산 등의 유기물질을 제공하고, 균류는 토양에서 무기물을 추출하여 무기물의 화학 구조를 변형(이온화)시켜 식물이 쉽게 무기물을 흡수할 수 있도록 도와주며, 서로 상리공생관계(相利共生關係)를 유지한다.

06 메치온 유제 40%를 1,000배액으로 희석해서 10a당 120L 살포할 때 소요되는 양을 구하시오.

정답 120cc

해설
- $120 \div 1,000 = 0.12L = 120cc$
- 소요 약량 = 단위면적당 사용량 ÷ 희석 배수

07 농약은 장·단점 있어 장점으로는 농림산물의 병해충 방제에 크게 기여, 인류의 보건 증진과 식량 증산에 크게 기여하고 있다. 농약의 단점을 6가지 쓰시오.

정답
① 자연계의 평형 파괴
② 약제 저항성 해충 출현
③ 인축과 야생동물에 대한 독성
④ 동물상의 단순화
⑤ 잠재적 곤충의 해충화
⑥ 잔류 독성으로 인한 환경 오염

🌱 **농약의 장점**
- 작물을 해충, 병원균, 잡초 등으로부터 보호하여 수확량을 증가시키는 데 도움을 준다.
- 작물의 품질을 향상해 시장 가격을 유지하고 소비자에게 안전한 농산물을 공급한다.
- 농업 생산성을 향상해 농부의 수익을 증가하고 농촌 지역의 경제 발전에 기여한다.

08 다음의 〈보기〉 중에서 충분한 광선 조건이 충족되어야 생장을 잘 하는 양수를 모두 고르시오.

```
─보기─
① 후박나무    ② 소나무    ③ 은행나무
④ 느티나무    ⑤ 전나무
```

정답
② 소나무
③ 은행나무
④ 느티나무

🌱 **양수**
- 충분한 광선 조건이 충족되어야 좋은 생장을 하는 수종을 양수라고 한다.
- 양수는 잎의 폭이 좁고 미세한 털이 있어 체내의 수분 증발을 억제하거나 해충으로부터 잎을 보호할 수 있다.
  예) 소나무, 측백나무, 향나무, 은행나무, 철쭉류, 느티나무, 백목련, 개나리 등

09 인(H_2PO_4, HPO_4)은 세포핵, 분열 조직, 효소 등의 구성 성분으로 어린 조직이나 종자에 많이 함유되어 있는 이온으로 (①) 토양에서는 Fe, Al과 결합 불용화되고 (②) 토양에서는 Ca 결합 불용화되어 식물이 이용할 수 없게 된다. 괄호 안에 알맞은 pH 상태를 쓰시오.

정답
① 산성
② 알카리

🌱 **음수**
- 내음성은 부족한 광량에서도 죽지 않고 생존할 수 있는 저항성을 말하며 내음성이 강해 약한 광선 조건에서도 자랄 수 있는 수종을 음수라고 한다.
- 대체적으로 색깔이 짙고 두께가 얇으며 줄기는 길게 뻗는 수종이다.
  예) 비자나무, 독일가문비, 전나무, 가시나무, 후박나무 등

해설 인의 불용화
  1) 산성 토양에서의 인산의 침전
   • $Al^{3+} + H_2PO_4^- \rightarrow Al(OH)H_2PO_4$
     (수용성)   (난용성)
   • $Fe^{3+} + H_2PO_4^- \rightarrow Fe(OH)H_2PO_4$
  2) 알카리 토양에서의 인산의 침전
   • $Ca^{2+} + PO_4^{3-} \rightarrow Ca_3(PO_4)_2$
     (수용성)   (난용성)

10 다음 사진과 〈보기〉의 내용을 보고 해당하는 병명을 쓰시오.

> **보기**
> • 병원체 명: Botryosphaeria dothidea (Moug.) Ces. & De Not.
> • 기주: 사과나무
> • 증상: 과실, 가지에 주로 발생한다. 과실에는 처음 황갈색의 작은 반점이 생기고, 점차 확대되어 윤문상의 큰 병반이 형성되고, 심하면 물이 흐르고, 과일 전체가 부패, 낙과한다. 한편 흑갈색 또는 황갈색의 원형 반점이 형성, 진전이 매우 느리고 병반 주위에 적색 의 테를 형성하기도 한다.

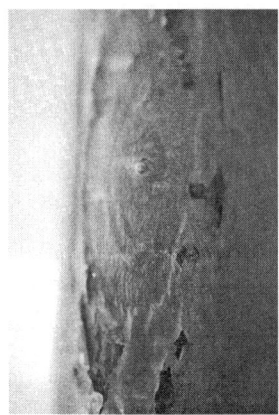

〈자료 출처: 국가농작물병해충관리시스템〉

정답 겹무늬썩음병

11 다음 〈보기〉에서 설명하는 식물호르몬을 쓰시오.

> ─보기─
> - 잎의 노화·낙엽을 촉진하고 휴면 유도
> - 노화 및 탈리 촉진에도 기여
> - 기공 개폐에 관련

정답 ABA(에브시식산)

해설 에브시식酸의 생리적 효과
① 휴면 유도
   - 휴면 상태가 아닌 눈에 ABA 처리: 휴면 상태로 전환
   - 종자 휴면: 휴면 상태 유지
② 탈리 현상 촉진
③ 스트레스 감지
   - 수분 스트레스: ABA 함량 증가 - 기공 폐쇄
④ 모체 내 종자 발아 억제

🌱 **에브시식酸(abscisic acid)**
식물의 생장 조절 물질 중 하나로 휴면 유도, 기공 개폐, 생장 억제, 노화 및 낙엽 촉진 등의 효과가 있다. 목부와 사부를 통해 이루어지고, 유세포를 통해서도 가능한데, 유세포를 통해 이동할 때는 옥신(Auxin)과 달리 극성을 띠지 않는다.

12 해충 방제 여부 의사결정 기술에 있어 축차조사법(sequential sampling)에 대하여 설명하시오.

정답 축차조사법(sequential sampling)
① 해충밀도를 순차적으로 조사 누적하면서 경제적 피해 수준에 근거하여 방제 여부 판단하는 방법
② 누적자료를 이용하여 방제 하한선 및 상한선에 따라 약제 미살포, 계속 조사, 약제 살포 여부 판단
③ 표본 크기가 고정된 것이 아니라, 해충의 밀도에 따라 탄력성 있게 결정
④ 신속하게 의사결정이 가능하여 노동력과 조사비용 절감 효과

🌱 **이항조사법**
해충 서식처(표본 단위)에서 어떤 해충의 발생 여부만을 판단하여 발생밀도를 추정하는 방법

13 수목은 목재의 부후의 진행을 총 4가지 방향에서 차단된다고 한다고 하는 이론을 쓰시오.

정답 CODIT 이론

14 토양 분류에 있어 토양이라 부를 수 있는 최소 단위의 토양 표본을 일컫는 용어를 쓰시오.

정답 페돈(pedon)

> **토양통(土壤統)**
> 지질학적 요소(모재, 퇴적양식, 수분 상태)와 토양생성학적 요소(토양의 발달 정도, 적용된 토양생성작용, 유기물집적 정도 등)가 유사한 일정 면적의 토양

15 윤작 방식에 있어 순3포식 농법에 대하여 설명하시오.

정답 순3포식 농법
포장을 3등분하여 경지의 2/3는 춘파곡물 또는 추파 곡물을 재식하고, 나머지 1/3은 휴한하는데, 장소를 돌려가며 실시하는 것

해설

| 밀(식량) | 보리(식량) | 휴한 |

16 성숙한 종자에 적당한 발아조건을 주어도 일정 기간 발아하지 않는 성질을 종자 휴면이라고한다. 종자 휴면의 원인 5가지를 쓰시오.

정답
① 배의 미숙
② 배휴면
③ 종피의 불투기성
④ 종피의 기계적 저항
⑤ 발아억제물질

해설
- 발아능력을 가진 종자가 외적 환경조건이 생육에 알맞더라도 내적 요인에 의해서 휴면을 하는데, 이것을 자발적 휴면(自發的休眠)이라 하며, 본질적인 휴면이다.
- 종자의 외적 조건이 부적당해서 유발되는 휴면을 타발적 휴면(他發的休眠) 이라 한다.

17 여름철 강한 햇빛과 증발산량의 과다로 인해 줄기에 물 공급이 원활하지 않아 수피가 타면서 형성층까지 파괴하는 현상을 지칭하는 용어를 쓰시오.

정답 피소 현상

> **병징**
> - 남서쪽에 노출된 지표면에 가까운 수피가 여름철 햇빛과 열에 의하여 형성층 파괴
> - 수직 방향으로 불규칙하게 수피가 갈라지면서 괴사함(수피가 지저분하게 고사)
> - 특히 수피가 얇은 종인 벚나무, 단풍나무, 목련, 매화나무, 물푸레나무에서 다수 발생

18 살충제 중 유효성분 조성에 따른 분류에 있어 〈보기〉에서 유기인계 살충제를 구분하시오.

― 보기 ―
① 파라치온   ② 카보푸란
③ 벤설탑   ④ 페니트로치온

정답 ① 파라치온   ④ 페니트로치온

유기인계 살충제
다이아지논 · 말라티온 · 클로르피리포스 · 파라티온메틸 · DDVP · EPN

19 수박의 접목 재배는 주로 어떤 병을 피하기 위해 실시하는 병명을 쓰시오.

정답 덩굴쪼김병

해설 수박을 연작할 때는 덩굴쪼김병이 발생할 수 있으므로 호박 대목에 접목하여 재배한다.

덩굴쪼김병 병징
- 줄기나 뿌리에 발생한다. 발병 초기에는 주간에는 시들고 야간에는 다시 회복된다.
- 보통 줄기의 땅가부분이 내부에서부터 말라 죽고 갈색으로 변하며 전체가 시든다.
- 잔뿌리는 썩고 큰 뿌리만 남게 되며, 줄기의 한쪽에 발생하면 병환부는 세로로 길게 쪼개진다.

20 다음 사진과 〈보기〉의 내용을 보고 해당하는 해충을 쓰시오.

― 보기 ―
- **학명**: Dryocosmus kuriphilus
- **피해 수종**: 밤나무
- 밤나무 눈에 기생하여 직경 10 ~ 15mm의 충영을 만든다.
- 충영은 성충 탈출후인 7월 하순부터 말라죽으며, 신초가 자라지 못하고 개화, 결실이 되지 않는다.

 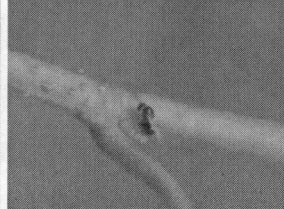

◆ 산림병해충
〈자료 출처: 산림청〉

정답 밤나무혹벌

제 2 장

실기(필답형) 기출복원문제 분석

1. 식물보호산업기사 실기(필답형)
- 식물보호산업기사 2023년 1회 ~ 4회
- 식물보호산업기사 2024년 1회 ~ 2회

2. 식물보호기사 실기(필답형)
- 식물보호기사 2023년 1회 ~ 3회
- 식물보호기사 2024년 1회 ~ 3회

식물보호산업기사 국가기술자격검정 실기 필답형 기출문제
2023년 제1회

01 농약 10mL를 물 20L에 희석한 유제가 있다. 물 500mL에는 농약을 얼마나 희석해야 하는지 계산하시오. (단, 소수점 셋째 자리에서 반올림)

정답 0.25mL

[풀이과정] • 10mL : 20,000mL(20L)=농약량 : 500mL
• 농약량=5,000mL÷20,000mL=0.25mL

02 농약 클로르피리포스를 이화학적 특성에 따라 살균제, 살충제, 제초제로 구분하시오.

정답 살충제

해설 클로르피리포스 에틸로도 알려진 클로르피리포스(CPS)는 농작물, 동물, 건물, 그리고 다른 환경에서 곤충과 벌레를 포함한 많은 해충을 죽이기 위해 사용되어 온 유기인산염 살충제

🌱 **클로르피리포스**
가격이 저렴하고 병해충 방제 효과가 우수해 농업 현장에서 많이 사용되었지만, 사람과 가축에 해를 줄 수 있다고 판단해 농촌진흥청 농약안전성심의위원회 심의를 거쳐 최종 등록이 취소됐다.

03 다음 <보기>의 용어에 대하여 설명하시오.

―○ 보기 ○―
① 기생성 천적   ② 포식성 천적

정답 ① 기생성 천적
해충의 몸에 산란하고 성장하여 결국에는 기주인 해충을 죽이는 곤충
② 포식성 천적
먹이를 직접 잡아 죽이거나 먹는 포식성을 가지고 있는 곤충

🌱 **생물학적 방제법**
• 기생성 곤충
• 포식성 곤충
• 병원미생물
• 길항미생물

04 다음 〈보기〉의 내용을 참고하여 식물병을 고르시오.

> ─보기─
> - 학명: Elsinoe ampelina이다.
> - 가해 습성: 열매는 작고 둥근 무늬가 생기며 병반이 약간 움푹 들어간다.
> - 특징: 잎은 작은 반점이 흑색 반점으로 확대된다.

① 새눈무늬병　　② 겹무늬썩음병　　③ 잎녹병

〈자료 출처: 농촌진흥청〉

정답 ① 새눈무늬병

05 다음 〈보기〉의 내용을 참고하여 해충을 고르시오.

> ─보기─
> - 학명: Moechotypa diphysis이다.
> - 특징: 등에 담적색깔의 짧은 털이 나 있다. 앞가슴 등판은 울퉁불퉁하며 양옆에는 굵고 끝이 뾰족한 돌기가 있다.

① 왕바구미　　② 돈나무이　　③ 털두꺼비하늘소

정답 ③ 털두꺼비하늘소

06 식물병을 일으키는 병원균의 종류 3가지를 쓰시오.

정답
① 바이로이드 ② 바이러스 ③ 파이토플라즈마
④ 세균 ⑤ 균류 ⑥ 선충

07 병징과 표징의 정의를 쓰시오.

정답
① **병징**: 병원체의 감염 후 식물체의 외부에 외형 또는 생육의 이상, 빛깔의 이상 등으로 나타나는 반응
② **표징**: 기생성 병의 병환부(病患部)에 병원체 그 자체가 나타나서 병의 발생을 직접 표시하는 것으로 곰팡이, 균핵, 점질물, 이상돌출물 등

08 다음 〈보기〉를 보고 관련된 살충제 종류를 5가지 쓰시오. (단, 〈보기〉에 있는 명칭 사용 시 오답처리)

〈보기〉
독제, 점착제

정답
① 침투성 살충제 ② 접촉제
③ 불임제 ④ 훈증제
⑤ 훈연제 ⑥ 기피제
⑦ 유인제 ⑧ 생물농약

🌱 **살충제**
식독제 · 접촉독제 · 훈증제 · 침투성살충제 · 기피제 · 유인제 · 화학불임제

09 토양의 입단형성 방법 5가지를 쓰시오.

정답
① 유기물 시용 ② 석회 시용
③ 토양피복 ④ 토양개량제 시용
⑤ 콩과작물 재배

해설 **입단의 형성 작용**
- 유기물의 작용(유기물 시용)
- 양이온의 작용(석회(Ca^{2+}) 시용)
- 미생물의 작용
- 콩과작물 재배
- 토양의 피복
- 토양개량제 시용

🌱 **입단의 파괴**
- 잦은 경운
- 입단의 팽창과 수축의 반복
- 비와 바람
- 나트륨이온(Na^+)의 첨가(수화도가 크다.)

10 농약 잔류성에 영향을 미치는 요인 3가지를 쓰시오. (단, 〈보기〉에 주어진 내용은 제외)

―○보기○―
농약 잔류성에 영향을 미치는 요인으로는 농약의 이화학적 특성뿐 아니라 작물의 특성, 농약 살포방법, 환경조건 등이 있다.

🌱 **작물체내 농약의 잔류**
- 농약의 부착성 및 고착성
- 농약의 물에 대한 용해도
- 농약의 침투이행성
- 농약의 증기압

정답 ① 보조제 첨가
② 미생물의 활성 정도
③ 농약의 제형 및 살포방법
④ 농약의 물에 대한 용해도
⑤ 농약의 안정성(농약이 쉽게 분해되지 않는 성질)

11 광관리에서 군락상태와 최적엽면적지수에 대해 쓰시오.

정답 ① **군락상태**: 포장에서 작물이 밀생하고 크게 자라며 잎이 서로 포개져서 많은 수의 잎이 직사광선을 받지 못하고 그늘에 있는 상태
② **최적엽면적지수**: 최적엽면적일 때의 엽면적지수

🌱
상위엽이 직립하고, 잎이 가늘며, 적당한 키와 공간적으로 균일한 잎을 갖는다.

해설 건물생산이 최대로 되는 단위면적당 군락엽면적, 군락의 엽면적을 토지면적에 대한 배수치로 표시하는 경우를 엽면적지수라고 한다. 최적엽면적일 때의 엽면적지수를 최적엽면적지수라고 한다.

12 내한성이 강한 수종에 해당 되는 것을 〈보기〉에서 모두 고르시오. (단, 하나라도 누락되면 부분점수 없음)

―○보기○―
① 배롱나무   ② 자작나무
③ 소나무   ④ 자목련

정답 ② 자작나무   ③ 소나무

해설 ① 내한성이 강한 수종은 한대림에서 자라는 수종으로 자작나무, 오리나무, 사시나무, 버드나무류, 소나무, 잣나무, 전나무 등이 해당한다.
② 내한성이 약한 수종은 삼나무, 편백, 해송, 금송, 히말라야시다, 배롱나무, 파라칸사 등 주로 남부 지역에서 자라는 수종과 자목련, 사철나무, 가이즈까향나무, 능소화, 벽오동, 오동나무 등이다.

13 드라이 파밍에 대하여 설명하시오.

정답 드라이 파밍(Dry-Farming, 건지농법)
인위적 관개시설에 의존하지 않고, 자연적인 강수량에 의존하여 재배하는 방법으로 여름철 휴한기에는 비가 올 때마다 땅을 갈아서 빗물을 땅속에 저장하고, 다음해 봄에 토양을 잘 진압하여 지하수의 모관상승을 유도하고, 이를 이용하여 농작물을 재배한다.

> 빗물의 흡수를 돕기 위하여 땅을 깊이 갈고 흙을 잘게 부수며, 토양의 보수력을 증진하기 위하여 퇴비 등의 유기물을 충분히 시용하고, 증발산을 적게 하기 위해 짚 또는 풀을 땅 위에 깔아 주며, 중경제초를 병행하는 이롭다.

14 식물병의 진단법 중에서 생물학적 진단법 3가지를 쓰시오.

정답
① 지표식물법(指標物法)
② 즙액접종법(汗液接種法)
③ 최아법(偶芽法)
④ 박테리오파지법(bacteriophage)

15 습해를 방지하기 위한 대책 3가지를 쓰시오.

정답
① 배수
② 토양개량
③ 과산화석회의 사용
④ 내습성 작물 및 품종의 선택
⑤ 이랑을 높게 재배한다(작휴, 作畦)

> **습해의 피해**
> - 토양 산소 부족으로 뿌리 호흡 불량
> - 미생물 활동 억제
> - 환원성 유해물질 생성

16 대기환경에서 이산화탄소의 농도 증가 요인 3가지를 쓰시오.

정답
① 산불
② 화력발전
③ 화석연료 사용
④ 개발행위에 의한 산림파괴

17 냉해의 종류 4가지를 쓰시오.

정답
① 지연형 냉해
② 장해형 냉해
③ 병해형 냉해
④ 복합형 냉해

> **냉해**
> 여름작물에서 고온이 필요한 여름철에 저온을 만나서 입는 피해를 말하며, 일반적으로 여름 작물이 저온을 만나 받는 피해는 시기 여하에 불구하고 냉해라고 부른다.

18 윤작에 의해 나타나는 이점 5가지를 쓰시오.

정답 ① 수량 증대
② 기지의 경감
③ 병충해 및 잡초 경감
④ 지력의 유지증진
⑤ 토지이용도 제고

지력유지를 목적으로 한 포장에 몇 가지 작물을 일정한 순서대로 순환하여 재배하는 양식을 윤작이라 한다.

19 풍해가 끼치는 작물의 생리적 피해 3가지를 쓰시오.

정답 ① 상처를 받으면 호흡이 증대하여 저축양분의 소모가 증가한다.
② 기공이 닫혀 이산화탄소의 흡수가 감소되므로 광합성이 감퇴한다.
③ 수분, 수정이 장해되어 불임립, 쭉정이 등이 발생한다.

20 적산온도의 정의를 쓰시오.

정답 **적산온도(積算溫度)**
작물이 일생을 마치는 데 소요되는 총온량(總溫量)을 표시하는 것으로 작물의 발아로부터 성숙에 이르기까지의 0℃ 이상의 일평균 기온을 합산하여 구한다.

유효적산온도
유효온도를 작물의 발아 이후 일정한 생육단계까지 적산한 것이다.

유효고온한계온도
고온의 한계, 즉 어떤 온도 이상으로 올라가도 생육 효과가 나타나지 않는 온도를 말한다.

2023년 제2회

식물보호산업기사 국가기술자격검정 실기 필답형 기출문제

01 물 20L에 유제 13mL가 들어가 있는 농약이 희석액 500mL일 때 농약량(mL)은 얼마인가? (단, 소수점 셋째 자리에서 반올림)

정답 0.33mL

[풀이과정] • 13mL : 20,000mL(20L) = 농약량 : 500mL
• 농약량 = 6,500mL ÷ 20,000mL = 0.33mL

02 농약 사이퍼메트린이 포함되는 농약의 종류를 〈보기〉에서 고르시오.

― 보기 ―
① 살충제   ② 살균제   ③ 제초제

정답 ① 살충제

곤충의 살충제 저항성
- 행동적 요인: 기피 현상
- 생리적 요인: 해충이 표피 cuticle 층의 lipid 구성을 변화시킴
- 생화학적 요인: 해충이 대사과정을 이용하여 체내에 침투한 살충제를 무독화

03 다음 사진과 〈보기〉의 내용을 보고 문제에서 제시한 병해를 쓰시오.

― 보기 ―
- 학명: Stagonospora maackiae이다.
- 특징: 다릅나무 나뭇잎에 점무늬 같은 얼룩이 생긴다. 병자각은 구형 모양 흰포말 형태, 병포자는 원주형으로 양끝이 둥글고 곧거나 약간 굽는다.

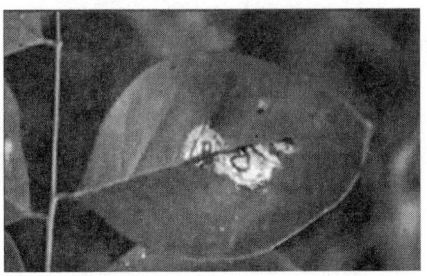

정답 다릅나무 회색무늬병

04 다음 사진과 〈보기〉의 내용을 보고 문제에서 제시한 해충을 쓰시오.

> **보기**
> - 학명: Papilio Xuthus이다.
> - 특징: 애벌레가 운향과나 산형과 잎을 먹는다. 나비목이다.

정답 호랑나비

05 다음에서 설명하는 식물병 진단법을 쓰시오.

> - 식물이 병에 걸려 변하는 화학적 변화를 측정하여 진단하는 방법을 (①)진단이라고 한다.
> - (②) 진단은 현미경이나 육안으로 조직 내부 및 외부에 존재하는 병원균의 형태 또는 조직 내부의 변색 식물 세포 내의 X-체 검사, 유출검사 등이 있다.

정답 ① 생리화학적
② 해부학적

🌱 **생리화학적 진단**
- 수목의 경우에는 주로 병원체의 생리화학적 특성에 의한 진단이 이용된다.
- 세균 동정 시에는 세포벽의 특성을 Gram 염색법으로 Gram 양성 세균과 Gram 음성 세균으로 구분할 수 있다.

06 해충을 방제하는 방법 중 물리적 방제법 3가지를 쓰시오.

정답 ① 온도 조정
② 습도 조정
③ 색깔의 이용
④ 압력이용(감압법)
⑤ 이온화에너지(감마선, X선, 전자빔)

🌱 **기계적 방제**
포살법, 진동법, 소살법, 유살법, 찔러죽임, 경운법, 매몰법, 박피법, 파쇄법, 차단법

07 해충방제법 중 내부기생성 천적과 외부기생성 천적의 정의를 쓰시오.

정답
- **내부기생성 천적**: 기주의 체내에 알을 낳고 부화한 유충이 기주의 체내에서 기생하는 곤충
- **외부기생성 천적**: 기주의 체외에서 영양을 섭취하여 기생하는 곤충

08 다음 설명을 보고 괄호 안에 알맞은 말을 넣으시오.

> 식물병의 치료를 위한 (①) 수간주사는 중력에 의해 저농도의 약액을 다량으로 주입할 때 사용하는 방법이고, (②) 수간주사는 중력이나 압력을 이용하지 않고 약액이 유입되도록 하는 방법이다.

정답
① 중력식
② 유입식

🌱 **수간(나무)주사 방법**
- 중력식
- 유입식
- 압력식
- 삽입식

09 다음 〈보기〉에서 제시된 용어에 대하여 설명하시오.

> ─ 보기 ─
> ① 윤작　　　　② 개량삼포식

정답
① **윤작**: 동일한 임지에서 동일한 작물을 연이어 재배하지 않고, 서로 다른 종류의 작물을 순차적으로 조합·배열하는 방식이다.
② **개량삼포식 농법**: 농지이용도를 제고하고 지력유지를 더욱 효과적으로 하기 위해서 휴한하는 대신 클로버와 같은 지력증진작물을 삽입하여 재배하는 방식으로 3포식 농법보다 더 진보적인 농법이다.

🌱 **순3포식 농법**
포장을 3등분하여 경지의 2/3는 춘파곡물 또는 추파곡물을 재식하고, 나머지 1/3은 휴한하는데, 장소를 돌려가며 실시한다.

1. 지표관개
   - 전면관개: 일류관개, 보더관개, 수반법
   - 고랑관개
2. 살수관개
   - 다공관관
   - 스프링쿨러관개
   - 물방울관개
3. 지하관개
   - 개거법
   - 암거법: 점적관개
   - 압입법

10 관개의 방법 중 점적관개와 압입법의 정의를 쓰시오.

정답
- **점적관수**: 물을 천천히 조금씩 흘러나오게 하여 필요한 부위에 집중적으로 관수하는 방법으로 토양이 굳어지지 않고, 표토의 유실이 없으며, 물을 절약할 수 있고, 넓은 면적에 균일하게 관수할 수 있는 장점이 있다.
- **압입법**: 뿌리가 깊은 과수의 주변에 구멍을 뚫고 물을 주입하거나 기계적으로 압입(壓入)하는 방법이다.

11 내습성에 관여하는 요인 3가지를 쓰시오.

정답
① 통기(通氣)조직의 발달 정도
② 뿌리의 발달 습성과 발근력
③ 환원성 유해물질에 대한 저항성
④ 근부조직의 목화(木化, lignification) 정도

습해의 피해
- 토양 산소 부족으로 뿌리 호흡 불량
- 미생물 활동 억제
- 환원성 유해물질 생성

12 〈보기〉의 대기 중의 구성비를 보고 알맞은 말을 쓰시오.

> 보기
> 1. 대기 중 질소의 구성비율은 (79%, 21%, 8%)이다.
> 2. 대기 중 산소의 구성비율이 (21%, 8%) 이상이면 작물 재배상 지장이 없다.

정답
1. 질소가스(N_2) 약 79%
2. 산소가스(O_2) 약 21%

해설

구분	질소	산소	이산화탄소
대기	79.01	20.93	0.03
토양 공기	75~80	10~20	0.1~10

풍해의 기계적 장해
- 벼와 맥류에서는 도복·수발아· 부패립 등을 발생
- 벼에서는 수분·수정이 저해되어 불임립이 발생하고 상처를 통해서 병원균 침입
- 과수에서는 절손, 열상, 낙과 등을 유발

13 풍해의 재배적 대책 5가지를 쓰시오.

정답
① 관개담수 조치 ② 내풍성 작물 선택
③ 비배관리의 합리화 ④ 내도복성 품종의 선택
⑤ 배토와 지주 및 결속 ⑥ 조기재배 등 작기(作期)의 이동

풍해 생리적 장해
- 상처를 받으면 호흡이 증대하여 저축양분의 소모가 증가
- 기공이 닫혀 이산화탄소의 흡수가 감소되므로 광합성 감퇴
- 수분·수정이 장해되어 불임립, 쭉정이 등이 발생

14 열해의 대책 3가지를 쓰시오.

정답
① 관개를 통해 지온을 낮춤
② 환기를 통해 고온을 회피
③ 밀식 및 질소질비료 과용을 피함
④ 재배시기를 조절하여 혹서기 위험 회피
⑤ 여름나기에 적합한 내열성이 강한 작물을 선택

열해의 원인
- 유기물의 과잉소모
- 질소대사의 이상
- 철분의 침전
- 증산 과다

15 다음 〈보기〉를 보고 주어진 최저온도, 최고온도에 해당하는 작물을 쓰시오.

> ─○보기○─
> - 호밀, 귀리, 벼
> - 최저 10~12℃, 최고 36~38℃
> - 최저 1~2℃, 최고 30℃

정답
- **벼**: 최저 10~12℃, 최고 36~38℃
- **호밀**: 최저 1~2℃, 최고 30℃

16 다음 〈보기〉의 괄호 안에 알맞은 말을 넣으시오.

> ─○보기○─
> - 월동작물이 5℃ 이하 저온에 계속 처하게 되면 내동성이 증가하는데, 이를 (①)이라고 한다.
> - 내동성이 증가한 식물이 상온에 노출되면 내동성이 상실하는데, 이를 (②)이라고 한다.

정답
① 하드닝(경화)
② 디하드닝(경화상실)

해설 월동작물이 5℃ 이하 저온에 계속 처하게 되면 내동성이 증가되는데, 이를 하드닝(경화)이라고 한다.
① 하드닝(경화): 원형질의 수분 투과성 증대, 함수량 저하, 세포액의 삼투압 증대, 당분과 수용성 단백질 증대 초래, 내동성 증가
② 디하드닝(경화상실): 경화된 것을 다시 높은 온도에 처리하는 것

17 광포화점과 광보상점의 정의를 쓰시오.

정답
- **광포화점(光飽和點)**: 광의 조도가 보상점을 넘어서 커짐에 따라 광합성 속도도 증대하나 어느 한계에 이르면 조도가 더 증대되어도 광합성 속도는 증가하지 않게 되는 조도(照度)
- **광보상점(光補償點)**: 진정광합성 속도와 호흡 속도가 같아서 외견상 광합성 속도가 0이 되는 광의 조도(照度)로서 식물체에 의한 이산화탄소의 방출량과 흡수량이 같은 점

🌱 **광합성**
생물이 빛을 이용하여 양분을 스스로 만드는 과정으로, 물과 이산화탄소를 재료로 포도당과 산소를 생성한다.

18 재배관리 중 토양침식 정의에 대하여 쓰시오.

정답 물이나 바람에 의해 표토의 일부분이 원래 위치에서 분리되어 다른 곳으로 이동하여 유실되는 현상

19 정지형태 중 배상형에 대하여 쓰시오.

정답 짧은 원줄기상에 3~4개의 원가지를 발달시켜 수형이 술잔 모양으로 되게 하는 정지법이다.

20 비기생성 식물병 중 환경 스트레스의 종류 3가지를 쓰시오.

정답 ① 저온 스트레스
② 고온 스트레스
③ 건조 스트레스

🌱 토양의 침식
강우로 표토가 유실되거나 바람에 의하여 표토가 비산되어 지력이 저하하는 현상을 토양침식(土壤浸蝕, soil rosion)이라고 한다. 강우가 원인이되는 수식과 바람이 원인이 되는 풍식으로 구별된다.

🌱 여러 가지 수형
- 주간형
- 배상형
- 개심자연형
- 변칙주간형

식물보호산업기사 국가기술자격검정 실기 필답형 기출문제

2023년 제4회

01 물 20L에 유제 32mL가 들어있는 농약이 희석액 500mL일 때 농약량은 얼마인가? (단, 소수점 셋째 자리에서 반올림)

정답 0.80mL

[풀이과정]
- 20,000 : 32 = 500 : X
- X = 16,000 ÷ 20,000
- X = 0.80mL

02 가스가마이신이 포함되는 농약의 종류를 〈보기〉에서 고르시오.

보기
① 살충제 ② 살균제 ③ 제초제

정답 ② 살균제

해설 **아미노산 및 단백질 합성저해 살균제**
스트렙토마이신, 가스가마이신, 블라스티시딘에스, 옥시테트라사이클린, 테누아조닉산, 시클로헥시미드, 메파니피람, 사이프로디닐, 피리메타닐

살균제의 종류
호흡 저해, 아미노산 및 단백질 합성저해, 세포막형성의 저해, 세포벽 형성 저해, 세포분열의 저해 등이 있다.

03 다음은 농약 제형의 특성에 관한 내용이다. 괄호 안에 알맞은 내용을 쓰시오.

① 분제의 증량제는 (　　　), (　　　), 부착성을 가져야 한다.
② 수화제는 수화성, (　　　)을 갖추어야 한다.

정답
① 안전성, 토분성
② 현수성

해설 **현수성**
수화제에 물을 가하여 조제한 현탁액에 있어서 고체 입자가 균일하게 분산 부유하는 성질과 그 안전성을 나타내는 것

토분성
분제의 입자가 살분기의 분출구로 잘 미끄러져 가는 성질이다.

04 다음 사진과 〈보기〉의 내용을 보고 문제에서 제시한 병해를 쓰시오.

> **보기**
> - 학명: Colletotrichum
> - 특징: 감염 부위가 수침상으로 약간 움푹 들어간 원형 반점으로 나타난다.

정답 탄저병

05 다음 사진과 〈보기〉의 내용을 보고 문제에서 제시한 해충을 쓰시오.

> **보기**
> - 학명: Lymantria dispar
> - 특징: 암컷에 노란 털이 있으며 황색의 다리를 가지고 있다.

정답 매미나방

06 이산화탄소 시비의 정의를 쓰시오.

정답 시설재배에서 시설 내의 이산화탄소 농도를 인위적으로 높여주는 것 탄산시비 또는 탄산비료라고 한다.

공기 중의 이산화탄소 농도를 높여주면 광합성이 증대되어 작물 생육이 촉진되고, 수량과 품질이 향상되는 경우가 많다.

07 다음은 식물병 진단에 관한 설명이다. 내용에 맞는 진단법을 쓰시오.

> - (①): 식물병원균의 진단과 동정에 DNA를 이용하는 방법으로 병든 식물체에서 병원균을 분리하여 DNA를 추출한 후에 PCR을 이용하여 병원균의 특정 유전자 또는 DNA 부위를 증폭한다. 염기서열 분석을 통하여 증폭된 유전자의 염기서열을 DNA 데이터 베이스에 등록된 유전자 또는 DNA 염기서열과 비교하여 병원균을 동정하는 진단법
> - (②): 항혈청을 이용한 진단법으로 병든 식물에서 분리한 병원균에 대한 항혈청을 만든 다음 이것을 진단하려는 식물즙액이나 분리한 병원체와 반응시켜 이미 알고 있는 병원체와 같은 것인지 조사하는 방법

정답
① 분자생물학적 진단법
② 면역학적 진단법(혈청학적 진단법)

혈청학(血淸學)적·면역학적 진단
- 슬라이드법
- 한천겔확산법
- 형광항체법
- 효소결합항체법(ELISA)
- 직접조직프린트면역분석법(DTBIA)

08 다음은 해충 방제법에 대한 설명이다. 괄호 안에 알맞은 내용을 쓰시오.

> - (①): 손이나 간단한 기구를 이용하여 해충의 알, 유충, 번데기, 성충을 직접 잡아 죽이는 방법
> - (②): 해충의 특수한 습성 및 주성 등을 이용하여 방제하는 방법

정답
① 포살법
② 유살법

유살법
- 잠복장소 유살법
- 번식장소 유살법
- 등화유살법

09 해충의 생물적 방제법의 정의를 쓰시오.

정답 해충밀도 감소를 위해 천적과 같은 생물적 요인을 이용하여 방제하는 방법

생물학적 방제법
- 기생성 곤충
- 포식성 곤충
- 병원미생물
- 길항미생물

10 다음은 해충 조사방법에 대한 설명이다. 괄호 안에 알맞은 내용을 쓰시오.

> • (①): 산림지역에서 위성영상이나 무인항공기로 촬영한 항공사진 등을 이용하여 해충의 발생과 피해를 평가하는 방법
> • (②): 주광성이 있고 활동성이 높은 성충을 대상으로 야간에 광원을 사용하여 해충을 유인하는 채집방법

정답 ① 원격탐사
② 유아등

직접조사
- 전수조사
- 표본조사
- 축차표본조사
- 원격조사

11 논에서의 담수관개 효과를 5가지 쓰시오.

정답 ① 수분 공급
② 온도 조절
③ 비료 성분 공급
④ 잡초 억제
⑤ 병충해 경감

논 담수 효과
- 생리적 필요 수분 공급
- 온도 조절
- 비료성분 공급
- 유해물질 제거
- 잡초 발생 억제
- 병충해 경감

12 광 관리에서 양생식물과 음생식물의 정의를 쓰시오.

정답
• **양생식물**: 보상점이 높아서 그늘에 적응하지 못하고 햇볕을 쪼이는 곳에서만 잘 자라는(광포화점도 높은) 식물

> 예 소나무, 일본잎갈나무, 자작나무

• **음생식물**: 보상점이 낮아서 그늘에 적응하고 광을 강하게 받으면 해를 입는 식물

> 예 팔손이, 식나무, 사스레피나무, 너도밤나무, 좀솔송나무

13 풍해와 연풍의 정의를 쓰시오.

정답
• **풍해**: 초속 1.1~1.7m/s 이상의 강풍, 특히 태풍의 피해, 작물에 결정적인 피해를 준다.
• **연풍**: 초속 1.1~1.7m/s 이하의 바람, 대체로 작물의 생육을 이롭게 한다.

풍해의 생리적 장해
- 상처를 받으면 호흡이 증대하여 저축양분의 소모가 증가
- 기공이 닫혀 이산화탄소의 흡수가 감소되므로 광합성 감퇴
- 수분·수정이 장해되어 불임립, 쭉정이 등이 발생

14 다음 〈보기〉는 내건성이 강한 작물의 특징에 대한 설명이다. 괄호 안에 알맞은 내용을 적으시오.

> 보기
> ① 내건성 작물은 원형질의 점도가 (　　　　　).
> ② 내건성 작물은 원형질의 응고가 (　　　　　).

정답 ① 높다.
② 덜하다.

해설 세포의 점성, 염류농도, 단백질 함량, 유지함량, 당분함량 등이 증가하면 대체로 내열성이 증대한다.

🌱 **내건성 작물의 세포적 특성**
- 세포가 작아서 수분이 감소해도 원형질의 변형이 적다.
- 세포 중에 원형질이나 저장 양분이 차지하는 비율이 높아서 수분 보유력이 강하다.
- 원형질의 점성이 높고, 세포액의 삼투압이 높아서 수분 보유력이 강하다.
- 탈수될 때 원형질의 응집이 덜하다.
- 원형질막의 수분, 요소, 글리세린 등에 대한 투과성이 크다.

---

15 유효적산온도, 유효고온한계온도의 정의를 쓰시오.

정답
- **유효적산온도**: 유효온도를 작물의 발아 이후 일정한 생육단계까지 적산한 것
- **유효고온한계온도**: 고온의 한계, 즉 어떤 온도 이상으로 올라가도 생육 효과가 나타나지 않는 온도

🌱 **적산온도(積算溫度)**
작물이 일생을 마치는 데 소요되는 총온량(總溫量)을 표시하는 것으로 작물의 발아로부터 성숙에 이르기까지의 0℃ 이상의 일평균 기온을 합산하여 구한다.

---

16 작부체계의 정의를 쓰시오.

정답 하나의 농장에 작부 양식들을 도입하여 이룬 영농형태

🌱 **작부체계**
일정한 포장(경작지)에서 몇 종류의 작물을 해마다 바꾸어 재배(윤작, 다모작 등)하거나 같은 해에 여러 작물을 함께 재배(간작, 혼작, 교호작 등)하는 재배방식을 말한다.
📖 대전법, 주곡식 대전법, 휴한농업, 윤작, 답전윤환, 혼파 및 혼작, 간작 등

---

17 중력수와 모관수의 정의를 쓰시오.

정답
- **중력수**: pF 0∼2.7로 중력에 의하여 비모관 공극에 스며 흘러내리는 물
- **모관수**: pF 2.7∼4.5로 표면장력 때문에 토양 공극 내에서 중력에 저항하여 유지되는 수분으로 식물이 흡수할 수 있는 수분

해설 토양 수분의 분류(물리적 분류)와 흡착력(pF)
1) 중력수
　pF 0∼2.7로 중력에 의하여 비모관 공극에 스며 흘러내리는 물이다.
2) 모관수
　① pF 2.7∼4.5로 표면장력 때문에 토양 공극 내에서 중력에 저항하여 유지되는 수분이다.
　② 식물이 흡수할 수 있는 수분이다.

3) 흡습수(吸濕水)
   ① 흡습수는 습도가 높은 대기 중에 토양을 놓아두었을 때 대기로부터 토양에 흡착되는 수분으로서 −3.1MPa 이하의 퍼텐셜을 갖는다.
   ② 식물이 이용할 수 없는 수분으로 105℃ 이상의 온도에서 8~10시간 건조시키면 제거된다.
4) 결합수(결정수)
   ① 토양광물이나 화합물을 구성하는 성분으로 들어있는 물이다.
   ② 이 물은 당연히 식물이 이용할 수 없으며, 1,000MPa 이하의 퍼텐셜을 가지는 수분이다.

> 흡습수(吸濕水) = 흡수수 = 흡착수

18 중성식물과 정일성직물에 대해 설명하시오.

정답
- **중성식물(=중일성 식물)**: 대단히 넓은 일장에서 화성이 유도되며, 화성이 일장의 영향을받지 않음
- **정일성식물(=중간 식물)**: 어떤 좁은 범위의 특정한 일장에서만 화성이 유도되는 식물

> **식물의 일장형**
> 장일식물, 단일식물, 중성식물, 정일성 식물, 장단일 식물

19 다음은 곰팡이의 분류에 대한 설명이다. 괄호 안에 내용을 쓰시오.

> 곰팡이는 분류학상 (①)에 속하며, 핵막이 있는 핵을 가지고 있어 (②)이라고 부른다.

정답 ① 균계
② 진균

> **생물의 분류단계 – 계**
> 동물계, 식물계, 균계, 원생생물계, 세균계, 고세균계

20 다음 〈보기〉를 보고 괄호 안에 들어갈 내용을 쓰시오.

> ─보기─
> 곤충은 (①)동물이기 때문에 주변온도에 따라 휴면상태가 되며 고온에서 다발생하는 경우가 많아 방제가 필요하고, (②)은 손으로 직접 잡는 방법을 말한다.

정답 ① 변온
② 포살법

2024년 제1회

식물보호산업기사 국가기술자격검정 실기 필답형 기출문제

01 물 20L에 유제 10.5mL가 들어가 있는 농약이 희석액 500mL일 때 농약량은 얼마인가? (단, 소수점 셋째 자리에서 반올림)

정답 0.26mL

[풀이과정] · 20,000 : 10.5=500 : X
· 20,000X=5,250
· X=0.26mL

02 '코퍼설페이트베이식'이 포함되는 농약의 종류를 〈보기〉에서 고르시오.

─ 보기 ─
살충제, 살균제, 제초제

정답 살균제

- 농업용 살균제로 응용되는 구리는 크게 무기동제와 유기동제로 나누어진다.
- 무기동제
  - 트리베이식 코퍼설페이트 등의 황산동이나 보르도액 등의 형태이다.
  - 주로 보호살균제로 이용되며, 난균계 병해인 노균병과 역병에 대한 예방 효과가 우수하다.

03 다음 사진과 〈보기〉의 내용을 보고 문제에서 제시한 병해를 쓰시오.

─ 보기 ─
- 학명: Septocylindrium rhois Sawada
- 특징: 붉나무 병해/검은돌기가 나 있다.

정답 모무늬병

04 다음 사진과 〈보기〉의 내용을 보고 문제에서 제시한 해충을 쓰시오.

> ─○ 보기 ○─
> - 학명: Glyphodes perspectalis
> - 특징
>   - 연 2~3회 발생하며 유충 상태로 월동한다.
>   - 유충이 몸길이는 35mm 내외이고, 머리는 회백색이며 가슴, 배는 은백색이다.
>   - 앞날개는 은백색, 외연부는 회흑색, 중실 끝에 초생달 무늬가 있으며 뒷날개의 외연부는 회흑색이다.

정답 회양목 명나방

05 농약 제조 시 계면활성제의 역할 5가지를 쓰시오.

정답 ① 습윤작용 ② 분산작용 ③ 침투작용 ④ 세정작용 ⑤ 고착작용

해설 계면활성제
- 유제의 유화성을 높이는 약제
- 친수기와 친유기 모두 가지고 있는 독특한 화학 구조의 고분자 물질로 물과 유지 양쪽에 친화력을 가지면 계면의 성질을 바꾸는 효과가 크다.

06 아래에서 설명하는 천적의 종류를 쓰시오.

- (①): 해충의 몸에 산란하고 성장하여 결국에는 기주인 해충을 죽이는 곤충
- (②): 먹이를 직접 잡아 죽이거나 먹는 포식성을 이용하여 해충을 방제하는 곤충

계면활성제(界面活性劑)
서로 섞이지 않는 유기물질층과 물층으로 이루어진 두 층 계에 첨가하였을 경우 계면활성을 나타내는 물질을 총칭하며, 농약 제제에서는 유화제, 분산제, 전착제 등으로 사용되고 있다.

생물적 방제
포식성 천적, 기생성 천적, 곤충병원성 미생물, 곤충기생성 선충

정답 ① 기생성 천적
② 포식성 천적

07 아래에서 설명하는 진단법을 쓰시오.

> - (①): 현미경이나 육안으로 조직 내부 및 외부에 존재하는 병원균의 형태 또는 조직 내부의 변색 식물 세포내의 X-체 검사, 유출검사 등이 있다.
> - (②): 항혈청을 이용한 진단법으로 항혈청을 먼저 만든 다음 이것을 진단하려는 식물즙액이나 분리한 병원체와 반응시켜 이미 알고 있는 병원체와 같은 것인지를 조사하는 방법

정답 ① 해부학적 진단
② 면역학적 진단(항혈청적 진단)

🌱 **해부학적·현미경적 진단**
현미경 이용 병원체의 유무, 병원균의 종류 및 형태, 병원균의 균사 모양 및 편모 수와 위치, 항체와 반응 시 나타나는 형광 현상 등을 조사하여 진단한다.

08 아래에서 설명하는 아래 〈보기〉에서 제시하는 해충 간접조사 방법을 설명하시오.

> ─ 보기 ─
> ① 쿼드라트법   ② 타락법

정답 ① **쿼드라트법**: 일정한 크기의 쿼드렛(사각형 주사구)을 설치하여 곤충을 직접 조사하는 방법
② **타락법**: 일정한 힘으로 수목을 쳐서 떨어지는 곤충을 조사하는 방법

해설
- **쿼드라트법**
  이동성이 큰 곤충을 조사하는 방법으로서, 일정한 크기의 쿼드렛(사각형 조사구)을 설치하여 곤충을 직접 조사하는 방식이다.
- **털어잡기(타락법)**
  나뭇가지, 풀, 꽃등 막대기로 두드릴 때 떨어지는 곤충을 잡는 방법으로 털어잡기망을 이용한다. 곤충이 떨어질 위치에 넓은 망을 쳐 놓고, 벌레가 떨어지는 대로 잡아넣으면 된다.

🌱 **산림곤충 표본 조사법**
- 수관 또는 지상에 서식하는 곤충들의 조사법이다.
- 미끼트랩, 직접조사, 넉다운조사, 핏폴트랩, 쿼드라트, 스윙핑, 비팅, 털어잡기(타락법) 등이 있다.

09 아래의 설명을 보고 살균제에 의한 저항성 원인을 쓰시오.

- (①): 변이에서 기인한 것으로, 자외선 조사(UV irradiation) 등을 통하여 유전적 변이가 작용점의 단백질에 일어나고 결합력이 현저히 낮아지거나 없어져서, 약제의 효력이 상실되는 것을 의미한다.
- (②): 병원균 세포 내의 살균제 농도를 낮추는 mechanism에 의해 유발되는 저항성을 말한다.

정답 ① 수직저항성
② 수평저항성

해설 ① 수직저항성(진정저항성)
- 기주의 품종 간에 병원균의 레이스에 관하여 감수성이 다른 상호관계가 존재하는 경우의 저항성을 수직저항성, 레이스특이적 저항성이라고 한다.
- 수직저항성=레이스 특이적 저항성=단인자 저항성=질적저항성=주동유전자 저항성=진정저항성=분화적 저항성
② 수평저항성(포장저항성)
- 기주의 품종과 병원균의 레이스 사이에 특이적인 상호관계가 없는 저항성을 수평저항성, 레이스비특이적 저항성이라고 한다.
- 수평저항성=레이스 비특이적 저항성=다인자 저항성=양적저항성=미동유전자저항성=포장저항성=비분화적 저항성

10 아래 〈보기〉에서 설명하는 해충 방제법과 괄호 안의 내용을 쓰시오.

─ 보기 ─
- (①): 온도 조정, 습도 조정, 압력, 색깔, 이온화 에너지 등을 이용하여 해충을 방제하는 방법
- (②): 곤충이 밤에 빛을 따라가는 성질

정답 ① 물리적 방제법
② 주광성

물리적 방제법의 종류
- 온도 처리법(가열법, 냉각법)
- 습도 처리법
- 방사선 이용법
- 전기 이용법

11 아래 〈보기〉에서 설명하는 풍해의 생리적 장해에 대한 설명 중 괄호 안에 알맞은 내용을 쓰시오.

> ─○보기○─
> 상처가 나면 호흡이 (①)하고, (②)이 닫혀 이산화탄소의 흡수가 감소하므로 광합성이 감퇴한다.

정답 ① 증가
② 기공

해설 풍해가 끼치는 작물의 생리적 장해
① 상처를 받으면 호흡이 증대하여 저축양분의 소모가 증가한다.
② 기공이 닫혀 이산화탄소의 흡수가 감소하므로 광합성이 감퇴한다.
③ 수분, 수정이 장해되어 불임립, 쭉정이 등이 발생한다.

> **연풍의 이해**
> 풍속 4 ~ 6km/h 이하의 풍속의 이점
> • 병해의 경감
> • 합성의 촉진
> • 증산 및 양분흡수의 촉진
> • 수정, 결실의 촉진 등이 있다.

12 춘화처리에 대해 설명하시오.

정답 생육의 일정시기에 일정 기간 저온을 주어서 화성을 유도, 촉진하는 것

해설 식물체가 생육의 일정시기(주로 초기)에 저온을 경과함으로써 화성(花成), 즉 꽃눈의 분화, 발육이 유도, 촉진되거나 또는 생육의 일정시기(주로 초기)에 인위적인 저온을 주어서 화성을 유도, 촉진하는 것을 말하며 버널리제이션(춘화처리)이라고 한다.

> **춘화처리의 분류**
> • 처리온도에 따라 저온춘화, 고온춘화
> • 처리시기에 따라 종자춘화형, 녹체춘화형 식물로 구분된다.

13 아래 〈보기〉는 대기의 구성성분에 대한 설명이다. 괄호 안에 알맞은 것에 체크하시오.

> ─○보기○─
> ① 대기 중 산소의 구성비율이 (79%, 21%, 8%) 이상이면 작물 재배상 지장이 없다.
> ② 대기 중 질소의 구성비율은 (79%, 21%, 8%)이다.

정답 ① 21% ② 79%

해설

구분	질소	산소	이산화탄소
대기	79.01	20.93	0.03
토양 공기	75~80	10~20	0.1~10

14 아래 내용을 보고 괄호 안에 알맞은 내용을 쓰시오.

- 단파장의 광에서는 신장을 (①)한다.
- 외견상 광합성량이 0이 되는 점의 광도를 (②)이라 한다.

정답 ① 억제
② 광보상점

해설 **광보상점(보상점)**
광합성으로 사용되는 CO_2와 방출되는 CO_2가 같을 때의 빛의 세기

- 자외선 같은 단파장의 광은 신장을 억제한다.
- 자외선의 투과가 적은 그늘 조건에서는 도장하기 쉽다.

15 활산성과 잠산성에 대해 설명하시오.

정답 ① **활산성**: 토양 용액에 들어 있는 H^+에 따른 것
② **잠산성(= 치환산성)**: 토양교질물에 흡착된 H^+과 Al이온에 따라 나타나는 것, 치환산성이라고도 함

해설 산성토양의 종류에는 활산성과 잠산성이 있는데 활산성은 수소이온에 기인하는 산성이고, 잠산성은 염화칼슘과 같은 중성염을 가해주면 더 많은 수소이온이 용출되는데 이에 기인하는 산성이다.

16 다음은 작물의 내동성 중 형태적 요인에 관한 설명이다. 괄호 안에 알맞은 말을 써넣으시오.

- 포복성이 직립성보다 내동성이 (①).
- 생장점이 깊게 놓이면 내동성이 (②).

정답 ① 크다.
② 크다.

해설 **형태적 요인**
- 포복성인 것
- 관부가 깊어서 생장점이 땅속에 깊이 있는 것
- 잎 색깔이 진한 것이 내동성이 강함

작물의 내동성
영양생장 단계가 생식생장 단계보다 더 강하다.

17 수분의 기본적 역할 5가지를 쓰시오.

정답
① 식물체 구성물질의 성분이 된다.
② 원형질의 생활상태를 유지한다.
③ 필요 물질을 흡수할 때 용매가 된다.
④ 식물체 내의 물질 분포를 고르게 하는 매개체가 된다.
⑤ 필요 물질의 합성, 분해의 매개체가 된다.

수분은 작물체 내에 많이 함유되어 있고, 작물의 2/3 이상을 구성한다.

18 윤작의 이점을 5가지 쓰시오.

정답
① 잡초 경감
② 기지 회피
③ 병충해 경감
④ 수량 증대
⑤ 지력의 유지 및 증강

해설 윤작의 이점
① 병해충 및 잡초가 줄어든다.
② 토양의 보호 및 기지 현상이 회피된다.
③ 노력분배의 합리화 및 토지이용도의 향상된다.
④ 수량 및 생산성의 증대 및 농업경영의 안정성이 높아진다.
⑤ 지력의 유지(질소고정, 잔비량의 증가, 토양구조개선, 사료작물, 토양 유기물 증대) 및 증진된다.

윤작(輪作, crop rotation)
지력유지를 목적으로 한 포장에 몇 가지 작물을 일정한 순서대로 순환하여 재배하는 양식이다.

19 다음 〈보기〉에서 설명하는 동사의 기작에 대한 문장 중 괄호 안에 알맞은 말을 쓰시오.

―○ 보기 ○―
수분 투과성이 낮은 세포에서는 (①)이 신장하여 끝이 뾰족하게 되고, 원형질 내부로 침입하여 세포 원형질 내부에 결빙을 유발하는데, 이를 (②)이라고 한다.

정답
① 세포 외 결빙
② 세포 내 결빙

해설
① **세포 외 결빙**: 세포 간극에 생기는 결빙
② **세포 내 결빙**: 세포 내의 원형질이나 세포액이 얼게 되는 것

기온이 어는점(氷點) 이하로 내려가면 세포 내부의 원형질과 세포액이 얼게 되는 세포 내 동결이 일어나면, 원형질의 탈수와 콜로이드 구조의 파괴로 인해 그 세포는 기능을 잃고 죽게 된다.

20 다음은 내습성 작물의 특성에 관한 설명이다. 괄호 안에 알맞은 내용을 쓰시오.

- 세포의 간극이 (①)
- (②) 유해물질에 대한 저항성이 크다.

정답
① 넓다.
② 환원성

해설
① 벼는 잎, 줄기, 뿌리에 통기계(通氣系)가 잘 발달
② 뿌리의 피층 세포가 직렬로 되어있는 것
③ 뿌리조직의 목화
④ 환원성 유해물질에 대한 저항성
⑤ 뿌리의 발달 습성: 근계가 얕게 발달하거나, 습해를 받았을 때 부정근의 발생력이 큰 것

🌱 **벼**
- 뿌리에서 지상부까지 세포간극이 연결된 통기조직이 발달했다.
- 통기조직을 통해 뿌리의 호흡에 필요한 산소를 대기로부터 공급받는다.
- 산소가 매우 부족한 물 속에서도 잘 자랄 수 있는 생리적인 특성을 가지고 있다.

2024년 제2회

식물보호산업기사 국가기술자격검정 실기 필답형 기출문제

01 다음의 농약 살포방법 용어의 정의를 쓰시오.

정답
- **살분법**: 분제농약을 살분기를 이용하여 살포하는 방법
- **관주법**: 약제를 농작물의 뿌리 근처 토양에 주입하거나 토양 전면에 약제를 주입한 후 흙으로 덮는 방법

🌱 **관주법**
토양 내에 서식하고 있는 병해충을 방제하기 위하여 땅속에 약액을 주입하는 방법이다(선충을 방제할 때 사용된다).

02 다음 〈보기〉에서 제시하는 용어의 정의를 쓰시오.

─○보기○─
① 요수량   ② 증산능률

정답
① **요수량**: 식물이 건조물질 1g를 생산하는 데 소요되는 수량('증산계수'라고도 함)
② **증산능률**: 증산을 효과적으로 할 수 있는 정도

🌱 **증산능률**
- 일정량의 수분을 증산해 축적된 건물량이다.
- 요수량, 증산계수와 반대되는 개념이다.

03 다음 사진과 〈보기〉의 내용을 보고 해당하는 해충을 쓰시오.

─○보기○─
- 학명: Papiliio Xuthus이다.
- 특징
  - 애벌레가 운향과나 산형과 잎을 먹는다.
  - 나비목이다.

정답 호랑나비

04 다음 사진과 〈보기〉의 내용을 보고 해당하는 병명을 쓰시오.

> ─○ 보기 ○─
> - 학명: Armillaria spp이다.
> - 특징
>   - 잣나무 조림지에 고사목이 발생하고 있다.
>   - 나무가 고사하면 껍질이 벗겨진다.

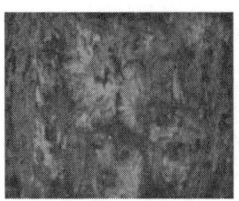

정답 아밀라리아 뿌리썩음병

05 해충 방제 방법 중 〈보기〉의 기계적 방제 방법 설명을 보고 알맞은 용어를 쓰시오.

> ─○ 보기 ○─
> - (①): 해충이 들어있는 목재를 땅속에 묻어서 죽이거나 선충이 우화하더라도 탈출하지 못하게 하는 방법
> - (②): 목재의 수피를 제거하여 목재에 산란하는 해충의 산란을 저지하거나 수피 아래에서 서식하는 해충을 노출시켜 방제하는 방법

정답 ① 매몰법 ② 박피법

🌷 **매몰법**
피해가지나 피해목을 땅속에 매몰

🌷 **박피법**
소나무재선충병 매개충, 벌채 수목을 박피하여 해충을 노출시켜 방제

06 동상해 응급대책 중 〈보기〉의 설명을 보고 알맞은 용어를 쓰시오.

> ─○ 보기 ○─
> - (①): 불을 피우고 그 위에 청초나 젖은 가마니를 덮어서 수증기를 많이 함유한 연기를 발산하는 방법
> - (②): 거적, 비닐, 폴리에틸렌 등으로 피복하는 방법

정답 ① 발연법 ② 피복법

해설) 동상해의 응급대책의 종류에는 관개법, 발연법, 송풍법, 피복법, 연소법, 살수빙결법 등이 있다.

07 다음에서 제시한 글을 읽고 물 희석액에 대한 농약량(mL)을 구하시오. (단, 비중은 1, 소수점 셋째 자리에서 반올림하여 소수점 둘째 자리까지 기재)

> 물 20L에 유제 34mL가 들어가 있는 농약이 희석액 500mL일 때 농약량을 계산하시오.

정답) 0.85mL

[풀이과정] · 20,000 : 34 = 500 : X
· 20,000X = 17,000
· X = 0.85mL

08 다음 용어의 정의를 쓰시오.

> ① 토양 용기량   ② 최소 용기량

정답) ① **토양 용기량**: 토양의 용적에 대한 공기로 차 있는 공기 용적의 비율
② **최소 용기량**: 토양 수분함량이 최대 용수량에 달했을 때의 용기량

해설) ① 토양의 용기량(air capacity): 토양 중에서 공기로 차 있는 공극량
② 최소 용기량(最小容氣量; minimum air capacity): 토양 수분함량이 최대 용수량에 달했을 때의 용기량
③ 최대 용기량(maximum air capacity): 풍건 상태의 용기량

09 다음에서 제시하는 농약을 〈보기〉에서 골라 알맞은 농약제형을 고르시오.

> 플루톨루닐
>
> ─○보기○─
> ① 살충제   ② 제초제   ③ 살균제

정답) ③ 살균제

10 풍해 피해에 대한 대책을 재배적 방법 중심으로 2가지 쓰시오.

정답
① 담수
② 내풍성 작물 선택
③ 내도복성 품종 선택
④ 낙과방지제 살포
⑤ 생육의 건실화

풍해
초속 1.1 ~ 1.7m/s 이상의 강풍, 특히 태풍의 피해, 작물에 결정적인 피해를 준다.

연풍
초속 1.1 ~ 1.7m/s 이하의 바람, 대체로 작물의 생육을 이롭게 한다.

11 다음 〈보기〉를 보고 괄호 안에 알맞은 내용을 쓰시오.

> ─○ 보기 ○─
> 빛의 자극에 의하여 빛의 방향으로 굴곡하는 굴성의 일종. 줄기, 잎과 같이 빛을 따라 자라는 것을 (①)이라 하고, 광이 조사된 쪽의 옥신 농도의 변화는 조사된 쪽의 농도가 (②)한다.

정답 ① 굴광성 ② 감소

굴광현상(屈光現象)
식물이 광조사의 방향에 반응하여 굴곡 반응을 나타내는 것으로 400~500nm, 특히 440~480nm의 청색광이 가장 유효하다.

12 '수간주사'에 대해 설명하고, '수간주사'의 장점을 2가지 쓰시오.

정답
- **수간주사**: 처리하고자 하는 약액을 나무의 줄기나 뿌리에 구멍을 뚫고 주입하는 방법
- **장점**
  - 목적으로 하는 수목에만 주입할 수 있고 적은 양으로 최대의 효과를 가져온다.
  - 공중으로 비산되지 않아 환경 오염을 유발하지 않는다.

해설
- 수간주사는 빠른 수세 회복을 원할 때 사용한다.
- 뿌리가 제 기능을 못하고 다른 치료 방법이 없을 때 사용한다.
- 철분이나 붕소와 같은 미량원소가 부족할 때나 원하는 나무에만 선별적으로 살균제, 살충제 등을 투여하고자 할 때 사용한다.

13 대기 중 질소 농도와 이산화탄소 농도를 쓰시오.

정답
- 질소 농도: 79%
- 이산화탄소 농도: 0.035%

14 중성식물과 정일성작물에 대해 설명하시오.

정답
- **중성식물(=중일성 식물)**: 대단히 넓은 일장에서 화성이 유도되며, 화성이 일장의 영향을 받지 않음
- **정일성식물(=중간 식물)**: 어떤 좁은 범위의 특정한 일장에서만 화성이 유도되는 식물

15 수목병해충의 방제 방법 중 기계적 방법과 생물적 방법의 종류를 각각 하나씩 쓰시오.

정답
- **기계적 방법**: 포살법, 유살법, 소각법, 매몰법
- **생물적 방법**: 포식성 천적, 기생성 천적, 곤충병원성미생물, 곤충기생성선충

16 다음 〈보기〉를 보고 용어의 정의를 쓰시오.

> 보기
> ① 적산온도   ② 유효온도

정답
① **적산온도**: 작물이 일생을 마치는 데 소요되는 총 온량, 작물의 발아로부터 성숙에 이르기까지의 0℃ 이상의 일 평균기온을 합산하여 구함
② **유효온도**: 작물의 생육이 가능한 범위의 온도 또는 기본온도와 유효고온한계온도 범위 내의 온도

🌱 **기본온도**
작물생육에서 저온의 한계, 즉 생육은 멈추지만 죽지는 않는 온도

🌱 **유효온도**
기본온도와 유효고온한계온도 범위 내의 온도

🌱 **유효적산온도**
유효온도를 작물의 발아 이후 일정한 생육단계까지 적산한 것

🌱 **유효고온한계온도**
고온의 한계, 즉 어떤 온도 이상으로 올라가도 생육효과가 나타나지 않는 온도

17 다음 〈보기〉에서 괄호 안에 알맞은 용어를 쓰시오.

> 보기
> - (①): 미끼를 이용하여 해충의 밀도를 조사하는 방법
> - (②): 흡충기 등 공기 흡인력을 이용하여 해충을 빨아들이는 방법

정답
① 먹이트랩
② 흡입트랩

18 다음 〈보기〉는 내습성 작물의 특성이다. 괄호 안에 알맞은 내용을 쓰시오.

┌─○보기○─────────────────────────┐
│ 황화수소저항성이 (①), (②) 발생이 높다. │
└──────────────────────────────┘

정답 ① 높고 ② 부정근

해설 내습성 작물의 특징
① 잎·줄기·뿌리의 통기계가 발달되어 있다.
② 뿌리의 외피가 현저히 목화되어 있다.
③ 뿌리의 피층 세포가 직렬로 되어 있어 세포 간극이 크다.
④ 환원성 유해물질에 대한 저항성이 크다.

19 다음 〈보기〉에서 제시하는 병징의 용어 설명을 보고 알맞은 용어를 쓰시오.

┌─○보기○─────────────────────────┐
│ (   ): 융기한 조직이 붕괴되어 중앙이 움푹 들어가는 것 │
└──────────────────────────────┘

정답 궤양

해설 줄기, 잎, 열매 껍질의 조직이 우므러지면서 죽고 그 주위가 코르크층을 형성하면서 나중에는 껍질이 찢어져서 거칠어지는 식물의 병이다.

20 바이러스에 감염된 식물병에 있어서 국부병반에 해당하는 병징을 3가지 쓰시오.

정답 위축, 잎말림, 황화, 모자이크, 반점, 변형

식물보호기사 국가기술자격검정 실기 필답형 기출문제
2023년 제1회

01 농약관리법의 목적에 대하여 적으시오.

정답 농약관리법
이 법은 농약의 제조, 수입·판매 및 사용에 관한 사항을 규정함으로써 농약의 품질향상, 유통질서의 확립 및 농약의 안전한 사용을 도모하고 농업생산과 생활환경 보전에 이바지함을 목적으로 한다.

02 다음에서 제시하는 글을 읽고 물 희석액에 대한 농약량(mL)을 구하시오. (단, 비중은 1, 소수점 셋째 자리에서 반올림하여 소수점 둘째 자리까지 기재)

> 물 20L에 유제 50mL가 들어있는 농약이 희석액 300mL일 때 농약량을 계산하시오.

정답 0.75mL

[풀이과정]
- 20,000 : 50 = 300 : X
- 20,000X = 15,000
- X = 0.75mL

03 카두사포스가 포함되는 농약의 종류를 〈보기〉에서 선택하시오.

―보기―
① 살충제   ② 살균제   ③ 제초제

정답 ① 살충제

해설 카두사포스는 식물의 지하부와 뿌리에 기생하는 선충류를 방제하는 살선충제에 속한다.

☘ **살선충제**
식물에 기생하는 죽이는 약제와 토양 중의 선충을 죽이는 약제가 있다.

04 다음 〈보기〉의 내용과 사진을 보고 문제에서 제시한 병해를 쓰시오.

> ─○ 보기 ○─
> - 학명: Armillaria spp
> - 특징: 잣나무 조림지에 고사목이 발생하고 있다. 나무가 고사하면 껍질이 벗겨진다.
>
>

정답 아밀라리아뿌리썩음병

05 다음 사진과 〈보기〉의 내용을 보고 문제에서 제시한 해충을 쓰시오.

> ─○ 보기 ○─
> - 학명: Gastrolina depressa Baly이다.
> - 특징: 기주 식물에는 가래나무 등이 있다. 유충이 C자 형으로 접힌다.
>
>

정답 호두나무잎벌레

06 다음 〈보기〉를 보고 관련된 살충제 종류를 5가지 쓰시오. (단, 〈보기〉에 있는 명칭 사용 시 오답처리)

> **보기**
> 독제, 점착제

정답 침투성 살충제, 접촉제, 불임제, 훈증제, 훈연제, 기피제, 유인제, 생물농약

07 다음 〈보기〉를 보고 괄호 안에 내용을 채우시오.

> **보기**
> 곤충에 대한 병원성을 가지고 있는 바이러스는 여러 종류가 있으나 해충 방제에 주로 이용되는 곤충병원성 바이러스는 나비목에서 발견되는 (①) 바이러스(NPV; Nuclear Polyhedrosis Virus)와 과립형 바이러스(GV)는 체내에서 잠복기간을 거치는 경우 기주의 세포핵 안에서 복제하는 (②)과에 속한다.

정답 ① 핵다각체병
② 베큘로바이러스

해설 곤충에 대한 병원성을 가지고 있는 바이러스는 여러 가지가 있으나, 해충 방제에 이용되는 바이러스의 종류
- 핵다각체 바이러스(NPV; Nuclear Polyhedrosis Virus)
- 과립형 바이러스(GV; Granulosis Virus)
- 세포질 다각체병 바이러스(CPV; Cytoplasmic Polyhedrosi Virus)

곤충에 병을 일으키는 바이러스로서 나비목 곤충의 핵다각체 바이러스가 대표적이다.

08 다음 〈보기〉를 보고 괄호 안에 내용을 채우시오.

> **보기**
> - 원형질 수분투과가 (①)하면 내동성이 증가한다.
> - 지유함량이 (②)하면 내동성이 증가한다.

정답 ① 증가
② 증가

해설 작물의 내동성 – 생리적 요인
- 원형질의 수분 투과성이 크면 내동성이 증대한다.
- 원형질의 점도가 낮고 연도가 높은 것이 내동성이 크다.
- 원형질의 친수성콜로이드가 많으면 내동성이 커진다.
- 지유함량이 높은 것이 내동성이 크다.
- 당분함량이 많으면 내동성이 크다.
- 전분함량이 많으면 내동성은 저하된다.

09 다음 〈보기〉에서 제시하는 포장의 정의에 대하여 설명하시오.

〈보기〉
① 성휴법   ② 휴립휴파법

정답 ① **성휴법**: 이랑을 보통보다 넓고 크게 만드는 방식으로 중부지방에서 맥후작 콩의 재배에 이용한다.
② **휴립휴파법**: 이랑을 세우고 이랑에 파종하는 방식으로 고구마는 이랑을 높게 세우고 조·콩 등은 이랑을 비교적 낮게 세운다. 이랑에 재배하면 배수와 토양통기가 좋다.

🌱 **휴립구파법**
- 이랑을 세우고 낮은골에 파종하는 방식
- 맥류에서는 한해(旱害)와 동해(凍害)를 방지할 목적으로 실시

10 풍해의 피해에 대한 대책을 재배적 방법을 중심으로 5가지 쓰시오.

정답 ① 관개담수 조치   ② 내풍성 작물 선택
③ 비배관리의 합리화   ④ 내도복성 품종의 선택
⑤ 조기재배 등 작기(作期)의 이동

11 노후화답의 개량 방법 3가지를 쓰시오.

정답 ① 객토   ② 심경
③ 함철자재의 사용   ④ 규산질 비료의 사용

🌱 **노후화답(老朽化畓)**
작토의 환원층에서는 가용화(환원)된 Fe^{2+}와 Mn^{2+}이 물을 따라 하층에 운반되며, 하층에서 다시 산화하여 적갈색의 무늬로 침전한다. 이러한 작용으로 작토층의 철, 망간, 칼륨, 칼슘, 마그네슘 등이 점차 결핍되어 가는데 이를 논 토양의 노후화라고 하며, 노후화된 논 토양을 노후답(특수성분 결핍)이라고 한다.

12 내습성 식물의 특성 3가지를 쓰시오.

정답 ① 잎·줄기·뿌리의 통기계가 발달되어 있다.
② 뿌리의 외피가 현저히 목화되어 있다.

③ 뿌리의 피층 세포가 직렬로 되어 있어 세포 간극이 크다.
④ 환원성 유해물질에 대한 저항성이 크다.

13 토양의 통기성 증가대책을 작물 재배 방식을 적용하여 3가지를 쓰시오.

정답
① 답전윤환 재배
② 답리작, 답전작 실시
③ 벼농사에서는 물을 걸러 대기
④ 과습한 밭에서는 휴립휴파

14 온도계수의 정의를 쓰시오.

정답 온도가 10℃ 상승하는 데 따르는 이화학적 반응이나 생리작용의 증가 배수를 온도계수(溫度係數, temperature coefficient) 또는 Q_{10}이라고 한다.

해설 이산화탄소, 광의 강도, 수분 등이 제한 요소로 작용하지 않는 한 30~35℃에 이르기까지 Q_{10}은 2 내외이다.

15 광 관리에서 고립상태와 군락상태에 대하여 쓰시오.

정답
- **고립상태**: 한 개체가 고립되어 있는 경우와 같이 실험대상이 되는 각각의 잎이 직사광선을 받는 상태
- **군락상태**: 포장에서 작물이 밀생하고 크게 자라며 잎이 서로 포개져서 많은 수의 잎이 직사광선을 받지 못하고 그늘에 있는 상태

16 수분관리를 위해 〈보기〉에서 제시하는 용어를 설명하시오.

〈보기〉
① 개거법   ② 암거법

정답
① **개거법**: 개방된 토수로에 물을 통하게 하면 이것이 침투 후 모관 상승을 통하여 뿌리 부분에 공급되게 하는 방법
② **암거법**: 지하에 목관, 토관, 콘크리트관 등을 배치하여 물을 통하게 하고, 간극으로부터 물이 스며 오르게 하는 방법

🌱 **지하관개**
개거법, 암거법, 압입법 등이 있다.

17 다음 〈보기〉에서 설명하는 대기오염물질을 괄호 안에 쓰시오.

> ─○보기○─
> ① ( )
> - NO_2가 자외선 하에서 광산화되어 생성되며 잎이 황백화 된다.
> - 오염된 대기 중에서 질소산화물과 휘발성 유기화합물이 광화학반응으로 만들어지는 물질
> - 세포막의 구조와 투과성에 영향을 끼치고 세포 내의 산소와 세포기관에 작용하여 주요 대사과정을 저해하며 엽록체나 미토콘드리아의 막이 산화되게 하는 피해를 준다.
>
> ② ( )
> - 알루미늄 제련 시 발생하며 기체오염 물질 중 독성이 크고 아주 낮은 농도 10 ~ 20ppb에도 위험하다.
> - 소석회액에 미량요소를 첨가하여 살포하면 피해가 덜 하다.

정답 ① O_3(오존)
② HF(불화수소)

오존(O_3)
- 오존(O_3)은 2차 오염물질이며 산화력이 강하기 때문에 많은 식물에 피해를 준다.
- 오존의 피해는 일반적으로 그 강력한 산화 작용에 의한 것으로 엽의 표면에 한정한다.
- 책상조직이 오존에 대하여 가장 약하여 제일 먼저 공격을 받는다. (죽은깨 같은 반점형성)

18 다음 ECe와 pH 등 감정 결과를 나타낸 표를 보고 토양의 종류를 기재하시오.

구분	EC	ESP	SAR	pH
(①)	< 4	< 15	< 13	< 8.5
(②)	> 4	< 15	< 13	< 8.5
나트륨성 토양	< 4	> 15	> 13	> 8.5
염류나트륨성 토양	> 4	> 15	> 13	< 8.5

정답 ① 정상토양
② 염류토양

- EC: 토양포화침출액의 전기전도도
- ESP: 교환성나트륨 퍼센트, 양이온치환용량 대비 Na^+이 차지하는 비율
- SAR: 나트륨 흡착비, Ca^{2+}과 Mg^{2+} 대비 Na^+이 차지하는 비율
- pH: 수소이온 농도의 지표

19 다음에서 볕뎀(피소, 皮燒) 강한 식물 2가지를 고르시오.

> 〈보기〉
> ① 오동나무　　② 참나무
> ③ 소나무　　　④ 벗나무

정답 ② 참나무
　　　③ 소나무

해설 일반적으로 수피가 평활하고 코르크층의 발달이 불량한 오동나무, 벗나무, 후박나무, 호두나무, 가문비나무 등과 흉고 직경 15～20cm 이상의 수종과 서쪽 및 남서쪽에 위치하는 임목에 피해가 많다.

🌱 **피소(皮燒, 껍질데기=볕데기)**
나무줄기가 강렬한 태양 직사광선을 받았을 때 수피의 일부에 급격한 수분 증발이 생겨 형성층이 고사하고 그 부분이 수피가 말라 죽는 현상이다.

20 다음 〈보기〉는 병징과 관련된 용어이다. 그 뜻을 쓰시오.

> 〈보기〉
> ① 퇴색
> ② 분열조직 활성화
> ③ 이층형성

정답 ① **퇴색**: 잎의 엽록소 형성이 방해되어 색이 변하는 현상
　　　② **분열조직 활성화**: 분열조직의 증식이 자극되어 암종이 만들어지는 현상
　　　③ **이층형성**: 병반부와 건전부 사이 또는 감염된 조직 경계면에 이층(離層)이 형성되는 현상

🌱 **병징**
식물체가 어떤 원인에 의해 세포나 조직 또는 기관에 이상이 생겨서 밖에서 보이는 형태에 변화가 생기는 현상이다.

2023년 제2회

식물보호기사 국가기술자격검정 실기 필답형 기출문제

01 토양 수분이용법 중 다공관관개, 개거법의 정의를 쓰시오.

정답
- **다공관관개(多孔管灌漑)**: 파이프에 직접 작은 구멍을 뚫어 물을 뿌리는 방법
- **개거법**: 개방된 토수로에 물을 통하게 하면 이것이 침투 후 모관상승을 통하여 뿌리 부분에 공급되게 하는 방법

해설 **지하관개법의 종류**: 개거법, 암거법, 압입법 등이 있다.

> **지하관개**
> 지하로부터 수분을 공급하는 방법이다.

02 물 20L에 유제 27mL가 들어가 있는 농약이 희석액 500mL일 때 농약량(mL)은 얼마인가? (단, 소수점 셋째 자리에서 반올림)

정답 0.68mL

[풀이과정]
- 27mL : 20,000mL(20L)=농약량 : 500mL
- 농약량=13,500mL÷20,000mL=0.675mL

03 작물의 최저온도, 최고온도, 유효온도의 정의를 쓰시오.

정답
- **최저온도**: 작물생육이 가능한 가장 낮은 온도
- **최고온도**: 작물생육이 가능한 가장 높은 온도
- **유효온도**: 작물의 생장과 생육이 효과적으로 이루어지는 온도

04 내건성 작물의 특징 3가지를 쓰시오.

정답
① 기공이 작거나 적다.
② 왜소하고 잎이 작다.
③ 표면적/체적의 비가 작다.
④ 잎맥과 울타리조직이 발달하였다.
⑤ 지상부에 비해 근군(根群)의 발달이 좋다.

토양이 건조하면 식물체 내의 수분함량도 감소되어 생육이 나빠지고 심하면 위조·고사하게 된다. 작물이 건조에 견디는 성질을 내건성이라고 한다.

05 다음 〈보기〉는 농약의 제조형태별 분류에 관한 내용이다. 괄호 안에 알맞은 농약제형을 쓰시오.

> ─ 보기 ─
> ① (   ): 주제를 증량제, 물리성 개량제, 분해방지제 등과 균일하게 혼합, 분쇄하여 제조하는 농약
> ② (   ): 유효성분을 고체증량제와 혼합분쇄하고 보조제를 가하여 입상으로 성형한 것

정답 ① 분제
② 입제

해설 제형
농약원제를 직접 사용하지 못하며, 증량제(미세한 광물성 가루)나 계면활성제나 석유 용매 등과 같은 부재와 섞은 후 살포하기 좋은 형태나 물에 타기 쉬운 형태로 만드는데, 이런 과정을 통해 최종 상품으로 만드는 것을 제형이라고 한다.

농약의 주요 제형
유제, 수화제, 수용제, 액제, 분제, 입제, 미분제 등이 있다.

06 광합성의 정의를 쓰시오.

정답 엽록체가 빛 에너지를 이용해 이산화탄소와 물을 원료로 탄수화물을 합성하는 과정으로서 탄소 동화 작용이다.

해설 광합성의 화학식

$$6CO_2 + 6H_2O \leftrightarrow C_6H_{12}O_6 + 6O_2$$

명반응
- 햇빛이 있을 때 엽록체의 그라나에서 진행한다.
- 물을 분해하면서 에너지 저장 물질인 ATP와 NADPH를 생산한다.

암반응
- 엽록소가 없는 스트로마에서 담당하며, 빛이 있는 상태에서 상태에서도 진행한다.
- 이산화탄소를 환원시켜 탄수화물을 합성하는 과정이다.

07 농약의 살포방법 중 관주과 미스트법의 정의를 쓰시오.

정답
- 관주법: 약제를 농작물의 뿌리 근처 토양에 주입하거나 토양 전면에 약제를 주입한 후 흙으로 덮는 방법
- 미스트법(mist): 물의 양을 적게 하여 진한 약액을 미립자로 살포하는 방법

기사 2023년 제2회

08 다음 〈보기〉는 해충 방제법 중 기계적 방제에 관한 사항이다. 괄호 안에 알맞은 답을 쓰시오.

〈보기〉
① ( ): 해충이 들어있는 목재를 땅속에 묻어서 죽이거나 성충이 우화하더라도 탈출하지 못하게 하는 방법
② ( ): 목재의 수피를 제거하여 목재에 산란하는 해충의 산란을 저지하거나 수피 아래에서 서식하는 해충을 노출시켜 방제하는 방법

정답 ① 매몰법
② 박피법

09 농약관리법상 농약활용기자재의 정의를 쓰시오.

정답
• 농약을 원료나 재료로 하여 농작물 병해충의 방제 및 농산물의 품질관리에 이용하는 자재
• 살균, 살충, 제초, 생장조절 효과를 나타내는 물질이 발생하는 기구 또는 장치

10 대기의 분포도에 해당하는 성분과 구성비율을 쓰시오.

정답 질소가스(N_2) 약 78%, 산소가스(O_2) 약 21%, 아르곤 약 0.9%, 이산화탄소(CO_2) 약 0.03%

11 수피 상처의 기상적 원인 3가지를 쓰시오.

정답 ① **고온**: 열해(熱害), 피소(皮燒, 껍질데기), 가뭄해(한해, 旱害)
② **저온**: 서리해(상해, 霜害), 상열(霜裂), 서릿발(상주, 霜柱)
③ **바람**: 주풍(主風), 폭풍(暴風), 조풍(潮風, 염풍)
④ **눈**: 설해(雪害)

12 박과 채소의 접목 시 단점 3가지를 쓰시오.

정답 ① 질소 과다흡수 ② 기형과 발생
③ 당도 저하   ④ 흰가루병에 약함

해설) **박과 채소의 접목 시 장점**
① 흡비력이 강해짐
② 과습에 잘 견딤
③ 과실의 품질이 우수해짐
④ 토양 전염성 병의 발생 억제
⑤ 저온, 고온 등 불량환경에 대한 내성 증대

🌱 **영양번식의 이점**
- 종자번식이 어려운 작물의 번식 수단이 된다.
- 우량한 유전특성을 쉽게 영속적으로 유지시킬 수 있다.
- 종자번식보다 생육이 왕성할 수 있다.
- 접목하면 수세조절, 환경 적응성 증대, 병해충 저항성 증대, 결과촉진 등을 기대할 수 있다.

13 벼의 냉해 유형 중 장해형 냉해와 지연형 냉해에 대하여 설명하시오.

정답)
- **장해형 냉해**: 유수 형성기에서 개화기까지, 특히 생식세포 감수분열기의 냉온에 의해서 화분이나 배낭 등 생식기관이 정상적으로 형성되지 못하거나 화분 방출, 수정장해를 유발, 불임 현상이 초래되는 형의 냉해
- **지연형 냉해**: 생육 초기부터 출수개화기에 걸쳐 여러 시기에 냉온을 만나서 분얼 지연 및 감퇴, 생육지연, 출수 지연을 초래하여 결국 등 숙기가 지연되거나, 후기의 냉온에 의해서 등숙 불량이 초래되는 형의 냉해

🌱 **벼의 냉해 종류**
- 지연형 냉해
- 장해형 냉해
- 병해형 냉해
- 혼합형 냉해

14 해충 발생예찰의 축차조사와 표본조사에 대하여 설명하시오.

정답)
- **축차(逐次)조사**: 해충의 밀도를 순차적으로 누적하면서 방제여부를 결정하는 방법
- **표본조사**: 해충 집단의 일부를 조사하여, 그 결과를 써서 해충집단의 특성을 추측하는 것으로 추출된 일부분을 표본이라고 한다.

15 토양 수분 중 결합수와 모관수의 정의를 쓰시오.

정답)
- **결합수**: 토양의 고체분자를 구성하는 수분으로 식물이 이용할 수 없다.
- **모관수**: 대부분이 식물에게 이용될 수 있는 유효한 수분으로 토양의 작은 공극 사이에서 포장용수량과 흡습계수 사이에 표면장력에 의해 보유되어 있다.

해설)
- **모세관수**: 토양 공극 중에서 모세관 공극에 존재하는 물을 말하며 $-3.1 \sim -0.033$ MPa 사이의 퍼텐셜을 가지는 수분이다.
- **결합수(결정수)**: 식물이 이용할 수 없으며 1,000MPa 이하의 퍼텐셜을 가지는 수분이다.

🌱 **흡습수**
습도가 높은 대기 중에 토양을 놓아두었을 때 대기로부터 토양에 흡착되는 수분으로서 3.1MPa 이하의 퍼텐셜을 갖는다.

16 다음 사진과 〈보기〉의 내용을 보고 문제에서 제시한 해충을 쓰시오.

> ─○ 보기 ○─
> - 학명: Lymantria dispar이다.
> - 특징: 암컷에 노란털이 있으며 황색의 다리를 가지고 있다. 나비목이다.

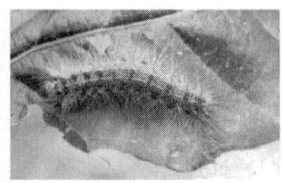

정답 매미나방

17 다음 사진과 〈보기〉의 내용을 보고 문제에서 제시한 병해를 쓰시오.

> ─○ 보기 ○─
> - 학명: Mycosphaerella cerasella Aderhold이다.
> - 특징: 벚나무에 흔히 발생한다. 작은 반점이 확대되어 둥근 반점을 형성하고 구멍이 생기는 병이다.

정답 벚나무갈색무늬구멍병

18 농약 메틸브로마이드를 이화학적 특성에 따라 살균제, 살충제, 제초제로 구분하시오.

정답 살충제

해설 **훈증제**
약제를 가스 상태로 하여 해충의 호흡기관을 통해 흡수시켜 죽게 하는 약제
예 메틸브로마이드, 클로르피크린, 사이안화수소

19 다음 〈보기〉는 식물병 진단법에 관한 설명이다. 괄호 안에 맞는 진단법을 쓰시오.

> ─ 보기 ─
> ① (　　　): 식물병원균의 진단과 동정에 DNA를 이용하는 방법으로 병든 식물체에 병원균을 분리하여 DNA를 추출한 후 PCR을 이용하여 병원균의 특정 유전자 또는 DNA 부위를 증폭한다. 염기서열 분석을 통하여 증폭된 유전자의 염기서열을 DNA 데이터베이스에 등록된 유전자 또는 DNA 염기서열과 비교하여 병원균을 동정하는 진단법
> ② (　　　): 항혈청을 이용한 진단법으로 병든 식물에서 분리한 병원균에 대한 항혈청을 만든 다음 이것을 진단하려는 식물즙액이나 분리한 병원체와 반응시켜 이미 알고 있는 병원체와 같은 것인지 조사하는 방법

정답 ① 분자생물학적 진단법
② 면역학적 진단법(혈청학적 진단법)

20 동상해의 응급대책을 쓰고 설명하시오.

정답 ① **관개법**: 서리가 예상될 때는 저녁에 충분히 관개하여 물이 가진 열이 가해지고 지중열을 빨아올리며 수증기가 지열의 발산을 막아서 동상해를 방지할 수 있다.
② **송풍법**: 지상 10m 정도의 높이에 송풍기를 설치하고 따뜻한 공기를 지면으로 송풍하면 상해를 방지하거나 줄일 수 있다.
③ **발연법**: 연기를 발산하면 지온의 방열을 막아 서리의 피해를 방지할 수 있다.
④ **피복법**: 거적, 비닐 등으로 덮어 보온하는 방법이다.
⑤ **연소법**: 중유나 고형재료 등을 연소시켜서 열을 공급하는 방법이다.
⑥ **살수빙결법**: 스프링클러로 살수하여 식물체의 표면을 동결시키는 것으로 물이 얼 때는 잠열이 발생하기 때문에 외부기온이 많이 내려가더라도 식물 체온을 0℃ 정도로 유지할 수 있다.

식물보호기사 국가기술자격검정 실기 필답형 기출문제

2023년 제3회

01 식물방역법의 제1조 목적에 대하여 쓰시오.

정답 제1조 목적
수출입 식물 등과 국내 식물을 검역하고 식물에 해를 끼치는 병해충을 방제(防除)하기 위하여 필요한 사항을 규정함으로써 농림 업 생산의 안전과 증진에 이바지하고 자연환경을 보호하는 것을 목적으로 한다.

02 물 20L에 유제 30mL가 들어있는 농약의 희석액이 500mL일 때 농약량을 구하시오. (단, 소수점 셋째 자리에서 반올림)

정답 0.75mL
[풀이과정] • 20,000mL(20L) : 30mL = 500mL : 농약량
• 농약량 = 15,000mL ÷ 20,000mL = 0.75mL

03 농약 사이퍼메트린 유제가 포함되는 농약의 종류를 〈보기〉에서 고르시오.

─보기─
살충제, 살균제, 제초제

정답 살충제

해설 전위 의존 Na 통로조절
델타메트린, 사이퍼메트린, 비페트린, 사이플루트린, 펜프로파트린, 피레스

🌱 **피레스로이드계(pyrethroid insecticide)**
- 들국화의 일종인 제충국에 포함된 살충성분 '피레스린'을 모방해 만든 물질들을 피레스로이드라고 한다.
- 살충 원리는 곤충 신경세포의 나트륨 – 칼륨 펌프를 건드리는 것이다.

04 농약 중 도포제의 사용 방법에 대하여 설명하시오.

정답 도포제(塗布劑)는 특정 병이나 상처를 효과적으로 치료하거나 보호하기 위해 농약을 점성(粘性)이 큰 액상으로 만들어 붓 등으로 식물의 목적하는 부위에 바르도록 만들어진 제형이다.

05 다음 사진과 〈보기〉의 내용을 보고 문제에서 제시한 병해를 쓰시오.

> **보기**
> - 학명: Elsinoe ampeline(de bary)이다.
> - 특징: 흑갈색의 작은 반점이 생겨 점차 확대된다.

정답 포도새눈무늬병

06 다음 사진과 〈보기〉의 내용을 보고 문제에서 제시한 해충을 쓰시오.

> **보기**
> - 학명: Gstrolina depressa Baly이다.
> - 특징: 기주식물에는 가래나무 등이 있다. 유충이 C자형으로 접힌다.

정답 호두나무잎벌레

07 아래의 설명을 읽고 해당하는 병징의 명칭을 괄호 안에 적으시오.

> - (①): 잎의 엽록소 형성이 방해되어 색이 변하는 현상
> - (②): 식물호르몬이 잎의 위쪽에 축적됨으로써 잎의 위쪽 생장이 아래쪽보다 빨라 잎이 아래로 말리는 현상

정답 ① 퇴색 ② 상편생장

08 해충의 생물적 방제와 관련하여 아래 〈보기〉를 보고 괄호 안에 알맞은 내용을 쓰시오.

> ─보기─
> - 곤충병원성 곰팡이의 경우 분생포자의 발아를 위해서는 (①) 이상의 높은 습도가 요구된다.
> - 대표적인 곤충 곰팡이 (②)는/은 처음에는 곤충의 몸 전체가 흰색을 띠는 포자와 균사로 뒤덮인 후 균사와 포자가 발달하면서 초록색을 띠게 된다.

🌱 백강균
하얀색을 띠는 곰팡이로 곤충들 몸에 기생해서 번식하는 곤충병원성(Entomopathogenic) 곰팡이이다.

정답 ① 90% ② 녹강균

해설 녹강균은 depspeptides 독소를 분비하고 있으며, 곤충에 감염 시 마비증세가 나타나며 며칠 이내에 주변의 같은 곤충들을 모두 죽일 수 있는 강력한 병원균이다.

09 다음 〈보기〉에서 제시된 수분 관리법에 대하여 설명하시오.

> ─보기─
> ① 고랑관개   ② 다공관관개

정답 ① **고랑관개**: 포장에 이랑을 세우고, 이랑 사이에 물을 흐르게 하는 방법
② **다공관관개(多孔管灌漑)**: 파이프에 직접 작은 구멍을 뚫어 물을 뿌리는 방법

해설 1) 지표관개의 종류
① 전면관개: 일류관개, 보더관개, 수반법
② 고랑관개

🌱 지하관개
- 개거법
- 암거법
- 압입법

2) 살수관개의 종류
① 다공관관개
② 물방울관개
③ 스프링클러관개

10 이산화탄소 포화점의 정의를 쓰시오.

정답 광합성을 위한 다른 요인을 일정한 상태로 고정한 후에 이산화탄소만 농도를 점차 높여 갈 때, 광합성 속도가 더 이상 증가하지 않는 때의 이산화탄소 농도

11 동상해의 사후대책에 대하여 쓰시오.

정답 ① 인공수분을 한다.
② 적과(摘果)를 늦춘다.
③ 충해를 방제한다.
④ 병영양 상태를 회복시킨다.

기온이 어는점(氷點) 이하로 내려 가면 세포 내부의 원형질과 세포액 이 얼게 되는 세포 내 동결이 일어 나면, 원형질의 탈수와 콜로이드 구조의 파괴로 인해 그 세포는 기 능을 잃고 죽게 된다.

12 풍해 피해에 대한 재배적 대책 5가지를 쓰시오.

정답 ① 내풍성 작물 선택
② 내도복성 품종 건택
③ 관개담수 조치
④ 낙과방지제
⑤ 생육의 건실화

13 토양구조 중 판상 구조와 각주상 구조의 정의를 쓰시오.

정답 ① **판상 구조**
- 입단이 얇은 판자상 또는 lens상으로 배열되며 충적모질물에서 발달한 논 토양의 하층토에서 흔히 발견된다.
- 가로축의 길이가 세로축보다 길며, A2층에 흔히 나타나는 토양의 구조이다.
- 수분은 가로축 방향으로 이동하므로 수직 이동이 느리다.

② **각주상 구조**
- 세로축의 길이가 가로축의 길이보다 길며, 토양의 단면 발달이 잘된 B층에서 볼 수 있다.

토양단면의 구조 및 토층분화의 특성

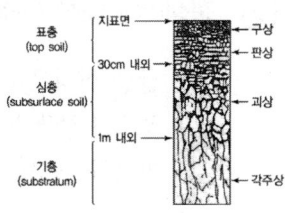

14 다음 〈보기〉는 내동성이 강한 작물의 특징에 대한 설명이다. 괄호 안에 알맞은 내용을 쓰시오.

> 보기
> ① 자유수 함량이 (　　　)내동성은 높다.
> ② 친수성 콜로이드 함량이 (　　　)내동성은 높다.

정답 ① 낮을수록
② 많을수록

해설 내동성이 강한 작물의 생리적 요인
- 원형질의 수분투과성이 크면 내동성 증대
- 원형질의 점도가 낮고 연도가 높은 것이 내동성이 크다.
- 원형질의 친수성콜로이드가 많으면 내동성이 커진다.
- 지유함량이 높은 것이 내동성이 크다.
- 당분함량이 많으면 내동성이 크다.
- 전분함량이 많으면 내동성 저하

15 다음에서 제시된 작부체계에 대한 정의에 대하여 서술하시오.

> ① 대전법　　　② 답전윤환법

정답 ① **대전법**: 기존 토지에서 연속적으로 작물을 재배 후 지력이 소모되면 다른 토지를 개간하여 작물을 재배하는 방법이다.
② **답전윤환법**: 포장(11場)을 논상태(畓期)와 밭상태(田期)로 규칙적으로 윤환하여 이용하는 작부방식으로 지력의 유지증진, 기지의 회피, 잡초 발생 억제, 수량증가, 노력의 절감 등의 효과가 있다.

🌱 **작부체계**
일정한 포장(경작지)에서 몇 종류의 작물을 해마다 바꾸어 재배(윤작, 다모작 등)하거나 같은 해에 여러 작물을 함께 재배(간작, 혼작, 교호작 등)하는 재배방식을 말한다.
◑ 대전법, 주곡식 대전법, 휴한농업, 윤작, 답전윤환, 혼파 및 혼작, 간작 등

16 광생리에 대한 아래 설명 중 괄호 안에 알맞은 내용을 쓰시오.

> - 굴광 현상은 (①)에서 가장 유효하다.
> - 포도의 착색은 안토시아닌의 착색으로 이루어지는데, 안토시아닌의 생성은 (②)에서 촉진된다.

정답 ① 청색광
② 자색광

🌱 **착색**
안토시아닌의 생성은 비교적 저온에서 촉진, 자외선이나 자색광 파장 촉진, 볕이 잘 쬘 때 착색 좋아진다.

해설) **굴광 현상**
- 식물이 광조사의 방향에 반응하여 굴곡 반응을 나타내는 것을 굴광 현상이라고 한다.
- 굴광 현상에는 400~500nm, 특히 440~480nm의 청색광이 가장 유효하다.

17 축차조사와 표본조사에 대하여 설명하시오.

정답) ① **축차(逐次)조사**: 해충의 밀도를 순차적으로 누적하면서 방제여부를 결정하는 방법
② **표본조사**: 해충집단의 일부를 조사하여, 그 결과를 써서 해충집단의 특성을 추측하는 것으로 추출된 일부분을 표본이라고 한다.

해설) **축차조사법(sequential sampling)**
① 해충밀도를 순차적으로 조사 누적하면서 경제적 피해 수준에 근거하여 방제 여부 판단하는 방법
② 누적 자료를 이용하여 방제 하한선 및 상한선에 따라 약제 미살포, 계속 조사, 약제 살포 여부 판단
③ 표본 크기가 고정되어 있는 것이 아니라, 해충의 밀도에 따라 탄력성 있게 결정
④ 신속하게 의사결정이 가능하여 노동력과 조사비용 절감 효과

18 아래 〈보기〉 중 강산성의 토양에서 유효도가 감소하는 원소를 모두 고르시오.

─○ 보기 ○─
P, Cu, Zn, Mg, Ca, Al

정답) P, Mg, Ca

해설) 강산성이 되면 P, Ca, Mg, B, Mo 등의 가급도가 감소되어 작물생육에 불리하고, Al, Cu, Zn, Mn 등은 용해도가 증대하여 그 독성 때문에 작물생육이 저해된다.

> 강알칼리성이 되면 N(질소), B(붕소), Fe(철), Mn(망간) 등의 용해도가 감소해서 작물 생육에 불리하다.

19 수목 관리 중 수간주입에 대하여 설명하고 주공과 관련하여 가장 유의해야 할 점 한 가지를 쓰시오.

정답
- **수간주입**: 처리하고자 하는 약액을 나무의 줄기나 뿌리에 구멍을 뚫고 주입하는 방법
- **유의점**: 주입공을 되도록 작게 뚫는다.

해설 적은 양으로 최대의 효과를 가져올 수 있고, 환경 오염을 유발하지 않는 장점이 있다.

20 아래 〈보기〉를 보고 C_3, C_4 식물에 대하여 해당 빈칸에 알맞은 말을 적으시오.

―〇 보기 〇―
광합성 전류 속도
- C_3 식물은 (①).
- C_4 식물은 (②).

정답 ① 느리다.
② 빠르다.

해설 C_4 식물과 CAM 식물은 광호흡이 거의 없다. C_3 식물은 광합성 과정에서 들어온 CO_2의 30~50%를 광호흡으로 재방출하기 때문에 CO_2 고정이 극히 낮아서, 광합성률이 C_4 식물의 1/1.5~1/2 정도이다. 강광이고 고온이며 CO_2 농도가 낮고 O_2 농도가 높을 때 광호흡이 높다.

광호흡은 잎에서 광조건하에서만 일어나는 호흡작용으로, 엽록체에서 광합성으로 고정된 탄수화물의 일부가 산소를 소모하면서 다시 분해되어 미토콘드리아에서 이산화탄소로 방출되는 과정을 나타낸다.

2024년 제1회

식물보호기사 국가기술자격검정 실기 필답형 기출문제

01 농약관리법상 수입업의 정의를 서술하시오.

정답 수입업이란 농약 등 또는 원제를 수입하여 판매하는 업을 말한다.

해설 **농약관리법**
제2조(정의) 이 법에서 사용하는 용어의 뜻은 다음과 같다.
4. "제조업"이란 국내에서 농약 또는 농약활용기자재(이하 "농약 등"이라 한다)를 제조(가공을 포함한다. 이하 같다)하여 판매하는 업(業)을 말한다.
5. "원제업(原劑業)"이란 국내에서 원제를 생산하여 판매하는 업을 말한다.
6. "수입업"이란 농약 등 또는 원제를 수입하여 판매하는 업을 말한다.
7. "판매업"이란 제조업 및 수입업 외의 농약 등을 판매하는 업을 말한다.
8. "방제업(防除業)"이란 농약을 사용하여 병해충을 방제하거나 농작물의 생리기능을 증진하거나 억제하는 업을 말한다.

02 아래 〈보기〉를 보고 포장동화능력의 정의를 쓰고 빈칸을 채우시오.

> **보기**
> • 포장동화능력:
> • 포장동화능력＝총엽면적×(①)×(②)

정답
• **포장동화능력**: 포장상태에서 건물생산이 최대로 되는 단위면적당 동화능력
• ① 수광능률, ② 평균동화능력

🌱 **고립상태**
한 개체가 고립되어 있는 경우와 같이 실험대상이 되는 각각의 잎이 직사광선을 받는 상태

🌱 **군락상태**
포장에서 작물이 밀생하고 크게 자라며 잎이 서로 포개져서 많은 수의 잎이 직사광선을 받지 못하고 그늘에 있는 상태

03 다음 〈보기〉에서 제시하는 관개법을 서술하시오.

> **보기**
> ① 일류관개   ② 보더관개

정답 ① **일류관개**: 등고선에 따라 수로를 내고, 임의의 장소로부터 월류(물 따위가 넘쳐서 흐름)하도록 하는 방법
② **보더관개**: 완경사의 포장을 알맞게 구획하고, 상단의 수로로부터 전체 표면에 물을 흘려 펼쳐서 대는 방법

해설 **전면관개**
- 지표면 전면에 물을 흘러 대는 방법이다.
- 일류관개, 보더관개, 수반법

04 다음 〈보기〉의 내용과 사진을 보고 해당하는 병해를 쓰시오.

○보기○
- 학명: Glomerella cingulata
- 특징: 오동나무, 자낭균 병해, 줄기에 돌기가 있음, 무색

정답 오동나무 탄저병

05 다음 식물 병해충 피해 상황 조사법을 서술하시오.

정답
① 전수조사: 대상지 내에 서식하는 곤충이나 흔적을 모두 조사하는 방법
② 원격탐사: 주로 산림지역에서 위성 영상 및 항공사진을 이용하여 해충의 발생과 피해를 평가하는 방법

🌱 **원격탐사**
- 주로 산림지역에서 위성영상이나 유·무인항공기로 촬영한 항공사진 등을 이용하여 해충의 발생과 피해를 평가
- 단시간 내에 넓은 면적을 조사 → 인력·시간 절감 및 고산지역·급경사지 등에서의 지형적 상황 극복 가능

06 토양의 질산화 작용의 정의와 질산화 작용 순서를 쓰시오.

정답 토양 중의 암모니아태 질소가 미생물의 작용에 의해 아질산태 질소를 거쳐 질산태 질소로 전환되는 것을 질산화 작용이라고 한다.

$$NH_4^+ \rightarrow NO_2^- \rightarrow NO_3^-$$

해설 **질소순환에 관여하는 균**
유기 N → NH_4^+(암모니아화성균) → NO_2^-(아질산균) → NO_3^-(질산균) → 식물체 흡수

07 원소의 산화 환원 형태를 서술하시오.

정답
① C의 산화 형태: CO_2, 환원 상태: CH_4, CH_3COOH
② Fe의 산화 형태: Fe^{3+}, 환원 형태: Fe^{2+}

해설
- 토양 중의 산화환원전위가 낮아져 환원 상태가 되면 식물영양원소의 어떤 것은 용해도가 증가 되므로 작물생육에 좋은 영향을 끼친다.
- 환원 상태가 심히 발달한 경우에는 여러 가지 유해물질이 생성 되어 작물의 생육을 저해할 때가 많다.

참고

구분	탄소 (C)	질소	황	철	망간
산화형(밭)	CO_2	NO_3^-	SO_4^{2-}	Fe^{3+}	Mn^{4+}
환원형(논)	CH_4 CH_3COOH	NH_4^+ N_2	H_2S S	Fe^{2+}	Mn^{2+}

08 제초제의 작용 기작 순서를 나열하시오.

정답 접촉 → 침투 → 작용점으로의 이행 → 작용점으로의 작용

09 물 20L에 12.7mL 희석하는 유제의 500mL 혼합액을 만들기 위하여 유제를 얼마나 사용하여야 하는가? (단, 소수점 셋째 자리에서 반올림)

정답 0.32mL

[풀이과정]
- 20,000 : 12.7 = 500 : X
- X = 0.3175(소수점 셋째 자리에서 반올림)
- X = 0.32 mL

10 다음 〈보기〉를 보고 O_2의 농도 21%에서 광합성 중단 반응에 대하여 빈칸을 채우시오.

〈보기〉
① C_3: (   )
② C_4: (   )
③ CAM: 있음

정답 ① 있음 ② 없음

해설) C_4 식물과 CAM 식물은 광호흡이 거의 없다. C_3 식물은 광합성 과정에서 들어온 CO_2의 30~50%를 광호흡으로 재방출하기 때문에 CO_2 고정이 극히 낮아서, 광합성률이 C_4식물의 1/1.5~1/2 정도이다. 강광·고온이며, CO_2 농도가 낮고 O_2 농도가 높을 때 광호흡이 높다.

11 다음 〈보기〉와 사진을 보고 식물 병해충의 이름을 쓰시오.

> ─○ 보기 ○─
> - 학명: Rhynchaenus sanguinipes
> - 특징: 딱정벌레목, 2~3mm로 벼룩처럼 잘 뛴다.

정답) 느티나무벼룩바구미

12 다음 대기오염물질의 설명에 맞게 빈칸을 채우시오.

> 탄화수소, 오존, 이산화질소가 화합하여 (①)가/이 생성됨. 자동차 배기가스 중의 탄화수소와 질소산화물이 자외선을 받아 광화학 반응에 의해 생성 (②)는/은 대기 중의 아황산가스, 질소화합물, 불화수소가스, 염화수소가스 등에 의한 pH 5.5 이하인 강우를 말한다.

정답) ① PAN ② 산성비

13 가지치기에 대한 설명에 맞게 빈칸을 채우시오.

> - 가지치기는 나무가 (①)일 때 해야 한다.
> - 가지치기를 할 때는 줄기와 붙어있는, 가지가 시작하는 부분을 절단해야 하며 (②)를/은 자르면 안 된다.

🌱 가지치기 절단 부위

정답) ① 휴면상태 ② 지피융기선

해설 지륭은 가지의 하중을 지탱하기 위하여 가지 밑에 생기는 불룩한 조직으로서, 목질부를 보호하기 위하여 화학적 보호층을 가지고 있기 때문에 가지치기할 때 제거하지 않도록 주의해야 함

14 다음 농약을 살충제/제초제/살균제로 구분하시오.

> 이프로디온

정답 이프로디온: 살균제

15 다음은 작물 내동성의 내동성 증가와 관련된 항목이다. 다음 괄호 안의 빈칸을 채우시오.

> ―보기―
> ① 당분함량이 (   ) 내동성이 증가한다.
> ② 전분함량이 (   ) 내동성이 증가한다.

정답 ① 많을수록
② 적을수록

해설 **내동성이 강한 작물의 생리적 요인**
- 원형질의 수분 투과성이 크면 내동성 증가한다.
- 원형질의 점도가 낮고 연도가 높은 것이 내동성이 크다.
- 원형질의 친수성콜로이드가 많으면 내동성이 커진다.
- 지유함량이 높은 것이 내동성이 크다.
- 당분함량이 많으면 내동성이 크다.
- 전분함량이 많으면 내동성 저하된다.

16 작물의 풍해 대책 3가지를 쓰시오.

정답 ① 내풍성 작물 선택
② 내도복성 품종 선택
③ 관개담수 조치

17 다음 〈보기〉는 병징의 설명이다. 해당하는 병징에 맞는 이름을 쓰시오.

> ─○보기○─
> ① ( ): 잎의 색소가 파괴되고 결핍되어 색이 부분적으로 변하는 현상
> ② ( ): 광량 부족으로 줄기가 과다신장하여 길어지고 연하고 노랗게 자라는 현상

정답 ① 얼룩
② 웃자람

18 다음 〈보기〉는 곤충에 기생해서 번식하는 곤충병원성 곰팡이에 대한 설명이다. 각각의 곰팡이 이름을 괄호 안에 쓰시오.

> ─○보기○─
> ① 각종 곤충에 침입하여 표면에 흰색의 분생포자를 형성하여 죽인다. ( )
> ② 각종 곤충에 침입하여 표면을 분생포자와 균사로 뒤덮은 후 초록빛을 띤다. ( )

정답 ① 백강균
② 녹강균

해설 ① 백강균: 동충하초과(cordycipitaceae) 사상균의 하나로서 처음부터 끝까지 흰색의 분생포자를 형성하며, 곤충 몸에 기생해서 번식하는 곤충병원성(entomopathogenic) 곰팡이다.
② 녹강균: depspeptides 독소를 분비하고, 곤충에 감염 시 마비증세가 나타나며 며칠 이내에 주변의 같은 곤충들을 모두 죽일 수 있는 강력한 병원균이다.

19 재배기술 중 평휴법과 휴립구파법에 대해 설명하시오.

① 평휴법:
② 휴립구파법:

🌱 **휴립구파법(畦立構播法)**
- 이랑을 세우고 이랑에 파종하는 방식이다.
- 이랑에 재배하면 배수와 토양통기가 좋게 된다.

정답 ① **평휴법**: 이랑을 평평하게 하여 이랑과 고랑의 높이가 같게 한다. 건조해와 습해를 방지할 수 있다.
② **휴립구파법**: 이랑을 세우고 낮은 고랑에 종자를 파종하는 방식이다.

20 작물의 동상해에 대하여 응급대책 3가지를 서술하시오.

정답 ① **관개법**: 저녁에 충분히 관개하면 물이 가진 열이 가해지고, 지중열을 빨아올리며, 수증기가 지열의 발산을 막아서 약한 서리를 막는 방법이다.
② **발연법**: 불을 피운 후 젖은 풀이나 가마니를 덮어서 수증기를 많이 함유한 연기를 발산시키면 열이 더해지고, 수증기가 지열의 발산을 경감시켜 2℃ 정도 온도가 상승하여 서리를 막는 방법이다.
③ **살수빙결법**: 물이 얼 때는 1g당 80cal의 잠열이 발생하는데 스프링클러 등에 의해서 저온이 지속하는 동안 계속 살수하여 식물체 표면에 결빙을 지속시키면 식물체의 기온이 −7∼−8℃ 정도라도 0℃ 정도를 유지하여 동상해를 방지할 수 있는 방법으로서 잘하면 가장 균일하고 가장 큰 보온효과를 기대할 수 있다.

2024년 제2회

식물보호기사 국가기술자격검정 실기 필답형 기출문제

01 아래 용어에 대한 정의를 쓰시오.

① 엽면적지수:
② 포장동화능력:

정답
① **엽면적지수**: 식물군락의 엽면적을 그 군락이 차지하는 지표면적으로 나눈 값이다.
② **포장동화능력**: 포장군락의 단위면적당 동화능력(광합성 능력)이다.

02 다음 〈보기〉의 내용을 보고 괄호 안에 알맞은 용어를 쓰시오.

〈보기〉
- (①): 잎의 엽록소가 일부 또는 전체적으로 파괴되어 녹색이 옅어지는 것
- (②): 잎맥이 물에 젖은 듯 투명하게 보이는 것으로서, 주로 바이러스 감염 시에 나타남

정답
① 퇴색
② 잎맥투명화

03 물 20L에 유제 30mL가 들어있는 농약의 희석액이 500mL일 때 농약량을 구하시오.

정답 0.75mL
[풀이과정] 20,000 : 30 = 500 : X
20,000X = 15,000
X = 0.75mL

04 아래 관개 방법에 대한 용어에 대한 정의를 쓰시오.

① 일류관개
② 암거법

정답 ① **일류관개**: 등고선에 따라 수로를 내고, 임의의 장소로부터 월류하도록 하는 방법
② **암거법**: 지하에 배관을 묻어 물을 대고 물이 간극으로 스며 오르게 하는 방법

05 다음 〈보기〉의 내용을 보고 괄호 안에 알맞은 용어를 쓰시오.

보기
- (①): 전수조사가 불가능한 경우 비용, 시간 등의 효율성을 고려하여 집단의 일부를 조사하여 전체 집단에 대한 정보를 유추하는 방법
- (②): 물이 들어있는 황색 수반에 날아드는 해충을 채집, 조사하는 방법

정답 ① 표본조사 ② 황색수반법

06 바이러스 전염 방법 중 아래 용어에 해당하는 방법을 쓰시오.

① 병든 식물 즙액
② 종자 및 꽃가루에 의한 전염

정답 ① **병든 식물 즙액**
- 채소, 화훼, 과수: 이식, 적심, 적과, 접목, 꺾꽂이 등을 할 때 많이 일어난다.
- 수목: 가지치기, 접목, 꺾꽂이할 때 전정 가위나 접목 칼에 묻은 감염 식물의 즙액을 통해 전염된다.

② **종자 및 꽃가루에 의한 전염**
- 바이러스에 감염된 어미식물의 종자를 통해 차대 식물에 바이러스가 전반 되는 것이다.
- 꽃가루전염: 가루받이(수분)할 때 바이러스를 지닌 꽃가루가 배에 들어가는 것이다.

1. 지표관개
    1) 전면관개
        (1) 일류관개
        (2) 보더관개
        (3) 수반법
    2) 고랑관개
2. 살수관개
    (1) 다공관관개
    (2) 스프링클러관개
    (3) 물방울관개
3. 지하관개
    (1) 개거법
    (2) 암거법
    (3) 압입법

해설 바이러스병의 생물학적 진단법
① 즙액접종법
② 박테리아파지법
③ 지표식물 검정법
④ 최아법(괴경지표법)

> 🌱 **박테리아파지**
> 세균을 잡아먹는 바이러스를 말하며, 어떤 세균의 계통에 대하여 특이성이 있다.

07 다음에서 제시하는 농약을 〈보기〉에서 골라 알맞은 농약제형을 고르시오.

플루톨루닐

── 보기 ──
① 살충제　　② 제초제　　③ 살균제

정답 ③ 살균제

08 다음 〈보기〉에서 제시하는 글을 읽고 괄호를 완성하시오.

── 보기 ──
① 미립자가 미스트에 비해 (작다 / 크다).
② 연무법은 약제의 주성분이 $10\mu m$ 형태로 비산성이 (작다 / 크다).

정답
① 작다
② 크다

해설 연무법
- 미스트보다 더 미세한 연무질 형태로 살포된다.
- 공기 중 부유 상태로 식물이나 해충에 부착성이 우수하다.

09 대기 오염 물질 중 '점오염원'에 대해 서술하시오.

정답 특정한 지점에서 발생하는 오염물질 배출원

해설 공장, 정화장, 배수구 등에서 발생하며, 비점오염원과 달리 상대적으로 구별이 쉽고 추적이 가능한 특징이 있다.

> 🌱 **비점오염원**
> 점오염원과는 달리 산재되어 있는 오염원으로서 정확한 유출경로를 확인하기가 어렵고 오염물질의 유입이 비 지속적인 오염원을 말함

10 다음 사진과 〈보기〉의 내용을 보고 해당하는 해충을 쓰시오.

> ─○보기○─
> - 학명: Lymantria dispar이다.
> - 특징: 암컷에 노란 털이 있으며 황색의 다리를 가지고 있다. 나비목이다.

  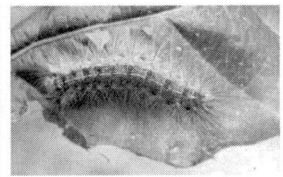

정답 매미나방

11 다음은 낮은 기온에 대한 피해 내용이다. 괄호 안에 알맞은 말을 쓰시오.

> ① 봄에 작물이 생장하는 시기에 (　　)가/이 내리면 봄에 작물이 기온이 갑자기 떨어져 냉해를 입어 수확량이 감소하거나 품질이 저하된다.
> ② 저온에 의해 작물의 조직 등에 결빙이 생겨서 받는 피해를 (　　)라고 한다.

정답 ① 서리
② 동해

해설 **동상해(凍霜害)**
- 기온의 하강에 의하여 농작물의 조직이 얼어 죽거나, 또는 기능 저하를 가져오는 재해이다.
- 봄과 가을에 서리가 맺혀서 일어나며, 본질적으로 혹한기에 일어나는 동해(凍害)와 같으나 서리가 동반되므로 단순히 서리피해 또는 동상해(凍霜害)라고도 하며, 많은 작물의 생육개시(봄) 또는 성숙기(가을)에 일어나 피해가 심하다.

12 다음 〈보기〉에서 설명하는 내동성 증대요인에 알맞은 내용을 고르시오.

> ─○보기○─
> ① 원형질의 수분투과성이 큰 것은 세포 내 결빙을 억제하여 내동성이 (크다 / 작다).
> ② 원형질 단백질에 -SH기가 많은 것은 -SS기가 많은 것보다 내동성이 (크다 / 작다).

정답 ① 크다
② 크다

해설 **작물의 내동성 – 생리적 요인**
- 원형질의 수분투과성이 크면 내동성을 증대시킨다.
- 원형질의 친수성콜로이드가 많으면 내동성이 커진다.
- 원형질의 점도가 낮고 연도가 높은 것이 내동성이 크다.
- 원형질 단백질에 -SH기가 많은 것이 -SS기가 많은 것보다 내동성이 크다.
- 당분함량이 많으면 내동성이 크다.
- 조직의 굴절률이 크면 내동성이 크다.
- 전분 함량이 많으면 내동성이 저하된다.
- 지유 함량이 높은 것이 내동성이 크다.
- 세포의 수분함량이 높아지면 내동성이 저하된다.
- 세포 내 무기성분(Ca, Mg)이 세포 내 결빙을 억제하여 내동성이 크다.

13 다음에서 제시하는 용어에 대한 정의를 쓰시오.

① 양생식물
② 음생식물

정답 ① **양생식물**: 보상점이 높아서 그늘에 적응하지 못하고 햇볕을 쪼이는 곳에서만 잘 자라는 (광포화점도 높음) 식물이다.
② **음생식물**: 보상점이 낮아서 그늘에 적응하고 광을 강하게 받으면 해를 받는 식물이다.

14 다음 사진과 〈보기〉의 내용을 보고 해당하는 병명을 쓰시오.

> ─보기─
> - 학명: 병원균은 seiridium unicorne이다.
> - 특징
>   - 작은 가지와 잎이 적갈색으로 변하면서 말라 죽는 병으로 편백나무, 화백나무, 노간주나무에서 발생한다.
>   - 병든 가지에는 수피를 뚫고 검은색 작은 돌기(분생포자층)가 나타나며, 다습하면 분생포자덩이가 솟아오른다.

〈자료 출처: 산림청〉

정답 편백 · 화백나무 가지마름병

15 풍해 피해에 대한 대책을 재배적 방법 중심으로 3가지 쓰시오.

정답
① 담수
② 내풍성 작물 선택
③ 비배관리의 합리화
④ 내도복성 품종 선택
⑤ 배토와 지주 및 결속
⑥ 조기재배 등 작기(作期)의 이동

🌱 **풍해 생리적 장해**
- 상처를 받으면 호흡이 증대하여 저축양분의 소모가 증가한다.
- 기공이 닫혀 이산화탄소의 흡수가 감소되므로 광합성이 감퇴한다.
- 수분 · 수정이 장해되어 불임립, 쭉정이 등이 발생한다.

16 식물방역법 제2조에 따른 '규제비검역병해충'의 정의를 쓰시오.

정답 검역병해충이 아닌 병해충 중에서 재식용(栽植用) 식물에 대하여 경제적으로 수용할 수 없는 정도의 해를 끼쳐 국내에서 규제되는 병해충으로서 농림축산식품부령으로 정하는 것을 말한다.

17 다음 〈보기〉의 내용을 보고 괄호 안에 알맞은 용어와 정의를 쓰시오.

> ─○보기○─
> ① ( ): 단일입자가 집합해서 2차 입자로 되고, 다시 3차, 4차 등으로 집합해서 입단을 구성한 구조
> ② ( ): 비교적 큰 입자가 무구조인 단일상태로 집합되어 있는 구조

정답 ① 입단구조(떼알구조)
② 단립구조

18 아래에 제시한 용어에 대하여 정의를 쓰시오.

> ① 무변태
> ② 완전변태

정답 ① **무변태**: 곤충의 성장 과정에서 탈피를 하더라도 형태나 기능이 크게 변하지 않는 것
② **완전변태**: 곤충의 성장 과정 중 하나로, 알 → 애벌레 → 번데기 → 성충의 4단계를 거치는 것

해설 **변태(metamorphosis)**: 발육단계에서 생리적 변화
① 무변태: 발육단계 외형적 변화가 거의 없으나, 성충과 유충이 크기와 생식능력에 차이가 있다.
　예 톡토기목, 좀목
② 불완전변태: 알 → 약충 → 성충 발육 기간에 점진적으로 외부형태가 변화된다.
③ 완전변태: 알 → 유충 → 번데기 → 성충으로 변태가 이루어지며, 성충과 유충이 형태적으로 뚜렷한 차이가 난다.

19 가지치기 중 아래 용어에 대한 정의를 쓰시오.

① 지피융기선
② 지륭

정답 ① **지피융기선**: 줄기와 가지 또는 두 가지가 서로 맞닿아서 생긴 주름살로서 가지 밑쪽에 발달한 지륭과 달리 줄기와 가지 사이 또는 가지와 가지 사이의 위쪽에 나타난다. (가지치기할 때 절단이 시작되는 부위)
② **지륭**: 나뭇가지의 무게를 지탱하기 위하여 가지 밑에 생긴 볼록한 조직으로서 목질부를 보호하기 위한 화학적 보호층을 가지고 있다.

20 아래 제시한 용어에 대한 정의를 쓰시오.

① 기지
② 휴한농업

정답 ① **기지**: 연작피해, 연작을 할 때 작물의 생육이 뚜렷하게 나빠지는 현상
② **휴한농업**: 지력 감퇴를 방지하기 위하여 농경지의 일부분을 몇 년에 한 번씩 휴한하는 작부방식

2024년 제3회

01 다음 사진과 〈보기〉의 내용을 보고 문제에서 제시한 해충을 쓰시오.

> ─○ 보기 ○─
> - 학명: Aphrophora flavipws이다.
> - 특징: 머리와 가슴은 암갈색이고 배는 등황색이다. 노린재목이며 크기는 8~10mm 정도이다.

정답 솔거품벌레

02 다음 〈보기〉의 용어를 보고 해당 용어의 정의를 쓰시오.

> ─○ 보기 ○─
> ① 보더관개   ② 다공관관개

정답 ① 보더관개: 완경사의 포장을 알맞게 구획하고, 상단의 수로로부터 전체 표면에 물을 흘려 펼침
② 다공관관개: 살수관개 중 하나로 파이프에 직접 작은 구멍을 내어 살수하는 방법

해설 **지표관개**: 지표면에 물을 흘러 대는 방법
① 전면관개
  - 일류관개: 등고선을 따라 수로를 내고, 임의의 장소로부터 월류하도록 하는 방법이다.
  - 보더관개: 완경사의 포장을 알맞게 구획하고, 상단의 수로로부터 전체 표면에 물을 흘려 펼쳐서 대는 방법이다.
  - 수반법: 포장을 수평으로 구획하여 관개하는 방법이다.
② 고랑관개: 포장에 이랑을 세우고, 이랑 사이에 물을 흐르게 하는 방법

03 다음 〈보기〉의 내용을 보고 괄호 안에 알맞은 용어를 쓰시오.

> ─보기─
> - (①): 산림지역에서 위성영상이나 무인항공기로 촬영한 항공사진 등을 이용하여 해충의 발생과 피해를 평가하는 방법
> - (②): 주광성이 있고 활동성이 높은 성충을 대상으로 야간에 광원을 사용해서 해충을 유인하는 채집방법

정답 ① 원격탐사
② 유아등

해설 **원격탐사**
- 주로 산림지역에서 위성영상이나 유·무인항공기로 촬영한 항공사진 등을 이용하여 해충의 발생과 피해를 평가하는 방법이다.
- 단시간 내에 넓은 면적을 조사 – 인력·시간 절감 및 고산지역·급경사지 등에서의 지형적 상황을 극복가능하다.
- 국내에서는 '소나무재선충병'과 '참나무시들음병' 피해목 조사에 활용가능하다.

04 다음 〈보기〉의 용어를 보고 해당 용어의 정의를 쓰시오.

> ─보기─
> ① 최적엽면적   ② 군락상태

정답 ① **최적엽면적**: 건물생산이 최대로 되는 군락의 단위면적당 엽면적
② **군락상태**: 포장에서 작물이 밀생하고 크게 자라며 잎이 서로 포개져서 많은 수의 잎이 직사광을 받지 못하고 그늘에 있는 상태

05 물 20L에 유제 34mL가 들어있는 농약의 희석액이 500mL일 때의 농약량을 구하시오.

정답 0.85mL

[풀이과정] $20{,}000 : 34 = 500 : X$
$20{,}000X = 17{,}000$
$X = 0.85\text{mL}$

06 다음에서 제시하고 있는 번데기의 종류 3가지와 무변태의 정의를 쓰시오.

① 번데기의 종류
② 무변태

정답 ① 번데기의 종류: 나용, 위용, 피용
② 무변태: 곤충의 성장 과정에서 탈피를 하더라도 형태나 기능이 크게 변하지 않는 것

해설 • 나용: 발육하는 부속지가 자유롭고, 외부로 보인다.
⑩ 딱정벌레류, 풀잠자리류
• 위용: 단단한 외골격에 몸이 들어있다.
⑩ 파리류
• 피용: 발육하는 부속지가 껍질 같은 외피로 몸에 밀착한다.
⑩ 나비류, 나방류

07 다음 사진과 〈보기〉의 내용을 보고 문제에서 제시한 병해를 쓰시오.

─○ 보기 ○─
• 학명: Mycosphaerella cerasella Aderhold이다.
• 특징: 벚나무에 흔히 발생한다. 작은 반점이 확대되어 둥근 반점을 형성하고 구멍이 생기는 병이다.

〈자료 출처: 산림청〉

정답 벚나무갈색무늬구멍병

08 '벤퓨러세 비페녹스 입제'가 포함되는 농약의 종류를 〈보기〉에서 선택하시오.

> ─ 보기 ─
> 살충제　　　　살균제　　　　제초제

정답 제초제

09 풍해 피해에 대한 대책을 재배적 방법 중심으로 5가지 쓰시오.

정답
① 담수
② 내풍성 작물 선택
③ 비배관리의 합리화
④ 내도복성 품종 선택
⑤ 배토와 지주 및 결속
⑥ 조기재배 등 작기(作期)의 이동

풍속 4 ~ 6km/h 이상의 강풍, 특히 태풍의 피해를 보통 풍해라고 하며, 풍속이 빠르고 공기 습도가 낮을 때 심하다.

10 식물방역법 제2조에 따른 '역학조사'의 정의를 쓰시오.

정답 병해충이 발생하였거나 발생할 우려가 있다고 인정되는 경우에 그 병충의 예방 및 확산방지 등을 위하여 수행하는 다음 각 목의 활동을 말한다.
가. 병해충의 감염원 추적을 위한 활동
나. 병해충의 유입경로 규명을 위한 활동

해설 본책 "제3장 식물방역법 제2조 정의" 참고
1. 식물, 2. 병해충, 3. 식물검역대상물품, 4. 규제병해충, 5. 검역병해충, 6. 규제비검역병해충, 7. 잠정규제병해충, 7의2 병해충 전염우려물품, 8. 분포조사, 9 역학조사

11 다음 〈보기〉의 용어를 보고 해당 용어의 정의를 쓰시오.

> ─ 보기 ─
> ① 윤작　　　　② 답전윤환

답전윤환의 효과
지력증강, 기지의 회피, 잡초의 감소, 벼의 수량증가 등이 있다.

정답
① **윤작**: 몇 가지 작물을 돌려짓기하는 방식
② **답전윤환**: 지력증진 등을 목적으로 논작물과 밭작물을 몇 해씩 교대로 재배하는 작부방식

12 다음 〈보기〉에서 제시하는 용어를 보고 해당 용어의 정의를 쓰시오.

―보기―
① 양엽　　　　　② 음엽

정답 ① **양엽**: 햇볕에서 잎이 전개되며, 잎이 좁고 두꺼운 편이다.
② **음엽**: 그늘에서 잎이 전개되며, 잎이 얇고 넓은 편이다.

해설 1) 양수
① 충분한 광선 조건이 충족되어야 좋은 생장을 하는 수종을 양수라고 한다.
② 양수는 잎의 폭이 좁고 미세한 털이 있어 체내의 수분 증발을 억제하거나 해충으로부터 잎을 보호할 수 있다.
   예 소나무, 측백나무, 향나무, 은행나무, 철쭉류, 느티나무, 백목련, 개나리 등

2) 음수
① 내음성은 부족한 광량에서도 죽지 않고 생존할 수 있는 저항성을 말하며 내음성이 강해 약한 광선 조건에서도 자랄 수 있는 수종을 음수라고 한다.
② 대체적으로 색깔이 짙고 두께가 얇으며 줄기는 길게 뻗는 수종이다.
   예 비자나무, 독일가문비, 전나무, 가시나무, 후박나무 등

13 다음 〈보기〉의 내용을 보고 괄호 안에 알맞은 용어를 쓰시오.

―보기―
- (①): 세포가 비정상적으로 분열하여 변형조직이 만들어지는 것
- (②): 잎자루나 잎맥의 윗부분이 아랫부분보다 더 많이 자라게 하여 잎이 아래쪽으로 처지거나 쭈글쭈글하게 오그라드는 현상

정답 ① 분열조직활성화　② 상편생장

해설 상편생장은 크게 세 가지 경우로 나누어 볼 수 있다.
① 토양이 건조한 경우에도 상편생장을 관찰할 수 있다.
② 홍수 등으로 인하여 뿌리가 일시적으로 물에 잠겼을 때 관찰할 수 있다.
③ 습지 등과 같은 환경에서 뿌리가 지속적으로 물에 잠겼을 때 관찰할 수 있다.

14 다음 〈보기〉에서 제시하는 용어를 보고 해당 용어의 정의를 쓰시오.

  〈보기〉
  ① 모관수   ② 중력수

정답 ① **모관수**: 표면장력 때문에 토양 공극 내에서 중력에 저항하여 유지되는 수분
  ② **중력수**: 중력에 의하여 비모관 공극에 스며 흘러내리는 물

해설 **토양수분의 분류와 흡착력(pF)**
  • 화합수: 토양의 고체 분자를 구성하는 물(pF 7.0 이상)
  • 흡습수: 토양이 공기 중의 수분을 흡수하여 토양 알갱이 표면에 매우 굳게 부착되어 작물이 이용할 수 없음(pF 4.5 이상)
  • 모관수: 토양의 작은 공극(모세관)의 모세관력에 의해 유지되는 수분 작물이 주로 이용하는 유효 수분(pF 2.7~4.2)
  • 중력수: 토양 공극을 모두 채우고 자체의 중력에 의해서 이동되는 물(pF 2.7 이하)

15 다음 〈보기〉의 내용을 보고 괄호 안에 알맞은 내용을 쓰시오.

  〈보기〉
  살분법: (   )농약을 살분기를 이용하여 살포하는 방법

정답 분제

16 다음 〈보기〉의 내용을 보고 괄호 안에 알맞은 내용을 쓰시오.

  〈보기〉
  ① 친수성콜로이드가 많을수록 내동성이 (커진다 / 작아진다).
  ② 점도가 낮고 연도가 높으면 내동성이 (크다 / 작다).

정답 ① 커진다
  ② 크다

해설) 작물의 내동성 – 생리적 요인
- 원형질의 친수성콜로이드가 많으면 내동성이 커진다.
- 원형질의 점도가 낮고 연도가 높은 것이 내동성이 크다.
- 원형질의 수분투과성이 크면 내동성을 증대시킨다.
- 원형단백질에 -SH가 많은 것이 -SS가 많은 것보다 내동성이 크다.
- 당분함량이 많으면 내동성이 크다.
- 조직의 굴절률이 크면 내동성이 크다.
- 전분 함량이 많으면 내동성이 저하된다.
- 지유 함량이 높은 것이 내동성이 크다.
- 세포의 수분함량이 높아지면 내동성이 저하된다.
- 세포 내 무기성분(Ca, Mg)이 세포 내 결빙을 억제하여 내동성이 크다.

17 다음 〈보기〉의 내용을 보고 괄호 안에 알맞은 내용을 채우시오.

> 보기
> ① 초본식물은 저온일 때 ABA는 (증가 / 감소)한다.
> ② 온도가 0°C일 때 (   )부터 얼기 시작한다.

정답) ① 증가
② 세포간극

해설) ABA 기능
- 잎, 꽃, 열매의 탈리 현상을 촉진한다.
- 휴면유도, 낙엽촉진, 스트레스 감지 등으로 생장을 정지시키는 기능이다.
- 종자가 모체의 열매 속에 있을 때 싹이 나지 않게 하는 기능(발아억제)이다.

18 식물바이러스 확인 방법에 대한 내용 중 괄호 안에 알맞은 내용을 쓰시오.

> 침지법: 바이러스 감염이 의심되는 (①)을 절단하여 나오는 즙액을 1~2%의 (②) 용액으로 DN 염색하여 염색된 바이러스를 현미경을 통해 관찰하는 방법

정답) ① 신선한 잎의 작은 조직 절편
② 인산텅스텐산

해설 ① 침지법(DN)
- 바이러스에 감염된 잎을 슬라이드 글라스 위에 올려놓고 염색하여 관찰하는 방법이다.
- 바이러스 감염 여부만 판정 가능하다.
- 바이러스 감염 여부를 1차 검정하는 데 유효하다.
- 신속, 간편하지만 바이러스종 동정에는 부적합하다.

② 초박절편법(TEM)
- 바이러스에 감염된 잎조직을 고정 → 초박절편 → 바이러스 입자, 봉입체를 양상 전자현미경으로 관찰하는 방법이다.
- 바이러스 동정도 어느 정도 가능하지만, 전체 식물체의 이병 유무 판단에는 부적합하다.

19 다음 〈보기〉의 내용을 보고 괄호 안에 알맞은 내용을 쓰시오.

> **보기**
> ① 자연표적 가지치기란 줄기와 가지의 결합 부위에 있는 자연표적인 (   )을/를 길잡이로 하여 가지나 줄기를 절단하는 방법이다.
> ② 가지치기의 적절한 시기는 (   )상태에 있는 늦겨울에 실시한다.

정답 ① 지피융기선과 지륭
② 휴면

해설
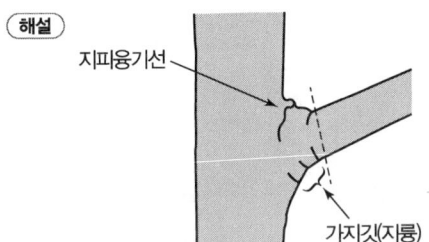

20 대기오염원 중 '확산형 오염물질'의 정의를 쓰시오.

정답 확산형 오염물질
대기 중에서 기체나 미세입자들이 넓은 범위로 퍼지는 형태의 오염물질 또는 대기 중에서 햇빛에 의한 산화환원반응의 결과로 생겨나며, 대기 중 광범위한 면적에서 발생하는 오염물질

🌱 **대표적인 확산형 오염물질**
황산화물(SO_x), 질소산화물(NO_x), 오존(O_3), 미세먼지(PM_{10}), 초미세먼지($PM_{2.5}$)

■ **저자 약력**

정승기
• 식물보호기사 · 나무의사 · 수목치료기술자 · 종자기사 · 농화학기술사

합격Easy
식물보호기사 산업기사 실기(필답형)

정가 ∥ 22,000원

지은이 ∥ 정 승 기
펴낸이 ∥ 차 승 녀
펴낸곳 ∥ 도서출판 건기원

2025년 2월 5일 제1판 제1쇄 인쇄
2025년 2월 10일 제1판 제1쇄 발행

주소 ∥ 경기도 파주시 연다산길 244(연다산동 186-16)
전화 ∥ (02)2662-1874~5
팩스 ∥ (02)2665-8281
등록 ∥ 제11-162호, 1998. 11. 24

• 건기원은 여러분을 책의 주인공으로 만들어 드리며 출판 윤리 강령을 준수합니다.
• 본 수험서를 복제·변형하여 판매·배포·전송하는 일체의 행위를 금하며, 이를 위반할 경우 저작권법 등에 따라 처벌받을 수 있습니다.

ISBN 979-11-5767-869-3 13520